普通高等教育"十三五"规划教材

化工基础导学

杨春梅　张四方　李　军　主编

中国石化出版社

内 容 提 要

  本书是与《化工基础》(第二版,张四方、刘红主编)相配套的教学用书。依照《普通高校化学类专业指导性专业规范》的要求,将教材各章中所涉及的知识点、难点和重点进行归纳与总结。编写时紧扣教材,按章给出了章节重点、知识要点、基础知识测试与答案、思考题及解答、习题详解,最后给出了模拟试题。做到了内容合理、重点突出、条理清楚、详略得当,全面体现了教学目标。

  本书既可作为高等院校化学化工及相关专业学生学习的教学参考用书,也可作为从事化学化工专业工作的科技人员进行自学的指导用书。

图书在版编目(CIP)数据

化工基础导学 / 杨春梅,张四方主编. — 北京:
中国石化出版社,2017.8
 普通高等教育"十三五"规划教材
 ISBN 978-7-5114-4637-4

Ⅰ. ①化… Ⅱ. ①杨… ②张… Ⅲ. ①化学工程-高
等学校-教材 Ⅳ. ①TQ02

中国版本图书馆 CIP 数据核字(2017)第 204672 号

中国石化出版社出版发行

地址:北京市朝阳区吉市口路 9 号
邮编:100020 电话:(010)59964500
发行部电话:(010)59964526
http://www.sinopec-press.com
E-mail:press@sinopec.com
北京柏力行彩印有限公司印刷
全国各地新华书店经销

*

787×1092 毫米 16 开本 18.25 印张 449 千字
2017 年 10 月第 1 版 2017 年 10 月第 1 次印刷
定价:45.00 元

前　言

本书是根据张四方、刘红主编，中国石化出版社出版的《化工基础》（第二版）一书所编写的配套学习辅导用书。

本书依照《普通高校化学类专业指导性专业规范》的要求，将教材各章中所涉及的知识点、难点和重点进行归纳与总结，对教材各章中全部习题和思考题做了尽可能详细的解答，其目的是帮助学生加深对基本概念和理论的理解，养成良好的思维习惯，形成良好的知识体系，提高学生的专业素养和解决实际问题的能力，更好地掌握和运用所学知识。

本书是作者在总结多年教学经验的基础上编写而成，内容合理、重点突出、条理清楚、详略得当。内容主要包括章节重点、知识要点、基础知识测试、基础知识测试答案、思考题及解答、习题详解和模拟试题。

本书既可作为高等院校化学化工及相关专业学生学习的参考用书，也可作为从事化学化工工作的科技人员进行自学的指导用书。

本书由杨春梅、张四方、李军主编，参加编写工作的有太原师范学院张四方、杨春梅，晋中学院李军，忻州师范学院范建凤，吕梁学院薛玫。张四方、杨春梅对全书进行了审核与校对。在编写过程中，我们参阅了国内外大量的文献和资料，并在书中进行了引用，在此向所有作者表示最诚挚的感谢。在编写过程中得到了中国石化出版社的大力支持，在此也向他们表示感谢。

鉴于作者的经验和能力有限，书中难免存在缺点和错误，我们真诚欢迎广大读者提出批评、建议，以利我们改进。同时，向长期以来对《化工基础》教材给予厚爱的广大读者表示衷心感谢。探讨教材内容及需要教材课件的读者，请和张四方联系，邮箱：tysyyk@ 126. com。

目　　录

第一章　流体流动与输送 ……………………………………………………………（ 1 ）

§1.1　本章重点 ……………………………………………………………（ 1 ）

§1.2　知识要点 ……………………………………………………………（ 1 ）

§1.3　基础知识测试题 ……………………………………………………（16）

§1.4　基础知识测试题参考答案 …………………………………………（22）

§1.5　思考题及解答 ………………………………………………………（27）

§1.6　习题详解 ……………………………………………………………（31）

第二章　传热 ………………………………………………………………………（46）

§2.1　本章重点 ……………………………………………………………（46）

§2.2　知识要点 ……………………………………………………………（46）

§2.3　基础知识测试题 ……………………………………………………（56）

§2.4　基础知识测试题参考答案 …………………………………………（60）

§2.5　思考题及解答 ………………………………………………………（66）

§2.6　习题详解 ……………………………………………………………（69）

第三章　吸收 ………………………………………………………………………（83）

§3.1　本章重点 ……………………………………………………………（83）

§3.2　知识要点 ……………………………………………………………（83）

§3.3　基础知识测试题 ……………………………………………………（99）

§3.4　基础知识测试题参考答案 …………………………………………（104）

§3.5　思考题及解答 ………………………………………………………（113）

§3.6　习题详解 ……………………………………………………………（115）

第四章　精馏 ………………………………………………………………………（130）

§4.1　本章重点 ……………………………………………………………（130）

§4.2　知识要点 ……………………………………………………………（130）

§4.3　基础知识测试题 ……………………………………………………（148）

§4.4　基础知识测试题参考答案 …………………………………………（152）

§4.5　思考题及解答 ………………………………………………………（158）

§4.6　习题详解 ……………………………………………………………（163）

第五章　化学反应工程与反应器 …………………………………………………（175）

§5.1　本章重点 ……………………………………………………………（175）

§5.2　知识要点 ……………………………………………………………（175）

§5.3　基础知识测试题 ……………………………………………………（202）

§5.4　测试题参考答案 ……………………………………………………（208）

§5.5　思考题及解答 ………………………………………………………（214）

§5.6　习题详解 ……………………………………………………………（217）

《化工基础》试卷（一）……………………………………………………（231）
《化工基础》试卷（二）……………………………………………………（237）
《化工基础》试卷（三）……………………………………………………（243）
《化工基础》试卷（四）……………………………………………………（248）
《化工基础》试卷（五）……………………………………………………（253）
《化工基础》试卷（六）……………………………………………………（259）
《化工基础》试卷（七）……………………………………………………（264）
《化工基础》试卷（八）……………………………………………………（270）
《化工基础》试卷（九）……………………………………………………（275）
《化工基础》试卷（十）……………………………………………………（281）
主要参考文献 ……………………………………………………………（286）

第一章　流体流动与输送

§1.1　本 章 重 点

1. 流体静力学基本方程及其应用；
2. 稳态流动时的连续性方程、伯努利方程及其应用；
3. 流量测量仪表及其工作原理；
4. 实际流体流动阻力计算；
5. 离心泵工作原理、特性曲线、安装高度、工作点及流量调节。

§1.2　知 识 要 点

1.2.1　流体静力学

1.2.1.1　流体的密度、相对密度和比容

（1）密度

单位体积流体所具有的质量称流体的密度。

$$\rho = \frac{m}{V} \tag{1-1}$$

式中　ρ——流体的密度，$kg \cdot m^{-3}$；

　　　m——流体的质量，kg；

　　　V——流体的体积，m^3。

　　流体的密度一般可在物理化学手册或有关资料中查出。流体的密度随温度和压强的变化而变化。在通常情况下，液体的密度随压强的变化不大，可看作不可压缩流体，只考虑随温度的变化。而气体的密度随温度和压强变化都比较大，是压缩性流体，因此气体的密度在运用过程中必须标明其状态。从手册中查得的气体密度往往是某一指定条件下的数值，操作条件下气体的密度要通过换算来得到。

　　一般当压强不太高，温度不太低时，可按理想气体来处理。常用有两种换算方法：

①根据理想气体状态方程式直接求得：

$$\rho = \frac{pM}{RT} \tag{1-2}$$

式中　p——气体的绝对压强，Pa；

　　　M——气体的摩尔质量，$kg \cdot kmol^{-1}$；

　　　T——气体的绝对温度，K；

R——气体常数，8314Pa·m³·kmol⁻¹·K⁻¹。

②由查出状态下密度换算为操作条件下的密度：

$$\rho = \rho_0 \cdot \frac{T_0 p}{T p_0} \tag{1-3}$$

式中　p——气体的绝对压强，Pa；

　　　T——气体的绝对温度，K；

下标"0"——手册中指定条件下的值。

（2）相对密度

相对密度指在指定条件下某一物质的密度相对于另一参考物质密度的比值。

$$d = \frac{\rho_1}{\rho_2} \tag{1-4}$$

式中　d——相对密度；

　　ρ_1、ρ_2——不同流体的密度，kg·m⁻³。

（3）比容

比容是指单位质量流体所具有的体积。

$$v = \frac{V}{m} \tag{1-5}$$

式中　v——比容，m³·kg⁻¹。

比容与密度互成倒数关系。

$$\rho = \frac{1}{v} \tag{1-6}$$

1.2.1.2　流体的静压强

流体内任一点都受到周围其它质点对它的作用。流体垂直作用于单位面积上的压力称为流体的静压强，简称压强。

$$p = \frac{F}{A} \tag{1-7}$$

式中　p——流体的静压强，N·m⁻²即Pa；

　　　F——作用于流体上的压力，N；

　　　A——截面积，m²。

压强单位除国际单位制单位外，由于习惯及工程测量方面的原因，仍有其它单位制单位延用。如 atm（标准大气压），kgf·cm⁻²（工程大气压），mmHg，mH₂O 等，因此还需注意单位间的换算。

压强除有不同的单位外，还可以用不同的方法来表示：

①绝对压强：以绝对零压为起点计算的压强，称绝对压强，是流体的真实压强。

②表压强：当被测流体的绝对压强高于外界大气压时，其压强可用此压强比外界大气压强高出的数值来表示，称表压强。即表压强是流体的绝对压强高于外界大气压的数值。

表压强 = 绝对压强 - 大气压强

③真空度：当被测流体的绝对压强低于大气压强时，其压强可用此压强低于大气压强的数值来表示，即真空度。真空度即绝对压强低于外界大气压强的数值。

真空度 = 大气压强 - 绝对压强

流体的压强可用测压仪表来测量。当被测流体的绝对压强高于外界大气压时，所用的测压仪表称压强表，压强表读出的数值是表压强。当被测流体的绝对压强低于外界大气压时，测压仪表称真空表，真空表上直接读出真空度的数值。

外界大气压随大气的温度、湿度和地区海拔高度而改变。因此，同一绝对压强在不同地区、不同条件下具有不同的数值。为了避免绝对压强、表压强、真空度三者相互混淆，表压强与真空度一般要加以标注。

1.2.1.3 流体静力学基本方程

流体静力学是研究流体在相对静止或在外力作用下达到平衡时的规律。流体处于静止时，受重力和压力的作用，重力是地心引力，可看作是不变的，起变化的只有压力。讨论流体静止时的规律，就是讨论静止流体内部压强的变化规律。描述这一规律的数学表达式称为流体静力学基本方程式。

以液体为例，推导出的静力学基本方程的几种形式：

①
$$p = p_0 + \rho g (Z_0 - Z) \tag{1-8}$$

式中　p——液体内部任一点的压强，Pa；

p_0——上方任一点的压强，Pa；

ρ——流体的密度，$kg \cdot m^{-3}$；

Z_0、Z——上下两点距容器底的距离，m。

②
$$Z_0 + \frac{p_0}{\rho g} = Z + \frac{p}{\rho g} \tag{1-9}$$

式中各项物理意义同式（1-8）。每一项的单位为高度单位 m。

③
$$g Z_0 + \frac{p_0}{\rho} = g Z + \frac{p}{\rho} \tag{1-10}$$

式中各项物理意义同式（1-8）。每一项的单位为 $J \cdot kg^{-1}$。

④
$$p = p_0 + \rho g h \tag{1-11}$$

式中　p——流体内部任一点的压强，Pa；

p_0——液面上方的压强，Pa；

h——压强为 p 的点距液面的深度，m。

流体静力学方程式说明在重力作用下，静止流体内部压强的变化规律。从中可以得出如下结论：

①当容器液面上方的压强一定时，静止液体内部任一点压强的大小与液体本身的密度和该点距液面的深度 h 有关。当 p_0 相同时，h 越大，p 越大；h 相同，p 相同。因此，在静止的、连续的同一液体内部，处于同一水平面上各点的压强相等（连通器原理）。

②当液体上方压强 p_0 变化时，液体内部各点的压强发生同样的变化。

③$\frac{p - p_0}{\rho g} = h$，压差可用一定高度的液体柱表示。

对气体来说，气体的密度随温度、压强的变化而变化。因此，气体的密度随气体在容器内的位置高低而变化。在化工容器里这种变化可以忽略，因此以液体推导出的流体静力学基本方程式对气体也适用。

1.2.1.4 流体静力学基本方程式的应用

流体静力学基本方程主要应用于压差、压强测量。测压仪表很多，以流体静力学基本方程式为依据的测压仪表统称为液柱压差计，其中较常用的有 U 形管压差计、微差压差计、倒 U 形管压差计。

（1）U 形管压差计

U 形管压差计由透明的 U 形玻璃管制成，在 U 形玻璃管内装有指示液。指示液要求：①与被测流体不互溶；②与被测流体不发生化学反应；③其密度大于被测流体的密度。

若把 U 形管压差计的两端接入管路的不同两处，则可测出这两处的压强差。若指示液的密度为 ρ_A，被测流体的密度为 ρ，由于两处压强不等，在 U 形管两侧便出现指示液面的高度差 R（R 称压差计读数），推导可得：

$$p_1 - p_2 = (\rho_A - \rho)gR \qquad (1\text{-}12)$$

压强差与指示液及被测液密度有关，与指示液液面差有关。若条件（ρ_A 和 ρ）确定，R 的大小直接反映出压差大小。

（2）微差压差计

微差压差计内装有两种密度相近、且不互溶的指示液，两种指示液密度分别为 ρ_A 和 ρ_C（$\rho_A > \rho_C$），指示液 C 与被测流体 B 亦不互溶，管上端有扩张的空间（扩大室），使 ΔR 变化时，指示液 ρ_C 液面变化很微小。

$$p_1 - p_2 = (\rho_A - \rho_C)gR \qquad (1\text{-}13)$$

ρ_A 和 ρ_C 相差越小，测得 R 的灵敏度越高。

（3）倒 U 形管压差计

倒 U 形管压差计可测量管路中为液体的两截面之间的压差。根据静力学基本方程，推导得：

$$p_1 - p_2 = \rho gR \qquad (1\text{-}14)$$

1.2.2　流体流动的基本方程

1.2.2.1　流量与流速

（1）流量

流体流动过程中，单位时间内流体流过管道任一横截面的流体量，称为流量。流体量可用体积和质量来计量，若用体积来计量，称为体积流量，以 V_s 表示，其单位为 $m^3 \cdot s^{-1}$；若用质量来计量，则称为质量流量，以 W_s 表示，其单位为 $kg \cdot s^{-1}$。

质量流量与体积流量之间的关系为：

$$W_s = V_s \cdot \rho \qquad (1\text{-}15)$$

（2）流速

流体在流动过程中，单位时间内流体质点在流动方向上所通过的距离，称为流速。以 u 表示，其单位为 $m \cdot s^{-1}$。

实际上流体流经管道任一截面时各点的流速并不相同，会沿管径的变化而变化，在管截面中心处流速最大，越靠近管壁流速越小，在管壁处的流速为零。通常我们所说的流体的流速，则指整个管截面上各点的平均流速。

$$u = \frac{V_s}{A} \qquad (1\text{-}16)$$

式中　u——平均流速，$m \cdot s^{-1}$；

V_s——体积流量，$m^3 \cdot s^{-1}$；

A——管截面积，m^2。

对于可压缩性的流体，温度和压强发生变化时，其体积流量发生变化，流速也会发生变化。因此在讨论可压缩性流体的流量时，必须标明其压力和温度。为应用方便，提出质量流速的概念。所谓质量流速，是指单位时间内流体流过单位管截面积的质量，以 G 表示。其计算式为：

$$G = \frac{W_s}{A} = \frac{V_s \cdot \rho}{A} = u \cdot \rho \qquad (1-17)$$

一般情况下，生产中选用圆形管路，若以 d 表示管径，管径与流速的关系为：

$$u = \frac{V_s}{\frac{\pi}{4} \cdot d^2}, \quad \text{即 } d = \sqrt{\frac{4V_s}{\pi d}}$$

1.2.2.2　稳态流动与非稳态流动

流体在流动过程中，若任一与流体流动方向垂直的截面上流体的性质（密度、黏度）和流动参数（流速、流量、压强）等不随时间而变化，这种流动称稳态流动。反之，若流体的性质及流动参数随时间而变化，这种流动则称为非稳态流动。

稳态流动中各物理量只是位置的函数，非稳态流动中各物理量既是位置的函数，又是时间的函数。

1.2.2.3　连续稳态流动系统的物料衡算——连续性方程

流体稳态流动过程中的连续性方程，表明在稳态流动系统中，管路各截面上流速的变化规律。在稳态流动系统中，对直径不同的管段作物料衡算，得：

$$W_s = u_1 A_1 \rho_1 = u_2 A_2 \rho_2 = \cdots = u_i A_i \rho_i = \text{常数} \qquad (1-18)$$

上式为流体稳态流动过程中的连续性方程式。

若为不可压缩流体，ρ 为常数，

$$V_s = u_1 A_1 = u_2 A_2 = \cdots = u_i A_i = \text{常数} \qquad (1-18a)$$

上式也为连续性方程式，表明流体流动系统中流速随管截面的变化而变化，流通截面越大，流速越小。

对于圆形管路，$A = \frac{\pi}{4} d^2$

$$V_s = u_1 \cdot \frac{\pi}{4} d_1^2 = u_2 \cdot \frac{\pi}{4} d_2^2 = \cdots = u_i \cdot \frac{\pi}{4} d_i^2 = \text{常数}$$

$$u_1 d_1^2 = u_2 d_2^2 = \cdots = u_i d_i^2 = \text{常数} \qquad (1-18b)$$

对于任意两截面，有：

$$\frac{u_1}{u_2} = \frac{d_2^2}{d_1^2} \qquad (1-18c)$$

1.2.2.4　连续稳态流动系统的能量衡算——伯努利方程

（1）伯努利方程的形式

流体稳态流动时的伯努利方程式，反映流体流动过程中能量的变化关系，可以通过能量衡算得出。在衡算过程中，衡算基准不同，得出的伯努利方程的形式不同。

①以单位质量流体为基准，伯努利方程的形式为：

$$gh_1+\frac{u_1^2}{2}+\frac{p_1}{\rho}+W_e=gh_2+\frac{u_2^2}{2}+\frac{p_2}{\rho}+\sum h_f \qquad (1-19)$$

式中　gh——单位质量流体所具有的位能；

$\dfrac{u^2}{2}$——单位质量流体所具有的动能；

$\dfrac{p}{\rho}$——单位质量流体所具有的静压能；

W_e——输送设备为单位质量流体所提供的有效能量；

$\sum h_f$——单位质量流体在流动过程中克服流动阻力而损失的能量。

上述各项能量单位为 $J\cdot kg^{-1}$。

②以单位重量流体为基准，伯努利方程式可以将式（1-19）各项同除以 g 得出：

$$h_1+\frac{u_1^2}{2g}+\frac{p_1}{\rho g}+\frac{W_e}{g}=h_2+\frac{u_2^2}{2g}+\frac{p_2}{\rho g}+\frac{\sum h_f}{g}$$

若令 $\dfrac{W_e}{g}=H_e$，$\dfrac{\sum h_f}{g}=H_f$，此时伯努利方程式可写为：

$$h_1+\frac{u_1^2}{2g}+\frac{p_1}{\rho g}+H_e=h_2+\frac{u_2^2}{2g}+\frac{p_2}{\rho g}+H_f \qquad (1-19a)$$

上述各项能量单位为 m。

③以单位体积流体为基准，伯努利方程式可以将式（1-19）各项同乘以 ρ 得出：

$$\rho gh_1+\frac{\rho u_1^2}{2}+p_1+\rho W_e=\rho gh_2+\frac{\rho u_2^2}{2}+p_2+\rho \sum h_f \qquad (1-19b)$$

上述各项能量单位为 $N\cdot m^{-2}$，即 Pa。

④理想流体的伯努利方程式。

当流体可按理想流体处理时，不同基准的伯努利方程形式如下：

$$gh_1+\frac{u_1^2}{2}+\frac{p_1}{\rho}=gh_2+\frac{u_2^2}{2}+\frac{p_2}{\rho} \qquad (1-20)$$

$$h_1+\frac{u_1^2}{2g}+\frac{p_1}{\rho g}=h_2+\frac{u_2^2}{2g}+\frac{p_2}{\rho g} \qquad (1-20a)$$

$$\rho gh_1+\frac{\rho u_1^2}{2}+p_1=\rho gh_2+\frac{\rho u_2^2}{2}+p_2 \qquad (1-20b)$$

理想流体的伯努利方程表明，理想流体在管道内作稳态流动而又没有外功加入时，在任一截面上单位基准流体所具有的位能、动能、静压能之和为一常数，称总机械能。常数意味着单位基准理想流体在各截面上所具有的总机械能相等，而每一种形式的能量不一定相等，即各种形式的能量之间可以相互转化。

（2）伯努利方程的应用及解题要点

运用伯努利方程式，可以确定管路中流体的流量，确定容器的相对位置，确定设备的有效功率，确定管路中流体的压强。在运用伯努利方程解题时，应注意以下几点：

①作图与确定衡算范围：根据题意画出流动系统图，并指明流体的流动方向，确定上下游截面，以明确流动系统衡算范围。

②截面的选取：两截面均应与流体流动方向垂直，并且在两截面之间的流体必须是连续的，所求的未知量应在截面上或在两截面之间，且截面上的 h、u、p 等物理量除所需求取的未知量外，都是已知的或能通过其它关系可以求取的。

③基准水平面的选取：选取基准水平面的目的是为了确定流体位能的大小，实际上在伯努利方程式中，反映的是位能差的数值，所以基准水平面可以任意选取，但必须与地面平行。伯努利方程式中的 h，指截面中心点与基准水平面之间的垂直距离。为计算方便，通常取基准水平面通过衡算范围中两个截面中的任一截面。

④单位必须一致：统一用国际单位制。

⑤两截面上的压强用同样方法表示：伯努利方程式中静压能的计算应采用绝对压强，但由于式中反映的是压强差，所以截面上的压强可以同时用表压强表示。

1.2.3　流量测量

流体的流量是化工生产过程中的重要参数之一，为了控制生产过程稳定进行，就必须对流量进行测量并加以调节和控制。测量流量的仪表多种多样，其中根据流体力学原理而设计的测量流量和流速的仪表主要有测速管、孔板流量计和转子流量计。

1.2.3.1　测速管

测速管又称毕托(Pitot)管，它是用两根弯成直角的同心套管组成，外管的管口是封闭的，在外管前端壁面四周开有若干测压小孔。测量时，测速管可以放在管截面的任一位置上，并使其管口正对着管道中流体的流动方向，外管与内管的末端分别与液柱压差计的两臂相连。

测速管的内管测得的为管口所在位置的局部流体动能 $\dfrac{u_r^2}{2}$ 与静压能 $\dfrac{p}{\rho}$ 之和，称为冲压能，即：

$$h_A = \frac{u_r^2}{2} + \frac{p}{\rho}$$

式中　u_r——流体在测量点处的局部流速。

测速管的外管前端壁面四周的测压孔口与管道中流体的流动方向相平行，故测得的是流体的静压能 $\dfrac{p}{\rho}$，即：$h_B = \dfrac{p}{\rho}$

测量点处的冲压能与静压能之差 Δh 为：

$$\Delta h = h_A - h_B = \frac{u_r^2}{2}$$

$$u_r = \sqrt{2\Delta h} \tag{1-21}$$

式中，Δh 值由液柱压差计的读数 R 来确定。Δh 与 R 的关系式随所用的液柱压差计的形式而不同。当用普通的 U 形管压差计时，$\Delta h = \dfrac{(\rho_A - \rho)gR}{\rho}$，测速管只能测出流体在管道截面上某一点处的局部流速。要想得到管截面上的平均流速，可将测速管口置于管道的中心线上，以测量流体的最大流速，然后利用 $\dfrac{u}{u_{\max}}$ 与按最大流速计算的雷诺数 $Re_{\max}$ 的关系曲线，计算管

截面上的平均流速 u。

1.2.3.2　孔板流量计

孔板流量计是在管道里插入一片与管轴垂直并带有圆孔的金属板，孔的中心位于管道的中心线上，再配以 U 形管压差计来测量管路中流体的流量。孔板称为节流元件。

当管路内的流体连续稳定地流经孔板的小孔时，由于管径突然减小，流速增加，静压头相应减小，这样，在孔板前后产生压强差，利用测量压强差的方法可以度量流体流量。

在管路某一截面与孔板处列伯努利方程，并暂且忽略能量损失，得：

$$gh_1+\frac{u_1^2}{2}+\frac{p_1}{\rho}=gh_0+\frac{u_0^2}{2}+\frac{p_0}{\rho} \tag{1-22}$$

$h_1=h_0$，简化上式并整理后得：

$$\sqrt{u_0^2-u_1^2}=\sqrt{\frac{2(p_1-p_0)}{\rho}} \tag{1-23}$$

由于孔板的厚度很小，所以 U 形压差计的下测压口不可能正好装在孔板上，一般把测压口分别装在孔板前后。通常采用的取压方法有两种：①角接取压法，即把上、下游两个测压口装在紧靠着孔板前后的位置上；②径接取压法，即上游测压口取在距孔板距离为 d 的位置，下游测压口取在距孔板距离为 $\frac{d}{2}$ 的位置。若用取压方法测得的压差 (p_a-p_b) 代替伯努利方程式中的 (p_1-p_0)，则有：

$$\sqrt{u_0^2-u_1^2}=\sqrt{\frac{2(p_a-p_b)}{\rho}} \tag{1-23a}$$

由于列伯努利方程时忽略能量损失，所以引入校正系数 C_1，以 (p_a-p_b) 代替 (p_1-p_0)，再引入校正系数 C_2，则：

$$\sqrt{u_0^2-u_1^2}=C_1C_2\sqrt{\frac{2(p_a-p_b)}{\rho}} \tag{1-23b}$$

以 A_1、A_0 分别代表管道与孔板小孔的截面积，根据连续性方程式，

$$u_1^2=u_0^2\left(\frac{A_0}{A_1}\right)^2$$

将其代入前面所得的式子中，整理可得：

$$u_0=\frac{C_1C_2}{\sqrt{1-\left(\frac{A_0}{A_1}\right)^2}}\sqrt{\frac{2(p_a-p_b)}{\rho}} \tag{1-24}$$

令：

$$C_0=\frac{C_1C_2}{\sqrt{1-\left(\frac{A_0}{A_1}\right)^2}}, \quad 则\ u_0=C_0\sqrt{\frac{2(p_a-p_b)}{\rho}}$$

$$V_s=u_0A_0=C_0A_0\sqrt{\frac{2(p_a-p_b)}{\rho}} \tag{1-25}$$

$$W_s=u_0A_0\rho=C_0A_0\sqrt{2\rho(p_a-p_b)} \tag{1-25a}$$

式中　C_0——孔板流量计的孔流系数，由实验测定，一般在 0.6~0.7 之间。

孔板流量计安装位置的上、下游都要有一段内径不变的直管，以保证流体通过孔板之前的速度分布稳定。通常要求上游直管长度为 $50d$，下游直管长度为 $10d$。

1.2.3.3　转子流量计

转子流量计是在一根截面积自下而上逐渐扩大的垂直锥形玻璃管内，装有一个能够旋转自如的由金属或其它材质制成的转子。被测流体从玻璃管底部进入，从顶部流出。当流体通过转子与玻璃管间的环隙时，通道截面积缩小，流速增大，流体的静压强降低，使转子上下产生压力差。因此，转子是转子流量计的节流元件。

当流体自下而上流过垂直的锥形管时，转子受到两个力的作用，一是垂直向上的推动力，它等于流体流经转子与锥管间的环形截面所产生的压力差；另一是垂直向下的净重力，它等于转子所受的重力减去流体对转子的浮力。当流量加大使压力差大于转子的净重力时，转子就上浮；当流量减小使压力差小于转子的净重力时，转子就下沉。当压力差与转子的净重力相等时，转子处于平衡状态，即停留在一定位置上。在玻璃管外表面上刻有读数，根据转子的停留位置，即可读出流体的流量。

当转子在流体中处于平衡状态时，转子承受的压力差等于转子的净重力。

于是

$$(p_1-p_2) A_f = V_f \rho_f g - V_f \rho g$$

所以

$$p_1 - p_2 = \frac{V_f g (\rho_f - \rho)}{A_f} \tag{1-26}$$

式中　A_f——转子的最大截面积；

　　　V_f——转子的体积；

　　　ρ_f——转子材质的密度；

　　　ρ——被测流体的密度。

从上式可以看出，当用固定的转子流量计测量某流体的流量时，式中的 A_f、V_f、ρ_f、ρ 均为定值，所以，p_1-p_2 亦为恒定，与流量无关。

当转子停留在某固定位置时，转子与玻璃管之间的环形面积就是某固定值。此时流体流经该环形截面的流量和压强差的关系与流体通过孔板流量计小孔的情况类似，因此可仿照孔板流量计的流量公式写出转子流量计的流量公式，即：

$$V_s = C_R A_R \sqrt{\frac{2(p_a - p_b)}{\rho}} \tag{1-27}$$

将 p_1-p_2 代入，可得：

$$V_s = C_R A_R \sqrt{\frac{2g V_f (\rho_f - \rho)}{A_f \rho}} \tag{1-27a}$$

式中　A_R——转子与玻璃管的环形截面积；

　　　C_R——转子流量计的流量系数，与 Re 值及转子形状有关，由实验测定。

转子流量计的刻度与被测流体的密度有关。通常流量计在出厂之前，选用水和空气分别作为标定流量计刻度的介质。当应用于测量其它流体时，需要对原有的刻度加以校正。

以上所介绍的孔板流量计与转子流量计，其测量原理都依据伯努利方程式，所不同的是孔板流量计节流口面积恒定，节流口产生的压强差随流量的变化而变化，通过压强差大小来反映流量的大小；而转子流量计在节流口处的压强差恒定，通过节流口面积的变化反映流量的大小。前者称为变压强流量计，后者称为变节流面积流量计。

1.2.4 实际流体流动与阻力计算

1.2.4.1 流体的黏度与牛顿黏性定律

流体具有流动性，一方面在外力作用下其内部发生相对运动；另一方面，在运动状态下，流体还有一种抗拒内在向前运动的特性，这一特性称为黏性。黏性是流动性的反面，是流体内部内摩擦的表现。

实验证明，流体内部的内摩擦力可用下式表示：

$$F = \mu \cdot A \cdot \frac{\mathrm{d}u}{\mathrm{d}y} \ 或 \ \tau = \mu \cdot \frac{\mathrm{d}u}{\mathrm{d}y} \tag{1-28}$$

式中　F——内摩擦力，N；

　　　A——内摩擦力的作用面积，m^2；

　　　$\dfrac{\mathrm{d}u}{\mathrm{d}y}$——速度梯度，即在与流动方向垂直的 y 方向上流体速度的变化率，s^{-1}；

　　　μ——比例系数，其值随流体的不同而异，流体的黏性愈大，其值愈大，所以称为黏滞系数或动力黏度，简称黏度($Pa \cdot s$)，流体的黏度随外界条件的变化而变化，液体的黏度随温度的升高而减小，气体的黏度随温度的升高而增大；

　　　τ——内摩擦应力，$N \cdot m^{-2}$。

1.2.4.2 流体流动形态与雷诺数

流体在管内作稳态流动时，有两种截然不同的流动形态——滞流和湍流。

(1)滞流

也叫层流，其特征为流体流动过程中，流体质点沿管轴作一层滑过一层的平行运动，层与层之间没有干扰，只有扩散转移，因而流速沿断面按抛物线分布。管中心处速度最大，管内流体的平均流速为最大流速的 0.5 倍。

(2)湍流

也叫紊流，其特征为流体流动过程中，流体质点作不规则的杂乱运动，并相互碰撞，产生大大小小的旋涡，达到相互混合。由于流体质点的强烈分离与混合，使截面上靠管中心部分各点速度彼此拉平，速度分布比较均匀，所以速度分布曲线不再是抛物线。管内流体的平均速度为最大流速的 0.8 倍。

尽管管内流体作湍流流动，但在管壁处流体速度仍然为零，靠近管壁的流体仍作滞流流动，这一作滞流流动的流体层称为滞流内层(层流底层)。自滞流内层向管中央推移，速度逐渐增大，出现了既非滞流也非完全湍流的过渡区域，再往管中心才是湍流主体。

(3)雷诺数

影响流体的流动型态的各种因素(流速、管径、流体的密度、流体的黏度)归结起来形成的无因次数群，通过雷诺实验总结得出，称雷诺数，用 Re 表示。

$$Re = \frac{du\rho}{\mu} \tag{1-29}$$

实验证明，流体在直管内流动时，

$Re \leqslant 2000$ 时，为滞流；

$Re \geqslant 4000$ 时，为湍流；

$2000 < Re < 4000$ 时，过渡区，可能是滞流，也可能是湍流，是从滞流到湍流的过渡状态，受外界条件的影响，极易促成湍流的发生。

当生产中遇到非圆形截面管路时，用当量直径 d_e 代替管径 d 计算雷诺数。

$$d_e = \frac{4 \times 流体流过的横截面积}{流体润湿的周边长度} \qquad (1-30)$$

1.2.4.3　流体流动时的阻力计算

流体在管路中流动时的阻力可分为直管阻力和局部阻力两种：

直管阻力——流体流经一定管径的直管时，由于流体的内摩擦而产生的阻力。

局部阻力——流体流经管路中的管件、阀门及管截面的突然扩大或缩小等局部地方所引起的阻力。

伯努利方程式中的 $\sum h_f$ 项，是指所研究管路系统的总能量损失，它既包括系统中各段的直管阻力损失，也包括系统中各局部阻力损失。

$$\sum h_f = h_f + h_f' \qquad (1-31)$$

式中　h_f——直管阻力损失；

$\quad\quad h_f'$——局部阻力损失。

（1）直管阻力计算

①直管阻力计算通式

$$h_f = \lambda \cdot \frac{l}{d} \cdot \frac{u^2}{2} \qquad (1-32)$$

上式称为范宁公式。

式中　h_f——直管阻力，$J \cdot kg^{-1}$；

$\quad\quad \lambda$——摩擦阻力系数，无因次；

$\quad\quad l$——管长，m；

$\quad\quad d$——管径，m；

$\quad\quad u$——流体流动速度，$m \cdot s^{-1}$。

②滞流时的摩擦系数

$$\lambda = \frac{64}{Re} \qquad (1-33)$$

式中　Re——流体流动时的雷诺数。

③湍流时的摩擦系数：流体呈湍流流动时，其摩擦阻力系数 λ 与 Re 及相对粗糙度 ε/d（ε 为管壁绝对粗糙度）有关，即 $\lambda = f(Re, \varepsilon/d)$。$\lambda$ 一般由经验公式求得或由 $\lambda - (Re, \varepsilon/d)$ 关系图查得。

如用光滑管，在 Re 为 $3 \times 10^3 \sim 1 \times 10^5$ 范围内，实验得出的 λ 的关系式为：

$$\lambda = \frac{0.3164}{Re^{0.25}} \quad （柏拉修斯公式） \qquad (1-34)$$

（2）局部阻力计算

为克服局部阻力所引起的能量损失有两种计算方法：局部阻力系数法和当量长度法。

①局部阻力系数法

$$h_f' = \xi \cdot \frac{u^2}{2} \qquad (1-35)$$

式中　h'_f——局部阻力，$J \cdot kg^{-1}$；

　　ξ——局部阻力系数，无因次，可从数据手册中查出。

　②当量长度法

$$h'_f = \lambda \cdot \frac{l_e}{d} \cdot \frac{u^2}{2} \tag{1-36}$$

式中　h'_f——局部阻力，$J \cdot kg^{-1}$；

　　λ——摩擦阻力系数，取所在管路中直管条件下的数值；

　　l_e——当量长度，m，可从当量长度共线图中查得；

　　d——管径，m；

　　u——流体流动速度，取所在管路中直管条件下的数值，$m \cdot s^{-1}$。

（3）管路总阻力计算

$$\sum h_f = h_f + h'_f = \lambda \cdot \frac{l+l_e}{d} \cdot \frac{u^2}{2} \tag{1-37}$$

当管路由若干直径不同的管段组成时，由于各段流速不同，此时应分段计算，然后求和。总阻力还可用以下关系计算：

$$\sum h_f = h_f + h'_f = \lambda \cdot \frac{l+l_e}{d} \cdot \frac{u^2}{2g} \tag{1-37a}$$

式中，$\sum h_f$ 的单位为 m。

$$\sum h_f = h_f + h'_f = \lambda \cdot \frac{l+l_e}{d} \cdot \frac{\rho u^2}{2} \tag{1-37b}$$

式中，$\sum h_f$ 的单位为 Pa。

1.2.5　离心泵

1.2.5.1　离心泵的主要部件和工作原理

离心泵主要由叶轮、泵壳、导轮和轴封装置组成。具有若干弯曲叶片的叶轮安装在泵壳内，并紧固于泵轴上。离心泵一般由电机带动，在启动前需向泵壳内灌满被输送的液体。启动电机后，泵轴带动叶轮一起旋转，充满叶片之间的液体也随着转动，在离心力的作用下，液体从叶轮中心被抛向外缘并在此过程中获得能量，使叶轮外缘的液体静压强提高，同时也增大了流速，液体的动能也有所增加。液体离开叶轮进入泵壳后，由于泵壳中流道逐渐加宽，液体的流速逐渐降低，又将一部分动能转化为静压能，使泵出口液体的压强进一步提高，于是液体以较高的压强，从泵的排出口进入排出管路，输送至所需场所。

当泵内的液体从叶轮中心被抛向外缘时，在中心处形成了低压区，由于贮槽液面上方的压强大于泵吸入口处的压强，在压强差的作用下，液体便经吸入管路连续地被吸入泵内，以补充被排出的液体。只要叶轮不断地转动，液体便不断地被吸入和排出。由此可见，离心泵之所以能输送液体，主要是依靠高速旋转的叶轮。液体在离心力的作用下获得了能量以提高压强。离心泵启动时，如果泵壳与吸入管路内没有充满液体，泵壳内充满空气，由于空气的密度远小于液体的密度，所产生的离心力小，因而叶轮中心处所形成的负压不足以将贮槽内的液体压入泵内，此时虽启动离心泵，也不能输送液体。此现象称为离心泵的气缚现象，表示离心泵无自吸能力，所以离心泵在启动前必须向壳体内灌满液体。

1.2.5.2 离心泵的性能参数

（1）流量

离心泵的流量又称为泵的送液能力，是指离心泵在单位时间内排到管路系统里的液体体积，以 Q 表示。

（2）压头

泵的压头又称泵的扬程，是指泵对单位重量流体所提供的有效能量，以 H 表示。

（3）效率

在输送液体的过程中，外界能量通过叶轮传给液体时，不可避免地会有能量损失，故泵轴转动所做的功不能全部都为液体所获得，通常用效率来表示能量损失。这些能量损失包括容积损失、水力损失、机械损失。泵的效率可表示为液体所获得的能量与泵轴提供能量的比值。以 η 表示。

（4）轴功率

离心泵的轴功率是电机传至泵轴的功率。以 N 表示。

若以 N_e 表示有效功率，则有以下关系：

$$\eta = \frac{N_e}{N} \tag{1-38}$$

1.2.5.3 离心泵的特性曲线

由实验测得的流量、压头、轴功率和效率之间的关系曲线称为离心泵的特性曲线。特性曲线随转速的变化而变化，所以每一组特性曲线上都标有转速。各种型号的离心泵有其独特的特性曲线，但特性曲线具有以下的共同点。

（1）H-Q 曲线

表示泵的压头与流量的关系。离心泵的压头随流量的增大而下降。

（2）N-Q 曲线

表示泵的轴功率与流量的关系。离心泵的轴功率随流量的增大而上升，流量为零时，轴功率最小。所以离心泵启动时，应关闭泵的出口阀门，使启动电流减少，以保护电机。

（3）η-Q 曲线

表示泵的效率与流量的关系。当 $Q=0$ 时，$\eta=0$。随着流量的增大，泵的效率随之上升达到一最大值，以后流量再增，效率下降。说明离心泵在一定转速下有一最高效率点，称为设计点。离心泵的铭牌上标出的性能参数就是指该泵在运行时效率最高点的状况参数，称最佳工况参数。

1.2.5.4 影响离心泵性能的主要因素

（1）密度

离心泵的压头、流量、效率均与液体的密度无关，泵的轴功率随液体密度的增加而增加。

（2）黏度

黏度增大，泵的流量、压头减小，效率下降，轴功率增大。

（3）转速

当液体的黏度不大且泵的效率不变时，泵的流量、压头、轴功率与转速的近似关系为：

$$\frac{Q_1}{Q_2} = \frac{n_1}{n_2} \qquad \frac{H_1}{H_2} = \left(\frac{n_1}{n_2}\right)^2 \qquad \frac{N_1}{N_2} = \left(\frac{n_1}{n_2}\right)^3 \tag{1-39}$$

式中 Q_1、H_1、N_1——转速为 n_1 时泵的性能；

$\quad\quad$ Q_2、H_2、N_2——转速为 n_2 时泵的性能。

（4）直径

若对同一型号的泵，换用较小的叶轮而其它尺寸不变，这种现象称为叶轮的"切割"。当叶轮直径变化不大，而转速不变时，叶轮直径和流量、压头、轴功率之间的近似关系为：

$$\frac{Q}{Q'} = \frac{D_1}{D_2} \qquad \frac{H}{H'} = \left(\frac{D_1}{D_2}\right)^2 \qquad \frac{N}{N'} = \left(\frac{D_1}{D_2}\right)^3 \tag{1-40}$$

式中 Q、H、N——叶轮直径为 D_1 时泵的性能；

$\quad\quad$ Q'、H'、N'——转速为 D_2 时泵的性能。

1.2.5.5 离心泵的汽蚀现象与安装高度

（1）离心泵的汽蚀现象

离心泵运转时，液体的压强随着从泵吸入口向叶轮入口而下降，叶片入口附近的压强最低。当叶片入口附近的最低压强等于或小于输送温度下液体的饱和蒸气压时，液体就在该处发生汽化并产生气泡。这些气泡随同液体从低压区流向高压区，在高压的作用下，迅速凝结或破裂，瞬间周围的液体即以极高的速度冲向原气泡所占据的空间，在冲击点处形成高达几百大气压的压强，冲击频率可高达每秒几万次，这种现象称为离心泵的汽蚀现象。汽蚀发生时，产生噪声和振动，叶轮局部在冲击力的反复作用下，材料表面疲劳，从点蚀到产生严重的蜂窝状空洞，使叶片损坏。为了保证离心泵能正常运转，叶片入口附近的最低压强必须维持在某一临界值以上。通常是取输送温度下液体的饱和蒸气压作为临界压强。

在实际操作中，不易测出最低压强处的位置，而往往是测泵入口处的压强，然后考虑一安全量，即为泵入口处允许的最低绝对压强，以 p_1 表示。习惯上常以被输送液体的液柱高度作为压强计量单位，并以真空度形式表示，称为允许吸上真空度（允许吸上高度），记为 H_s。

$$H_s = \frac{p_a - p_1}{\rho g} \tag{1-41}$$

式中 p_a——大气压强；

$\quad\quad$ ρ——被输送液体的密度。

（2）离心泵的允许安装高度

离心泵的允许安装高度是指泵的吸入口与吸入贮槽液面间可允许达到的最大垂直距离，以 H_g 表示。

$$H_g = H_s - \left(\frac{u_1^2}{2g} + h_{f,0-1}\right) \tag{1-42}$$

式中 u_1——泵吸入口处的流速，$m \cdot s^{-1}$；

$\quad\quad$ $h_{f,0-1}$——流体流经吸入管路的全部能量损失，m 液柱。

离心泵的允许吸上真空度的值标注在泵性能表上，此值为泵制造厂在常压下，以 20℃清水为工质实验测定。当操作条件与实验条件不同时，需进行换算。

① 当输送与实验条件不同的清水时，需将 H_s 换算为 H_{s1}。

$$H_{s1} = H_s + (H_a - 10) - (H_v - 0.24) \tag{1-43}$$

式中　H_a——泵安装地区的大气压强，mH_2O；

　　　H_v——操作温度下水的饱和蒸气压，mH_2O；

　　　10——实验条件下的大气压强，mH_2O；

　　0.24——实验温度（20℃）下水的饱和蒸气压，mH_2O。

②当输送与实验条件不同的其它液体时，需将 H_{s1} 换算为 H'_s。

$$H'_s = H_{s1} \cdot \frac{\rho_{H_2O}}{\rho} \tag{1-44}$$

式中　ρ_{H_2O}——操作温度下水的密度，$kg \cdot m^{-3}$；

　　　ρ——操作温度下被输送液体的密度，$kg \cdot m^{-3}$。

（3）允许汽蚀余量

允许汽蚀余量定义为：为防止汽蚀现象发生，离心泵入口处液体的静压头 $\dfrac{p_1}{\rho g}$ 与动压头 $\dfrac{u_1^2}{2}$

之和必须大于液体在操作温度下的饱和蒸气压头 $\dfrac{p_v}{\rho g}$ 某一最小指定值 Δh，即：

$$\Delta h = \frac{p_1}{\rho g} + \frac{u_1^2}{2} - \frac{p_v}{\rho g} \tag{1-45}$$

用允许汽蚀余量表示的安装高度计算式为：

$$H_g = \frac{p_a}{\rho g} - \frac{p_v}{\rho g} - \Delta h - h_{f,0-1} \tag{1-46}$$

式中　p_a——吸入贮槽液面上方的压强，Pa；

　　　p_v——操作温度下被输送液体的饱和蒸气压，Pa。

1.2.5.6　离心泵的工作点和流量调节

（1）管路特性曲线

当离心泵安装在特定的管路系统中工作时，实际的工作压头和流量不仅与离心泵本身的性能有关，还与管路的特性有关。

在稳态流动系统中，

$$H_e = \Delta h + \Delta \frac{p}{\rho g} + \Delta \frac{u^2}{2} + \sum h_f \tag{1-47}$$

在固定的管路系统中，于一定的条件下进行操作时，上式的 Δh 与 $\Delta \dfrac{p}{\rho g}$ 均为定值，即：

$$\Delta h + \Delta \frac{p}{\rho g} = K \tag{1-48}$$

若贮槽与受槽的截面都很大，该处流速和管路相比可以忽略不计，则 $\Delta \dfrac{u^2}{2g} \approx 0$，上述伯努利方程式简化为：

$$H_e = K + \sum h_f \tag{1-49}$$

管路系统的压头损失为：

$$\sum h_{f} = \left(\lambda \cdot \frac{l + \sum l_{e}}{d} + \xi_{c} + \xi_{e} \right) \cdot \frac{u^{2}}{2} \tag{1-50}$$

$$= \left(\lambda \cdot \frac{l + \sum l_{e}}{d} + \xi_{c} + \xi_{e} \right) \cdot \frac{\left(\dfrac{Q_{e}}{3600A} \right)^{2}}{2} = BQ_{e}^{2}$$

$$H_{e} = K + BQ_{e}^{2} \tag{1-51}$$

将此关系标绘在相应的坐标图上所得的曲线，称为管路特性曲线，表示在特定管路系统中，一定操作条件下，流体流经该管路时所需的压头与流量的关系。

离心泵总是安装在一定管路上工作的，泵所提供的压头与流量必然应与管路所需的压头及流量相一致。若将离心泵的特性曲线 H–Q 与其所在管路的特性曲线 H_{e}–Q_{e} 绘于同一坐标图上，两线的交点称为泵在该管路上的工作点。

（2）离心泵的流量调节

离心泵在指定的管路上工作时，由于生产任务发生变化，出现泵的工作流量与生产要求不相适应，或已选择好的离心泵在特定管路中运转时，所提供的流量不符合输送任务的要求时，都需要进行流量调节。流量调节，实质上是改变离心泵的工作点。离心泵的工作点为管路特性曲线与泵的特性曲线所决定，因此，改变两种特性曲线之一均能达到调节流量的目的。

①改变阀门的开度：改变离心泵出口管线上的阀门开度，实质是改变管路特性曲线中的 B 值。当阀门关小时，管路的局部阻力加大，管路特性曲线变陡，工作点左移；当阀门开大时，管路局部阻力减小，管路特性曲线变得平坦一些，工作点右移。

用阀门调节流量方便，且流量可以连续变化，适合化工连续生产的特点。其缺点是当阀门关小时，流动阻力加大，要额外多消耗一部分动力。

②改变泵的转速：改变离心泵的转速，实质上是改变泵的特性曲线，若把泵的转速提高，则泵的特性曲线向上移，工作点右移，流量增大；若把泵的转速降低，则曲线便向下移，工作点左移，流量减小。

用改变泵的转速的调节方法能保持管路特性曲线不变，流量随转速下降而减小，动力消耗也相应降低，但需要变速装置或价格昂贵的变速原动机，且难以做到流量连续调节。

§1.3 基础知识测试题

一、填空题

1. 气体的黏度值随温度的升高而_____；液体的黏度值随温度的升高而_____。

2. 在体积流量相同的条件下，（1）管径不同的细管和粗管中流动物性相同的流体，先到达湍流形态的是_____管；（2）管径相同的管路中流动黏度不同的流体，当它们处于相同流动形态时，黏度大的流体的流速_____。

3. 流体在管道中流动，层流时，其平均流速等于管道中心最大流速的_____倍；湍流时，则约为_____倍。

4. 流体充满导管作稳态流动，当其雷诺数小于_____时，流体在管中的流动形态属于_____；当其雷诺数大于_____时，流体在管中的流动形态属于_____。

5. 流体在 ϕ25mm×2.5mm 及 ϕ57mm×3.5mm 组成的套管换热器环隙中流动，其当量直径为_____ mm。

6. 单位质量流体的能量单位是_____；单位体积流体的能量单位是_____；单位重量流体的能量单位是_____。以液柱高度表示的能量，在工程上的术语是_____。

7. 流体由管内径 d_1 = 20mm 的细管流向管内径 d_2 = 40mm 的粗管，细管中的流速 u_1 = 1.0m·s^{-1}，则粗管内的流速 u_2 = _____ m·s^{-1}。

8. 流体在水平等径的直管中流动时，存在着摩擦阻力造成的能量损失 H_f，所损失的能量由机械能中的_____转换而来，由此而产生流体的_____下降。

9. 孔板流量计和转子流量计测流量都是依据_____原理，前者通过所测_____来计算流体的流量，后者由_____来确定流量的大小。

10. 双液 U 形微差压差计，是利用两种互不相溶指示液的_____差小，在同样压差下增大压差计指示液的_____差来提高测量的精度。

11. 流体在圆形管道中流动时，局部阻力的计算方法有_____和_____。

12. 离心泵的流量由零开始增大，其扬程_____，功率_____，效率_____。流量调节通常采用_____。离心泵安装时为避免_____的发生，其安装高度必须小于离心泵的允许吸上高度。

13. 流体充满粗糙导管作稳态流动过程中，其流形为层流时，摩擦阻力系数 λ 大小仅与_____有关；湍流时，λ 的大小通常与_____和_____有关；湍流程度加剧到完全湍流时，λ 的大小则只与_____有关。

14. 离心泵的工作点是_____曲线与_____曲线的交点。

15. 离心泵在启动前必须先在吸入管和泵壳中_____，否则会发生_____现象。

二、判断题

1. 理想流体在管内作稳态流动时，在管内径较大的管段处，其静压强便会减小。
（　　）

2. 流体流动时，其黏度越大，内摩擦力越大。 （　　）

3. 流体在一带锥度的圆管内流动，当流经 A—A 和 B—B 两个截面时，虽然平均流速 u_A ≠ u_B，但 u_A 与 u_B 均不随时间而变化。这一流动过程仍是稳态流动。 （　　）

4. 流体在等径的直管中作稳态流动时，由于流体流动而有摩擦阻力，因此，流体的压强将沿管长而降低，流速也随之沿管长而变小。 （　　）

5. 实际流体在导管内作稳态流动时，各种形式的能量（或压头）可以相互转化。导管任一截面的位压头、动压头和静压头之和为一常数。 （　　）

6. 流体在圆管内流动，若流量不变，而使管径增大一倍（设流体的物性不变），则雷诺数的值为原来的 2 倍。 （　　）

7. 滞流时，摩擦阻力系数 λ 与雷诺数 Re 的关系为 $\lambda = \dfrac{64}{Re}$。这一关系既适用于光滑管也适用于粗糙管。   （   ）

8. 离心泵的说明书上所列出的泵的扬程是指泵的轴功率最大值时的扬程值。   （   ）

9. 离心泵的安装高度与泵使用地的大气压和所输送的液体的蒸气压有关。当泵使用地的大气压较小时，安装高度减小；当输送温度较高或饱和蒸气压较高的液体时，泵的安装高度往往很低，有时甚至出现负值（即需要将泵装于被输送液体的液面之下）。   （   ）

10. 凡服从牛顿黏性定律的流体称为牛顿型流体，而不遵循牛顿黏性定律的流体称为非牛顿型流体。   （   ）

三、选择题

1. 伯努利方程表达了流体流动过程中的（   ）。

（A）力的平衡关系　　　　　　　　　　（B）物料衡算关系

（C）动量衡算关系　　　　　　　　　　（D）机械能衡算关系

2. 流体在圆管内呈层流流动时，速度分布曲线的形状及平均速度 u 和最大速度 u_{max} 的关系分别为（   ）。

（A）抛物线形，$u = \dfrac{1}{2}u_{max}$　　　　　　　（B）非严格的抛物线形，$u = 0.82u_{max}$

（C）非严格的抛物线形，$u = \dfrac{1}{2}u_{max}$　　　（D）抛物线形，$u = 0.82u_{max}$

3. 某液体在内径为 d_1 的管路中作稳态流动时，其平均流速为 u_1。当它以相同的体积流量通过内径为 $d_2(d_2 = \dfrac{d_1}{2})$ 的管路时，则其平均流速 u_2 为原来流速 u_1 的（   ）。

（A）2 倍　　　　（B）4 倍　　　　（C）8 倍　　　　（D）16 倍

4. 实际流体流经一根直径均等的水平导管，流动过程中因阻力造成的单位质量流体的能量损耗主要表现为（   ）。

（A）静压能的减少　　　　　　　　　　（B）动能的减少

（C）内能的减少　　　　　　　　　　　（D）三者兼而有之

5. 流体在确定的系统内作连续的稳态流动时，通过质量衡算可得到（   ）。

（A）流体静力学基本方程　　　　　　　（B）连续性方程

（C）伯努利方程　　　　　　　　　　　（D）泊谡叶方程

6. 图中所示两种情况，理想流体稳态流动时的压强表达式正确的是（   ）。

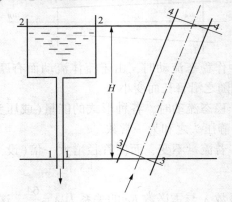

（A）$p_1 = p_2 + \rho g H$　　　　　　　　　　　（B）$p_3 = p_4 + \rho g H$

（C）（A）、（B）两式都对　　　　　　　　　　（D）（A）、（B）两式都错

7. 用一圆形管道输送某液体，管长 l 和体积流量 V_s 不变。在层流情况下，若仅管径 d 变为原来的 1.1 倍，则因摩擦阻力造成的能量损失是原来的（　　）。

（A）0.68 倍　　　　（B）0.83 倍　　　　（C）0.75 倍　　　　（D）0.91 倍

8. 当离心泵的出口阀门开大时，离心泵的扬程随流量的增大而（　　）。

（A）减小　　　　　　（B）增大　　　　　　（C）不变　　　　　　（D）无法确定

9. 离心泵的气缚现象是指（　　）。

（A）用离心泵输送气体时不能获得很高的扬程

（B）离心泵出口管路中没有安装旁路导致突然停泵时叶轮被出口管中返回的水冲坏

（C）因离心泵安装位置过低，不能正常运转

（D）因离心泵内有气体失去了输送液体的能力

10. 离心泵的轴功率 N 与流量 V_s 的关系为（　　）。

（A）V_s 增大，N 增大　　　　　　　　　　　（B）V_s 增大，N 减小

（C）V_s 增大，N 先增大后减小　　　　　　（D）V_s 增大，N 先减小后增大

11. 离心泵的效率 η 与流量 V_s 的关系为（　　）。

（A）V_s 增大，η 增大　　　　　　　　　　　（B）V_s 增大，η 减小

（C）V_s 增大，η 先减小后增大　　　　　　（D）V_s 增大，η 先增大后减小

12. 在包含离心泵的管路系统中，当流量调节阀的开度改变时，则（　　）。

（A）不会改变管路的特性曲线　　　　　　（B）不会改变离心泵的工作点

（C）不会改变离心泵的特性曲线　　　　　　（D）不会改变管路所需的压头

13. 流体在某一圆形直管中流动时，若流动状况已进入完全湍流区，则摩擦系数 λ 与雷诺数 Re 的关系为（　　）。

（A）Re 增加，λ 增大　　　　　　　　　　（B）Re 增加，λ 减小

（C）Re 增加，λ 基本不变　　　　　　　　（D）Re 增加，λ 先增加后减小

四、计算题

1. 如图所示敞口容器中盛有不互溶的油和水。油和水的密度分别为 $800 kg \cdot m^{-3}$ 和 $1000 kg \cdot m^{-3}$。水层高度为 0.40m，油层高度为 0.50m。求细管中的液面与容器的液面哪一个高？高度差为多少？

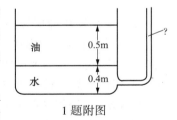

1题附图

2. 套管式换热器由内管为 $\phi25mm \times 2.5mm$ 与外管为 $\phi56mm \times 3.0mm$ 的钢管构成，环隙内液体的流量为 $3600 kg \cdot h^{-1}$，其密度为 $1200 kg \cdot m^{-3}$，黏度为 $1.25 \times 10^{-3} Pa \cdot s$，试判断其流动形态。

3. 如图所示，水槽液面至出水口垂直距离保持 8.2m，导管管径为 $\phi119mm \times 4.5mm$，阻力造成压头损失为 7.5m（水柱），试求管中水的体积流量。

4. 如图所示，贮槽内水位恒定，距液面 6m 深处用一内径为 80mm 的钢质水管与水槽相连，管路上装有一阀门，距管路入口端 3m 处有一压力表，当阀门全开时，压力表的读数为 $2.6 \times 10^4 Pa$（表压）。直管的摩擦系数 $\lambda = 0.03$。管路入口处的局部阻力系数 $\xi = 0.5$。试求：阀门阻力引起的能量损失。

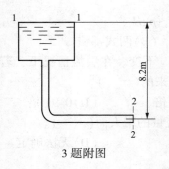

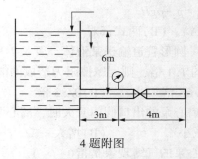

3 题附图

4 题附图

5. 从一水池中用虹吸管吸水,系统的尺寸如图所示。所用的虹吸管直径为 $\phi38mm \times 2.5mm$。

(1)求水管每小时的输水量(设管道的阻力可忽略)。

(2)A 点位于进水口水管的中心,B 点位于水管顶端的中心。求输水过程中 A、B 两点的静压强。(水的密度取 $1000kg \cdot m^{-3}$)

6. 如图所示,$h=3m$ 时,管内水流速为 $1m \cdot s^{-1}$。若要使管内水流速达到 $2m \cdot s^{-1}$,贮水槽内液面距地面高度 h 应为多少米?假定在这两种情况下,管内水都处于高度湍流状态。

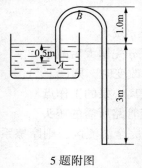

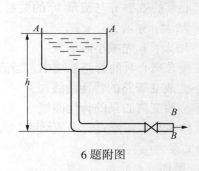

5 题附图

6 题附图

7. 流体层流流经一根水平导管,当流体的流量增大到原来的 3 倍时(此时仍为层流),求:

(1)流体的压降为原来的几倍?

(2)如欲使压降保持不变,则导管的内径应为原导管内径的几倍?

8. 如图所示,槽内水位保持不变,槽的底部与内径为 100mm 的钢质水管相连,管路上装有一个闸阀,阀的上游距管路入口端 15m 处装有以汞为指示液的 U 形管压差计。其一臂与管道相连,另一臂通大气,压差计连接管内充满了水。当闸阀关闭时,测得 $R_0=600mm$,$h_0=1500mm$。当闸阀部分开启时,测得 $R=400mm$,$h=1400mm$。问每小时从管中流出的水为多少立方米?已知管路的摩擦系数为 0.02,入口处局部阻力的当量长度为 2.5m,水的密度为 $1000kg \cdot m^{-3}$,汞的密度为 $13600kg \cdot m^{-3}$。

9. 如图所示,水以 $11000kg \cdot h^{-1}$ 的质量流量流经管径分别为 $\phi60mm \times 3.5mm$ 和 $\phi42mm \times 3mm$ 的水平异径管路。在 A 和 B 两截面处分别与倒置 U 形管压差计相接,其读数 R 为 90mm,试计算:

(1)每 1kg 水流经 A、B 两截面间的能量损失;

(2)由该能量损失造成的压降。

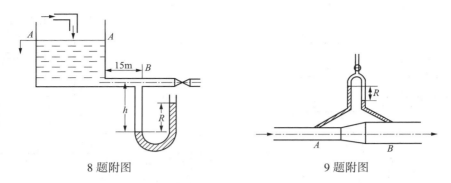

8 题附图   9 题附图

10. 为了能以均匀速度向精馏塔加料，料液从高位槽自动流入精馏塔中。高位槽通大气，并保持液面高度不变。精馏塔中操作压强为 $9.81 \times 10^3 Pa$（表压），料液经管径为 $\phi 38mm \times 1.5mm$ 的导管，以 $5m^3 \cdot h^{-1}$ 的体积流量向精馏塔进料。管路的全部压头损失为 3m（液柱）。求高位槽液面应高出塔进料口多少米？（已知料液密度为 $850kg \cdot m^{-3}$）

11. 如图所示，已知密度为 $750kg \cdot m^{-3}$ 的汽油，利用虹吸管自 A 容器吸至下面的 B 容器，若不计阻力，大气压强为 98.37kPa。

（1）试求虹吸管中汽油的流速。

（2）若在使用温度下，汽油的蒸气压力为 66.64kPa，问虹吸管上端最多可比 A 容器液面高多少米？

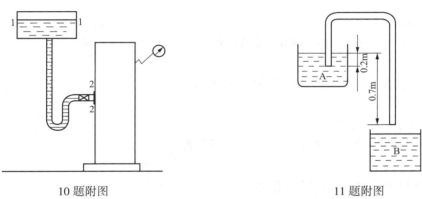

10 题附图   11 题附图

12. 如图所示，密度为 $1000kg \cdot m^{-3}$ 的水以 $1.5m \cdot s^{-1}$ 的流速从水平钢管（$\phi 28mm \times 2.5mm$）流过同心水平钢管（$\phi 53mm \times 3mm$），在 A、B 处装有一以水银为指示液的压差计。若水流经 A、B 两截面的能量损失为 $3.0J \cdot kg^{-1}$，求压差计的读数，并将其在图上标出。

13. 用离心泵从井中抽水送至水塔中（如图），水塔通大气，井和塔的液面均维持不变。已知抽水量为 $60m^3 \cdot h^{-1}$，输水管道内径为 125mm，管路总长加上弯管、阀门、进出口等局部阻力的当量长度总共为 200m，水的密度为 $1000kg \cdot m^{-3}$，黏度为 $1.005 \times 10^{-3} Pa \cdot s$。

（1）求泵所需的扬程；

（2）如泵的效率为 70%，则泵的轴功率为多少？

（注：取 $\lambda = 0.184 Re^{-0.2}$）

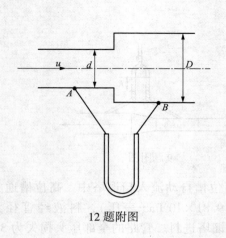

12 题附图

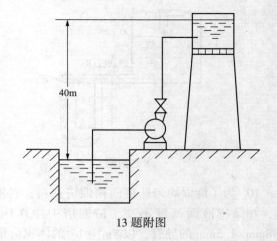

13 题附图

§1.4 基础知识测试题参考答案

一、填空题

1. 增大；减小

2. 细；大

3. 0.5；0.8

4. 2000；滞流（或层流）；4000；湍流（或紊流）

5. 25mm

6. $J \cdot kg^{-1}$；$N \cdot m^{-2}(Pa)$；m(流体柱)；压头

7. 0.25

8. 静压能；压强

9. 流体机械能守恒与转换；压强差；转子位置

10. 密度；高度

11. 局部阻力系数法；当量长度法

12. 降低；增大；先增大后减小；出口管路阀门；汽蚀现象

13. 雷诺数 Re；雷诺数 Re；管壁相对粗糙度 $\dfrac{\varepsilon}{d}$；管壁相对粗糙度 $\dfrac{\varepsilon}{d}$

14. 离心泵特性；管路特性

15. 灌满被输送的液体；气缚

二、判断题

1. ×   2. √   3. √   4. ×   5. ×

6. ×   7. √   8. ×   9. √   10. √

三、选择题

1. D   2. A   3. B   4. A   5. B

6. B   7. A   8. A   9. D   10. A

11. D   12. C   13. C

四、计算题

1. 解：细管中的压强与容器中液体的压强处于平衡状态

$$g(\rho_{H_2O} \cdot H_{H_2O} + \rho_{油} \cdot H_{油}) = g \cdot \rho_{H_2O} \cdot h$$

$$h = \frac{1000 \times 0.4 + 800 \times 0.5}{1000} = 0.8(m)$$

$$0.5 + 0.4 - 0.8 = 0.1(m)$$

容器中的液面比细管中的液面高 0.10m。

2. 解：已知：$W_s = 3600 kg \cdot h^{-1}$，$\rho = 1200 kg \cdot m^{-3}$，$\mu = 1.25 \times 10^{-3} Pa \cdot s$

则流速

$$u = \frac{3600/3600}{\frac{\pi}{4}(0.050^2 - 0.025^2) \times 1200} = 0.57 m \cdot s^{-1}$$

当量直径

$$d_e = 4 \times \frac{\frac{\pi}{4}(0.050^2 - 0.025^2)}{\pi(0.050 + 0.025)} = 0.050 - 0.025 = 0.025(m)$$

雷诺数

$$Re = \frac{d_e u \rho}{\mu} = \frac{0.025 \times 0.57 \times 1200}{1.25 \times 10^{-3}} = 1.37 \times 10^4 > 4000$$

流动形态为湍流。

3. 解：取水槽液面为 1-1 截面，出水口为 2-2 截面，并以 2-2 截面为基准面，列伯努利方程：

$$H_1 + \frac{u_1^2}{2g} + \frac{p_1}{\rho g} = H_2 + \frac{u_2^2}{2g} + \frac{p_2}{\rho g} + H_f$$

$H_1 = 8.2m$，$H_2 = 0$

液面与出水口均与大气相通，$p_1 = p_2 = 0$，$u_1 = 0$

$$8.2 = \frac{u_2^2}{2g} + 7.5$$

$$u_2 = \sqrt{(8.2 - 7.5) \times 2g} = \sqrt{0.7 \times 2 \times 9.81} = 3.71(m \cdot s^{-1})$$

水的体积流量 $V_s = u_2 \times \frac{\pi d^2}{4} = 3.71 \times \frac{\pi}{4} \times 0.11^2 = 0.035(m^3 \cdot s^{-1}) = 126.8(m^3 \cdot h^{-1})$

4. 解：对 1-1 和 2-2 截面（如图所示）：

$$gH_1 = \frac{u_2^2}{2}\left(1 + \xi + \lambda \frac{l_1}{d}\right) + \frac{p_2}{\rho}（表压）$$

$$u_2^2 = \frac{2gZ_1 - 2p_2/\rho}{(1 + \xi + \lambda l_1/d)}$$

$$= \frac{2 \times 9.81 \times 6 - 2 \times 2.6 \times 10^4/1000}{(1 + 0.5 + 0.03 \times 3/0.08)}$$

$$= 25.0(m^2 \cdot s^{-2})$$

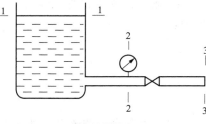

4 题解题附图

对 2-2 和 3-3 截面：（$u_2 = u_3$）

$$\frac{p_2}{\rho}（表压）= \frac{u_2^2}{2}\left(\lambda \frac{l_2}{d}\right) + h_f（阀门）$$

则阀门阻力引起的能量损失

$$h_f(阀门) = 2.6 \times 10^4/1000 - \frac{25}{2} \times 0.03 \times \frac{4}{0.08} = 7.25(J \cdot kg^{-1})$$

5. 解：（1）取吸水管的出口处为基准面；分别选取水池液面和水管出口处为 1-1 和 2-2 截面，列出伯努利方程：

$$gH_1 + \frac{u_1^2}{2} + \frac{p_1}{\rho} = gH_2 + \frac{u_2^2}{2} + \frac{p_2}{\rho}$$

$H_1 = 3m$，$H_2 = 0$，$p_1 = p_1 = 0$（表压），$u_1 = 0$，$3g = \frac{u_2^2}{2}$，$u_2 = \sqrt{2 \times 9.81 \times 3} = 7.67 m \cdot s^{-1}$

$$V_s = u_2 \times \frac{\pi d^2}{4} = 7.67 \times \frac{\pi}{4} \times 0.033^2 = 6.56 \times 10^{-3}(m^3 \cdot s^{-1}) = 23.6(m^3 \cdot h^{-1})$$

（2）求 A、B 两点的静压强

在水池液面与水管进口 A 截面处列出伯努利方程式（以水池液面为基准面）

$$gH_1 + \frac{u_1^2}{2} + \frac{p_1}{\rho} = gH_A + \frac{u_A^2}{2} + \frac{p_A}{\rho}$$

$$\frac{u_A^2}{2} = \frac{u_2^2}{2} = 3g, \quad 0 + 0 + 0 = -0.5g + 3g + \frac{p_A}{\rho}$$

$$\frac{p_A}{\rho} = -2.5g = -2.5 \times 9.81 = -24.5(J \cdot kg^{-1})$$

$$p_A = -24.5kPa（表压）$$

在水池液面与水管最高点 B 截面之间列出伯努利方程：

$$gH_1 + \frac{u_1^2}{2} + \frac{p_1}{\rho} = gH_B + \frac{u_B^2}{2} + \frac{p_B}{\rho}$$

$$0 + 0 + 0 = g + 3g + \frac{p_B}{\rho}$$

$$\frac{p_B}{\rho} = -4g = -4 \times 9.81 = -39.2(J \cdot kg^{-1})$$

$$p_A = -39.2kPa（表压）$$

A 点静压强为 -24.5kPa（表压强），B 点静压强为 -39.2kPa，均小于大气压。

6. 解：以水出口管轴线为基准，对 A-A 至 B-B 截面间列伯努利方程，则在两种情况下各为：

$$h_1 = \frac{u_1^2}{2g} + \sum H_f = (1 + \lambda_1 \frac{l}{d} + \sum \xi) \frac{u_1^2}{2g}$$

$$h_2 = \frac{u_2^2}{2g} + \sum H_f = (1 + \lambda_2 \frac{l}{d} + \sum \xi) \frac{u_2^2}{2g}$$

因为处于高度湍流区，故 λ 的大小只与管道粗糙度有关，与流速无关，即与 Re 无关。所以 $\lambda_1 = \lambda_2$，已知 $u_1 = 1 m \cdot s^{-1}$，$u_2 = 2 m \cdot s^{-1}$

则

$$\frac{h_1}{h_2} = \frac{\frac{u_1^2}{2g}(1 + \lambda_1 \frac{1}{d} + \sum \xi)}{\frac{u_1^2}{2g}(1 + \lambda_2 \frac{1}{d} + \sum \xi)} = \frac{u_1^2}{u_2^2}$$

故
$$h_2 = h_1 \frac{u_2^2}{u_1^2} = 3 \times \frac{2^2}{1^2} = 12 \, (\text{m})$$

7. 解：（1）根据泊谡叶公式：

$$\frac{\Delta p_{\text{f}1}}{\Delta p_{\text{f}2}} = \frac{\dfrac{32\mu_1 l_1 u_1}{d_1^2}}{\dfrac{32\mu_2 l_2 u_2}{d_2^2}}$$

因 $l_1 = l_2$，$d_1 = d_2$，$\mu_1 = \mu_2$，而 $u_2 = 3u_1$

$$\frac{\Delta p_{\text{f}1}}{\Delta p_{\text{f}2}} = \frac{1}{3} \qquad \Delta p_{\text{f}2} = 3\Delta p_{\text{f}1}$$

流量增加 3 倍后，压降也为原来的 3 倍。

（2）如压力降不变，则 $\qquad \Delta p_{\text{f}1} = \Delta p_{\text{f}2}$

$$u_1 d_2^2 = u_2 d_1^2 \qquad \frac{u_1}{u_2} = \left(\frac{d_1}{d_2}\right)^2 \qquad\qquad ①$$

又已知： $\qquad\qquad 3u_1 d_1^2 = u_2 d_2^2 \qquad \frac{u_1}{u_2} = \frac{d_2^2}{3d_1^2} \qquad\qquad ②$

由式①、式②： $\left(\dfrac{d_1}{d_2}\right)^2 = \dfrac{d_2^2}{3d_1^2} \qquad 3d_1^4 = d_2^4$

$$d_2 = \sqrt[4]{3d_1^4} = 1.316 d_1$$

导管内径应为原来的 1.316 倍。

8. 解：以出水管中心线为基准面，以贮槽液面 A-A 为上游截面，以测压点处 B-B 为下游截面，两截面间列伯努利方程：

$$H_A + \frac{u_A^2}{2g} + \frac{p_A}{\rho g} = H_B + \frac{u_B^2}{2g} + \frac{p_B}{\rho g} + \sum H_{\text{f}}$$

$$H_B = 0, \quad u_A \approx 0, \quad p_A = 0\,(\text{表压})$$

阀门关闭时 $(H_A + h_0)\rho_{\text{H}_2\text{O}} = R_0 \rho_{\text{Hg}}$

$$H_A = \frac{R_0 \rho_{\text{Hg}} - h_0 \rho_{\text{H}_2\text{O}}}{\rho_{\text{H}_2\text{O}}} = \frac{0.6 \times 13600 - 1.5 \times 1000}{1000} = 6.66 \, (\text{m})$$

阀门开启时 $p_B = R\rho_{\text{Hg}}g - h\rho_{\text{H}_2\text{O}}g = (0.4 \times 13600 - 1.4 \times 1000) \times 9.81 = 39632 \,(\text{Pa})\,(\text{表压})$

$$\sum H_{\text{f}} = \lambda \cdot \frac{l + l_{\text{e}}}{d} \cdot \frac{u^2}{2g} = 0.02 \times \frac{15 + 2.5}{0.1} \times \frac{u^2}{2 \times 9.81} = 0.18u^2$$

代入伯努利方程 $6.66 = \dfrac{39632}{1000 \times 9.81} + \dfrac{u^2}{2 \times 9.81} + 0.18u^2$

$$u = 3.37 \, \text{m} \cdot \text{s}^{-1}$$

体积流量 $\qquad V_{\text{s}} = \dfrac{\pi}{4} d^2 \cdot u \times 3600 = \dfrac{\pi}{4} \times 0.1^2 \times 3.37 \times 3600 = 95.2 \, (\text{m}^3 \cdot \text{h}^{-1})$

9. 解：（1）在 A、B 两截面间列出伯努利方程：

$$H_A + \frac{u_A^2}{2g} + \frac{p_A}{\rho g} = H_B + \frac{u_B^2}{2g} + \frac{p_B}{\rho g} + \sum H_{\text{f}} \qquad\qquad ①$$

$$H_A = H_B$$

$$u_A = \frac{11000}{3600 \times 0.785 \times 0.036^2 \times 1000} = 3.00(\mathrm{m \cdot s^{-1}})$$

$$u_B = \frac{11000}{3600 \times 0.785 \times 0.053^2 \times 1000} = 1.39(\mathrm{m \cdot s^{-1}})$$

$$\frac{p_A - p_B}{\rho} = gR = 9.81 \times 0.09 = 0.083(\mathrm{J \cdot kg^{-1}})$$

代入式①可得：

$$\sum h_f = \frac{3.00^2 - 1.39^2}{2} + 0.083 = 4.42(\mathrm{J \cdot kg^{-1}})$$

每千克水流经 A，B 截面之间损失的能量为4.42J。

（2）由此造成的压降为

$$\Delta p_f = \rho \sum h_f = 1000 \times 4.42 = 4.42(\mathrm{kPa})$$

10. 解：如图所示，取 1—1 和 2—2 截面间为衡算系统，且以 2—2 为基准面。列伯努利方程：

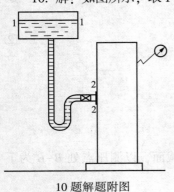

10题解题附图

$$H_1 + \frac{u_1^2}{2g} + \frac{p_1}{\rho g} = H_2 + \frac{u_2^2}{2g} + \frac{p_2}{\rho g} + H_f$$

已知：$p_1 = 0$，$u_1 = 0$，$H_2 = 0$，

$p_2 = 9.81 \times 10^3 \mathrm{Pa}$，$\sum H_f = 3\mathrm{m}$

$$u_2 = \frac{V_s}{3600 \times \frac{\pi}{4}d^2} = \frac{5}{3600 \times 0.785 \times \left(\frac{38 - 2 \times 1.5}{10^3}\right)^2} = 1.44(\mathrm{m \cdot s^{-1}})$$

由此可得：

$$H_1 = \frac{(1.44)^2}{2g} + \frac{9.81 \times 10^3}{850 \times 9.81} + 3 = 4.29(\mathrm{m})$$

11. 解：（1）取 A 容器液面为 1—1 截面，虹吸管出口为 2—2 截面，并以 2—2 截面为基准面，列伯努利方程：

$$H_1 + \frac{u_1^2}{2g} + \frac{p_1}{\rho g} = H_2 + \frac{u_2^2}{2g} + \frac{p_2}{\rho g}$$

已知：$H_1 = 0.7\mathrm{m}$，$H_2 = 0$，$p_1 = p_1 = 0$（表压），$u_1 = 0$，

$$u_2 = \sqrt{2gH_1} = \sqrt{2 \times 9.81 \times 0.7} = 3.71(\mathrm{m \cdot s^{-1}})$$

（2）在虹吸管最高处取垂直于流向的截面为 3—3 截面，仍以 2—2 为基准面。3—3 和 1—1 截面间列伯努利方程：

$$H_1 + \frac{u_1^2}{2g} + \frac{p_1}{\rho g} = H_3 + \frac{u_3^2}{2g} + \frac{p_3}{\rho g}$$

11题解题附图

$$g(H_3 - H_1) = \frac{p_1 - p_3}{\rho} - \frac{u_3^2}{2}$$

$$g(H_3 - H_1) = h$$

已知：$p_3 = 66.64\mathrm{kPa}$，$u_3 = u_2 = 3.71\mathrm{m \cdot s^{-1}}$，则

$$h = \frac{(98.37 - 66.64) \times 10^3}{750g} - \frac{(3.71)^2}{2g} = 3.61(\mathrm{m})$$

12. 解：$d_A = 23\text{mm}$，$d_B = 47\text{mm}$

$$\frac{u_B}{u_A} = \frac{d_A^2}{d_B^2} \qquad \text{则 } u_B = u_A \frac{d_A^2}{d_B^2} = 1.5 \times \left(\frac{23}{47}\right)^2 = 0.359(\text{m} \cdot \text{s}^{-1})$$

对 A–A 和 B–B 截面(如图所示)有

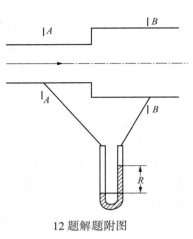

$$\frac{u_A^2}{2} + \frac{p_A}{\rho} = \frac{u_B^2}{2} + \frac{p_B}{\rho} + h_f$$

$$p_A - p_B = 1000 \times \left(\frac{0.359^2}{2} - \frac{1.5^2}{2} + 3.0\right) = 1939.5(\text{Pa})$$

则压差计读数

$$R = \frac{p_A - p_B}{g(\rho_R - \rho)} = \frac{1939.5}{9.81 \times (13.6-1) \times 10^3} = 0.0157(\text{mHg})$$

12 题解题附图

13. 解：(1)分别取井中水面与水塔液面为 1–1 和 2–2 截面，在其间列伯努利方程：

$$H_1 + \frac{u_1^2}{2g} + \frac{p_1}{\rho g} + H_e = H_2 + \frac{u_2^2}{2g} + \frac{p_2}{\rho g} + H_f$$

$$u_1 = u_2 = 0 \qquad p_1 = p_2 = 0 \qquad H_2 - H_1 = 40\text{m}$$

体积流量为 V_s 时，水在管中的流速和雷诺数分别为

$$u = \frac{4V_s}{\pi d^2} = \frac{4 \times 60}{3600 \times 3.14 \times 0.125^2} = 1.36(\text{m} \cdot \text{s}^{-1})$$

$$Re = \frac{\rho d u}{\mu} = \frac{1000 \times 0.125 \times 1.36}{1.005 \times 10^{-3}} = 1.69 \times 10^5$$

故摩擦系数 λ 为

$$\lambda = 0.184 Re^{-0.2} = 0.184 \times (1.69 \times 10^5)^{-0.2} = 1.66 \times 10^{-2}$$

所以

$$H_f = \lambda \cdot \frac{l + l_e}{d} \cdot \frac{u^2}{2g} = 1.66 \times 10^{-2} \times \frac{200}{0.125} \times \frac{1.36^2}{2 \times 9.81} = 2.5(\text{m})$$

则泵所需的扬程

$$H_e = H_f + 40 = 2.5 + 40 = 42.5(\text{m})$$

(2)泵的轴功率

$$N = \frac{H_e V_s \rho g}{\eta} = \frac{42.5 \times 60 \times 1000 \times 9.81}{3600 \times 0.7} = 9.93 \times 10^3(\text{W})$$

§1.5　思考题及解答

1. 流体静力学基本方程式的物理意义是什么？如何表示？有何应用？

答：流体静力学是研究流体在重力和压力作用下达到平衡时的规律，而流体静力学基本方程式是对这一规律的具体数学描述，表明静止流体内部压强的变化规律。流体静力学基本方程的数学表达式可有以下几种形式：

$$p = p_0 + \rho g(Z_0 - Z) \qquad Z_0 + \frac{p_0}{\rho g} = Z + \frac{p}{\rho g}$$

$$p = p_0 + \rho g h \qquad g Z_0 + \frac{p_0}{\rho} = g Z + \frac{p}{\rho}$$

注：公式中物理量意义见正文。

许多测压仪表以静力学基本方程为依据，所以静力学基本方程主要用于压强和压差的测量中，也可用于液位高度的测量及液封高度的计算等方面。

2. 说明流体在管路中流动的流速、体积流量、质量流量之间的关系？

答：流速(u)、体积流量(V_s)、质量流量(W_s)三者的关系如下式所示：

$$W_s = V_s \cdot \rho = u \cdot A \cdot \rho$$

即质量流量等于体积流量乘以密度(ρ)，而体积流量等于流速乘以流动截面积(A)。

3. 什么是连续稳态流动？流体流动连续性方程的意义何在？

答：流体在流动过程中，若任一与流体流动方向垂直的截面上流体的性质(密度、黏度)和流动参数(流速、流量、压强)等不随时间而变化，这种流动称稳态流动。在稳态流动系统中，流体流经各截面的质量流量不变，而流速随管道截面积及流体的密度而变化。所以，流体流动的连续性方程表明在稳态流动过程中，流量一定时，管路各截面上流速的变化规律。

4. 流体黏度的意义何在？流体黏度与损失压头有什么关系？流体的流速与损失压头有什么关系？

答：流体的黏度是促使流体流动产生单位速度梯度的剪应力，是流体内部摩擦力的表现。黏度总是与速度梯度相联系，只有在运动时才表现出来。流体的流动性与黏性是相反的两个方面，流体表现出其流动性的同时，黏性同时也会表现出来。

根据牛顿黏性定律，在相同条件下产生的内摩擦力越大，引起的能量损失越大。

从范宁公式可知，相同条件下，流体的流速越大，引起的能量损失越大。

5. 什么是滞流？什么是湍流？如何判断？

答：①滞流，也叫层流，其特征为流体流动过程中，流体质点沿管轴作一层滑过一层的平行运动，层与层之间没有干扰，只有扩散转移，流速沿断面按抛物线分布。②湍流，也叫紊流，其特征为流体流动过程中，流体质点作不规则的杂乱运动，并相互碰撞，产生大大小小的旋涡，达到相互混合。由于流体质点的强烈分离与混合，使截面上靠管中心部分各点速度彼此拉平，速度分布比较均匀，所以速度分布曲线不再是抛物线。

流体的流动形态可以通过雷诺数来判断。$Re \leqslant 2000$ 时，为滞流；$Re \geqslant 4000$ 时，为湍流；$2000 < Re < 4000$ 时，过渡区，可能是滞流，也可能是湍流，是从滞流到湍流的过渡状态，受外界条件的影响，极易促成湍流的发生。

6. 说明 U 形管压差计、孔板流量计、转子流量计、毕托管的构造及原理。

答：①U 形管压差计的构造及原理：U 形管压差计由透明的 U 形玻璃管制成，在 U 形玻璃管内装有指示液。若把 U 形管压差计的两端接入管路的不同两处，由于两处压强不等，在 U 形管两侧便出现指示液面的高度差 h(h 称压差计读数)，h 的大小，直接反映两截面压差的大小。根据流体静力学基本方程，压差的计算关系为：$p_1 - p_2 = (\rho_A - \rho)gR$。

②孔板流量计的构造及原理：孔板流量计由在管道里插入的一片与管轴垂直并带有圆孔的金属板配以 U 形管压差计构成。孔板为流量计的节流元件，孔的中心位于管道的中心线上。当管路内的流体连续稳定地流经孔板的小孔时，由于管径突然减小，而流速增加，静压头相应减小，这样，在孔板前后产生压强差，利用测量压强差的方法可以度量流体流量。根据伯努利方程，可以得出流量的计算关系：$V_s = u_0 A_0 = C_0 A_0 \sqrt{\dfrac{2(p_a - p_b)}{\rho}}$。

③转子流量计的构造及原理：转子流量计由一根截面积自下而上逐渐扩大的垂直锥形玻

璃管与一个装在玻璃管内能够旋转自如的金属或其它材质制成的转子组成。被测流体从玻璃管底部进入，从顶部流出。当转子停留在某固定位置时，流体通过转子与玻璃管之间的环形面积时，由于截面积减小，在转子上下产生压力差。此时流体流量和压强差的关系与孔板流量计类似，计算关系为：$V_s = C_R A_R \sqrt{\dfrac{2(p_a - p_b)}{\rho}}$。

当流体自下而上流过垂直的锥形管时，转子受到两个力的作用，一是垂直向上的推动力，它等于流体流经转子与锥管间的环形截面所产生的压力差；另一是垂直向下的净重力，它等于转子所受的重力减去流体对转子的浮力。当压力差与转子的净重力相等时，转子处于平衡状态，即停留在一定位置上。由于转子的体积、密度、最大截面积及流体的密度恒定，因此当转子停留在某一位置时，转子上下的压力差即为定值。流量增大，压力差大于净重力，转子上浮，流通截面积增大，上下压力差下降。当压力差再次回落等于静重力时，转子重新处于平衡。

④毕托管的构造及原理：毕托管是用两根弯成直角的同心套管组成，外管的管口是封闭的，在外管前端壁面四周开有若干测压小孔。测量时，测速管可以放在管截面的任一位置上，并使其管口正对着管道中流体的流动方向，外管与内管的末端分别与液柱压差计的两臂相连。

毕托管的内管测得的为管口所在位置的局部流体动能 $\dfrac{u_r^2}{2}$ 与静压能 $\dfrac{p}{\rho}$ 之和，称冲压能，测速管的外管测得的是流体的静压能 $\dfrac{p}{\rho}$。测量点处的冲压能与静压能之差 Δh 为：

$$\Delta h = h_A - h_B = \frac{u_r^2}{2}, \quad u_r = \sqrt{2\Delta h}$$

注：公式中物理量意义见正文。

7. 离心泵有哪些性能参数？其含义是什么？

答：离心泵的主要性能参数有：

①流量：离心泵的流量又称为泵的送液能力，是指离心泵在单位时间内排到管路系统里的液体体积，以 Q 表示。

②压头：泵的压头又称泵的扬程，是指泵对单位重量流体所提供的有效能量，以 H 表示。

③效率：在输送液体的过程中，外界能量通过叶轮传给液体时，不可避免地会有能量损失，故泵轴转动所做的功不能全部都为液体所获得，通常用效率来表示能量损失。这些能量损失包括容积损失、水力损失、机械损失。泵的效率可表示为液体所获得的能量与泵轴提供能量的比值。以 η 表示。

④轴功率：离心泵的轴功率是电机传至泵轴的功率。以 N 表示。

若以 N_e 表示有效功率，则有以下关系：$\eta = \dfrac{N_e}{N}$

8. 如图所示：某液体分别在三根管中稳定流过，各管绝对粗糙度、管径均相同，上游截面 1-1′的压力、流速也相同。问：

(1)在三种情况下，下游截面 2-2′的流速是否相等？

(2)在三种情况下，下游截面 2-2′的压力是否相等？

若不等，指出哪一种情况下的数值最大？哪种情况最小？其理由何在？

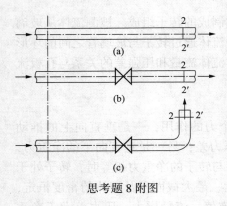

思考题 8 附图

答：（1）在三种情况下，流速相等。因为在三种情况下的流量相等，管径相等，所以流速相等。

（2）三种情况下的压力不等。1–1′与2–2′截面之间列伯努利方程式：

$$gh_1 + \frac{u_1^2}{2} + \frac{p_1}{\rho} = gh_2 + \frac{u_2^2}{2} + \frac{p_2}{\rho} + \sum h_{f,1-2}$$

比较（a）、（b）两种情况：$h_1 = h_2$，$u_1 = u_2$

$$\frac{p_1}{\rho} = \frac{p_2}{\rho} + \sum h_{f,1-2}$$

而在（b）中有阀门，能量损失大，所以压力要小。

比较（b）、（c）两种情况：$u_1 = u_2$

$$gh_1 + \frac{p_1}{\rho} = gh_2 + \frac{p_2}{\rho} + \sum h_{f,1-2}$$

而在（c）中2–2′截面高于1–1′截面，且管路比（b）长，2–2′截面处位能大，且两截面间的能量损失大，所以压力要小。

结论：三种情况下下游截面2–2′的压力，（a）>（b）>（c）。

9. 如图所示，高位槽液面维持恒定，管路中 ab 和 cd 两段的长度、直径及粗糙度均相同。某液体以一定流量流经管路，液体在流动过程中温度可视为不变。问：

（1）流体流过 ab 和 cd 两段的能量损失是否相等？

（2）两管段的压力差是否相等？并写出表达式。

答：（1）ab 和 cd 两段的能量损失相等。两段管子直径相等，所以流速相等。根据范宁公式：

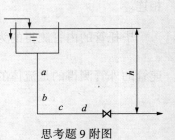

思考题 9 附图

$$h_f = \lambda \cdot \frac{l}{d} \cdot \frac{u^2}{2}$$

两段管子流速相等，管子长度相等，所以能量损失相等。

（2）在两段管子上分别列伯努利方程：

$$gh_a + \frac{u_a^2}{2} + \frac{p_a}{\rho} = gh_b + \frac{u_b^2}{2} + \frac{p_b}{\rho} + \sum h_{f,a-b}$$

$$gh_c + \frac{u_c^2}{2} + \frac{p_c}{\rho} = gh_d + \frac{u_d^2}{2} + \frac{p_d}{\rho} + \sum h_{f,c-d}$$

由

$$u_a = u_b = u_c = u_d$$

得到

$$\frac{p_a - p_b}{\rho} = g(h_b - h_a) + \sum h_{f,a-b}$$

$$\frac{p_c - p_d}{\rho} = g(h_c - h_d) + \sum h_{f,c-d}$$

$$\sum h_{f,a-b} = \sum h_{f,c-d}, \quad h_c - h_d = 0, \quad h_a - h_b \neq 0$$

$$\frac{p_a - p_b}{\rho} \neq \frac{p_c - p_d}{\rho}$$

则两段管子的压力差不等。

10. 在思考题 9 附图所示的管路出口处装上一个阀门，如果阀门开度减小。试讨论：

(1)流体在管内的流速及流量情况；

(2)流体经过整个管路系统的能量损失情况。

答：(1)阀门开度减小，管内流量减小，流速减小。

(2)流量减小，整个管路系统的能量损失减小。

11. 用 2B19 型离心泵输送 60℃的水，已知泵的压头足够大，分别提出了本题所示的三种安装方法(见图)，三种安装方法的管路总长(包括管件、阀门的当量长度)可视为相等。试讨论：

(1)三种安装方法是否都能将水送到高位槽内？若可行，其流量是否相等？

(2)三种安装方法中泵所需的轴功率是否相等？

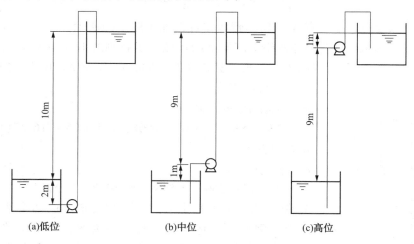

(a)低位   (b)中位   (c)高位

思考题 11 附图

答：(1)通过查表，2B19 型离心泵有三种：①允许吸上真空度 8.0m，流量 11m³·h⁻¹，扬程 21m。②允许吸上真空度 6.8m，流量 17m³·h⁻¹，扬程 18.5m。③允许吸上真空度 6.0m，流量 22m³·h⁻¹，扬程 16m。60℃水的饱和蒸气压为 19.92kPa。

对于吸上真空度最高的①而言，输送 60℃水的允许吸上真空度：(设操作压力为标准大气压)

$H_{s1}=H_s+(H_a-10)-(H_v-0.24)=8+(10.33-10)-(2.03-0.24)=6.54m$。

$$H_g=H_{s1}-\left(\frac{u_1^2}{2g}+h_{f,0-1}\right)<6.54m$$

所以(c)不能正常工作，(a)、(b)能将水送到高位槽中。

对于(a)、(b)两种情况，总管路长度相同，如果离心泵提供的有效功率相同，(a)安装高度低，吸入管路短而排出管路长，(b)安装高度高，吸入管路长而排出管路短，所以(b)的能量损失小，出口动能大，速度大，流量大。

(2)由离心泵的特性曲线可知，轴功率随流量的增大而增大，所以(b)的轴功率大。

§1.6　习　题　详　解

1. 储油罐盛有密度为 960kg·m⁻³ 的油，油面高于罐底 10.7m。油面上方的压强为大气压强，在罐的下部有一个直径为 800mm 的圆孔，其中心距罐底 820mm，孔盖用直径为 10mm 的螺钉旋紧。如螺钉材料能承受的应力为 $6.87×10^7$ Pa，问至少需要几个螺钉？

解：以圆孔中心处为基准，该处的静压强为：

$$p=\rho g h=960×9.81×(10.7-0.82)=9.30×10^4 \text{Pa}$$

设每个螺钉材料所能承受的应力为 σ_t，螺钉个数为 N，

由力平衡：$p \cdot A=\sigma_t×\dfrac{\pi}{4}d^2×N$

所以螺钉的个数：$N=\dfrac{p \cdot A}{\sigma_t \cdot \dfrac{\pi}{4}d^2}=\dfrac{9.30×10^4×\dfrac{\pi}{4}×0.8^2}{6.87×10^7×\dfrac{\pi}{4}×0.01^2}=8.66≈9（个）$

2. 某流化床反应器上装有两个 U 形管压差计，如本题附图所示。测得 $R_1=400$mm，$R_2=50$mm，指示液为水银。为防止水银蒸气向空间扩散，于右侧的 U 形管与大气连通的玻璃管内灌入一段水，其高度 $R_3=50$mm。试求 A、B 两处的表压强。

习题 2 附图

解：A 处的表压强：

$p_A=\rho_{水银}gR_2+\rho_{水}gR_1$
$\quad=13600×9.81×0.05+1000×9.81×0.05=7161.3（Pa）$

B 处的表压强：

$p_B=p_A+\rho_{水银}gR_1$
$\quad=7161.3+13600×9.81×0.4=60527.7（Pa）$

3. 氮气在一个钢管中流过，通过管道上的两个测压点，用 U 形管压差计测量两点的压差，指示液为水，测得压差为 12mm 水柱。为了将读数放大，改用微差压差计代替原 U 形管压差计测量压差。微差压差计中重指示液为密度 916kg·m^{-3} 的乙醇–水混合液，轻指示液为密度为 850kg·m^{-3} 的煤油。问该微差压差计能将读数放大多少倍？并估计放大后的读数。（水的密度取 1000kg·m^{-3}）

解：用 U 形压差计测量：$\Delta p=(\rho_{水}-\rho_{N_2})gR$

由 $\rho_{N_2}<<\rho_{水}$，得 $\Delta p≈\rho_{水}gR$
改用微差压差计后，$\Delta p=(\rho_{重}-\rho_{轻})gR'$

$$\rho_{水}gR=(\rho_{重}-\rho_{轻})gR'$$

$$\frac{R'}{R}=\frac{\rho_{水}}{\rho_{重}-\rho_{轻}}=\frac{1000}{916-850}=15.2$$

$$R'=15.2×12=182（mm）$$

微差计放大倍数为 15.2 倍，放大后读数为 182mm。

4. 当某气体在常压（即绝对压强为 $1.013×10^5$ Pa）下进行输送时，采用的管道为 $\phi76$mm×4mm 的无缝钢管。若将气体的压强增大到原来的 4 倍（即绝对压强为 $4.052×10^5$ Pa）后进行输送，并要求气体的温度、流速和质量流量均保持不变，试问：可改用多大直径的管道？管道内径为原来的多少倍？

解：根据连续性方程：$u_1A_1\rho_1=u_2A_2\rho_2$
要求气体的温度、流速和质量流量不变，故

$$A_1 \rho_1 = A_2 \rho_2$$

$$A = \frac{\pi}{4} d^2 \quad \rho = \frac{pM}{RT}$$

$$\frac{\pi}{4} d_1^2 \cdot \frac{p_1 M}{RT} = \frac{\pi}{4} d_2^2 \cdot \frac{p_2 M}{RT}$$

$$d_1^2 \cdot p_1 = d_2^2 \cdot p_2 \quad p_2 = 4 p_1$$

$$4 d_2^2 = d_1^2 \qquad \frac{d_2}{d_1} = \frac{1}{2}$$

$$d_2 = \frac{1}{2} d_1 = \frac{1}{2} \cdot (76 - 2 \times 4) = 34 (\text{mm})$$

可改用 34mm 的直径的管道。

5. 如图所示，敞口高位槽底部连接内径 100mm 的输水管路，当阀门 F 全关闭时，压力表的读数 p 为 50kPa（表压）；当阀门全开时，压力表的读数变为 20kPa（表压），试求阀门全开时水的流量为多少？设液面高度保持不变，并忽略阻力损失。

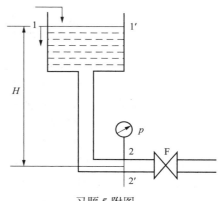

解：当阀门全关时，输水系统处于静止状态。

设高位槽液面距水平管中心线的距离为 H，由静力学基本方程：

$$p(\text{表压}) = \rho g H$$

$$H = \frac{p}{\rho g} = \frac{50 \times 10^3}{1000 \times 9.81} = 5.097 (\text{m})$$

习题 5 附图

当阀门全开时，取高位槽液面 1-1′ 为上游截面，压力表所在位置 2-2′ 为下游截面，水面管中心线所在水平面为基准水平面，在 1-1′ 与 2-2′ 之间列伯努利方程：

$$g h_1 + \frac{u_1^2}{2} + \frac{p_1}{\rho} = g h_2 + \frac{u_2^2}{2} + \frac{p_2}{\rho}$$

式中：$h_1 = 5.097 \text{m}$，$u_1 \approx 0$，$p_1(\text{表压}) = 0$　$h_2 = 0$，$p_1(\text{表压}) = 20$。

$$\frac{u_2^2}{2} = g h_1 - \frac{p_2}{\rho} = 9.81 \times 5.079 - \frac{20 \times 10^3}{1000} = 30.00$$

解得

$$u_2 = 7.75 \text{m} \cdot \text{s}^{-1}$$

则：

$$V_s = \frac{\pi}{4} \cdot d^2 \cdot u_2 = \frac{3.14}{4} \times 0.1^2 \times 7.75 = 0.061 (\text{m}^3 \cdot \text{s}^{-1})$$

6. 用虹吸管将某液面恒定的敞口高位槽中的液体吸出（如图所示）。液体的密度 $\rho = 1500 \text{kg} \cdot \text{m}^{-3}$。若虹吸管 AB 和 BC 段的全部能量损失（$\text{J} \cdot \text{kg}^{-1}$）可分别按 $0.5u^2$ 和 $2u^2$（u 为液体在管中的平均流速）公式计算，试求：虹吸管最高点 B 处的真空度。

解：如图，以水槽液面 1-1′ 为上游截面，虹吸管出口 3-3′ 为下游截面，以 3-3′ 截面为基准水平面，列伯努利方程：

$$g h_1 + \frac{u_1^2}{2} + \frac{p_1}{\rho} = g h_3 + \frac{u_3^2}{2} + \frac{p_3}{\rho} + \sum h_{f,1-3}$$

式中：$h_1 = 3\text{m}$，$u_1 \approx 0$，$p_1(\text{表压}) = 0$

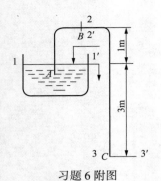

习题 6 附图

$$h_3 = 0, \quad p_3(\text{表压}) = 0$$

$$\sum h_{f,1-3} = h_{f,AB} + h_{f,BC} = 0.5u^2 + 2u^2 = 2.5u^2$$

$$\frac{u_3^2}{2} = gh_1 - \sum h_{f,1-3} = gh_1 - 2.5u_3^2$$

$$3u_3^2 = gh_1, \qquad u_3^2 = g$$

设 B 点所在截面为 2-2′ 截面，在 1-1′ 与 2-2′ 截面之间列伯努利方程，以 1-1′ 为基准水平面。

$$gh_1 + \frac{u_1^2}{2} + \frac{p_1}{\rho} = gh_2 + \frac{u_2^2}{2} + \frac{p_2}{\rho} + \sum h_{f,1-2}$$

式中：

$$h_1 = 0, \quad u_1 \approx 0, \quad p_2(\text{表压}) = 0$$

$$h_2 = 1, \quad u_2^2 = u_3^2 = g$$

$$\frac{p_2}{\rho} = -\left(gh_2 + \frac{u_2^2}{2} + \sum h_{f,1-2}\right) = -(g + 0.5g + 0.5g) = -2g$$

$$p_2(\text{表压}) = -2g \cdot \rho = -2 \times 9.81 \times 1500 = -2.94 \times 10^4 (\text{Pa})$$

则 B 点的真空度 = 2.94×10^4 Pa。

7. 如本题附图所示，密度为 $850 \text{kg} \cdot \text{m}^{-3}$ 的料液从高位槽送入塔内，高位槽内的液面维持恒定。塔内表压强为 9.8kPa，进料量为 $5 \text{m}^3 \cdot \text{h}^{-1}$。连接管为 $\phi 38\text{mm} \times 2.5\text{mm}$ 的钢管，料液在连接管内流动时的能量损失为 $30 \text{J} \cdot \text{kg}^{-1}$（不包括出口的能量损失）。问高位槽内的液面应比塔的进料口高出多少？

解：取高位槽液面为截面 1-1′，连接管出口内侧为截面 2-2′ 并以截面 2-2′ 的中心线所在平面为基准水平面，在两截面间列伯努利方程式：

$$gh_1 + \frac{u_1^2}{2} + \frac{p_1}{\rho} = gh_2 + \frac{u_2^2}{2} + \frac{u_2^2}{\rho} + \sum h_f$$

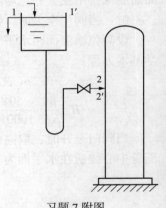

习题 7 附图

式中：$u_1 \approx 0$，$p_1(\text{表压}) = 0$，$p_2(\text{表压}) = 9.8 \times 10^3 \text{Pa}$

$$d_2 = 38 - 2.5 \times 2 = 0.033(\text{m})$$

$$u_2 = \frac{V_s}{A} = \frac{V_s}{\frac{\pi}{4}d^2} = \frac{5}{3600 \times \frac{\pi}{4} \times 0.033^2} = 1.62(\text{m} \cdot \text{s}^{-1})$$

$$h_2 = 0$$

将上列数值代入伯努利方程式，并整理得：

$$gh_1 = \frac{u_2^2}{2} + \frac{p_2}{\rho} + \sum h_f = \frac{1.62^2}{2} + \frac{9.8 \times 10^3}{850} + 30 = 42.84$$

$$h_1 = 4.37\text{m}$$

高位槽内的液面应比塔的进料口高 4.37m。

8. 高位槽内的水面高于地面 8m，水从 $\phi 108\text{mm} \times 4\text{mm}$ 的管道中流出，管路出口高于地面 2m。在本题附图特定条件下，水流经系统的能量损失（不包括出口的能量损失）可按 $\sum h_f = 6.5u^2$ 计算，其中 u 为水在管内的流速，$\text{m} \cdot \text{s}^{-1}$。试计算：

（1）$A-A'$截面处水的流速；

（2）水的流量，以 $m^3 \cdot h^{-1}$ 计。

解：（1）因为管路直径没有变化，所以截面 $A-A'$ 处的流速与管路出口处的流速一致。

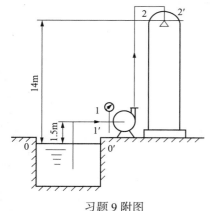

如图，以高位槽液面 1-1′ 为上游截面，以管路出口内侧 2-2′ 为下游截面，以地面为基准水平面，在两截面间列伯努利方程：

$$gh_1 + \frac{u_1^2}{2} + \frac{p_1}{\rho} = gh_2 + \frac{u_2^2}{2} + \frac{p_2}{\rho} + \sum h_{f,1-2}$$

习题 8 附图

式中：$h_1 = 8m$　$h_2 = 2m$　$\sum h_{f,1-2} = 6.5u_2^2$，

$u_1 \approx 0$，$p_1 = p_2 = 0$（表压），代入伯努利方程式得：$u_2 = u_A = 2.9 m \cdot s^{-1}$

（2）$V = uA = u \times \frac{\pi}{4}d^2 = 2.9 \times \frac{\pi}{4} \times 0.1^2 = 0.0228(m^3 \cdot s^{-1}) = 81.95(m^3 \cdot h^{-1})$

9. 用离心泵把 20℃ 的水从贮槽送至水洗塔顶部，槽内水位维持恒定。各部分相对位置如本题附图所示。管路的直径均为 $\phi76mm \times 2.5mm$，在操作条件下，泵入口处真空表读数为 185mmHg；水流经吸入管与排出管（不包括喷头）的能量损失可分别按 $\sum h_{f1} = 2u^2$ 与 $\sum h_{f2} = 10u^2$ 计算。由于管径不变，故式中 u 为吸入或排出管的流速，$m \cdot s^{-1}$。排水管与喷头连接处的压强为 98kPa（表压）。试求泵的有效功率。

解：贮槽液面设为 0-0′ 截面，泵吸入管处设为 1-1′ 截面，管路与喷头连接处设为 2-2′ 截面。以 0-0′ 截面所在水平面为基准水平面。

在 0-0′ 与 1-1′ 之间列伯努利方程：

$$gh_0 + \frac{u_0^2}{2} + \frac{p_0}{\rho} = gh_1 + \frac{u_1^2}{2} + \frac{p_1}{\rho} + \sum h_{f1}$$

习题 9 附图

已知　$h_0 = 0$，$u_0 = 0$，p_0（表压）$= 0$，$h_1 = 1.5m$

查表得 20℃ 水的密度　$\rho = 998.2 kg \cdot m^{-3}$

$$p_1 = \frac{-185}{760} \times 101330 = -24665.9 Pa（表压）\qquad \sum h_{f1} = 2u_1^2$$

即有：　　　$\dfrac{24665.9}{998.2} = 9.8 \times 1.5 + 2.5u_1^2$

解得：　　　$u_1^2 = 4.0$，$u_1 = 2.0 m \cdot s^{-1}$

在 0-0′ 与 2-2′ 之间列伯努利方程：

$$gh_0 + \frac{u_0^2}{2} + \frac{p_0}{\rho} + W_e = gh_2 + \frac{u_2^2}{2} + \frac{p_2}{\rho} + \sum h_{f,0-2}$$

已知：$h_2 = 14m$，$p_2 = 98kPa$，$u_2^2 = u_1^2$，

$$\sum h_{f,0-2} = \sum h_{f1} + \sum h_{f2} = 2u_2^2 + 10u_2^2 = 12u_2^2$$

将已知条件代入上式，得

$$W_e = 9.8 \times 14 + \frac{4.00}{2} + \frac{98 \times 10^3}{998.2} + 12 \times 4.00 = 285(\text{J} \cdot \text{kg}^{-1})$$

$$W_s = u_1 \cdot A \cdot \rho = u_1 \cdot \frac{\pi}{4} d^2 \cdot \rho = 1.997 \times \frac{\pi}{4} \times 0.071^2 \times 1000 = 7.9(\text{kg} \cdot \text{s}^{-1})$$

$$N_e = W_e \cdot W_s = 285 \times 7.9 / 1000 = 2.25(\text{kW})$$

10. 现有图(a)、(b)中的两个水槽，槽中液面与导管出口的垂直距离均为 h，导出管的直径(a)槽为(b)槽的 2 倍，试证明：

（1）水由两导管流出的速度是否相同；

（2）水由两导管流出的体积流量是否相同。（压头损失很小可略）

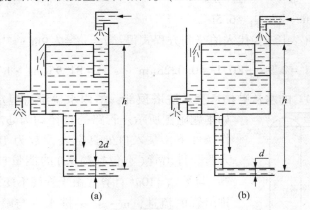

习题 10 附图

解：（1）如附图所示，以水槽液面为上游截面，以出水管口为下游截面，以出水管中心线所在水平面为基准水平面，列伯努利方程：

$$gh_1 + \frac{u_1^2}{2} + \frac{p_1}{\rho} = gh_2 + \frac{u_2^2}{2} + \frac{p_2}{\rho} + \sum h_f$$

因压头损失很小可忽略，所以有：

$$gh_1 + \frac{u_1^2}{2} + \frac{p_1}{\rho} = gh_2 + \frac{u_2^2}{2} + \frac{p_2}{\rho}$$

图(a)与图(b)中 h_1、u_1、p_1、h_2、p_2 都相同，所以通过伯努利方程求得的 u_2 都相同，即水由两导管流出的速度相同。

（注：如果压头损失不可忽略，则两者出口水流速度不同，因为上述两种情况下的压头损失不同。）

（2）因为
$$V_s = A \cdot \rho = \frac{\pi}{4} d^2 \cdot \rho$$

上述两种情况下，u 相同，但 d 不同，所以体积流量 V_s 不同。

11. 用钢管输送质量分数为 98% 的硫酸，要求输送的体积流量为 $2.0\text{m}^3 \cdot \text{h}^{-1}$，已查得 98% 硫酸的密度为 $1.84 \times 10^3 \text{kg} \cdot \text{m}^{-3}$，黏度为 $2.5 \times 10^{-2} \text{Pa} \cdot \text{s}$，管道的内径为 25mm。求流动流体的雷诺数。若流量增大 1 倍时，而欲使流动过程的雷诺数保持不变，则应使用多大直径的管道进行硫酸的输送？

解：
$$u_1 = \frac{V_{s1}}{\frac{\pi}{4}d_1^2} = \frac{2.0}{3600 \times \frac{3.14}{4} \times (0.025)^2} = 1.132(\text{m} \cdot \text{s}^{-1})$$

$$Re = \frac{d_1 u_1 \rho}{\mu} = \frac{0.025 \times 1.132 \times 1840}{2.5 \times 10^{-2}} = 2084$$

如流量增加 1 倍，则 $V_{s2} = 2V_{s1}$，Re 数保持不变，则 $\dfrac{d_1 u_1 \rho}{\mu} = \dfrac{d_2 u_2 \rho}{\mu}$

由此可得：$d_1 u_1 = d_2 u_2$，即 $d_1 \cdot \dfrac{V_{s1}}{\frac{\pi}{4}d_1^2} = d_2 \cdot \dfrac{V_{s2}}{\frac{\pi}{4}d_2^2} = d_2 \cdot \dfrac{2V_{s1}}{\frac{\pi}{4}d_2^2}$

$$\frac{1}{d_1} = \frac{2}{d_2}, \quad d_2 = 2d_1 = 2 \times 25 = 50(\text{mm})$$

12. 黏度为 $1.2 \times 10^{-3}\text{Pa} \cdot \text{s}$，密度为 $1100\text{kg} \cdot \text{m}^{-3}$ 的某溶液，在一个外管为 $\phi 57\text{mm} \times 3.5\text{mm}$，内管为 $\phi 25\text{mm} \times 2.5\text{mm}$ 所套装而成的环形通道中流动，其质量流量为 $9.9 \times 10^3 \text{kg} \cdot \text{h}^{-1}$，试判断溶液在环形导管中的流动形态。

解：根据雷诺数计算关系：$Re = \dfrac{d_e u \rho}{\mu}$

式中：$d_e = d_2 - d_1 = 0.05 - 0.025 = 0.025(\text{m})$

$$u = \frac{W_s}{\rho \cdot A} = \frac{W_s}{\rho \cdot \frac{\pi(d_2^2 - d_1^2)}{4}} = \frac{9.9 \times 10^3}{3600 \times 1100 \times \frac{3.14(0.05^2 - 0.025^2)}{4}} = 1.699(\text{m} \cdot \text{s}^{-1})$$

故
$$Re = \frac{0.025 \times 1.699 \times 1100}{1.2 \times 10^{-3}} = 3.89 \times 10^4$$

$Re > 4000$，所以，流体流动形态呈湍流。

13. 在本题附图所示的实验装置中，于异径水平管段两截面间连一倒置 U 形管压差计，以测量两截面之间的压强差。当水的流量为 $10800\text{kg} \cdot \text{h}^{-1}$ 时，U 形管压差计读数 R 为 100mm。粗、细管的直径分别为 $\phi 60\text{mm} \times 3.5\text{mm}$ 与 $\phi 42\text{mm} \times 3\text{mm}$。计算：

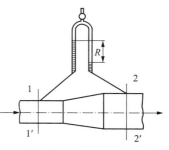

(1) 1kg 水流经两截面间的能量损失；

(2) 与该能量损失相当的压强降为若干 $\text{N} \cdot \text{m}^{-2}$。

解：(1) 如图，取 U 形管压差计连接处分别为上游截面 1-1′ 和下游截面 2-2′，在两截面间列出伯努利方程：

$$gh_1 + \frac{u_1^2}{2} + \frac{p_1}{\rho} = gh_2 + \frac{u_2^2}{2} + \frac{p_2}{\rho} + \sum h_f$$

式中：$h_1 = h_2$

$$u_1 = \frac{10800}{3600 \times \frac{3.14}{4} \times 0.036^2 \times 1000} = 2.95(\text{m} \cdot \text{s}^{-1})$$

$$u_2 = \frac{10800}{3600 \times \frac{3.14}{4} \times 0.053^2 \times 1000} = 1.36(\text{m} \cdot \text{s}^{-1})$$

$$\frac{p_1 - p_2}{\rho} = gR = 9.8 \times 0.1 = 0.98(\text{J} \cdot \text{kg}^{-1})$$

代入伯努利方程式，可得：$\sum h_f = \frac{2.95^2 - 1.36^2}{2} + 0.98 = 4.40\text{J} \cdot \text{kg}^{-1}$

即每 1kg 水流经 1-1′和 2-2′截面之间损失的能量为 4.40J。

（2）由此造成的压降为：$\Delta p_f = \rho \sum h_f = 1000 \times 4.40(\text{Pa}) = 4.40(\text{kPa})$

14. 如图所示，有一个敞口贮槽，槽内水位不变，槽底部与内径为 100mm 的放水管连

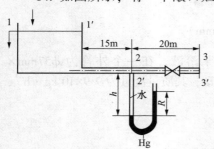

接。管路上装有一个闸阀，距槽出口 15m 处安装一个水银 U 形压差计，测压点距管路出口端的距离为 20m。

（1）当阀门关闭时，压差计读数 $R = 600\text{mm}$，$h = 1500\text{mm}$；阀门部分开启时，压差计读数 $R = 400\text{mm}$，$h = 1400\text{mm}$。已知：直管摩擦系数 $\lambda = 0.02$，管路入口处局部阻力系数 $\xi = 0.5$，试求管路中水的流量为每小时多少立方米？（水银密度为 13600kg $\cdot$ m^{-3}）

（2）当阀门全开时，U 形管压差计测压口处的压强为多大（表压）？闸阀全开时，$l_e/d = 15$，摩擦系数 λ 可取 0.018。

解：（1）在贮槽液面 1-1′与测压口中心 2-2′间列伯努利方程：

$$gh_1 + \frac{u_1^2}{2} + \frac{p_1}{\rho} = gh_2 + \frac{u_2^2}{2} + \frac{p_2}{\rho} + \sum h_{f,1-2}$$

已知：$p_1 = 0$（表压），$u_1 = 0$，$h_2 = 0$

由此可得： $gh_1 = \frac{u_2^2}{2} + \frac{p_2}{\rho} + \sum h_{f,1-2}$ ①

当阀门关闭时：$p + \rho g(h_1 + h) = p + \rho_R gR$

$$h_1 = \frac{R\rho_R}{\rho} - h = \frac{13600 \times 0.6}{1000} - 1.50 = 6.66(\text{m})$$

当阀门开启时：$p_2 + \rho gh = p + \rho_R gR$ （p 为大气压）

p_2（表压）$= \rho_R gR - \rho gh = 13600 \times 9.8 \times 0.4 - 1000 \times 9.8 \times 1.4 = 3.96 \times 10^4(\text{Pa})$

$$\sum h_{f,1-2} = \left(\lambda \frac{l}{d} + \xi \right) \frac{u_2^2}{2} = \left(0.02 \times \frac{15}{0.1} + 0.5 \right) \frac{u_2^2}{2} = 1.75u_2^2$$

将 h_1，p_2 和 $\sum h_{f,1-2}$ 的值代入式①：$9.8 \times 6.66 = \frac{u_2^2}{2} + \frac{3.96 \times 10^4}{1000} + 1.75u_2^2$

解得管内流速：$u_2 = 3.38\text{m} \cdot \text{s}^{-1}$

体积流量：$V_s = 3.38 \times \frac{\pi}{4} \times 0.1^2 \times 3600 = 95.5(\text{m}^3 \cdot \text{h}^{-1})$

（2）阀门全开时，以出水管中心线所在水平面为基准水平面，在 1-1′与 3-3′截面间列伯努利方程：

$$gh_1 + \frac{p_1}{\rho} + \frac{u_1^2}{2} = gh_3 + \frac{p_3}{\rho} + \frac{u_3^2}{2} + \sum h_{f,1-3}$$ ②

管内流速 $u = u_3$

式中：$h_1 = 6.66\text{m}$，$h_3 = 0$，$p_1 = p_3 = 0$（表压），$u_1 = 0$，

$$\sum h_{f,(1-3)} = \left[0.018 \times \left(\frac{15+20}{0.1} + 15\right) + 0.5\right]\frac{u_3^2}{2} = 3.535u_3^2$$

由式①可得：$6.66 \times 9.8 = 0.5u_3^2 + 3.535u_3^2 = 4.035u_3^2$

$$u_3 = \sqrt{\frac{6.66 \times 9.8}{4.035}} = 4.022(\text{m} \cdot \text{s}^{-1})$$

在 1-1′ 与 2-2′ 截面间列伯努利方程：

$$gh_1 + \frac{p_1}{\rho} + \frac{u_1^2}{2} = gh_2 + \frac{p_2}{\rho} + \frac{u_2^2}{2} + \sum h_{f,1-2}$$ ③

式中：$h_1 = 6.66\text{m}$，$h_2 = 0$，$p_1 = 0$，$u_1 = 0$，$u_2 = u_3 = 4.022\text{m} \cdot \text{s}^{-1}$

$$\sum h_{f,1-2} = \left(\lambda\frac{l}{d} + 0.5\right)\frac{u_2^2}{2} = \left(0.018 \times \frac{15}{0.1} + 0.5\right) \times \frac{4.022^2}{2} = 25.88(\text{J} \cdot \text{kg}^{-1})$$

由式③可得：$p_2 = \left[gh_1 - \frac{u_2^2}{2} - \sum h_{f,1-2}\right]\rho$

$$= \left(9.8 \times 6.66 - \frac{4.022^2}{2} - 25.88\right) \times 1000 = 3.13 \times 10^4(\text{Pa})（表压）$$

15. 某一精馏塔的加料装置如图所示。料液自敞口高位槽流入塔内进行精馏操作。若高位槽内液面维持 1.5m 的液位高度不变，塔内料液入口处操作压强为 $3.92 \times 10^3\text{Pa}$（表压），塔的进料量为 $50\text{m}^3 \cdot \text{h}^{-1}$，料液密度 $\rho = 900\text{kg} \cdot \text{m}^{-3}$。进料管路为 $\phi108\text{mm} \times 4\text{mm}$ 的钢管，其长度为 $[h-1.5+3]\text{m}$，已知管路系统在该操作条件下的局部阻力损失的当量长度 $l_e = 45\text{m}$，摩擦系数 $\lambda = 0.024$，试求高位槽液面与精馏塔进料口之间所需的垂直距离。

习题 15 附图

解：选取高位槽液面 1-1 截面为上游截面，塔进料口 2-2 截面为下游截面，并以 2-2 截面中心所在水平面为基准水平面，列伯努利方程：

$$gh_1 + \frac{u_1^2}{2} + \frac{p_1}{\rho} = gh_2 + \frac{u_2^2}{2} + \frac{p_2}{\rho} + \sum h_f$$

式中：$h_1 = h$，$h_2 = 0$，$p_1 = 0$（表压），p_2（表压）$= 39.2 \times 10^3\text{Pa}$，

$$u_1 \approx 0, \quad u_2 = \frac{V_s}{\frac{\pi}{4}d^2} = \frac{50}{3600 \times \frac{3.14}{4} \times 0.1^2} = 1.77\text{m} \cdot \text{s}^{-1}$$

$$\sum h_f = \lambda\frac{\sum(l+l_e)}{d} \times \frac{u_2^2}{2}$$

$$= 0.024 \times \frac{h-1.5+3+45}{0.10} \times \frac{1.77^2}{2} = 17.48 + 0.376h$$

代入上式，$9.8h = \dfrac{1.77^2}{2} + \dfrac{39.2 \times 10^3}{900} + 17.48 + 0.376h$

解得：$h = 6.64\text{m}$

16. 硫酸是一种腐蚀性很强的酸，工厂中常用压缩空气和耐压容器（酸蛋）来输送硫酸（见附图）。现欲将地下贮酸槽中的硫酸以 $0.10\text{m}^3 \cdot \text{min}^{-1}$ 的流量通过 $\phi38\text{mm} \times 3\text{mm}$ 的钢管，将酸送到距地下贮酸槽液面 10m 的高位槽中。假设输送过程中液面差基本不变。管道的全长为 40m（包括局部阻力的当量长度）。管道的摩擦系数可按 $\lambda = 0.3164Re^{-0.25}$ 计算，硫酸的密度为 $1830\text{kg} \cdot \text{m}^{-3}$，黏度可取 $0.018\text{Pa} \cdot \text{s}$。求为输送硫酸所需压缩空气的压强。

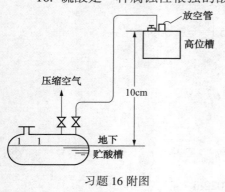

习题 16 附图

解：硫酸的流速、雷诺数和摩擦系数分别为

$$u = \frac{V_{\text{S}}}{A} = \frac{0.1}{60 \times \dfrac{\pi}{4} \times (0.038 - 2 \times 0.003)^2} = 2.07\,(\text{m} \cdot \text{s}^{-1})$$

$$Re = \frac{du\rho}{\mu} = \frac{0.032 \times 2.07 \times 1830}{0.018} = 6734$$

$$\lambda = 0.3164Re^{-0.25} = 0.3164 \times 6734^{-0.25} = 0.0349$$

以贮酸槽液面 1-1 截面至高位槽管入口 2-2 截面为衡算系统，并以 1-1 截面为基准水平面列出伯努利方程：

$$gh_1 + \frac{u_1^2}{2} + \frac{p_1}{\rho} = gh_2 + \frac{u_2^2}{2} + \frac{p_2}{\rho} + \sum h_{\text{f}}$$

因 $h_1 = 0$，$u_1 \approx 0$，$p_2 = 0$（表压）

则：

$$\frac{p_1}{\rho} = gh_2 + \frac{u_2^2}{2} + \sum h_{\text{f}} = gh_2 + \frac{u_2^2}{2} + \lambda \cdot \frac{l}{d} \cdot \frac{u_2^2}{2}$$

$$= 9.8 \times 10 + \left(0.0349 \times \frac{40}{0.032} + 1\right) \times \frac{2.07^2}{2} = 193.6\,(\text{J} \cdot \text{kg}^{-1})$$

$$p_1 = 1830 \times 193.6 = 3.54 \times 10^5\,(\text{Pa}) = 0.354\,(\text{MPa})（表压）$$

17. 用一泵将某液体由敞口容器送到压强为 $5 \times 10^4\text{Pa}$（表压）的高位槽中。两液面的位差为 12m，液体流量为 $20\text{m}^3 \cdot \text{h}^{-1}$，密度为 $1250\text{kg} \cdot \text{m}^{-3}$。输送管规格为 $\phi57\text{mm} \times 3.5\text{mm}$，管长为 60m（包括局部阻力的当量长度），直管的摩擦系数 $\lambda = 0.024$。试求：泵的有效功率。

解：以敞口容器液面为上游截面 1-1′，以高槽液面为下游截面 2-2′，以上游截面 1-1′ 为基准水平面，在 1-1′ 和 2-2′ 之间列伯努利方程：

$$gh_1 + \frac{u_1^2}{2} + \frac{p_1}{\rho} + W_{\text{e}} = gh_2 + \frac{u_2^2}{2} + \frac{p_2}{\rho} + \sum h_{\text{f}} \tag{①}$$

已知：

$$h_1 = 0,\quad u_1 = 0,\quad p_1（表压）= 0$$
$$h_2 = 12,\quad u_2 = 0,\quad p_2 = 5 \times 10^4\text{Pa}$$

代入式①有：

$$W_{\text{e}} = gh_2 + \frac{p_2}{\rho} + \sum h_{\text{f}} \tag{②}$$

其中，$u = \dfrac{V_s}{A} = \dfrac{20}{3600 \times \dfrac{\pi}{4} \times 0.05^2} = 2.83\,(\mathrm{m \cdot s^{-1}})$

$$\sum h_f = \lambda \cdot \frac{l}{d} \cdot \frac{u^2}{2} = 0.024 \times \frac{60}{0.05} \times \frac{2.83^2}{2} = 115.3\,(\mathrm{J \cdot kg^{-1}})$$

代入式②：$W_e = 9.8 \times 12 + \dfrac{5 \times 10^4}{1250} + 115.3 = 272.93\,(\mathrm{J \cdot kg^{-1}})$

$$N_e = W_e \cdot W_s = 272.83 \times \frac{20 \times 1250}{3600} = 1895\,(\mathrm{W}) = 1.895\,(\mathrm{kW})$$

18. 每小时将 $2 \times 10^4\,\mathrm{kg}$ 的溶液用泵从反应器输送到高位槽（见本题附图），反应器液面上方保持 200mmHg 的真空度，高位槽液面上方为大气压。管道为 $\phi76\mathrm{mm} \times 4\mathrm{mm}$ 的钢管，总长为 50m，管线上有两个全开的闸阀，一个孔板流量计（局部阻力系数为 4）、5 个标准弯头。反应器内液面与管路出口的距离为 15m。若泵的效率为 0.7，求泵的轴功率。溶液密度为 $1076\mathrm{kg \cdot m^{-3}}$，黏度为 $6.6 \times 10^{-4}\mathrm{Pa \cdot s}$，管壁绝对粗糙度可取为 0.3mm。

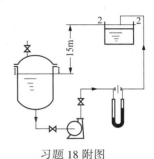

习题 18 附图

解：如图，以反应器液面 1-1 为上游截面，以输送管路出口 2-2 为下游截面，以 1-1 为基准水平面，在 1-1 与 2-2 之间列伯努利方程：

$$gh_1 + \frac{u_1^2}{2} + \frac{p_1}{\rho} + W_e = gh_2 + \frac{u_2^2}{2} + \frac{p_2}{\rho} + \sum h_f$$

式中，$h_1 = 0$，$u_1 = 0$，$p_2 = 0$

$$p_1 = -200\mathrm{mmHg}(\text{表压}) = -200 \times 133.3\mathrm{Pa} = -26660\mathrm{Pa}$$

$$h_2 = 15\mathrm{m}$$

$$u_2 = \frac{W_s}{A \cdot \rho} = \frac{W_s}{\dfrac{\pi}{4}d^2 \cdot \rho} = \frac{2 \times 10^4}{3600 \times \dfrac{\pi}{4} \times 0.068^2 \times 1076} = 1.42\,(\mathrm{m \cdot s^{-1}})$$

$$Re = \frac{du\rho}{\mu} = \frac{0.068 \times 1.42 \times 1076}{6.3 \times 10^{-4}} = 1.65 \times 10^5$$

$\dfrac{\varepsilon}{d} = \dfrac{0.3}{68} = 0.0044$，查 λ 与 Re 及 $\dfrac{\varepsilon}{d}$ 的关系图可得 $\lambda = 0.03$

由当量长度共线图可查得标准弯头和全开闸阀的当量长度分别为：

$l_{e\text{标准弯头}} = 3\mathrm{m}$，$l_{e\text{闸阀全开}} = 0.65\mathrm{m}$

5 个标准弯头当量长度为 $5 \times 3 = 15\,(\mathrm{m})$

2 个全开闸阀的当量长度为 $2 \times 0.65 = 1.3\,(\mathrm{m})$

所以局部当量长度 $\sum l_e = 15 + 1.3 = 16.3\,(\mathrm{m})$

$$\sum h_f = \left(\lambda \cdot \frac{l + \sum l_e}{d} + \zeta\right) \cdot \frac{u^2}{2} = \left(0.029 \times \frac{50 + 16.3}{0.068} + 4\right) \times \frac{1.42^2}{2} = 32.54\,(\mathrm{J \cdot kg^{-1}})$$

将上述已知条件代入伯努利方程：

$$\frac{-26660}{1076}+W_e=9.8\times15+\frac{1.42^2}{2}+32.54$$

解得： $W_e=205.3\mathrm{J}\cdot\mathrm{kg}^{-1}$

有效功率
$$N_e=W_e\times W_s=\frac{205.3\times2\times10^4}{3600}=1140(\mathrm{W})$$

轴功率
$$N=\frac{N_e}{\eta}=\frac{1140}{0.7}=1629(\mathrm{W})$$

19. 某厂原料油在水平直管中作层流流动。若流量不变，试问下列三种情况下，压降将如何变化？

(1)管长增加1倍，其它条件不变；

(2)管径减为原来的一半，其它条件不变；

(3)温度升高，黏度减为原来的一半，密度不变。

假设密度变化不大，可以忽略不计。

解：层流时， $\Delta p_f=32\mu lu/d^2$

(1) $l_2=2l_1$ ， μ 、 u 、 d 不变，则 $\Delta p_{f2}=2\Delta p_{f1}$

(2) $d_2=0.5d_1$ ， $u_1=\dfrac{V_s}{\dfrac{\pi}{4}\cdot d_1^2}$ ， $u_2=\dfrac{V_s}{\dfrac{\pi}{4}\cdot d_2^2}=\dfrac{V_s}{\dfrac{\pi}{4}\cdot(0.5d_1)^2}=\dfrac{4V_s}{\dfrac{\pi}{4}\cdot d_1^2}=4u_1$

$$\frac{\Delta p_{f2}}{\Delta p_{f1}}=\frac{u_2/d_2^2}{u_1/d_1^2}=\frac{4u_1\times d_1^2}{u_1\times(0.5d_1)^2}=\frac{4}{0.25}=16$$

(3) $\mu_2=0.5\mu_1$ ， $\dfrac{\Delta p_{f2}}{\Delta p_{f1}}=\dfrac{0.5\mu_1}{\mu_1}=0.5$

20. 流体湍流流经一根水平安放的光滑管。当流体的流量增大到原来的3倍时，求：

(1)流体流过同样长的管道，其压降为原来的几倍？

(2)如欲使压降保持不变，则导管的内径应为多少？

(在湍流时，摩擦系数 $\lambda=0.3164Re^{-0.25}$)

解：(1)已知： $l_2=l_1$ ， $\rho_2=\rho_1$ ， $\mu_2=\mu_1$ ， $d_2=d_1$ ， $V_{s2}=3V_{s1}$

则
$$u_2=\frac{V_{s2}}{\frac{\pi}{4}d_2^2}=\frac{3V_{s1}}{\frac{\pi}{4}d_1^2}=3u_1$$

$$Re_2=\frac{d_2u_2\rho_2}{\mu_2}=\frac{d_1\cdot3u_1\cdot\rho_1}{\mu_1}=3Re_1$$

$$h_{f2}=\lambda_2\cdot\frac{l_2}{d_2}\cdot\frac{u_2^2}{2}=\frac{0.3164}{Re_2^{0.25}}\cdot\frac{l_2}{d_2}\cdot\frac{u_2^2}{2}=\frac{0.3164}{(3Re_1)^{0.25}}\times\frac{l_1}{d_1}\times\frac{(3u_1)^2}{2}$$

$$=\frac{9}{3^{0.25}}\cdot\frac{0.3164}{Re_1^{0.25}}\cdot\frac{l_1}{d_1}\cdot\frac{u_1^2}{2}=\frac{9}{3^{0.25}}h_{f1}=6.84h_{f1}$$

(2)如果要使压降保持不变，则 $h_{f2}=h_{f1}$

则：
$$\lambda_2\cdot\frac{l_2}{d_2}\cdot\frac{u_2^2}{2}=\lambda_1\cdot\frac{l_1}{d_1}\cdot\frac{u_1^2}{2}$$

$$\frac{0.3164}{Re_2^{0.25}} \cdot \frac{l_2}{d_2} \cdot \frac{u_2^2}{2} = \frac{0.3164}{Re_1^{0.25}} \cdot \frac{l_1}{d_1} \cdot \frac{u_1^2}{2}$$

$$l_2 = l_1 \qquad \frac{u_2^2}{Re_2^{0.25} \cdot d_2} = \frac{u_1^2}{Re_1^{0.25} \cdot d_1}$$

$$Re_2^{0.25} \cdot d_2 \cdot u_1^2 = Re_1^{0.25} \cdot d_1 \cdot u_2^2$$

$$\left(\frac{d_2 u_2 \rho_2}{\mu_2}\right)^{0.25} \cdot d_2 \cdot u_1^2 = \left(\frac{d_1 u_1 \rho_1}{\mu_1}\right)^{0.25} \cdot d_1 \cdot u_2^2$$

$$\rho_2 = \rho_1, \quad \mu_2 = \mu_1, \quad (d_2 u_2)^{0.25} \cdot d_2 \cdot u_1^2 = (d_1 u_1)^{0.25} \cdot d_1 \cdot u_2^2$$

$$d_2^5 \cdot u_1^7 = d_1^5 \cdot u_2^7, \qquad d_2^5 \cdot \left(\frac{V_{s1}}{\frac{\pi}{4} \cdot d_1^2}\right)^7 = d_1^5 \cdot \left(\frac{V_{s2}}{\frac{\pi}{4} \cdot d_2^2}\right)^7$$

$$\frac{d_2^5 \cdot V_{s1}^7}{d_1^{14}} = \frac{d_1^5 \cdot V_{s2}^7}{d_2^{14}}, \quad d_2^{19} \cdot V_{s1}^7 = d_1^{19} \cdot V_{s2}^7$$

$$V_{s2} = 3V_{s1}, \quad d_2^{19} \cdot V_{s1}^7 = d_1^{19} \cdot (3V_{s1})^7 = d_1^{19} \cdot 3^7 \cdot V_{s1}^7$$

$$d_2 = 3^{\frac{7}{19}} d_1 = 1.5 d_1$$

21. 如本题附图是利用 U 形管测压计测定管道两截面 AB 间的直管阻力造成的能量损失。若对于同一管道 AB 由水平变为倾斜，并保持管长与管内流量不变。请说出两种情况下的压差计读数 R 和 R' 是否一样？试证明之。（管道中的密度为 ρ，压差计指示液的密度为 ρ_R；倾斜时 B 点比 A 点高 h）

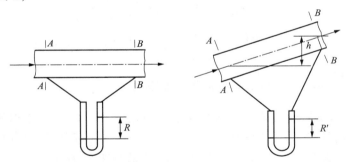

习题 21 附图

解：在 A、B 截面间列伯努利方程：

$$gh_A + \frac{u_A^2}{2} + \frac{p_A}{\rho} = gh_B + \frac{u_B^2}{2} + \frac{p_B}{\rho} + h_f$$

水平时，$h_A = h_B$，$u_A = u_B$

由伯努利方程得： $\qquad\qquad p_A - p_B = \rho \cdot h_f$ ①

式中 h_f——直管阻力造成的能量损失，$\text{J} \cdot \text{kg}^{-1}$。

A、B 截面间装有 U 形管压差计，$p_A - p_B = (\rho_R - \rho) g R$ ②

由式①、式②得： $\qquad\qquad R = \dfrac{\rho h_f}{[\rho_R - \rho] g}$ ③

倾斜时，$u_A' = u_B'$，$h_B' - h_A' = h$

且 $\qquad\qquad p_A' - p_B' = \rho \cdot h_f' + \rho g h$ ④

$$p_A{}' - p_B{}' = (\rho_R - \rho) g R' + \rho g h \qquad ⑤$$

比较式④、式⑤得：
$$R' = \frac{\rho h_f'}{(\rho_R - \rho) g} \qquad ⑥$$

根据范宁公式，$h_f = \lambda \cdot \dfrac{l}{d} \cdot \dfrac{u^2}{2}$，由于水平和倾斜时，管径、管长和流量均不变，

则有：$h_f = h_f'$，故 $R = R'$。

22. 某油田用 $\phi 330mm \times 15mm$ 的钢管输送原油至炼油厂。管路总长度为 140km，输油量要求 $300t \cdot h^{-1}$，输油管可承受的压强为 6.0MPa，原油加热至 50℃ 进行输送，此时原油的黏度为 0.187Pa·s，密度为 890kg·m⁻³，试问中途需几个加压站？（假设输油管进出口位差为零，局部阻力可忽略不计）

解：以输油管进出口分别为上游截面和下游截面，列伯努利方程：

$$gh_1 + \frac{u_1^2}{2} + \frac{p_1}{\rho} = gh_2 + \frac{u_2^2}{2} + \frac{p_2}{\rho} + h_{f,1-2}$$

$$u = \frac{V_s}{\frac{\pi}{4}d^2} = \frac{300 \times 10^3 / 890}{3600 \times \frac{3.14}{4} \times (0.330 - 2 \times 0.015)^2} = 1.33(m \cdot s^{-1})$$

$$Re = \frac{du\rho}{\mu} = \frac{0.3 \times 1.33 \times 890}{0.187} \approx 1900 < 2000，流形为层流。$$

整个输送过程的压强降

$$p_1 - p_2 = \rho \cdot h_{f1-2} = \rho \cdot \lambda \cdot \frac{l}{d} \cdot \frac{u^2}{2} = \frac{64}{Re} \cdot \frac{l}{d} \cdot \frac{\rho u^2}{2}$$

$$= \frac{64}{1900} \times \frac{140 \times 10^3}{0.30} \times \frac{890 \times (1.33)^2}{2} = 12.4(MPa)$$

故加压站数 $= \dfrac{12.4}{6.0} = 2.1$，可见至少需 3 个加压站。

23. 用 20℃ 的清水对一台离心泵的性能进行测定，实验测得：体积流量为 $10m^3 \cdot h^{-1}$ 时，泵出口的压力表读数为 $1.67 \times 10^5 Pa$，泵入口的真空表读数为 $-2.13 \times 10^4 Pa$，轴功率为 1.09kW。真空表测压截面与压力表测压截面的垂直距离为 0.5m。试计算泵的压头与效率。

解：泵的压头：
$$H_e = (h_2 - h_1) + \frac{p_2 - p_1}{\rho g}$$

$$h_2 - h_1 = 0.5m, \quad p_2 = 1.67 \times 10^5 Pa(表压), \quad p_1 = -2.13 \times 10^4 Pa(表压)$$

$$H_e = 0.5 + \frac{1.67 \times 10^5 - (-2.13 \times 10^4)}{1000 \times 9.81} = 19.7(mH_2O)$$

泵的效率：$\eta = \dfrac{H_e V_s \rho g}{N} = \dfrac{19.7 \times \dfrac{10}{3600} \times 1000 \times 9.81}{1.09 \times 1000} = 49\%$

24. 原有一台水泵，其输水量为 $20m^3 \cdot h^{-1}$，扬程25m，直接由电机带动，转速 2900r/min。因故临时将电机更换为 1450r/min 的电机，问泵的性能大致有何变化？

解：当流体黏度不大，泵的效率不变时，泵的性能与转速可近似用比例定律表示。

$$\frac{Q_1}{Q_2} = \frac{n_1}{n_2}, \quad Q_2 = \frac{n_2}{n_1} \cdot Q_1 = \frac{1450}{2900} \times 20 = 10\,(\mathrm{m}^3 \cdot \mathrm{h}^{-1})$$

$$\frac{H_1}{H_2} = \left(\frac{n_1}{n_2}\right)^2, \quad H_2 = \left(\frac{n_2}{n_1}\right)^2 \cdot H_1 = \left(\frac{1450}{2900}\right)^2 \times 25 = 6.25\,(\mathrm{mH_2O})$$

25. 用离心泵将20℃的水以30$\mathrm{m}^3 \cdot \mathrm{h}^{-1}$的流量，由贮水槽送到敞口高位槽。两槽液面均保持不变，且知两液面高度差为18m。泵安装在贮水槽液面上方2m处，泵的吸入管路因局部阻力造成的压头损失为1m（水柱），压出管路全部阻力造成的压头损失为3m（水柱）。泵的效率为60%，泵的允许吸上高度为6m，试求泵的所需轴功率，并通过计算说明上述泵的安装高度是否合适。（水的密度为1000kg·m^{-3}）

解：如附图所示，选取 1—1 和 2—2 截面，并以
1—1截面为基准面，列出伯努利方程：

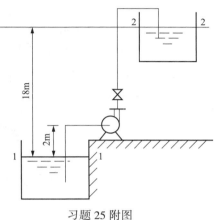

$$h_1 + \frac{p_1}{\rho g} + \frac{u_1^2}{2g} + H_e = h_2 + \frac{p_2}{\rho g} + \frac{u_2^2}{2g} + \sum h_f$$

$$p_2 = p_1, \quad \frac{u_1^2}{2g} = \frac{u_2^2}{2g} \approx 0$$

则扬程

$$H_e = h_2 - h_1 + \sum h_f = 18 - 0 + 1 + 3 = 22\,(\mathrm{mH_2O})$$

轴功率

$$N = \frac{H_e V_s \rho g}{\eta} = \frac{22 \times 30 \times 1000 \times 9.81}{0.6 \times 3600}$$

$$= 3.0 \times 10^3\,(\mathrm{W}) = 3.0\,(\mathrm{kW})$$

习题 25 附图

允许安装高度 $H_g = H_s - H_{f1} = 6 - 1 = 5\,(\mathrm{mH_2O})$

实际安装高度 $H_1 = 2\,(\mathrm{mH_2O})$

$H_1 < H_g$，符合要求。

第二章 传 热

§2.1 本章重点

1. 传导传热及傅里叶定律。
2. 对流传热及牛顿冷却定律。
3. 总传热速率及热交换计算
4. 强化传热的途径。

§2.2 知识要点

2.2.1 传热基本方式及基本概念

2.2.1.1 传热基本方式

（1）按传热机理不同

①传导传热 又称热传导或导热，是指物体上的两部分间连续存在温度差，热量从高温部分自动地传向低温部分，直到整个物体的各部分温度相等的传热过程。在传导传热过程中，物体内的分子或质点不发生宏观运动，而是由于自由电子的运动或分子质点的振动而引起热量的传递。

②对流传热 又称热对流或对流，是指流体质点发生相对位移时引起的热量交换。对流传热仅发生在流动的流体中，它与流体的流动状态密切相关。在对流传热时，必然伴随着流体质点间的热传导。习惯上把伴随着热传导过程的对流传热称为对流给热。

③辐射传热 又称热辐射，是指因热的原因而产生的电磁波在空间的传递过程。固体、液体和气体都能将热能以电磁波的形式发射出去，而不需要任何介质。在放热处，热能转变为电磁能，以电磁波的形式向空间传递，当遇到另一个能吸收电磁能的物体时，即被其部分地或全部地吸收而转化为热能。所以，热辐射不仅产生能量的转移，而且还伴有能量形式的转换。

（2）按工业操作原理不同

①直接换热 也称混合式换热，即将冷、热流体直接混合进行换热的过程。这种换热方法用于冷、热流体可以直接混合的情况。

②间接换热 也称间壁式换热，即冷、热流体不直接混合，而是通过固体壁面来进行换热的过程。这种换热方法用于冷、热流体不允许直接混合的情况。

③蓄热式换热 这种换热方法属于间歇传热过程。首先将一种流体通过换热器，将热量（或冷量）储存在换热器中的载热体介质中，然后改通与之换热的另一种流体，储存在换热

器载热体介质中的热量(或冷量)传递给这一流体，完成换热过程。

2.2.1.2　传热速率和传热强度

（1）传热速率

传热速率也称为热流量，是指单位时间内通过传热面的热量。习惯用 q 表示。

$$q = \frac{Q}{\tau} \tag{2-1}$$

式中　q——传热速率，W；

　　　Q——传热量，J；

　　　τ——时间，s。

（2）传热强度

传热强度也称为热流量密度或热通量，是单位时间单位传热面上所传递的热量，也即单位面积上的传热速率 q/A，单位为 $W \cdot m^{-2}$。

2.2.1.3　稳态传热和非稳态传热

若在传热系统中各点的温度不随时间而变化，这种传热过程称为稳态传热，即 $t = f(x)$，温度只是位置的函数。因为各点温度不随时间而变化，则通过传热面的传热速率为常量，即 $q =$ 常数。

若传热系统中各点的温度既随位置变化又随时间变化，这种传热过程称为非稳态传热，即 $t = f(x, \tau)$。此时通过传热面的传热速率也要随时间的变化而变化。

2.2.2　传导传热

2.2.2.1　傅里叶定律

（1）温度场和温度梯度

温度场是物体或系统内各点的温度分布的总和。在稳态传热的过程中，温度为位置的函数。若温度只沿一个坐标方向变化，此温度场称为一维温度场，$t = f(x)$。

温度场中同一时刻下相同温度各点所组成的面称为等温面。两相邻等温面$(t + \Delta t)$ 与 t 之间的温度差 Δt 与该两面之间的垂直距离 $\Delta \delta$ 之比的极限值称为温度梯度。其数学表达式如下：

$$温度梯度 = \lim_{\Delta \delta \to 0} \frac{\Delta t}{\Delta \delta} = \frac{\partial t}{\partial \delta}$$

温度梯度为矢量，它以温度增加的方向为正方向。

（2）傅里叶定律

傅里叶定律表明，通过等温面的导热速率与温度梯度及传热面成正比。即：

$$\frac{dQ}{d\tau} = -\lambda \cdot A \cdot \frac{dt}{d\delta} \tag{2-2}$$

式中　$\dfrac{dQ}{d\tau}$——单位时间内传递的热量，即传热速率，W，在稳态传热过程中，传热速率为

　　　　　常数，可用 q 表示；

　　　$\dfrac{dt}{d\delta}$——温度梯度；

A——传热面积，m^2；

λ——比例系数，称导热系数，$W \cdot m^{-1} \cdot K^{-1}$，导热系数表征物质导热能力的大小，是物质的物理性质之一，可从手册中查得。

稳态传热的傅里叶定律可写为：

$$q = -\lambda \cdot A \cdot \frac{\mathrm{d}t}{\mathrm{d}\delta} \tag{2-3}$$

2.2.2.2 传导传热计算

（1）平面壁的稳态热传导

①单层平面壁的稳态热传导　将傅里叶定律运用于平面壁上，可得单层平面壁的传热速率方程为：

$$q = \lambda \cdot \frac{A}{\delta} \cdot (t_1 - t_2) = \frac{\Delta t}{R} \tag{2-4}$$

式中　q——传热速率，W；

λ——导热系数，$W \cdot m^{-1} \cdot K^{-1}$；

A——传热面积，m^2；

δ——平面壁厚度，m；

t_1、t_2——壁面两侧温度，K 或 $^{\circ}C$。

Δt——导热过程推动力，$\Delta t = t_1 - t_2$；

R——导热过程热阻，$R = \dfrac{\delta}{\lambda A}$。

②多层平面壁的稳态热传导　多层平面壁的每一层符合单层平面壁的传热规律，且每一层的传热速率相等，可得多层平面壁的传热速率方程的表达式为：

$$q = \frac{t_1 - t_{n+1}}{\sum\limits_{i=1}^{n} \dfrac{\delta_i}{\lambda_i \cdot A}} = \frac{t_1 - t_{n+1}}{\sum\limits_{i=1}^{n} R_i} = \frac{\sum\limits_{i=1}^{n} \Delta t_i}{\sum\limits_{i=1}^{n} R_i} \tag{2-5}$$

因各层传热速率相等，所以存在下列比例关系：

$$\Delta t_1 : \Delta t_2 : \Delta t_3 : \Delta t_i : \sum \Delta t = \frac{\delta_1}{\lambda_1} : \frac{\delta_2}{\lambda_2} : \frac{\delta_3}{\lambda_3} : \frac{\delta_i}{\lambda_i} : \sum \frac{\delta}{\lambda} \tag{2-6}$$

（2）圆筒壁的稳态热传导

①单层圆筒壁的稳态热传导　圆筒壁与平面壁的不同之处在于圆筒壁的传热面积不是常量，随半径的变化而变化。设圆筒壁面的内半径为 r_1，外半径为 r_2，长度为 l，圆筒壁内外温度分别为 t_1、t_2，且 $t_1 > t_2$。若在半径为 r 处沿半径方向取一微分厚度为 $\mathrm{d}r$ 的薄壁圆筒，其传热面积可视为常量 $2\pi r l$，同时通过该薄层的温度变化为 $\mathrm{d}t$。根据傅里叶定律：

$$q = -\lambda \cdot (2\pi r l) \cdot \frac{\mathrm{d}t}{\mathrm{d}r}$$

将上式分离变量积分，可得：

$$q = \frac{2\pi l \cdot (t_1 - t_2)}{\dfrac{1}{\lambda} \ln \dfrac{r_2}{r_1}} \tag{2-7}$$

引入对数平均半径：$r_m = \dfrac{r_2 - r_1}{\ln \dfrac{r_2}{r_1}}$，代入上式可得：

$$q = \frac{2\pi r_m l \cdot (t_1 - t_2)}{\dfrac{r_2 - r_1}{\lambda}} = \frac{t_1 - t_2}{\dfrac{\delta}{\lambda \cdot A_m}} \tag{2-7a}$$

②多层圆筒壁的稳态热传导　仿照多层平面壁的推导过程，可得多层圆筒壁的速率方程为：

$$q = \frac{2\pi l \cdot (t_1 - t_{n+1})}{\displaystyle\sum_{i=1}^{n} \frac{1}{\lambda_i} \ln \frac{r_{i+1}}{r_i}} \tag{2-8}$$

2.2.3　对流传热

2.2.3.1　对流传热分析

化工生产中的对流传热一般是指流体与固体壁面间的传热过程，即流体将热量传递给固体壁面或由固体壁面将热量传递给流体。流体流动过程中，在靠近管壁处总有一层滞流内层存在，这层流体在传热方向上没有位移，因此，这一流体层内的传热为传导传热。由于流体的导热系数较低，使滞流内层中的导热热阻很大，因此该层中温度差也较大，即温度梯度较大。在湍流主体中，由于流体质点剧烈混合并充满了漩涡，因此湍流主体中温度差极小，各处的温度几乎相同，在湍流主体和滞流内层之间的缓冲层内，热传导和对流传热均起作用，温度发生缓慢的变化。所以，对流传热热阻主要集中在滞流内层，对流传热速率也主要取决于滞流内层的热传导速率。

2.2.3.2　牛顿冷却定律

牛顿冷却定律表明，对流传热过程的传热速率，与传热面积及流体与固体壁面之间的温度差成正比。即：

$$q = \alpha \cdot A \cdot \Delta t \tag{2-9}$$

式中　α——对流传热系数，$W \cdot m^{-2} \cdot K^{-1}$；

A——传热面积，m^2；

Δt——流体与固体壁面间的温度差，即对流传热过程的推动力，K 或℃。

若为热流体与固体壁面之间的传热过程，Δt 表示为$(T - T_w)$；若为固体壁面与冷流体之间的传热过程，Δt 表示为$(t_w - t)$。即有：

$$q = \alpha \cdot A \cdot (T - T_w) \tag{2-9a}$$

$$q = \alpha \cdot A \cdot (t_w - t) \tag{2-9b}$$

式中　T——热流体温度；

T_w——与热流体接触换热的固体壁面温度；

t_w——与冷流体接触换热的固体壁面温度；

t——冷流体的温度。

实际上，在对流传热过程中的流动方向上，随着传热过程的进行，流体温度不断变化，因而$(T - T_w)$或$(t_w - t)$也会随着传热过程的进行不断变化。只有在微分截面 dA 上$(T - T_w)$或

(t_w-t)才是定值，因而牛顿冷却定律应写为：

$$dq = \alpha \cdot dA \cdot (T-T_w) \tag{2-9c}$$

$$dq = \alpha \cdot dA \cdot (t_w-t) \tag{2-9d}$$

其中，α 为局部对流传热系数，是 dA 上的对流传热系数。

前面我们写出的牛顿冷却定律的形式，是在整个换热器上积分的结果，因而 α 及 $(T-T_w)$、(t_w-t) 均为整个换热器上的平均值。

2.2.3.3　对流传热系数

根据牛顿冷却定律

$$\alpha = \frac{q}{A \cdot \Delta t}$$

对流传热系数等于单位温度差下由对流传热产生的热通量，与对流传热过程的热阻成反比例关系。

（1）影响 α 的因素

①流体的种类和相变化的情况；

②流体的性质：如导热系数、比热容、密度、黏度、膨胀系数等；

③流体的流动状态：如滞流、湍流；

④流体流动的原因：如自然对流、强制对流；

⑤传热面的形状、位置或大小。

（2）传热过程的准数

①努塞尔特（Nusselt）准数：表示对流传热系数的准数。

$$Nu = \alpha \cdot \frac{d}{\lambda} \tag{2-10}$$

式中　Nu——努塞尔特准数，无因次；

　　　α——对流传热系数，$W \cdot m^{-2} \cdot K^{-1}$；

　　　d——传热面管子直径，m；

　　　λ——流体的导热系数，$W \cdot m^{-1} \cdot K^{-1}$。

②雷诺（Reynold）准数：确定流体流动状态的准数。

$$Re = \frac{du\rho}{\mu} \tag{2-11}$$

式中　Re——雷诺准数，无因次；

　　　u——流体流动速度，$m \cdot s^{-1}$；

　　　ρ——流体的密度，$kg \cdot m^{-3}$；

　　　μ——流体的黏度，$Pa \cdot s$。

③普兰特（Prondt）准数：表示物性影响的准数。

$$Pr = \frac{c_p\mu}{\lambda} \tag{2-12}$$

式中　Pr——普兰特准数，无因次；

　　　c_p——流体的比定压热容，$J \cdot kg^{-1} \cdot K^{-1}$。

④格拉斯霍夫（Grashaf）准数：表示自然对流影响的准数。

$$Gr = \frac{\beta g \Delta t d^3 \rho^2}{\mu^2} \qquad (2-13)$$

式中　Gr——格拉斯霍夫准数，无因次；

　　　β——流体的体积膨胀系数，K^{-1}；

　　　Δt——流体与壁面间的温度差，K。

对流体无相变的对流传热进行因次分析，得到的准数关联式为：

$$Nu = f(Re,\ Pr,\ Gr) \qquad (2-14)$$

对流情况不同，上式可简化为：

自然对流：

$$Nu = f(Pr,\ Gr) \qquad (2-14a)$$

强制对流：

$$Nu = f(Re,\ Gr) \qquad (2-14b)$$

（3）流体在圆形管路中作强制湍流时的对流传热系数

①低黏度流体（<2 倍常温水的黏度）

$$Nu = 0.023 \cdot Re^{0.8} \cdot Pr^n \qquad (2-15)$$

或：

$$\alpha = 0.023 \cdot \frac{\lambda}{d} \cdot Re^{0.8} \cdot Pr^n \qquad (2-15a)$$

式中的 n 视热流方向而定。当流体被加热时，$n=0.4$；被冷却时，$n=0.3$。

应用范围：$Re>10000$，$0.7<Pr<120$，管长与管径比 $\frac{l}{d}>60$。

定性温度：取为流体进、出口温度的算术平均值。

②高黏度的液体

$$Nu = 0.027 \cdot Re^{0.8} \cdot Pr^{0.33} \cdot \left(\frac{\mu}{\mu_w}\right)^{0.14} \qquad (2-16)$$

或：

$$\alpha = 0.027 \cdot \frac{\lambda}{d} \cdot Re^{0.8} \cdot Pr^{0.33} \cdot \left(\frac{\mu}{\mu_w}\right)^{0.14} \qquad (2-16a)$$

式中，$\left(\frac{\mu}{\mu_w}\right)^{0.14}$ 是考虑热流方向的校正项，μ_w 指壁面温度下流体的黏度。

应用范围：$Re>10000$，$0.7<Pr<16700$，管长与管径比 $\frac{l}{d}>60$。

定性温度：除 μ_w 取为壁温外，均取流体进、出口温度的算术平均值。

2.2.4　热交换计算

2.2.4.1　热负荷计算

生产上将单位时间内流体在传热过程中所放出或吸收的热量称为热负荷。

在换热过程中，若换热器绝热良好，热损失可以忽略，则在单位时间内热流体放出的热量等于冷流体所吸收的热量，热量衡算式为：$Q_{放} = Q_{吸}$。

（1）无相变而只有温度变化时热负荷的计算

$$Q = W \cdot c_p \cdot \Delta t \qquad (2-17)$$

两种流体都只有温度变化时，热量衡算式为：

$$Q = W_h \cdot c_{ph} \cdot (T_1 - T_2) = W_c \cdot c_{pc} \cdot (t_2 - t_1) \qquad (2-18)$$

式中　Q——热负荷，W；

W_h、W_c——热、冷流体质量流量，$kg \cdot s^{-1}$；

c_{ph}、c_{pc}——热、冷流体的平均比定压热容，$J \cdot kg^{-1} \cdot K^{-1}$；

T_1、T_2——热流体的进、出口温度，K 或℃；

t_1、t_2——冷流体的进、出口温度，K 或℃。

（2）只有相变化时热负荷的计算

$$Q = W \cdot r \qquad (2-19)$$

两种流体都只有相变化时，热量衡算式为

$$Q = W_h \cdot r_h = W_c \cdot r_c \qquad (2-20)$$

式中　r_h、r_c——热、冷流体的相变热，$J \cdot kg^{-1}$。

在实际的传热过程中，每一种流体可能只有相变化或只有温度变化，也可能既有相变化又有温度变化；两种流体的变化情况可能相同，也可能不同。在实际计算中要根据实际情况，综合考虑流体在相变化及温度变化时所传递的热量。

若换热器的热量损失不可忽略，在作热量衡算时，还应考虑热量损失，则热量衡算式为：$Q_{放} = Q_{吸} + Q_{损}$。

2.2.4.2　总传热速率方程

冷热流体通过固体壁面的总传热过程分三步来完成：

①热流体与固体壁面间的对流传热过程；

②固体壁面内的热传导过程；

③固体壁面与冷流体间的对流传热过程。

因此，冷热流体通过固体壁面的传热过程是"对流传热—热传导—对流传热"相结合的过程。

通过换热器任一微元面积上的传热速率方程，可以仿照对流传热速率方程写出：

$$dq = K \cdot (T - t) \cdot dA = K \cdot \Delta t \cdot dA \qquad (2-21)$$

式中　K——局部总传热系数，$W \cdot m^{-2} \cdot K^{-1}$；

T——换热器任一截面上热流体的温度，K 或℃；

t——换热器任一截面上冷流体的温度，K 或℃。

应注意，总传热系数必须和所选择的传热面积相对应。总传热速率方程可以表示为：

$$dq = K_i \cdot (T - t) \cdot dA_i = K_o \cdot (T - t) \cdot dA_o = K_m \cdot (T - t) \cdot dA_m \qquad (2-22)$$

式中　K_i、K_o、K_m——基于管内表面积、外表面积、内外表面平均面积的总传热系数，$W \cdot m^{-2} \cdot K^{-1}$；

A_i、A_o、A_m——换热器管内表面积、外表面积和内外侧的平均面积，m^2。

在实际应用中，多用外表面积进行计算，若用外表面积，则可不加下标。整个换热器上的传热速率可通过积分得出。

$$q = K \cdot (T - t)_m \cdot A = K \cdot \Delta t_m \cdot A \qquad (2-23)$$

式中　K——基于管外表面积的总传热系数，$W \cdot m^{-2} \cdot K^{-1}$；

Δt_{m}——换热器上热、冷流体温度差的平均值，称传热平均温度差，K 或℃；

A——换热器管外表面积，m^2。

2.2.4.3 总传热系数

设换热器某微元面积上热流体湍流主体温度为 T，冷流体湍流主体温度为 t（假设热流体在管内流动，冷流体在管外流动），壁面两侧温度分别为 T_{w} 与 t_{w}，其中 T_{w} 为与热流体相接触的壁面温度，t_{w} 为与冷流体相接触的壁面温度，热流体与壁面的对流给热系数为 α_{i}，冷流体与壁面的对流给热系数为 α_{o}，固体壁面的导热系数为 λ，壁面厚度为 δ，与热流体相接触的壁面面积为 A_{i}，与冷流体相接触的壁面面积为 A_{o}，固体壁面的传热面积为 A_{m}。

根据牛顿冷却定律：

热流体与固体壁面间的传热速率：$\mathrm{d}q_1 = \alpha_{\mathrm{i}} \cdot \mathrm{d}A_{\mathrm{i}} \cdot (T - T_{\mathrm{w}})$

固体壁面与冷流体间的传热速率：$\mathrm{d}q_2 = \alpha_{\mathrm{o}} \cdot \mathrm{d}A_{\mathrm{o}} \cdot (t_{\mathrm{w}} - t)$

固体壁面内的导热速率：$\mathrm{d}q' = \lambda \cdot \mathrm{d}A_{\mathrm{m}} \cdot \dfrac{(T_{\mathrm{w}} - t_{\mathrm{w}})}{\delta}$

稳态传热过程中，$\mathrm{d}q_1 = \mathrm{d}q_2 = \mathrm{d}q' = \mathrm{d}q$

通过上述关系可得：$\mathrm{d}q = \dfrac{(T-t) \cdot \mathrm{d}A_{\mathrm{o}}}{\dfrac{A_{\mathrm{o}}}{\alpha_{\mathrm{i}} A_{\mathrm{i}}} + \dfrac{\delta A_{\mathrm{o}}}{\lambda A_{\mathrm{m}}} + \dfrac{A_{\mathrm{o}}}{\alpha_{\mathrm{o}} A_{\mathrm{o}}}}$

积分上式：$q = \dfrac{(T-t)_{\mathrm{m}} \cdot A_{\mathrm{o}}}{\dfrac{A_{\mathrm{o}}}{\alpha_{\mathrm{i}} A_{\mathrm{i}}} + \dfrac{\delta A_{\mathrm{o}}}{\lambda A_{\mathrm{m}}} + \dfrac{A_{\mathrm{o}}}{\alpha_{\mathrm{o}} A_{\mathrm{o}}}} = \dfrac{1}{\dfrac{A_{\mathrm{o}}}{\alpha_{\mathrm{i}} A_{\mathrm{i}}} + \dfrac{\delta A_{\mathrm{o}}}{\lambda A_{\mathrm{m}}} + \dfrac{1}{\alpha_{\mathrm{o}}}} \cdot (T-t)_{\mathrm{m}} \cdot A_{\mathrm{o}}$

$$K = \dfrac{1}{\dfrac{A_{\mathrm{o}}}{\alpha_{\mathrm{i}} A_{\mathrm{i}}} + \dfrac{\delta A_{\mathrm{o}}}{\lambda A_{\mathrm{m}}} + \dfrac{1}{\alpha_{\mathrm{o}}}} \tag{2-24}$$

（1）圆筒壁的总传热系数

圆筒传热面积：$A = \pi d l$

$$A_{\mathrm{o}} = \pi d_{\mathrm{o}} l, \quad A_{\mathrm{i}} = \pi d_{\mathrm{i}} l, \quad A_{\mathrm{m}} = \pi d_{\mathrm{m}} l$$

$$K = \dfrac{1}{\dfrac{d_{\mathrm{o}}}{\alpha_{\mathrm{i}} d_{\mathrm{i}}} + \dfrac{\delta d_{\mathrm{o}}}{\lambda d_{\mathrm{m}}} + \dfrac{1}{\alpha_{\mathrm{o}}}} \tag{2-24a}$$

（2）平面壁的总传热系数

当壁面为平面壁时，$A_{\mathrm{i}} = A_{\mathrm{o}} = A_{\mathrm{m}}$

$$K = \dfrac{1}{\dfrac{1}{\alpha_{\mathrm{i}}} + \dfrac{\delta}{\lambda} + \dfrac{1}{\alpha_{\mathrm{o}}}}$$

$$\dfrac{1}{K} = \dfrac{1}{\alpha_{\mathrm{i}}} + \dfrac{\delta}{\lambda} + \dfrac{1}{\alpha_{\mathrm{o}}} \tag{2-24b}$$

当管壁热阻可以忽略时，即：

$$\dfrac{\delta}{\lambda} \approx 0$$

$$\dfrac{1}{K} = \dfrac{1}{\alpha_{\mathrm{i}}} + \dfrac{1}{\alpha_{\mathrm{o}}} \tag{2-24c}$$

若 $\alpha_i \gg \alpha_o$，则 $K \approx \alpha_o$；若 $\alpha_o \gg \alpha_i$，则 $K \approx \alpha_i$。

2.2.4.4 传热平均温度差

稳态传热可分为稳态恒温传热和稳态变温传热。

（1）恒温传热

恒温传热是指在换热过程中，进行换热的两种流体的温度都不发生变化，此时两种流体间的温度差亦处处相等。

$$\Delta t = T - t$$

式中　T——热流体温度，K 或 ℃；

t——冷流体温度，K 或 ℃。

稳态恒温传热只发生在热流体为饱和蒸气冷凝，冷流体为饱和液体汽化的传热过程中。

（2）变温传热

变温传热是指在换热过程中，进行换热的两种流体中至少有一种流体的温度发生变化，此时两种流体间的温度差也在变化。

变温传热的温度差可用换热器中热、冷流体温度差的对数平均值计算：

$$\Delta t_m = \frac{\Delta t_1 - \Delta t_2}{\ln \dfrac{\Delta t_1}{\Delta t_2}} \qquad (2-25)$$

式中，Δt_1、Δt_2 分别为换热器两端热流体与冷流体的温度差。

当 $\dfrac{\Delta t_1}{\Delta t_2} \leqslant 2$，$\Delta t_m = \dfrac{\Delta t_1 + \Delta t_2}{2}$，此时的对数平均值用算术平均值代替。

（3）流体流向与平均温度差的关系

在实际的换热过程中，两流体的相互流向有并流、逆流、错流、折流等。两流体的相互流向不同，则对温度差的影响也不同。本节只讨论并流和逆流的情况。

①当两种流体中在换热过程中有一种流体的温度不发生变化时，因并流和逆流时两端的温度差 Δt_1、Δt_2 不发生变化，所以，在这种情况下平均温度差与流体的流向无关。

②当两种流体在换热过程中的温度都发生变化时，因并流和逆流时两端的温度差 Δt_1、Δt_2 发生变化，计算的 Δt_m 变化，且 $\Delta t_{m逆} > \Delta t_{m并}$，所以，在这种情况下平均温度差与流体的流向密切相关。

根据总传热速率方程，$q = K \cdot A \cdot \Delta t_m$，因逆流时平均温度差大于并流时的平均温度差，所以在换热器的传热量及总传热系数 K 值相同的条件下，采用逆流操作可以节省传热面积，采用较小的换热器即可完成相同的任务，设备费用降低。另外，采用逆流操作时，热流体出口与之接触的是进口温度较低的冷流体，所以热流体出口温度降低。同样，冷流体出口与之接触的是刚进换热器的热流体，温度较高，可以提高冷流体的出口温度。因此，在逆流操作中，可以节省加热介质或冷却介质的用量。逆流优于并流，因而工业生产中换热器多采用逆流操作。

2.2.5　强化传热的途径

强化传热，即设法提高传热过程的传热速率。根据总传热速率方程可知，强化传热可采用下列三种途径。

（1）增大传热面积

增大传热面积是提高传热速率的有效途径之一。对于直接换热，可以对流体进行分散，增加流体间的接触面积。对于间接换热，可以通过改变设备的结构，提高单位体积内的传热面积来达到强化传热的目的。如采用螺纹管、翅片等。

（2）增大传热平均温度差

增大平均温度差可以提高传热速率。但是平均温度差的大小主要取决于两流体的温度条件。一般来说，流体的温度为生产工艺条件所规定，可变动的范围是有限的。当换热器中两侧流体均变温时，采用逆流操作可获得较大的平均温度差。

（3）提高总传热系数

增大总传热系数，可以提高传热速率。

$$\frac{1}{K} = \frac{1}{\alpha_i} + \frac{\delta}{\lambda} + \frac{1}{\alpha_o}$$

要提高 K 值，就必须减小各项热阻，但因各项热阻所占的比重不同，因此应设法减小对 K 值影响较大的热阻。减小热阻的方法有：

①加大流速，增强流体的湍动程度，减小传热边界层中滞流内层的厚度，以提高对流传热系数，即减小对流传热的热阻。如增加列管换热器中的管程数及壳程中的挡板数，均可提高流速。

②防止结垢和及时地清除垢层，以减小垢层热阻。例如，易结垢的流体在管方流动，以便于清洗；采用可拆卸换热器的结构，以便于清除垢层。

2.2.6 列管换热器

列管换热器是目前化工生产中应用最广泛的传热设备，主要优点是单位体积所具有的传热面积大，传热效果好，结构简单，制造的材料范围较广，操作弹性大。因此，在高温、高压和大型装置上多采用列管式换热器。

2.2.6.1 列管式换热器的基本型式

列管式换热器中，由于两流体的温度不同，使管束和壳体的温度也不同，因此它们的热膨胀程度也不相同。当两流体的温差较大时，就可能由于热应力而引起设备的变形，甚至弯曲或破裂。因此，必须考虑到这种膨胀的影响。根据热补偿的方法不同，列管换热器有下面几种型式。

（1）固定管板式

所谓固定管板式即两端管板和壳体连成一体，因此它具有结构简单和造价低廉的优点。但由于壳程不易检修和清洗，因此壳方流体应是较洁净且不易结垢的物料。当两流体的温差较大时，应考虑热补偿。一般可用温度圈补偿，即在外壳的适当部位焊上一个补偿圈，当外壳和管束热膨胀不同时，补偿圈发生弹性变形（拉伸或压缩），以适应外壳和管束的不同热膨胀程度。

（2）U 形管换热器

U 形管换热器的管束弯成 U 形，管子的两端固定在同一管板上，因此每根管子都可以自由伸缩，而与其它管子和壳体均无关。这种型式的换热器结构简单，重量轻，适用于高温和高压的场合。其主要缺点是管内清洗比较困难，因此管内必须洁净。

（3）浮头式换热器

浮头式换热器两端管板之一不与外壳固定连接，该端称为浮头。当管子受热（或受冷）时，管束连同浮头可以自由伸缩，而与外壳的膨胀无关。浮头式换热器不但可以补偿热膨胀，而且由于固定端的管板是以法兰与壳体相连接的，因此管束可从壳体中抽出，便于清洗与检修。故浮头式换热器应用较为普遍，但结构较复杂，金属耗量较多，造价较高。

2.2.6.2 列管换热器的程数

列管换热器是由多根平行的管子组成的管束固定在圆筒形的壳体中组成的。换热过程中，一种流体走管内，一种流体走管间，两种流体通过换热器管束中的每一管壁换热。通常，把流体流经管束称为流经管程，该流体称为管程流体或管方流体；把流体流经管间环隙称为流经壳程，将该流体称为壳程流体或壳方流体。流体流经管程或壳程的次数，称为列管换热器的程数。一般情况下，壳程数为1，列管换热器的程数指管程数。根据列管换热器的管程数，列管换热器可分为单程列管换热器、双程列管换热器等。

2.2.6.3 换热器中的折流挡板

在换热器中，为了增加流体的流速，提高其湍动程度，以减少传热热阻，增大总传热系数，在换热器中可安装折流挡板。常用的挡板为圆缺形。

2.2.6.4 列管换热器设计时应考虑的问题

（1）流体流径的选择

哪一种流体流经换热器的管程，哪一种流体流经换热器的壳程，应从下面几点考虑（以固定管板式换热器考虑）：

①不洁净和易结垢的流体宜走管内，便于清洗。

②腐蚀性的流体宜走管内，以免壳体和管子同时被腐蚀，而且管子也便于清洗和检修。

③压强高的流体宜走管内，以免壳体受压。

④饱和蒸汽宜走管间，以便于及时排除冷凝液，且蒸汽较洁净，冷凝传热系数与流速关系不大。

⑤被冷却的流体宜走管间，可利用外壳向外的散热作用，以增强冷却效果。

⑥需要提高流速以增大对流传热系数的流体宜走管内，因管程流通面积常小于壳程，且可采用多管程以增大流速。

⑦黏度大的流体或流量较小的流体，宜走管间，因流体在有折流挡板的壳程流动时，由于流速和流向的不断改变，在低 Re 下即可达到湍流，以提高对流传热系数。

（2）流体流速的选择

增加流体在换热器中的流速，将加大对流传热系数，减少污垢在管子表面沉积的可能性，即降低了污垢热阻，使总传热系数增大，从而可减少换热器的传热面积。但是流速增加，又使流体阻力增大，动力消耗就增多，所以适宜的流速要通过经济核算来确定。

§2.3 基础知识测试题

一、填空题

1. 导热系数（λ）是物质的物理性质之一。若要提高导热速率，应选用导热系数_____的材料；保温时则要选用导热系数_____的材料。

2. 传热的基本形式除对流外，还有_____和_____。对流传热有强制对流传热和_____对流传热。

3. 用饱和水蒸气加热空气，换热器壁面的温度更接近_____的温度，总传热系数近似等于_____的传热膜系数。若要提高传热效率，应当改善_____一侧的传热条件。

4. 在加热或冷却时，若单位时间传递的热量一定，则在同一换热设备中，采用逆流操作比并流操作，加热剂或冷却剂的用量要_____。若单位时间传递的热量一定，加热剂或冷却剂的用量也一定，则逆流操作所需换热设备的传热面积要比并流操作的_____。

5. 用饱和蒸汽的冷凝来加热冷流体，冷热流体的进出口温度不变，以逆流和并流两种方式进行间壁换热，逆流时对数平均温差为 Δt_m，并流时为 $\Delta t'_m$，其大小为_____。

6. 在管壳式换热器内进行冷、热流体流动通道的选择时，通常腐蚀性流体宜走_____程；不洁净或易结垢的液体宜走_____程。

7. 在间壁换热器中要实现恒温传热，则间壁一侧输入的必定是_____，另一侧输入的必定是_____。

二、判断题

1. 导热系数 λ 与传热膜系数 α，都是物质的物理性质。   （   ）

2. 传热时，如果管壁结有垢层，即使厚度不大，也会有较大的热阻，所以应该及时清除热交换器管壁上的污垢。   （   ）

3. 多层平壁稳态热传导时，各层壁面的温度差与其热阻之比等于总温差与总热阻之比。
    （   ）

4. 为提高总传热系数 K，必须改善传热膜系数大的一侧的换热条件。   （   ）

5. 在对流传热过程中，若两种流体的传热膜系数分别为 α_1 和 α_2，且 $\alpha_1 \gg \alpha_2$，在忽略固体壁面热阻的情况下，总传热系数 K 接近于 α_1。   （   ）

6. 传热速率(也称为热流量)是指单位时间内传递的热量，传热强度(也称热通量或热流密度)是指单位时间内，单位传热面积所传递的热量。对热交换器而言，前者是表达该热交换的传热能力，后者是表达该热交换器的传热强度。   （   ）

7. 两种导热系数不同的保温材料用于圆管外保温，导热系数小的放在内层，保温效果较好，即单位长度圆管热损失小。当此二种材料用于冷冻液管道保冷时，则应将导热系数大的放在内层，以减少单位长度圆管的热能损失。   （   ）

三、选择题

1. 金属材料，液体和气体的导热系数为 λ_1、λ_2 和 λ_3，通常它们的大小顺序为(   )。
（A）$\lambda_2 > \lambda_1 > \lambda_3$ （B）$\lambda_3 > \lambda_2 > \lambda_1$ （C）$\lambda_1 > \lambda_2 > \lambda_3$ （D）$\lambda_1 > \lambda_3 > \lambda_2$

2. 在间壁式换热器中，若冷、热两种流体均无相变，并且进、出口温度一定，在相同的传热速率时，逆流时的传热面积 A 和并流时的传热面积 A' 之间的关系为(   )。
（A）$A = A'$ （B）$A > A'$ （C）$A < A'$ （D）无法确定

3. 对于两层平壁的一维稳态传导传热过程，若第一层的温差 Δt_1 大于第二层的温差 Δt_2，则第一层的热阻 R_1 与第二层的热阻 R_2 的关系为(   )。
（A）$R_1 = R_2$ （B）$R < R_2$ （C）无法确定   （D）$R_1 > R_2$

4. 在列管式换热器中，用饱和水蒸气加热空气。下面甲、乙两种说法何者合理?
（   ）

甲：传热管的壁温将接近加热水蒸气的温度；

乙：换热器总传热系数将接近空气侧的传热膜系数。

（A）甲、乙均合理　　　　　　　　　（B）甲、乙均不合理

（C）甲合理，乙不合理　　　　　　　（D）甲不合理，乙合理

5. 在换热器中，冷热流体的总传热速率方程可以表示为：传热速率 $=\dfrac{推动力}{阻力}$，其中推动力是指（　　　）。

（A）流体主体温度和管壁温度差（$T-T_w$）或（t_w-t）

（B）冷流体进出口温度差（t_2-t_1）

（C）热流体进出口温度差（T_1-T_2）

（D）两相流体温度差（$T-t$）

6. 对一台正在工作的列管式换热器，已知一侧传热膜系数 $\alpha_1 = 1.16\times10^4 W\cdot m^{-2}\cdot K^{-1}$，另一侧传热膜系数 $\alpha_2 = 100 W\cdot m^{-2}\cdot K^{-1}$，管壁热阻很小，那么要提高传热总系数，最有效的措施是（　　　）。

（A）设法增大 α_2 的值　　　　　　　（B）设法同时增大 α_1 和 α_2 的值

（C）设法增大 α_1 的值　　　　　　　（D）改用导热系数大的金属管

7. 两种流体通过间壁进行热交换时，在稳态操作条件下，并流操作与逆流操作的平均温度差不一样的只是发生在（　　　）。

（A）两种流体均发生变温的情况下

（B）两流体均不变温的情况下

（C）甲流体变温而乙流体不变温的情况下

（D）甲流体不变温而乙流体变温的情况下

8. 在对流传热公式 $\phi=\alpha A\Delta t$ 中，Δt 的物理意义是（　　　）。

（A）冷（或热）流体进出口温度差　　　（B）固体壁面与冷（或热）流体的温度差

（C）固体壁两侧的壁面温度差　　　　　（D）冷热两流体间的平均温度差

四、计算题

1. 在三层接触良好的固体平壁中，进行稳态导热，测得导热速率为 q，平壁的各壁面温度分别为 $t_1=900℃$，$t_2=800℃$，$t_3=500℃$，$t_4=300℃$，试求各平壁热阻之比。

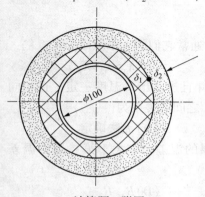

计算题 2 附图

2. 如图所示，某无梯度内循环实验反应器主体的外壁温度最高要达 $500℃$。为使外壳单位长度的热损失不大于 $600 kJ\cdot h^{-1}$，内层采用保温砖，外层采用玻璃棉，保温相邻材料之间接触充分。保温砖和玻璃棉的导热系数分别为 $\lambda_1 = 0.14 W\cdot m^{-1}\cdot K^{-1}$ 和 $\lambda_2 = 0.07 W\cdot m^{-1}\cdot K^{-1}$。玻璃棉的耐热温度为 $400℃$，玻璃棉的外层温度为 $80℃$，试求：保温砖最小厚度以及此时相应的玻璃棉厚度。

3. 设某导热管内径为 50mm，外径为 60mm，管壁导热系数为 $17.4 W\cdot m^{-1}\cdot K^{-1}$，管内、外流体的平均温度分别为 $80℃$ 与 $25℃$，管内壁、外壁温度分别为 $75℃$ 与 $35℃$。试求：

（1）每米管长的传热速率；

（2）管内流体的传热膜系数 α_1；

（3）管外流体的传热膜系数 α_2。

4. 在某热交换器中，用水逆流冷却某石油馏分，其总传热系数为 230W·m⁻²·K⁻¹。该馏分的质量流量为 1400kg·h⁻¹，平均比定压热容为 3.35kJ·kg⁻¹·K⁻¹，要求将它从 95℃ 冷却至 45℃。冷却水的进口温度为 15℃，出口温度为 25℃，比定压热容为 4.18kJ·kg⁻¹·K⁻¹，热损失可忽略。试求所需传热面积和冷却水用量。

5. 在合成氨工业中，某工段采用列管式热交换器将质量流量为 3.5×10^3 kg·h⁻¹ 的热水从 100℃ 冷却到 60℃。已知：冷却水进口温度为 15℃，出口温度为 50℃，总传热系数为 1.2×10^3 W·m⁻²·K⁻¹，水在 15 ~ 50℃ 时的平均比定压热容为 4.15kJ·kg⁻¹·K⁻¹，在 60 ~ 100℃ 时的平均比定压热容为 4.20kJ·kg⁻¹·K⁻¹，试求：

（1）冷却水耗用量；

（2）两种流体作逆流时的对数平均温度差和所需的热交换面积；

（3）两种流体作并流时的对数平均温度差和所需的热交换面积。

6. 在列管式热交换器中，用 232.2kPa 的饱和水蒸气将 350m³·h⁻¹ 的某溶液从 313K 加热到 323K，采用 2m 长、φ38mm×2.5mm 的钢管（$\lambda = 49$ W·m⁻¹·K⁻¹）为列管。若无垢层，并忽略热损失，求稳态传热时所需的传热面积和列管数。

有关数据如下：232.2kPa 的饱和水蒸气温度为 125℃；水蒸气冷凝的传热膜系数 $\alpha_1 = 11600$ W·m⁻²·K⁻¹；溶液的传热膜系数 $\alpha_2 = 3700$ W·m⁻²·K⁻¹；溶液的密度 $\rho = 1320$ kg·m⁻³；溶液的比定压热容 $c_p = 3.4$ kJ·kg⁻¹·K⁻¹。

7. 在一套管换热器中，用 120℃ 的饱和水蒸气将油从 40℃ 加热到 80℃。油走管内，处理量为 2.5×10^4 kg·h⁻¹，流动为稳定湍流状态。水蒸气冷凝传热膜系数 $\alpha_1 = 1.2 \times 10^4$ W·m⁻²·K⁻¹，油的传热膜系数 $\alpha_2 = 258$ W·m⁻²·K⁻¹，油的平均比定压热容 $c_p = 2.1 \times 10^3$ J·kg⁻¹·K⁻¹。问：

（1）换热器所需传热面积为多少？

（2）若其它条件不变而将油的处理量增加 50%，则油的出口温度变为多少？

（管壁及污垢层热阻可略而不计。）

8. 采用列管式热交换器将苯的饱和蒸气冷凝为同温度的液体（苯的沸点为 80.1℃）。冷却水的进、出口温度分别为 20℃ 和 45℃，其质量流量为 2800kg·h⁻¹，水的比定压热容为 4.18×10^3 J·kg⁻¹·K⁻¹。列管为 φ19mm×2mm 的钢管 19 根，并已知基于管子外表面积的总传热系数为 1000W·m⁻²·K⁻¹。试计算：

（1）传热速率；

（2）列管长度。

9. 在一列管式换热器中进行冷、热流体的热交换，并采用逆流操作。热流体的进、出口温度分别为 120℃ 和 70℃，冷流体的进、出口温度分别为 20℃ 和 60℃。该换热器使用一段时间后，由于污垢热阻的影响，热流体的出口温度上升至 80℃。设冷、热流体的流量、进出口温度及物性均保持不变，试求：污垢层热阻占原总热阻的百分比？

10. 某厂现有一个旧的列管式热交换器，它由 13 根 φ25mm×2.5mm、长为 1.5mm 的钢管组成。今拟将它用来使 350kg·h⁻¹ 常压乙醇饱和蒸气冷凝成饱和液体。冷却水的进口和出口温度分别为 15℃ 和 35℃。已算得基于管子外表面积的总传热系数为 700W·m⁻²·K⁻¹，并查得常压下乙醇的沸点为 78.3℃，其冷凝热为 8.45×10^5 J·kg⁻¹。试计算该热交换器能否满足使用要求。

11. 反应器中装有蛇管式热交换器，蛇管内通入循环水进行冷却，其进、出口温度分别为15℃和25℃，反应器内液体反应物在搅拌器的作用下温度维持在85℃。若将冷却蛇管的长度增加为原来的3倍，问出水口温度将变为多少摄氏度？假设物性数据和总传热系数在管长范围内保持不变，且不随水温而变。水的进口流量保持不变。水的平均比定压热容为$4.18×10^3 J \cdot kg^{-1} \cdot K^{-1}$。

12. 用加长冷却器管长的办法，使并流冷却器中热油出口温度由370K降至350K。设热油和冷却水的流量和进口温度及冷却器的其它尺寸均保持不变，热油和冷却水的进口温度分别为420K和285K，原设计冷却器出口的冷却水温度为310K，问管长应增至原来长度的多少倍？管子增长后新设计冷却器出口的冷却水温度将增高多少度？

§2.4　基础知识测试题参考答案

一、填空题

1. 大；小

2. 传导；辐射；自然

3. 饱和水蒸气；空气；空气

4. 少；小

5. $\Delta t_m = \Delta t'_m$

6. 管；管

7. 高温饱和蒸汽；低温饱和液体

二、判断题

1. ×　2. √　3. √　4. ×　5. ×　6. √　7. ×

三、选择题

1. C　2. C　3. D　4. A　5. D　6. A　7. A　8. B

四、计算题

1. 解：$q = \dfrac{\Delta t_i}{R_i}$

$$R_1 = \frac{\Delta t_1}{q} = \frac{t_1 - t_2}{q} = \frac{900 - 800}{q} = \frac{100}{q}$$

$$R_2 = \frac{\Delta t_2}{q} = \frac{t_2 - t_3}{q} = \frac{800 - 500}{q} = \frac{300}{q}$$

$$R_3 = \frac{\Delta t_3}{q} = \frac{t_3 - t_4}{q} = \frac{500 - 300}{q} = \frac{200}{q}$$

则　　　　　$$R_1 : R_2 : R_3 = \frac{100}{q} : \frac{300}{q} : \frac{200}{q} = 1 : 3 : 2$$

2. 解：根据多层圆筒壁径向的传热速率为常数，则按保温砖层计算每小时单位长度的热损失：

$$\frac{q}{l} = \frac{2\pi\lambda \cdot (t_1 - t_2)}{\ln\dfrac{r_2}{r_1}} = 600\text{kJ} \cdot \text{h}^{-1} \cdot \text{m}^{-1}$$

$$\ln\frac{r_2}{r_1} = \frac{2\pi\lambda_1(t_1 - t_2)}{\dfrac{q}{l}} = \frac{2\times3.14\times0.14\times(500-400)}{\dfrac{600\times10^3}{3600}} = 0.528$$

$$\frac{r_2}{r_1} = 1.695, \quad r_2 = 1.695r_1 = 1.695\times50 = 85(\text{mm})$$

故保温砖的最小厚度 $\delta_1 = r_2 - r_1 = 85 - 50 = 35(\text{mm})$

同理按玻璃棉计算：

$$\ln\frac{r_3}{r_2} = \frac{2\pi\lambda_2(t_2 - t_3)}{\dfrac{q}{l}} = \frac{2\times3.14\times0.07\times(400-80)}{\dfrac{600\times10^3}{3600}} = 0.844$$

$$\frac{r_3}{r_2} = 2.33, \quad r_3 = 2.33\times85 = 198(\text{mm})$$

则此时相应的玻璃棉厚度 $\delta_2 = r_3 - r_2 = 198 - 85 = 113(\text{mm})$

3. 解：（1）从管壁层来看，其导热速率为：

$$q = \frac{2\pi r_m l \cdot (t_1 - t_2)}{\dfrac{r_2 - r_1}{\lambda}}$$

$$\frac{q}{l} = \frac{2\pi r_m \cdot (t_1 - t_2)}{\dfrac{r_2 - r_1}{\lambda}} = \frac{\lambda\pi d_m(t_1 - t_2)}{\delta} = \frac{17.4\times3.14\times0.055\times(75-35)}{0.005}$$

$$\approx 2.40\times10^4(\text{W} \cdot \text{m}^{-1})$$

（2）求 α_1

因为 $q = \alpha_1 \cdot A_1 \cdot (T - T_w) = \alpha_1 \cdot \pi d_1 l \cdot (T - T_w)$

所以 $\dfrac{q}{l} = \alpha_1 \cdot \pi d_1 \cdot (T - T_w)$

即： $2.40\times10^4 = \alpha_1 \times 3.14\times0.05\times(80-75)$

解得： $\alpha_1 \approx 3.06\times10^4 \text{W} \cdot \text{m}^{-2} \cdot \text{K}^{-1}$

（3）求 α_2

因为 $q = \alpha_2 \cdot A_2 \cdot (t_w - t) = \alpha_2 \cdot \pi d_2 l \cdot (t_w - t)$

所以 $\dfrac{q}{l} = \alpha_2 \cdot \pi d_2 \cdot (t_w - t)$

即： $2.40\times10^4 = \alpha_2 \times 3.14\times0.06\times(35-25)$

解得： $\alpha_2 = 1.27\times10^4 \text{W} \cdot \text{m}^{-2} \cdot \text{K}^{-1}$

4. 解：（1）$q = W_h \cdot c_{ph} \cdot (T_1 - T_2) = \dfrac{1400}{3600}\times3.35\times10^3\times(95-45) = 6.51\times10^4(\text{W})$

$$\Delta t_m = \frac{\Delta t_1 - \Delta t_2}{\ln\dfrac{\Delta t_1}{\Delta t_2}} = \frac{70-30}{\ln\dfrac{70}{30}} = 47.2(^\circ\text{C})$$

传热面积： $A=\dfrac{q}{K\cdot\Delta t_m}=\dfrac{6.51\times10^4}{230\times47.2}=6.00(\mathrm{m^2})$

（2） $q=W_c\cdot c_{pc}\cdot(t_2-t_1)$

冷却水用量： $W_c=\dfrac{q}{c_{pc}\cdot(t_2-t_1)}=\dfrac{6.51\times10^4}{4.18\times10^3\times(25-15)}=1.56(\mathrm{kg\cdot s^{-1}})$

5. 解：（1） $W_h\cdot c_{ph}\cdot(T_1-T_2)=W_c\cdot c_{pc}\cdot(t_2-t_1)$

$W_c=\dfrac{W_h\cdot c_{ph}(T_1-T_2)}{c_{pc}\cdot(t_2-t_1)}=\dfrac{3.5\times10^3\times4.2\times10^3\times(100-60)}{4.15\times10^3\times(50-15)}=4.05\times10^3(\mathrm{kg\cdot h^{-1}})$

（2）逆流：

$$100℃\rightarrow60℃$$
$$50℃\leftarrow15℃\qquad \Delta t_1=50℃,\quad \Delta t_2=45℃$$

$$\Delta t_m=\dfrac{\Delta t_1-\Delta t_2}{\ln\dfrac{\Delta t_1}{\Delta t_2}}=\dfrac{50-45}{\ln\dfrac{50}{45}}=47.5(℃)$$

（注： $\dfrac{\Delta t_1}{\Delta t_2}\leqslant2$ ，可用算术平均值计算）

$$q=W_h\cdot c_{ph}\cdot(T_1-T_2)=\dfrac{3.5\times10^3}{3600}\times4.2\times10^3\times(100-60)=163.3(\mathrm{kW})$$

$$A=\dfrac{q}{K\cdot\Delta t_m}=\dfrac{163.3\times10^3}{1.2\times10^3\times47.5}=2.9(\mathrm{m^2})$$

（3）并流：

$$100℃\rightarrow60℃$$
$$15℃\rightarrow50℃\qquad \Delta t_1=85℃,\quad \Delta t_2=10℃$$

$$\Delta t_m=\dfrac{\Delta t_1-\Delta t_2}{\ln\dfrac{\Delta t_1}{\Delta t_2}}=\dfrac{85-10}{\ln\dfrac{85}{10}}=30.05(\mathrm{K})$$

$$A=\dfrac{q}{K\cdot\Delta t_m}=\dfrac{163.3\times10^3}{1.2\times10^3\times35.05}=3.88(\mathrm{m^2})$$

6. 解： $q=W_c\cdot c_{pc}\cdot(t_2-t_1)=\dfrac{350\times1320}{3600}\times3.4\times10^3\times(323-313)=4.36\times10^6(\mathrm{W})$

$$K=\dfrac{1}{\dfrac{1}{\alpha_1}+\dfrac{\delta}{\lambda}+\dfrac{1}{\alpha_2}}=\dfrac{1}{\dfrac{1}{11600}+\dfrac{0.0025}{49}+\dfrac{1}{3700}}=2.45\times10^3(\mathrm{W\cdot m^{-2}\cdot K^{-1}})$$

$$\Delta t_m=\dfrac{(\Delta t_1+\Delta t_2)}{2}=\dfrac{85+75}{2}=80(\mathrm{K})$$

$$A=\dfrac{q}{K\cdot\Delta t_m}=\dfrac{4.36\times10^6}{2.45\times10^3\times80}=22.2(\mathrm{m^2})$$

$$n=\dfrac{A}{\pi dl}=\dfrac{22.2}{3.14\times0.038\times2}=93(根)$$

7. 解：（1）

$$K = \cfrac{1}{\cfrac{1}{\alpha_1} + \cfrac{1}{\alpha_2}} = \cfrac{1}{\cfrac{1}{1.2 \times 10^4} + \cfrac{1}{258}} = 252(\text{W} \cdot \text{m}^{-2} \cdot \text{K}^{-1})$$

$$\Delta t_m = \cfrac{\Delta t_1 - \Delta t_2}{\ln \cfrac{\Delta t_1}{\Delta t_2}} = \cfrac{(120-40)-(120-80)}{\ln \cfrac{120-40}{120-80}} = 57.7(\text{K})$$

$$q = W_c \cdot c_{pc} \cdot (t_2 - t_1) = \cfrac{2.5 \times 10^4 \times 2.1 \times 10^3 \times (80-40)}{3600} = 5.83 \times 10^5(\text{W})$$

$$A = \cfrac{q}{K \cdot \Delta t_m} = \cfrac{5.83 \times 10^5}{252 \times 57.7} = 40(\text{m}^2)$$

（2）若油处理量增加 50%，则换热量增加为

$$q' = 1.5 W_c \cdot c_{pc} \cdot (t_2' - t_1)$$

$$q' = K' \cdot A \cdot \Delta t_m' = K' \cdot A \cdot \cfrac{t_2' - 40}{\ln \cfrac{120-140}{120-t_2'}}$$

湍流情况下，$\alpha = 0.023 \cdot \cfrac{\lambda}{d} \cdot Re^{0.8} \cdot Pr^n$

所以当处理量增加 50%，在其它条件不变的情况下，$Re' = 1.5Re$，$\alpha' = 1.5^{0.8}\alpha$

$$K' = \cfrac{1}{\cfrac{1}{\alpha_1} + \cfrac{1}{\alpha_2'}} = \cfrac{1}{\cfrac{1}{1.2 \times 10^4} + \cfrac{1}{258 \times 1.5^{0.8}}} = 347(\text{W} \cdot \text{m}^{-2} \cdot \text{K}^{-1})$$

$$1.5 W_c \cdot c_{pc} \cdot (t_2' - t_1) = K' \cdot A \cdot \Delta t_m'$$

$$1.5 \times \cfrac{2.5 \times 10^4}{3600} \times 2.1 \times 10^3 \times (t_2' - 40) = 347 \times 40 \times \cfrac{t_2' - 40}{\ln \cfrac{120-40}{120-t_2'}}$$

则

$$\ln \cfrac{80}{120 - t_2'} = 0.625$$

解得

$$t_2' = 77℃$$

8. 解：（1）传热速率：

$$q = W_c \cdot c_{pc} \cdot (t_2 - t_1) = \cfrac{2800}{3600} \times 4.18 \times 10^3 \times (45-20) = 8.13 \times 10^4(\text{W})$$

（2）管长计算：

①传热面积计算：$\Delta t_m = \cfrac{(\Delta t_1 + \Delta t_2)}{2} = \cfrac{60.1 + 35.1}{2} = 47.6(℃)$

$$A = \cfrac{q}{K \cdot \Delta t_m} = \cfrac{8.13 \times 10^4}{1000 \times 47.6} = 1.71(\text{m}^2)$$

②管长计算：

$$l = \cfrac{A}{n \pi d} = \cfrac{1.71}{19 \times 3.14 \times 0.019} = 1.5(\text{m})$$

9. 解：由冷、热流体的热量衡算：$W_h \cdot c_{ph} \cdot (T_1 - T_2) = W_c \cdot c_{pc} \cdot (t_2 - t_1)$

$$W_h \cdot c_{ph} \cdot (120-70) = W_c \cdot c_{pc} \cdot (60-20)(无污垢)$$

$$W_h \cdot c_{ph} \cdot (120-80) = W_c \cdot c_{pc} \cdot (t_2'-20)(有污垢)$$

得：$\dfrac{120-80}{120-70} = \dfrac{T_2'-20}{60-20}$，则 $t_2' = 52℃$

无污垢时：
$$\Delta t_m = \frac{(\Delta t_1 + \Delta t_2)}{2} = \frac{60+50}{2} = 55(℃)$$

有污垢时：
$$\Delta t_m' = \frac{68+60}{2} = 64(℃)$$

又：
$$\frac{q'}{q} = \frac{W_h \cdot c_{ph} \cdot (120-80)}{W_h \cdot c_{ph} \cdot (120-70)} = \frac{K' \cdot A \cdot \Delta t_m'}{K \cdot A \cdot \Delta t_m}$$

即：
$$\frac{40}{50} = \frac{K' \cdot \Delta t_m'}{K \cdot \Delta t_m}，则 \frac{K'}{K} = \frac{40}{50} \times \frac{55}{64} = 0.6875$$

则污垢热阻占原总电阻百分比为：

$$\frac{\dfrac{1}{K'} - \dfrac{1}{K}}{\dfrac{1}{K}} \times 100\% = \left(\frac{K}{K'} - 1\right) \times 100\% = \left(\frac{1}{0.6875} - 1\right) \times 100\% = 45\%$$

10. 解：

(1) 350kg·h^{-1} 的乙醇饱和蒸气冷凝时放出的热量为：

$$q = W \cdot r = \frac{350}{3600} \times 8.45 \times 10^5 = 8.22 \times 10^4(W)$$

(2) 平均温度差：

$$\Delta t_m = \frac{63.3 + 43.3}{2} = 53.3(℃)$$

(3) 所需的传热面积为：

$$A = \frac{q}{K \cdot \Delta t_m} = \frac{8.22 \times 10^4}{700 \times 53.3} = 2.2(m)$$

(4) 现有热交换器所能提供的传热面积为：

$$A' = \pi \cdot d \cdot l \cdot n = 3.14 \times 0.025 \times 1.5 \times 13 = 1.53(m^2)$$

(5) $A' < A$，故该热交换器不能满足使用要求。

11. 解：原装蛇管

$$q = W_c \cdot c_{pc} \cdot (t_2-t_1) = K \cdot A \cdot \Delta t_m$$

$$\Delta t_m = \frac{(85-15)+(85-25)}{2} = 65(℃)$$

$$W_c \cdot c_{pc} \times (25-15) = K \cdot A \times 65$$

$$\frac{W_c \cdot c_{pc}}{K \cdot A} = \frac{65}{25-15} = 6.5$$

蛇管长度增加 3 倍，则传热面积 $A' = 3A$

设增长蛇管后，冷却水出口温度为 t_2'，则

$$W_c \cdot c_{pc} \cdot (t_2'-t_1) = K \cdot 3A \cdot \Delta t_m'$$

$$\Delta t'_m = \frac{(85-15)+(85-t'_2)}{2} = \frac{155-t'_2}{2}$$

$$\frac{W_c \cdot c_{pc}}{K \cdot A} = \frac{3\Delta t'_m}{t'_2-15} = \frac{3\times(155-t'_2)}{2\times(t'_2-15)} = 6.5$$

由此解得：$\qquad\qquad\qquad t'_2 = 41.2℃$

12. 解：（1）原设计热量衡算：$W_h \cdot c_{ph} \cdot (T_1-T_2) = W_c \cdot c_{pc} \cdot (t_2-t_1)$

$$W_h \cdot c_{ph} \cdot (420-370) = W_c \cdot c_{pc} \cdot (310-285)$$

$$\frac{W_h \cdot c_{ph}}{W_c \cdot c_{pc}} = \frac{25}{50} = 0.5$$

热流体：$\qquad\qquad\qquad\qquad$ 420K→370K

冷流体：$\qquad\qquad\qquad\qquad$ 285K→310K

$$\Delta t_1 = 135K, \quad \Delta t_2 = 60K$$

$$\Delta t_m = \frac{\Delta t_1 - \Delta t_2}{\ln \dfrac{\Delta t_1}{\Delta t_2}} = \frac{135-60}{\ln \dfrac{135}{60}} = 92.5(K)$$

$$q = W_h \cdot c_{ph} \cdot (T_1-T_2) = K \cdot A \cdot \Delta t_m$$

$$q = W_h \cdot c_{ph} \cdot (420-370) = K \cdot A \cdot \times 92.5 \qquad\qquad ①$$

（2）新设计：设水的出口温度为 t'_2

由热量衡算：$\qquad\qquad W_h \cdot c_{ph} \cdot (T_1-T'_2) = W_c \cdot c_{pc} \cdot (t'_2-t_1)$

$$W_h \cdot c_{ph} \cdot (420-350) = W_c \cdot c_{pc} \cdot (t'_2-285)$$

$$\frac{W_h \cdot c_{ph}}{W_c \cdot c_{pc}} = \frac{t'_2-285}{420-350} = 0.5$$

解得冷却水出口温度：$\qquad\qquad t'_2 = 320K$

热流体：$\qquad\qquad\qquad\qquad$ 420K→350K

冷流体：$\qquad\qquad\qquad\qquad$ 285K→320K

$$\Delta t_1 = 135K, \quad \Delta t_2 = 30K$$

$$\Delta t_m = \frac{\Delta t_1 - \Delta t_2}{\ln \dfrac{\Delta t_1}{\Delta t_2}} = \frac{135-30}{\ln \dfrac{135}{30}} = 69.8(K)$$

$$q' = W_h \cdot c_{ph} \cdot (T_1-T'_2) = K \cdot A' \cdot \Delta t'_m$$

$$W_h \cdot c_{ph} \cdot (420-350) = K \cdot A' \cdot 69.8 \qquad\qquad ②$$

由式①和式②相比可得：

$$\frac{420-370}{420-350} = \frac{A \times 92.5}{A' \times 69.8}$$

$$\frac{A'}{A} = \frac{1.85}{0.997} = 1.86$$

$$\frac{l'}{l} = \frac{A'}{A} = 1.86$$

$$t'_2-t_2 = 320-310 = 10(K)$$

§2.5　思考题及解答

1. 传热过程有哪几种方式？各有什么特点？每种传热方式在什么情况下起主要作用？

答：根据传热机理的不同，传热过程可分为传导传热、对流传热、辐射传热。传导传热依靠自由电子的运动或质点的振动来完成热量的传递，在热量的传递过程中，没有质点的宏观运动。对流传热是依靠质点的相对运动来完成热量的传递，对流传热只发生在流动的流体中。辐射传热是由于热的原因产生的电磁波在空中的传递。辐射传热在热量传递的同时，伴随有能量形式的转化。

固体内部及流体滞流边界层内的传热主要以传导传热为主。流动流体的对流传热过程中同时伴随着热传导过程。任何物体只要在绝对零度以上，都能发射电磁能，但只有在温度差别较大时，辐射传热才成为主要的传热方式。

2. 什么叫稳态传热和非稳态传热？什么叫稳态的恒温传热和稳态的变温传热？说明条件并举例。

答：若在传热系统中各点的温度不随时间而变化，这种传热过程称为稳态传热；若传热系统中各点的温度既随位置变化又随时间变化，这种传热过程称为非稳态传热。

稳态变温传热是指在传热过程中，各点的温度不随时间变化，但会随着位置的变化而变化。一般情况下冷、热流体之间的稳态传热属于稳态变温传热。稳态恒温传热是指在传热过程中，各点的温度不仅不随时间的变化而变化，而且也不随位置的变化而变化。只有当热流体为饱和蒸气冷凝，而冷流体为饱和液体汽化时，此时的传热才属于稳态恒温传热。

3. 写出传导传热基本方程式（傅里叶公式）和对流传热基本方程式（牛顿公式），说明各项意义和导热系数、给热系数的特性。

答：傅里叶定律（傅里叶公式）：

$$q = -\lambda \cdot A \cdot \frac{\mathrm{d}t}{\mathrm{d}\delta}$$

式中　q——传热速率，W；

　　　λ——导热系数，$W \cdot m^{-1} \cdot K^{-1}$，导热系数表征物质导热能力的大小，是物质的物理性质之一；

　　　A——传热面积，m^2；

　　　δ——平面壁厚度，m。

牛顿冷却定律（牛顿公式）：

$$q = \alpha \cdot A \cdot (T - T_w) \quad \text{或} \quad q = \alpha \cdot A \cdot (t_w - t)$$

式中　α——对流传热系数，$W \cdot m^{-2} \cdot K^{-1}$，对流传热系数等于单位温度差下由对流传热产生的热通量，即单位面积上有传热速率，对流传热系数不是物质的物理性质；

　　　A——传热面积，m^2；

　　　T——热流体温度；

　　　T_w——与热流体接触换热的固体壁面温度；

　　　t_w——与冷流体接触换热的固体壁面温度；

　　　t——冷流体的温度。

4. 写出多层圆筒壁稳态传热时的传热速率计算公式，有何实际意义？

答：多层圆筒壁的传热速率关系式：$q = \dfrac{2\pi l \cdot (t_1 - t_{n+1})}{\sum\limits_{i=1}^{n} \dfrac{1}{\lambda_i} \ln \dfrac{r_{i+1}}{r_i}}$。

化工生产中的管路，常常加有保温层，所以实际生产中的壁面大多为多层圆筒壁。

5. 对流传热的机理是怎样的？给热系数受到哪些因素的影响？

答：对流传热一般是指流体与固体壁面间的传热过程，即由流体将热量传递给固体壁面或由固体壁面将热量传递给流体的过程，主要依靠流体质点的移动和混合来完成，与流体的流动状态密切相关。流体流动过程中，在靠近管壁处总有一层滞流内层存在，这层流体在传热方向上没有位移，因此，这一流体层内的传热为传导传热。在湍流主体中，由于流体质点剧烈混合并充满了漩涡，这一流体层内的传热主要表现为对流传热。在湍流主体和滞流内层之间的缓冲层内，热传导和对流传热均起作用。

影响 α 的因素：①流体的种类和相变化的情况；②流体的性质：如导热系数、比热容、密度、黏度、膨胀系数等；③流体的流动状态：如滞流、湍流；④流体流动的原因：如自然对流、强制对流；⑤传热面的形状、位置或大小。

6. 热交换器中的传热包括哪些过程？影响总传热系数有哪些因素？为什么提高传热速率应当从给热系数小的一侧流体着重考虑？

答：冷热流体通过固体壁面的总传热过程包括：①热流体与固体壁面间的对流传热过程；②固体壁面内的热传导过程；③固体壁面与冷流体间的对流传热过程。因此，冷热流体通过固体壁面的传热过程是"对流传热—热传导—对流传热"相结合的过程。

影响总传热系数的因素有壁面两侧流体与固体壁面之间的对流传热系数、管壁的厚度及管壁材料的导热系数、管壁内外是否有垢层等。

增大总传热系数可以提高总传热速率，而总传热系数的倒数为传热过程的总热阻，包括壁面两侧对流传热热阻及管壁内热传导的热阻。提高总传热系数，就要设法降低传热热阻，而降低热阻应着重考虑对传热影响较大的热阻。一般来讲，管壁热传导的热阻较小，而对流传热热阻又可表示为对流传热系数的倒数，所以，提高传热速率应当从给热系数小的一侧流体着重考虑。

7. 流体间热交换的温度差有两种，即冷热两流体间的温度差和冷流体或热流体换热前后的温度差，在换热计算时各有什么不同？

答：在计算冷、热流体通过换热面进行热量交换时的传热速率时，涉及传热过程的推动力，应该用冷、热两流体间的温度差计算；在计算热负荷，即热流体所放出的热量或冷流体所吸收的热量时，应该采用冷、热流体在换热过程中前后的温度差来进行计算。

8. 连续稳态传热时(并流操作和逆流操作)传热平均温度差应如何计算？

答：连续稳态传热时的平均温度差可用下式计算：

$$\Delta t_m = \dfrac{\Delta t_1 - \Delta t_2}{\ln \dfrac{\Delta t_1}{\Delta t_2}}$$

当 $\dfrac{\Delta t_1}{\Delta t_2} \leqslant 2$，$\Delta t_m = \dfrac{\Delta t_1 + \Delta t_2}{2}$，此时的对数平均值用算术平均值代替。

9. 并流与逆流传热操作各有什么特点？

答：并流操作热流体与冷流体的流动方向相同，到达出口时，冷流体的出口温度必然低于热流体的出口温度。逆流操作热流体与冷流体的流动方向相反，冷流体出口处与之换热的为进口的热流体，热流体的出口处与之进行热交换的为进口的冷流体，所以，热流体的出口温度可能低于冷流体的出口温度。

10. 试定性图示出如图所示 U 形管列管热交换器中冷热流体的温度随管长变化关系。

答：U 形管列管热交换器中冷热流体的温度随管长变化关系如下图：

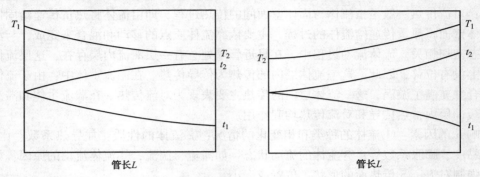

思考题 10 解题附图

11. 流体的质量(kg)与比定压热容(c_p)的乘积称为水当量。定性地图示出附图中冷热流体(热流体为 A，冷流体为 B，B 的水当量大于 A)的温度随管长变化的关系。

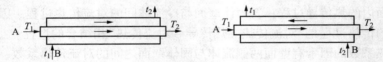

思考题 11 附图

答：

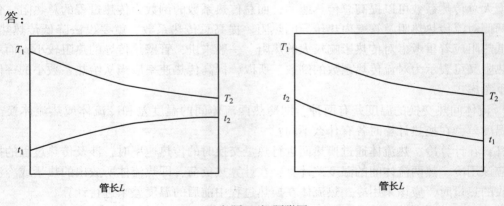

思考题 11 解题附图

12. 在水蒸气管道中通入一定流量和压力的饱和水蒸气，试分析：

(1)在夏季和冬季，管道的内壁和外壁温度有何变化？

(2)若将管道保温，保温前后管道内壁和最外侧壁面温度有何变化？

答：(1)管道中通入一定流量和压力的饱和水蒸气，其温度是定值，且水蒸气与管壁的对流传热速率一定。当在夏季的时候，气温较高，管道外壁温度较高，因此管道内壁温度也会相应提高。同理，在冬季，气温较低，管道外壁温度较低，管道内壁温度也会较低。

(2)加保温层后，由于保温材料的导热系数较小，传热热阻较大，所以保温层中存在较大的温差，使管外壁的温度提高，同样会使管内壁温度提高。

13. 每小时有一定量的气体在套管换热器中从 T_1 冷却到 T_2，冷却水进、出口温度分别为 t_1 和 t_2。两流体均为湍流流动。若换热器尺寸已知，气体向管壁的对流传热系数比管壁向水的对流传热系数小得多，污垢热阻和管壁热阻均可忽略不计。试讨论：

(1)若气体的生产能力加大 10%，如仍用原换热器，但要求维持原有的冷却程度和冷却水进口温度不变，试问采取什么措施？并说明理由。

(2)若因气候变化，冷水进口温度下降至 t_1'，现仍用原换热器并维持原有的冷却程度，则应采取什么措施，说明理由。

(3)在原换热器中，若两流体为并流流动，如要求维持原有的冷却程度和加热程度，是否可能？为什么？如不可能，试说明应采取什么措施($T_2 > T_1$)？

答：(1)气体的生产能力加大 10%，如仍用原换热器，可以采取两种措施，①设法提高气体的湍动程度。在传热过程中，热阻主要来自于气体一侧，增加气体的湍动程度，可以提高这一侧的对流传热系数，提高总传热速率。②提高冷却水的流量，流量加大，热负荷加大。

(2)因气候变化，冷水进口温度下降，冷却效果会更好，所以不需要采取措施，就可以维持原有的冷却程度。

(3)在原换热器中，若两流体为并流流动，如要求维持原有的冷却程度和加热程度，是不可能的。因为逆流流动时的平均温度差大于并流时的平均温度差。改为并流流动，平均温度差下降，总传热速率下降，不能完成原来的加热或冷却任务。可以采取提高热流体的湍动程度或降低冷流体进口温度、提高热流体进口温度的办法来达到原来的加热或冷却程度。

§2.6 习 题 详 解

1. 某燃烧炉的平壁由下列三种砖依次砌成：

耐火砖：导热系数 $\lambda_1 = 1.05 \mathrm{W} \cdot \mathrm{m}^{-1} \cdot \mathrm{K}^{-1}$，厚度 $\delta_1 = 0.23\mathrm{m}$；

绝热砖：导热系数 $\lambda_2 = 0.151 \mathrm{W} \cdot \mathrm{m}^{-1} \cdot \mathrm{K}^{-1}$，厚度 $\delta_2 = 0.23\mathrm{m}$；

普通砖：导热系数 $\lambda_3 = 0.93 \mathrm{W} \cdot \mathrm{m}^{-1} \cdot \mathrm{K}^{-1}$，厚度 $\delta_3 = 0.23\mathrm{m}$。

若已知耐火砖内侧温度为 1000℃，耐火砖与绝热砖接触处温度为 940℃，而绝热砖与普通砖接触处的温度不得超过 138℃，试问：

(1)绝热层需几块绝热砖？

(2)此时普通砖外侧温度为多少？

解：(1)设耐火砖内侧温度为 t_1，耐火砖与绝热砖接触处温度为 t_2，绝热砖与普通砖接触处温度为 t_3，普通砖外侧温度为 t_4。

由传导传热基本规律，
$$q = \lambda \cdot \frac{A}{\delta} \cdot \Delta t$$

$$\frac{q}{A} = \frac{\lambda_1}{\delta_1} \cdot (t_1 - t_2) = \frac{\lambda_2}{\delta_2} \cdot (t_2 - t_3)$$

$$\frac{1.05}{\delta_1} \times (1000 - 940) = \frac{0.151}{\delta_2} \times (940 - 138)$$

$$\frac{\delta_2}{\delta_1} = 1.92$$

绝热层需要 2 块砖。

（2）稳态传热过程，
$$\frac{\lambda_2}{\delta_2} \cdot (t_2 - t_3) = \frac{\lambda_3}{\delta_3} \cdot (t_3 - t_4)$$

$$\frac{0.151}{0.46} \times (940 - 138) = \frac{0.93}{0.23} \times (138 - t_4)$$

解得：
$$t_4 = 72.9℃$$

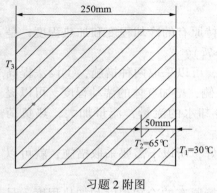

习题 2 附图

2. 如本题附图所示，已知平壁设备保温层外表面上的温度 $T_1 = 30℃$，保温层的厚度为 250mm，从外表面插入深 50mm 处的温度计的读数 $T_2 = 65℃$，试求此保温层内表面上的温度 T_3。

解：
$$\frac{q}{A} = \frac{\lambda}{\delta_1} \cdot (T_2 - T_1) = \frac{\lambda}{0.05} \times (65 - 30)$$

稳态传热过程，在整个保温层内传热速率相等

$$\frac{q}{A} = \frac{\lambda}{\delta} \cdot (T_3 - T_1) = \frac{\lambda}{0.25} \times (T_3 - 30)$$

$$\frac{\lambda}{0.05} \times (65 - 30) = \frac{\lambda}{0.25} \times (T_3 - 30)$$

解得
$$T_3 = 205℃$$

3. 某冷库平壁面由厚度 $\delta_1 = 0.013m$ 的松木内层（$\lambda_1 = 0.093W \cdot m^{-1} \cdot K^{-1}$）、厚度 $\delta_2 = 0.1m$ 的软木中间层（$\lambda_2 = 0.046W \cdot m^{-1} \cdot K^{-1}$）和厚度 $\delta_3 = 0.076m$ 的混凝土外层（$\lambda_3 = 1.4 W \cdot m^{-1} \cdot K^{-1}$）所组成。冷库内壁面温度为 255K，混凝土外壁面温度为 297K。各层接触良好。试计算稳态传热时，每平方米冷库平壁面上的热损失和松木内层与软木中间层交界面的 T_2。

解：（1）由多层平面壁热量传递基本规律得：

$$\frac{q}{A} = \frac{T_外 - T_内}{\frac{\delta_1}{\lambda_1} + \frac{\delta_2}{\lambda_2} + \frac{\delta_3}{\lambda_3}} = \frac{297 - 255}{\frac{0.013}{0.093} + \frac{0.1}{0.046} + \frac{0.076}{1.4}} = 17.74(W \cdot m^{-1} \cdot K^{-1})$$

（2）在稳态传热中通过各层材料传热速率相等：

$$\frac{q}{A} = \frac{T_2 - T_内}{\frac{\delta_1}{\lambda_1}} = \frac{T_2 - 255}{\frac{0.013}{0.093}} = 17.74(W \cdot m^{-1} \cdot K^{-1})$$

所以
$$T_3 = 257.5K$$

4. 用 $\phi48mm \times 3mm$ 的钢管输送 304kPa（3atm）的饱和水蒸气。外界空气为 20℃，试求不保温与包上 30mm 石棉时每米管长的热损失速率（空气的给热系数可设为 15W \cdot m^{-2} \cdot K^{-1}，水蒸气传热及钢管导热的热阻可忽略）。

解：查表得，304kPa 饱和水蒸气的温度为 134℃

$$q = \alpha \cdot A \cdot \Delta t = \alpha \cdot \pi dl \cdot \Delta t$$

$$\frac{q}{l} = \alpha \cdot \pi d \cdot \Delta t = 15 \times 3.14 \times 0.048 \times (134 - 20) = 258(W \cdot m^{-1})$$

加石棉保温，查表得石棉的导热系数 $\lambda = 0.15W \cdot m^{-1} \cdot K^{-1}$

$$\frac{1}{K}=\frac{1}{\alpha}+\frac{\delta \cdot d_o}{\lambda \cdot d_m}=\frac{1}{15}+\frac{0.03\times0.108}{0.15\times0.078}=0.344$$

$$K=2.9\mathrm{W}\cdot\mathrm{m}^{-2}\cdot\mathrm{K}^{-1}$$

$$\frac{q}{l}=K\cdot\pi d\cdot\Delta t=2.9\times3.14\times0.108\times(134-20)=112(\mathrm{W}\cdot\mathrm{m}^{-1})$$

5. $\phi48\mathrm{mm}\times3\mathrm{mm}$ 的钢管($\lambda_1=45\mathrm{W}\cdot\mathrm{m}^{-1}\cdot\mathrm{K}^{-1}$)包以 20mm 软木($\lambda_2=0.05\mathrm{W}\cdot\mathrm{m}^{-1}\cdot\mathrm{K}^{-1}$),再包上 20mm 石棉($\lambda_3=0.15\mathrm{W}\cdot\mathrm{m}^{-1}\cdot\mathrm{K}^{-1}$),管的内壁温度为 120℃,保温层外侧温度为 30℃,试求每米管长的散热速率以及各界面间的温度。

(1)若先包石棉,后包软木,则结果如何?

(2)若只包石棉 40mm,则结果如何?

(3)若只包软木 40mm,则结果如何?

(4)通过计算结果,可得出什么结论。

解:(1)软木为内层,石棉为外层

$$r_1=0.021\mathrm{m}, \quad r_2=0.024\mathrm{m}, \quad r_3=0.044\mathrm{m}, \quad r_4=0.064\mathrm{m},$$

$$\lambda_1=45\mathrm{W}\cdot\mathrm{m}^{-1}\cdot\mathrm{K}^{-1}, \quad \lambda_2=0.05\mathrm{W}\cdot\mathrm{m}^{-1}\cdot\mathrm{K}^{-1}, \quad \lambda_3=0.15\mathrm{W}\cdot\mathrm{m}^{-1}\cdot\mathrm{K}^{-1}$$

$$\frac{q}{l}=\frac{2\pi\Delta t}{\sum\frac{1}{\lambda_i}\ln\frac{r_{i+1}}{r_i}}=\frac{2\times3.14\times(120-30)}{\frac{1}{45}\ln\frac{0.024}{0.021}+\frac{1}{0.05}\ln\frac{0.044}{0.024}+\frac{1}{0.15}\ln\frac{0.064}{0.044}}=38.7(\mathrm{W}\cdot\mathrm{m}^{-1})$$

设管壁内侧温度为 t_1,外侧温度为 t_2,软木外侧温度为 t_3

$$\frac{q}{l}=\frac{2\pi(t_1-t_2)}{\frac{1}{\lambda_1}\ln\frac{r_2}{r_1}}=\frac{2\times3.14\times(120-t_2)}{\frac{1}{45}\ln\frac{0.024}{0.021}}=38.7$$

解得: $t_2=119.98℃$

$$\frac{q}{l}=\frac{2\pi(t_1-t_3)}{\frac{1}{\lambda_1}\ln\frac{r_2}{r_1}+\frac{1}{\lambda_2}\ln\frac{r_3}{r_2}}=\frac{2\times3.14\times(120-t_3)}{\frac{1}{45}\ln\frac{0.024}{0.021}+\frac{1}{0.05}\ln\frac{0.044}{0.024}}=38.7$$

解得: $t_3=45.28℃$

(2)石棉为内层,软木为外层

$$\frac{q}{l}=\frac{2\pi\Delta t}{\sum\frac{1}{\lambda_i}\ln\frac{r_{i+1}}{r_i}}=\frac{2\times3.14\times(120-30)}{\frac{1}{45}\ln\frac{0.024}{0.021}+\frac{1}{0.15}\ln\frac{0.044}{0.024}+\frac{1}{0.05}\ln\frac{0.064}{0.044}}=49.0(\mathrm{W}\cdot\mathrm{m}^{-1})$$

同上可解得管壁外侧温度 $t_2=119.97℃$,石棉外侧温度 $t_3=88.45℃$。

(3)只包 40mm 石棉

$$\frac{q}{l}=\frac{2\pi\Delta t}{\sum\frac{1}{\lambda_i}\ln\frac{r_{i+1}}{r_i}}=\frac{2\times3.14\times(120-30)}{\frac{1}{45}\ln\frac{0.024}{0.021}+\frac{1}{0.15}\ln\frac{0.064}{0.024}}=86.4(\mathrm{W}\cdot\mathrm{m}^{-1})$$

同上可解得管壁外侧温度 $t_2=119.96℃$。

(4)只包 40mm 软木

$$\frac{q}{l}=\frac{2\pi\Delta t}{\sum\frac{1}{\lambda_i}\ln\frac{r_{i+1}}{r_i}}=\frac{2\times3.14\times(120-30)}{\frac{1}{45}\ln\frac{0.024}{0.021}+\frac{1}{0.05}\ln\frac{0.064}{0.024}}=28.8(\mathrm{W}\cdot\mathrm{m}^{-1})$$

同上可解得管壁外侧温度 $t_2 = 119.99℃$。

通过以上计算可得，在对设备进行保温时，尽可能采用导热系数小的材料，如果用不同导热系数的材料，导热系数小的材料包扎在内层。

6. 有一个球形容器，其器壁材料的导热系数为 λ，内、外壁半径分别为 r_1 和 r_2，内、外壁面的温度分别为 T_1 和 T_2。试从傅里叶定律推导出此球形容器器壁的热传导公式（球体表面积为 $A = 4\pi r^2$）。

解：在半径 r 处取一微元 dr，对应 r 处的传热面积 $A = 4\pi r^2$

根据傅里叶定律：
$$q = -\lambda \cdot A \cdot \frac{dt}{d\delta}$$

稳态热传导时，q 为常数，导热系数取 $T_1 \sim T_2$ 温度范围内的平均值 λ，$d\delta = dr$，则：
$$q = -\lambda \cdot A \cdot \frac{dt}{dr}, \quad A = 4\pi r^2$$

$$q \cdot \frac{1}{A} \cdot dr = -\lambda \cdot dt \qquad q \cdot \frac{1}{4\pi r^2} \cdot dr = -\lambda \cdot dt$$

两边同时积分：
$$\int_{r_1}^{r_2} q \cdot \frac{1}{4\pi r^2} \cdot dr = \int_{T_1}^{T_2} -\lambda \cdot dt$$

可得：$\dfrac{q}{4\pi}\left(\dfrac{1}{r_1} - \dfrac{1}{r_2}\right) = \lambda(T_1 - T_2)$，则 $q = \dfrac{4\pi(T_1 - T_2)}{\dfrac{1}{\lambda}\left(\dfrac{1}{r_1} - \dfrac{1}{r_2}\right)}$

7. 在某热裂化石油装置中，所产生的热裂物的温度为 $300℃$。今拟设计一个热交换器，利用此热裂物的热量来预热进入的待热裂化的石油。石油的温度为 $20℃$，需预热至 $180℃$，热裂物的最终温度不得低于 $200℃$。试计算热裂物与石油在并流及逆流时的平均温度差。

若需将石油预热到出口温度为 $250℃$，问应采用并流还是逆流？此种情况下的平均温差为多少？

解：（1）并流时：
$$300℃ \rightarrow 200℃$$
$$20℃ \rightarrow 180℃$$
$$\Delta t_1 = 280℃, \quad \Delta t_2 = 20℃$$
$$\Delta t_m = \frac{280 - 20}{\ln\dfrac{280}{20}} = 98.5(℃)$$

（2）逆流时：
$$300℃ \rightarrow 200℃$$
$$180℃ \leftarrow 20℃$$
$$\Delta t_1' = 120℃, \quad \Delta t_2' = 180℃$$
$$\frac{\Delta t_2'}{\Delta t_1'} = \frac{180}{120} < 2, \quad \Delta t_m' = \frac{120 + 180}{2} = 150(℃)$$

（3）当石油需预热到达 $250℃$ 时，由于热裂物的最终温度为 $200℃$，显然不能采用并流而只能采用逆流。

逆流时：
$$300℃ \rightarrow 200℃$$
$$250℃ \leftarrow 20℃$$
$$\Delta t_1'' = 50℃, \quad \Delta t_2'' = 180℃$$

$$\Delta t''_m = \frac{180-50}{\ln\frac{180}{50}} \approx 101.5(℃)$$

8. 在某套管式换热器中用水冷却热油，并采用逆流方式。水的进出口温度分别为20℃和60℃；油的进出口温度分别为120℃和70℃。如果用该换热器进行并流方式操作，并设油和水的流量、进口温度和物性均不变，问传热速率比原来降低百分之几？

解：（1）逆流时：　　　　　　　　120℃→70℃

60℃←20℃

$$\Delta t_m = \frac{\Delta t_1 - \Delta t_2}{\ln\frac{\Delta t_1}{\Delta t_2}} = \frac{60-50}{\ln\frac{60}{50}} = 54.85(℃)$$

（2）并流时：　　　　　　　　　　120℃→T'_2

20℃→$\Delta t'_2$

$$\Delta t'_m = \frac{100-(T'_2 - t'_2)}{\ln\frac{100}{T'_2 - t'_2}}$$

稳态传热过程中，有：$q = W_h c_{ph}(T_1 - T_2) = W_c c_{pc}(t_2 - t_1) = k \cdot A \cdot \Delta t_m$

$$\frac{q'}{q} = \frac{T_1 - T'_2}{T_1 - T_2} = \frac{t'_2 - t_1}{t_2 - t_1} = \frac{\Delta t'_m}{\Delta t_m}$$

即：　　$$\frac{120 - T'_2}{120 - 70} = \frac{t'_2 - 20}{60 - 20} = \frac{[100-(T'_2 - t'_2)]/\ln\frac{100}{T'_2 - t'_2}}{54.85}$$

解上述方程得：$T'_2 = 75.2℃$，$t'_2 = 55.8℃$

$$\Delta t'_m = \frac{100-(T'_2 - t'_2)}{\ln\frac{100}{T'_2 - t'_2}} = \frac{100-19.4}{\ln\frac{100}{19.4}} = 49.15(℃)$$

（3）传热速率比原来降低的百分数为：

$$\left(1-\frac{q'}{q}\right)\times100\% = \left(1-\frac{\Delta t'_m}{\Delta t_m}\right)\times100\% = \left(1-\frac{49.15}{54.85}\right)\times100\% = 10.4\%$$

9. 在一逆流操作的列管式换热器中，用水冷却油。水的进出口温度分别为20℃和30℃，油的进出口温度分别为150℃和100℃。列管式换热器的管长为1m。现根据生产需要，要求降低油的出口温度，因而建议将原换热器换成长度为1.5m，管数与管径都不变的同系列换热器。若油和水的流量、进口温度及总传热系数K都不变，试求热油的出口温度。（提示：平均温差可采用算术平均值）

解：对于原换热器：　　$q = W_h c_{ph}(T_1 - T_2) = W_c c_{pc}(t_2 - t_1)$

于是有：　　　　　$$\frac{W_c c_{pc}}{W_h c_{ph}} = \frac{T_1 - T_2}{t_2 - t_1} = \frac{150-100}{30-20} = 5$$

150℃→100℃

30℃←20℃

$$\Delta t_m = \frac{1}{2}(\Delta t_1 + \Delta t_2) = \frac{1}{2}(120+80) = 100℃$$

管长增至 1.5m 后，设冷热流体的出口温度分别为 t_2' 和 T_2'，传热速率为 q'。

$$q' = W_h c_{ph}(T_1 - T_2') = W_c c_{pc}(t_2' - t_1)$$

则有：
$$\frac{W_c c_{pc}}{W_h c_{ph}} = \frac{T_1 - T_2'}{t_2' - t_1} = \frac{150 - T_2'}{t_2' - 20} = 5$$

即：
$$t_2' = 50 - 0.2T_2'$$
$$150\,℃ \rightarrow T_2'\,℃$$
$$t_2'\,℃ \leftarrow 20\,℃$$

$$\Delta t_m' = \frac{1}{2}(\Delta t_1' + \Delta t_2') = \frac{1}{2}\left[(150 - t_2') + (T_2' - 20)\right] = 65 + \frac{1}{2}(T_2' - t_2') = 40 + 0.6T_2'$$

又：
$$\frac{q}{q'} = \frac{W_h c_{ph}(T_1 - T_2)}{W_h c_{ph}(T_1 - T_2')} = \frac{K \cdot A \cdot \Delta t_m}{K \cdot 1.5A \cdot \Delta t_m'}$$

$$\frac{T_1 - T_2}{T_1 - T_2'} = \frac{\Delta t_m}{1.5\Delta t_m'}$$

即：
$$\frac{150 - 100}{150 - T_2'} = \frac{100}{1.5 \times (40 + 0.6T_2')}$$

解得：新换热器热流体的出口温度 $T_2' = 82.8\,℃$。

10. 在一并流操作的换热器中，已知热流体的进出口温度分别为 $T_1 = 530K$，$T_2 = 460K$。冷流体的进出口温度分别为 $t_1 = 390K$，$t_2 = 450K$。若冷热流体的流量与初始温度不变，而采用逆流方式操作，试求此时冷热流体的出口温度及传热的平均温度差。假设并流与逆流操作情况下，冷热流体的物理性质及总传热系数不变，其热损失可忽略不计。

解：设逆流时冷热流体的出口温度分别为 t_3 和 T_3，则逆流时的传热速率方程及热量衡算式为：

$$q' = K \cdot A \cdot \Delta t_m' = W_h c_{ph}(T_1 - T_3) = W_c c_{pc}(t_3 - t_1) \qquad ①$$

而并流时的传热速率方程及热量衡算式为：

$$q = K \cdot A \cdot \Delta t_m = W_h c_{ph}(T_1 - T_2) = W_c c_{pc}(t_2 - t_1) \qquad ②$$

由式②比式①得：

$$\frac{\Delta t_m}{\Delta t_m'} = \frac{T_1 - T_2}{T_1 - T_3} = \frac{t_2 - t_1}{t_3 - t_1} \qquad ③$$

由和比定律，将式③改写为

$$\frac{\Delta t_m}{\Delta t_m'} = \frac{(T_1 - T_2) - (t_2 - t_1)}{(T_1 - T_3) - (t_3 - t_1)} = \frac{(530 - 460) - (450 - 390)}{(T_1 - t_3) - (T_3 - t_1)} = \frac{10}{\Delta t_1 - \Delta t_2} \qquad ④$$

并流和逆流时的平均温差分别为

$$\Delta t_m = \frac{(530 - 390) - (460 - 450)}{\ln\left(\dfrac{530 - 390}{460 - 450}\right)} = 49.3\,(K) \qquad ⑤$$

$$\Delta t_m' = \frac{\Delta t_1 - \Delta t_2}{\ln\left(\dfrac{\Delta t_1}{\Delta t_2}\right)} \qquad ⑥$$

将式⑤、式⑥代入式④可得：$\dfrac{49.3}{\dfrac{\Delta t_1-\Delta t_2}{\ln\dfrac{\Delta t_1}{\Delta t_2}}}=\dfrac{10}{\Delta t_1-\Delta t_2}$

$$49.3\ln\dfrac{\Delta t_1}{\Delta t_2}=10, \quad \dfrac{\Delta t_1}{\Delta t_2}=\dfrac{530-t_3}{T_3-390}=1.22$$

$$t_3=1006-1.22T_3 \hspace{3cm} ⑦$$

由式③又可得：

$$\dfrac{530-460}{530-T_3}=\dfrac{450-390}{t_3-390}$$

$$t_3=844-0.86T_3 \hspace{3cm} ⑧$$

联立式⑦和式⑧解得：$T_3=450K$，$t_3=457K$。

逆流时的传热平均温差：

$$\Delta t'_m=\dfrac{\Delta t_1-\Delta t_2}{\ln\left(\dfrac{\Delta t_1}{\Delta t_2}\right)}=\dfrac{(530-457)-(450-390)}{\ln\left(\dfrac{530-457}{450-390}\right)}=66.3(K)$$

11. 有一直径为 60mm 的钢管，管内通过 200℃ 的某种热气体，热气体出口温度为 100℃，周围环境温度为 20℃。若管内气体与钢管的传热膜系数为 30W·m⁻²·K⁻¹，管外空气与钢管的传热膜系数为 10W·m⁻²·K⁻¹，钢管管壁较薄，无垢层，其热阻可忽略不计，试求：

(1) 总传热系数 K；

(2) 每米管长每小时的热损失。

解：(1) $$K=\left(\dfrac{1}{\alpha_1}+\dfrac{1}{\alpha_2}\right)^{-1}=\left(\dfrac{1}{30}+\dfrac{1}{10}\right)^{-1}=7.5(W\cdot m^{-2}\cdot K^{-1})$$

(2) $$\Delta t_m=\dfrac{\Delta t_1-\Delta t_2}{\ln\dfrac{\Delta t_1}{\Delta t_2}}=\dfrac{180-80}{\ln\dfrac{180}{80}}=123.3(℃)$$

$$q=K\cdot A\cdot \Delta t_m=K\cdot \pi dl\cdot \Delta t_m$$

$$\dfrac{q}{l}=K\cdot \pi d\cdot \Delta t_m=7.5\times3.14\times0.060\times123.3=174.2(W\cdot m^{-1})$$

$$=6.3\times10^5(J\cdot m^{-1}\cdot h^{-1})$$

12. 某甲醇氧化生产甲醛车间拟用一台列管式热交换器，壳程通入 0.3MPa（表压）的饱和水蒸气（143.5℃）加热原料气，使其由 60℃ 升温至 120℃。原料气进入管程，质量流量为 2400kg·h⁻¹，比定压热容为 1.34×10^3J·kg⁻¹·K⁻¹。并已知总传热系数为 63W·m⁻²·K⁻¹，热交换器的热损失约为传热速率 5%，饱和水蒸气的冷凝热为 2.14×10^6J·kg⁻¹。试求：

(1) 该热交换器的传热速率；

(2) 水蒸气的消耗量；

(3) 所需传热面积。

解：(1) 该热交换器的传热速率：

$$q=W_c c_{pc}(t_2-t_1)=\dfrac{2400}{3600}\times1.34\times10^3\times(120-60)=5.36\times10^4(W)$$

（2）水蒸气的消耗量：

因为 $\qquad q'=(1+0.05)q=1.05\times5.36\times10^4=5.63\times10^4(\mathrm{W})$

而 $\qquad q'=W\cdot r$

所以 $\qquad W=\dfrac{q'}{r}=\dfrac{5.63\times10^4}{2.14\times10^6}=0.0263(\mathrm{kg\cdot s^{-1}})=94.7(\mathrm{kg\cdot h^{-1}})$

（3）传热面积： $\qquad q=K\cdot A\cdot\Delta t_{\mathrm m}$

$$\Delta t_{\mathrm m}=\dfrac{83.5-23.5}{\ln\dfrac{83.5}{23.5}}=47.3(\text{℃})$$

$$A=\dfrac{q}{K\cdot\Delta t_{\mathrm m}}=\dfrac{5.36\times10^4}{63\times47.3}=18.0(\mathrm{m^2})$$

13. 在间壁式热交换器中，用初温为 25℃ 的原油冷却重油，使重油从 200℃ 冷却至 140℃。重油和原油的质量流量分别为 $1.00\times10^4\mathrm{kg\cdot h^{-1}}$ 和 $1.40\times10^4\mathrm{kg\cdot h^{-1}}$，重油和原油的比定压热容分别为 $2.18\times10^3\mathrm{J\cdot kg^{-1}\cdot K^{-1}}$ 和 $1.93\times10^3\mathrm{J\cdot kg^{-1}\cdot K^{-1}}$，并已知其并流、逆流时的传热系数为 $115\mathrm{W\cdot m^{-2}\cdot K^{-1}}$。若热损失略而不计，试求：

（1）原油的最终温度；

（2）并流和逆流时所需的传热面积。

解：（1）根据热量衡算可求得原油的出口温度 t_2：

$$W_{\mathrm h}c_{ph}(T_1-T_2)=W_{\mathrm c}c_{pc}(t_2-t_1)$$

$$\dfrac{1\times10^4}{3600}\times2.18\times10^3\times(200-140)=\dfrac{1.4\times10^4}{3600}\times1.93\times10^3\times(t_2-25)$$

$$t_2\approx73.4\text{℃}$$

（2）求算传热面积：

并流： $\qquad 200\text{℃}\rightarrow140\text{℃}$

$\qquad 25\text{℃}\rightarrow73.4\text{℃}$

$\qquad \Delta t_1=175\text{℃},\quad \Delta t_2=66.6\text{℃}$

$$\Delta t_{\mathrm{m,1}}=\dfrac{175-66.6}{\ln\dfrac{175}{66.6}}=112.2(\text{℃})$$

$$q=W_{\mathrm h}c_{ph}(T_1-T_2)=\dfrac{1\times10^4}{3600}\times2.18\times10^3\times(200-140)=3.63\times10^5(\mathrm{W})$$

$$A_1=\dfrac{q}{K\cdot\Delta t_{\mathrm{m,1}}}=\dfrac{3.63\times10^5}{115\times112.2}=28.1(\mathrm{m^2})$$

逆流： $\qquad 200\text{℃}\rightarrow140\text{℃}$

$\qquad 73.4\text{℃}\leftarrow25\text{℃}$

$\qquad \Delta t_1=126.6\text{℃},\quad \Delta t_2=115\text{℃},\quad \dfrac{\Delta t_1}{\Delta t_2}<2$

$$\Delta t_{\mathrm{m,2}}=\dfrac{1}{2}(\Delta t_1+\Delta t_2)=\dfrac{126.6+115}{2}=120.8(\text{℃})$$

$$A_2=\dfrac{q}{K\cdot\Delta t_{\mathrm{m,2}}}=\dfrac{3.63\times10^5}{115\times120.8}=26.1(\mathrm{m^2})$$

14. 某敞口蒸发器的传热面积为 $6m^2$，用 $140℃$ 的饱和水蒸气加热器内的水溶液进行蒸发操作。已知该水溶液的沸点为 $105℃$，蒸发器的总传热系数为 $582W \cdot m^{-2} \cdot K^{-1}$，$105℃$ 水的汽化热为 $2.25 \times 10^6 J \cdot kg^{-1}$。若将此水溶液预热至沸后再放入器内蒸发，并不计热损失，试求每小时蒸发的水量。

解：蒸发器的传热速率为：

$$q = K \cdot A \cdot \Delta t_m = 582 \times 6 \times (140-105) = 1.22 \times 10^5 (W)$$

因不计热损失，则：

$$q = W \cdot r$$

故每小时蒸发水量为：

$$W = \frac{q}{r} = \frac{1.22 \times 10^5}{2.25 \times 10^6} = 0.0542(kg \cdot s^{-1}) = 195(kg \cdot h^{-1})$$

15. 今有一个传热面积为 $2.5m^2$ 的热交换器，欲用来将质量流量为 $720kg \cdot h^{-1}$、比定压热容为 $0.84kJ \cdot kg^{-1} \cdot K^{-1}$ 的二氧化碳气体由 $80℃$ 冷却至 $50℃$。所用冷却水的进出口温度分别为 $20℃$ 和 $25℃$。并已知并流或逆流时总传热系数都为 $50W \cdot m^{-2} \cdot K^{-1}$。试问在并流或逆流操作方式下，现有热交换器的传热面积，能否满足上述冷却要求？

解：(1)冷却任务要求的传热速率：

$$q = W_h c_{ph}(T_1 - T_2) = \frac{720}{3600} \times 0.84 \times 10^3 \times (80-50) = 5.04 \times 10^3 (W)$$

(2)并流时所需换热面积：

$$A = \frac{q}{K \cdot \Delta t_m}$$

$$\Delta t_m = \frac{\Delta t_1 - \Delta t_2}{\ln \frac{\Delta t_1}{\Delta t_2}} = \frac{(80-20)-(50-25)}{\ln \frac{(80-20)}{(50-25)}} = 40(℃)(亦即40K)$$

$$A = \frac{5.04 \times 10^3}{50 \times 40} = 2.52(m^2)$$

(3)逆流时所需的传热面积：

$$A' = \frac{q}{K \cdot \Delta t'_m}$$

$$\Delta t'_m = \frac{\Delta t'_1 - \Delta t'_2}{\ln \frac{\Delta t'_1}{\Delta t'_2}} = \frac{(80-25)-(50-20)}{\ln \frac{(80-25)}{(50-20)}} = 41.2(℃)(亦即41.2K)$$

$$A' = \frac{5.04 \times 10^3}{50 \times 41.2} = 2.45(m^2)$$

(4)判断：由计算结果可知，并流时所需的传热面积大于现有换热器传热面积，所以不能满足冷却要求；逆流操作时所需的传热面积小于现有换热器传热面积，可以满足冷却要求，但余量较小，不宜采用。

16. 某换热器中装有若干根 $\phi 32mm \times 2.5mm$ 的钢管，管内流过某种溶液，管外用 $133℃$ 的饱和水蒸气加热。现发现管内壁有一层厚约 $0.8mm$ 的垢层。已知加热蒸汽与溶液的对数平均温度差为 $50K$，溶液对壁面的传热膜系数 $\alpha_1 = 500W \cdot m^{-2} \cdot K^{-1}$，蒸汽冷凝的传热膜系数 $\alpha_2 = 10000W \cdot m^{-2} \cdot K^{-1}$，垢层的导热系数 $\lambda_s = 1.0W \cdot m^{-1} \cdot K^{-1}$，钢管壁的导热系数 $\lambda_w = 49W \cdot m^{-1} \cdot K^{-1}$，试问：

(1)每平方米传热面积的传热速率及总传热系数为多少？

（2）如果不是钢管而是铜管，总传热系数 K 值将会增加百分之几？

（3）如果用化学方法除去钢管壁上的垢层，总传热系数 K 值将会增加百分之几？

（4）如果只是设法使原设备溶液侧传热膜系数 α_1 增大 50%，总传热系数 K 值将会增加百分之几？

解：（1）原换热器的总传热系数

$$\frac{1}{K_1} = \frac{1}{\alpha_1} + \sum \frac{\delta}{\lambda} + \frac{1}{\alpha_2} = \frac{1}{500} + \frac{0.8 \times 10^{-3}}{1.0} + \frac{2.5 \times 10^{-3}}{49} + \frac{1}{10000} = 2.95 \times 10^{-3}$$

$$K = 339 \text{W} \cdot \text{m}^{-2} \cdot \text{K}^{-1}$$

$$\frac{q}{A} = K \cdot \Delta t_m = 339 \times 50 = 1.69 \times 10^4 (\text{W} \cdot \text{m}^{-2})$$

（2）如果不是钢管而是铜管，查表可得铜的导热系数 $\lambda = 185 \text{W} \cdot \text{m}^{-1} \cdot \text{K}^{-1}$

$$\frac{1}{K_2} = \frac{1}{500} + \frac{0.8 \times 10^{-3}}{1.0} + \frac{2.5 \times 10^{-3}}{185} + \frac{1}{10000} = 2.91 \times 10^{-3}$$

$$K_2 = 343 \text{W} \cdot \text{m}^{-2} \cdot \text{K}^{-1}$$

$$\frac{K_2 - K_1}{K_1} = \frac{343 - 339}{339} = 1.2\%$$

（3）如果除去垢层

$$\frac{1}{K_3} = \frac{1}{500} + \frac{2.5 \times 10^{-3}}{49} + \frac{1}{10000} = 2.15 \times 10^{-3}$$

$$K_3 = 465 \text{W} \cdot \text{m}^{-2} \cdot \text{K}^{-1}$$

$$\frac{K_3 - K_1}{K_1} = \frac{465 - 339}{339} = 37\%$$

（4）如果设法使溶液侧传热膜系数增加 50%

$$\frac{1}{K_4} = \frac{1}{500 \times 1.50} + \frac{0.8 \times 10^{-3}}{1.0} + \frac{2.5 \times 10^{-3}}{49} + \frac{1}{10000} = 2.28 \times 10^{-3}$$

$$K_4 = 438 \text{W} \cdot \text{m}^{-2} \cdot \text{K}^{-1}$$

$$\frac{K_4 - K_1}{K_1} = \frac{438 - 339}{339} = 29\%$$

17. 一换热器由若干根长 3m，直径为 $\phi 25\text{mm} \times 2.5\text{mm}$ 的钢管组成，要求将质量流量为 $1.25 \text{kg} \cdot \text{s}^{-1}$ 的苯从 350K 冷却到 300K，290K 的水在管内与苯逆流流动。已知苯侧和水侧的传热膜系数分别为 $0.85 \text{kW} \cdot \text{m}^{-2} \cdot \text{K}^{-1}$ 和 $1.70 \text{kW} \cdot \text{m}^{-2} \cdot \text{K}^{-1}$，污垢热阻可忽略，若维持水出口温度不超过 320K，试计算：

（1）传热平均温度差；

（2）总传热系数；

（3）换热器管子的根数。

（已知苯的比定压热容 c_p 为 $1.9 \text{kJ} \cdot \text{kg}^{-1} \cdot \text{K}^{-1}$，密度 ρ 为 $880 \text{kg} \cdot \text{m}^{-3}$，钢管壁的导热系数 λ 为 $45 \text{W} \cdot \text{m}^{-1} \cdot \text{K}^{-1}$）。

解：（1） $$\Delta t_m = \frac{\Delta t_1 - \Delta t_2}{\ln \frac{\Delta t_1}{\Delta t_2}} = \frac{(350 - 320) - (300 - 290)}{\ln \frac{350 - 320}{300 - 290}} = 18.2 (\text{K})$$

(2)
$$\frac{1}{K}=\frac{1}{\alpha_1}+\frac{\delta}{\lambda}+\frac{1}{\alpha_2}=\frac{1}{0.85\times10^3}+\frac{2.5\times10^{-3}}{45}+\frac{1}{1.70\times10^3}=1.82\times10^{-3}$$
$$K=549\mathrm{W}\cdot\mathrm{m}^{-2}\cdot\mathrm{K}^{-1}$$

(3)
$$q=W_h c_{ph}(T_1-T_2)=1.25\times1.9\times10^3\times(350-300)=1.19\times10^5(\mathrm{W})$$

$$A=\frac{q}{K\cdot\Delta t_m}=\frac{1.19\times10^5}{549\times18.2}=11.9(\mathrm{m}^2)$$

$$n=\frac{A}{\pi dl}=\frac{11.9}{3.14\times0.025\times3}\approx51(\text{根})$$

18. 在1m长并流操作的套管式换热器中，用水冷却油。水的进口和出口温度分别为20℃和40℃；油的进口和出口温度分别为150℃和110℃。现要求油的出口温度降至90℃，油和水的进口温度、流量和物性均维持不变。若新设计的换热器保持管径不变，管长应增至多长方可满足要求？

解：（1）原有换热器：

$$\Delta t_m=\frac{\Delta t_1-\Delta t_2}{\ln\dfrac{\Delta t_1}{\Delta t_2}}=\frac{(150-20)-(110-40)}{\ln\dfrac{(150-20)}{(110-40)}}=97(℃)(\text{亦即}97\mathrm{K})$$

$$W_h c_{ph}(T_1-T_2)=W_c c_{pc}(t_2-t_1)$$
$$\frac{W_c c_{pc}}{W_h c_{ph}}=\frac{T_1-T_2}{t_2-t_1}=\frac{150-110}{40-20}=2$$

（2）新设计换热器：

$$q'=W_h c_{ph}(T_1-T_2')=W_c c_{pc}(t_2'-t_1)$$
$$W_h c_{ph}(150-90)=W_c c_{pc}(t_2'-20)$$
$$\frac{W_c c_{pc}}{W_h c_{ph}}=\frac{150-90}{t_2'-20}=2\qquad t_2'=50(℃)$$
$$\Delta t_m'=\frac{(150-20)-(90-50)}{\ln\left(\dfrac{130}{40}\right)}=76.4(℃)$$

（3）新设计换热器的管长：

$$\frac{q}{q'}=\frac{W_h c_{ph}(T_1-T_2)}{W_h c_{ph}(T_1-T_2')}=\frac{K\cdot A\cdot\Delta t_m}{K\cdot A'\cdot\Delta t_m'}=\frac{K\cdot\pi dl\cdot\Delta t_m}{K\cdot\pi dl'\cdot\Delta t_m'}$$

$$\frac{(T_1-T_2)}{(T_1-T_2')}=\frac{l\cdot\Delta t_m}{l'\cdot\Delta t_m'}$$

$$\frac{l'}{l}=\frac{(T_1-T_2')}{(T_1-T_2)}\cdot\frac{\Delta t_m}{\Delta t_m'}=\frac{(150-90)}{(150-110)}\times\frac{97}{76.4}=1.9$$
$$l'=1.9l=1.9\times1=1.9(\mathrm{m})$$

19. 一单程列管换热器，平均传热面积 A 为200m²。310℃的某气体流过壳程，被加热到445℃，另一种580℃的气体作为加热介质流过管程，冷热气体呈逆流流动。冷热气体质量流量分别为8000kg·h⁻¹和5000kg·h⁻¹，平均比定压热容均为1.05kJ·kg⁻¹·K⁻¹。如果换热器的热损失按壳程实际获得热量的10%计算，试求该换热器的总传热系数。

解：（1）换热器热负荷计算：

$$q = W_c c_{pc}(t_2 - t_1) = \frac{8000}{3600} \times 1.05 \times 10^3 \times (445 - 310) = 3.15 \times 10^5 (\text{W})$$

（2）求热气体最终温度 T_2：

在换热器上作热量衡算：

$$Q_\text{热} = Q_\text{冷} + Q_\text{损} = Q_\text{冷} + 0.1Q_\text{冷} = 1.1Q_\text{冷}$$

$$W_h c_{ph}(T_1 - T_2) = 1.1 W_c c_{pc}(t_2 - t_1) = 1.1 \times 3.15 \times 10^5$$

$$\frac{5000}{3600} \times 1.05 \times 10^3 \times (580 - T_2) = 1.1 \times 3.15 \times 10^5$$

解得：
$$T_2 = 342℃$$

（3）求平均温度差：

热流体：　　　　　　　　　　　　$580℃ \rightarrow 342℃$

冷流体：　　　　　　　　　　　　$445℃ \leftarrow 310℃$

$$\Delta t_1 = 135℃ \qquad \Delta t_2 = 32℃$$

$$\Delta t_m = \frac{\Delta t_1 - \Delta t_2}{\ln \dfrac{\Delta t_1}{\Delta t_2}} = \frac{135 - 32}{\ln \dfrac{135}{32}} = 71.6(℃)（即 71.6K）$$

（4）求总传热系数：

$$K = \frac{q}{A \cdot \Delta T_m} = \frac{1.1 \times 3.15 \times 10^5}{200 \times 71.6} = 24.2(\text{W} \cdot \text{m}^{-2} \cdot \text{K}^{-1})$$

20. 某精馏塔的酒精蒸气冷凝器为一列管换热器，列管是由 20 根 $\phi24mm \times 2mm$，长 1.5m 的黄铜管组成。管程通冷却水。酒精的冷凝温度为 78℃，汽化热为 879kJ·kg^{-1}，冷却水进口温度为 15℃，出口温度为 30℃。如以管外表面积为基准的总传热系数为 1000W·m^{-2}·K^{-1}，问此冷凝器能否完成冷凝质量流量为 200kg·h^{-1} 的酒精蒸气？

解：（1）先求传热温度差 Δt_m：

由题知酒精的冷凝温度为 78℃，且冷凝过程是一个相变过程。

则：$\Delta t_1 = 78℃ - 15℃ = 63℃$，$\Delta t_2 = 78℃ - 30℃ = 48℃$

$$\frac{\Delta t_1}{\Delta t_2} = \frac{63}{48} = 1.31 < 2 \qquad \Delta t_m = \frac{\Delta t_1 + \Delta t_2}{2} = 55.5℃$$

（2）计算冷凝过程的热负荷：

$$q = W \cdot r = \frac{200}{3600} \times 879 \times 10^3 = 48833(\text{W})$$

（3）计算完成此任务所需的传热面积：

由　　　　　　　　　　　　　　$q = K \cdot A \cdot \Delta t_m$

得：
$$A = \frac{q}{K \cdot \Delta t_m} = \frac{48833}{1000 \times 55.5} = 0.879(\text{m}^2)$$

由题知求得列管换热器的传热面积：

$$A' = n\pi dl = 20 \times \pi \times 0.024 \times 1.5 = 2.2619(\text{m}^2)$$

$A < A'$，所以冷凝器能完成冷凝质量流量为 200kg·h^{-1} 的酒精蒸气。

另解：可求得换热器的总传热速率 q'：

$$q' = K \cdot A \cdot \Delta t_m = 1000 \times 2.26 \times 55.5 = 1.25 \times 10^5(\text{W})$$

$q'>q$，所以冷凝器能完成冷凝质量流量为 $200kg \cdot h^{-1}$ 的酒精蒸气。

21. 在列管式换热器中，用壳程的饱和水蒸气加热管程的甲苯。甲苯的进口温度为 30℃。饱和水蒸气的温度为 110℃，汽化热为 $2200kJ \cdot kg^{-1}$，质量流量为 $350kg \cdot h^{-1}$。以管外表面计算的传热面积为 $2m^2$，以外表面积为基准的总传热系数为 $1750W \cdot m^{-2} \cdot K^{-1}$。假设传热过程的平均温度差可按算术平均值计算，试求甲苯的出口温度。（换热器的热损失可略而不计）。

解：由题知水蒸气的温度为 110℃，且水的蒸发过程是一个相变过程。

$$\Delta t_1 = 110 - 30 = 80℃，\quad \Delta t_2 = 110 - t_2$$

$$\Delta t_m = \frac{\Delta t_1 + \Delta t_2}{2} = \frac{80 + 110 - t_2}{2} = \frac{190 - t_2}{2}$$

$$q = W \cdot r = \frac{350}{3600} \times 2200 \times 10^3 = 2.14 \times 10^5 (W)$$

$$q = K \cdot A \cdot \Delta t_m$$

$$\Delta t_m = \frac{q}{K \cdot A} = \frac{2.14 \times 10^5}{1750 \times 2} = 61.14 (℃)$$

$$\Delta t_m = \frac{190 - t_2}{2} = 61.14℃，\quad t_2 = 68(℃)$$

22. 有一列管式换热器，用壳程的饱和水蒸气加热管程的原油。列管由 $\phi 53mm \times 1.5mm$ 的钢管组成。已知壳程蒸气一侧的传热膜系数为 $1.163 \times 10^4 W \cdot m^{-2} \cdot K^{-1}$，管程原油一侧的传热膜系数为 $116W \cdot m^{-2} \cdot K^{-1}$，钢管壁的导热系数为 $46.5W \cdot m^{-1} \cdot K^{-1}$，垢层热阻（$R_s$）为 $0.00043m^2 \cdot K \cdot W^{-1}$，试求该换热器的总传热系数。

如果在保持原有其它条件不变的情况下，只是将管程原油一侧的传热膜系数提高 1 倍，试问总传热系数将提高多少倍？

解：（1）$K = \dfrac{1}{\dfrac{1}{\alpha_1} + \dfrac{\delta}{\lambda} + R_s + \dfrac{1}{\alpha_2}} = \dfrac{1}{\dfrac{1}{1.163 \times 10^4} + \dfrac{0.0015}{46.5} + 0.00043 + \dfrac{1}{116}} = 109(W \cdot m^{-2} \cdot K^{-1})$

（2）当 $\alpha_2' = 2\alpha_2 = 2 \times 116 = 232W \cdot m^{-2} \cdot K^{-1}$ 时

$$K' = \frac{1}{\dfrac{1}{1.163 \times 10^4} + \dfrac{0.0015}{46.5} + 0.00043 + \dfrac{1}{232}} = 206(W \cdot m^{-2} \cdot K^{-1})$$

（3）$$\frac{K'}{K} = \frac{206}{109} = 1.89$$

23. 有一套管换热器，内管通热水，温度由 58℃ 降至 45℃。冷却水以逆流的方式流过管间，流量为 $2.0 \times 10^{-2} m^3 \cdot h^{-1}$，温度由 15℃ 升至 45℃。已知内管外径为 100mm，长度为 1450mm。冷却水在此温度范围内的平均密度为 $997kg \cdot m^{-3}$，比定压热容为 $4.187kJ \cdot kg^{-1} \cdot K^{-1}$，若热损失可略而不计，试求以内管外表面积为基准的总传热系数。

解：

$$q = K \cdot A \cdot \Delta t_m，\quad K = \frac{q}{A \cdot \Delta t_m}$$

式中：$q = W_c c_{pc}(t_2 - t_1) = \dfrac{2.0 \times 10^{-2}}{3600} \times 997 \times 4.187 \times 10^3 \times (45 - 15) = 695.7(W)$

$$\Delta t_1 = 58℃ - 45℃ = 13℃，\quad \Delta t_2 = 45℃ - 15℃ = 30℃$$

$$\Delta t_m = \frac{\Delta t_1 - \Delta t_2}{\ln \dfrac{\Delta t_1}{\Delta t_2}} = \frac{30 - 13}{\ln \dfrac{30}{13}} = 20.3(\,^{\circ}\!C\,)$$

$$A = \pi dl = 3.14 \times 0.1 \times 1.45 = 0.456(\,m^2\,)$$

由此可得:

$$K = \frac{q}{A \cdot \Delta t_m} = \frac{695.7}{0.456 \times 20.3} = 75.2(\,W \cdot m^{-2} \cdot K^{-1}\,)$$

24. 在一内管为 $\phi 19mm \times 2mm$ 的套管换热器中, 热流体在管外流动, 其进、出口温度分别为 $85^{\circ}\!C$ 和 $45^{\circ}\!C$, 传热膜系数为 $5000W \cdot m^{-2} \cdot K^{-1}$。冷流体在管内流动, 其进、出口温度分别为 $15^{\circ}\!C$ 和 $50^{\circ}\!C$, 传热膜系数为 $50W \cdot m^{-2} \cdot K^{-1}$, 质量流量为 $20kg \cdot h^{-1}$, 比定压热容为 $1.0kJ \cdot kg^{-1} \cdot K^{-1}$。冷热流体呈逆流流动。若换热器的热损失及管壁及垢层热阻均忽略不计, 试求换热器管长为多少米?

解:
$$q = W_c c_{pc}(t_2 - t_1) = \frac{20}{3600} \times 1.0 \times 10^3 \times (50 - 15) = 194(\,W\,)$$

管壁及垢层热阻忽略不计, 则:

$$K = \left(\frac{1}{\alpha_1} + \frac{1}{\alpha_2}\right)^{-1} = \left(\frac{1}{5000} + \frac{1}{50}\right)^{-1} = 49.5(\,W \cdot m^{-2} \cdot K^{-1}\,)$$

$$\Delta t_1 = 85^{\circ}\!C - 50^{\circ}\!C = 35^{\circ}\!C, \quad \Delta t_2 = 45^{\circ}\!C - 15^{\circ}\!C = 30^{\circ}\!C$$

$$\frac{\Delta t_1}{\Delta t_2} < 2 \quad \Delta t_m = \frac{1}{2}(\Delta t_1 + \Delta t_2) = \frac{1}{2}(35 + 30) = 32.5(\,^{\circ}\!C\,)$$

$$q = K \cdot A \cdot \Delta t_m = K \cdot \pi dl \cdot \Delta t_m$$

$$l = \frac{q}{K \cdot \pi d \cdot \Delta t_m} = \frac{194}{49.5 \times 3.14 \times 0.017 \times 32.5} = 2.3(\,m\,)$$

25. 在套管换热器中, 用 $120^{\circ}\!C$ 的饱和水蒸气加热苯。苯在 $\phi 50mm \times 2.5mm$ 不锈钢管内流动, 质量流量为 $3600kg \cdot h^{-1}$, 温度从 $30^{\circ}\!C$ 加热到 $60^{\circ}\!C$, 比定压热容可取为 $1.9kJ \cdot kg^{-1} \cdot K^{-1}$, 传热膜系数为 $500W \cdot m^{-2} \cdot K^{-1}$。若总传热系数近似等于管内苯一侧的传热膜系数, 试求:

(1)加热水蒸气消耗量(水蒸气冷凝相变热为 $2204kJ \cdot kg^{-1}$, 饱和冷凝液排出, 热损失不计);

(2)套管换热器的有效长度。

解:(1)水蒸气耗用量:

根据热量衡算:
$$q = W_h \cdot r = W_c c_{pc}(t_2 - t_1)$$

$$W_h \times 2204 \times 10^3 = 3600 \times 1.9 \times 10^3 \times (60 - 30)$$

解得:
$$W_h = 93kg \cdot h^{-1}$$

(2)套管换热器有效长度 l:

$$q = K \cdot A \cdot \Delta t_m = K \cdot \pi dl \cdot \Delta t_m$$

$$\Delta t_m = \frac{\Delta t_1 - \Delta t_2}{\ln \dfrac{\Delta t_1}{\Delta t_2}} = \frac{(120 - 30) - (120 - 60)}{\ln \dfrac{(120 - 30)}{(120 - 60)}} = 74(\,^{\circ}\!C\,)$$

$$l = \frac{q}{K \cdot \Delta t_m \cdot \pi d} = \frac{\dfrac{3600}{3600} \times 1.9 \times 10^3 \times (60 - 30)}{500 \times 74 \times 3.14 \times 0.05} = 9.8(\,m\,)$$

第三章 吸 收

§3.1 本章重点

1. 亨利定律；
2. 吸收机理及吸收速率方程；
3. 填料吸收塔的计算。

§3.2 知识要点

3.2.1 概述

3.2.1.1 吸收在化工生产中的应用

吸收是利用各种组分溶解度不同分离气体混合物的典型单元操作。在化工生产中，吸收主要用于以下几个方面：

①吸收气体中的有害物质，净化原料气体，以适应生产要求。

②分离气体混合物，以获得有用组分。

③通过吸收制取成品或半成品。

④吸收尾气中的有害物质，以防止污染，保护环境。

3.2.1.2 吸收操作的分类

（1）按吸收过程的机理

按吸收过程的机理，分为物理吸收和化学吸收。

①物理吸收　在吸收过程中，如果溶质和溶剂之间不发生显著的化学反应，只是单纯的气体溶解在液相的物理过程，则称为物理吸收。物理吸收是简单的气体在液体中的溶解过程，吸收过程的速率取决于吸收质从气相主体进入液相主体的扩散速率，吸收的极限取决于操作条件下吸收质在吸收剂中的溶解度。由于物理吸收后吸收质在溶液中是游离的或结合得很微弱，所以，当条件变化时，吸收质很容易从吸收剂中解吸出来。因此，物理吸收是可逆的。

②化学吸收　在吸收过程中，如果溶质和溶剂发生显著的化学反应，则称为化学吸收。化学吸收中有化学反应发生，所以吸收的速率除与扩散速率有关外，还取决于其中化学反应的反应速率。吸收平衡主要取决于操作条件下吸收反应的化学平衡。化学吸收中形成了新的物质，吸收质与吸收剂结合比较紧密，所以解吸比较困难。如果其中的化学反应是不可逆的，解吸就不能进行。

（2）按进入液相的组分数

按进入液相的组分数，分为单组分吸收和多组分吸收。

①单组分吸收　若混合气体中只有一个组分进入液相，其余组分皆可认为不溶解于吸收剂，这样的吸收过程称为单组分吸收。

②多组分吸收　在吸收过程中，如果混合气体中有两个或多个组分进入液相，则称为多组分吸收。

（3）按过程中温度变化情况

按过程中温度变化情况，分为非等温吸收和等温吸收。

①非等温吸收　气体溶解于液体之中，常伴有热效应。当发生化学反应时，还会有反应热，其结果是使液相温度逐渐升高，这样的吸收过程称为非等温吸收。

②等温吸收　在吸收过程中，如果热效应很小，或被吸收的组分在气相中浓度很低而吸收剂的用量相对很大时，温度升高并不显著，可认为是等温吸收。如果吸收设备散热良好，能及时引出热量而维持液相温度大体不变，也可按等温吸收处理。

（4）按操作流程

按操作流程分，分为单程吸收、循环吸收、吸收与解吸相结合流程。

在吸收过程中，如果吸收剂只用一次，这种吸收称为单程吸收。单程吸收推动力大。在吸收过程中若吸收剂循环使用，称为循环吸收，这种流程用于气体溶解度大，生产要求产品浓度高的吸收过程。在生产中，为了分离回收气体中的有用组分，常把吸收与解吸结合起来，再生的吸收剂重新用来吸收，这种流程称为吸收与解吸相结合的流程。

（5）按吸收质与吸收剂的分散情况

按吸收质与吸收剂的分散情况，分为喷淋吸收、鼓泡吸收、膜式吸收。

①喷淋吸收　使液体喷淋成小的液滴分散于气相中来完成的吸收操作，此时液相为分散相，气相为连续相。

②鼓泡吸收　使气体分散成小的气泡通过液体来完成的吸收操作，此时气相为分散相，液相为连续相。

③膜式吸收　液体沿着器壁或填料表面流动，而与气相接触来完成的吸收操作，此时液相为分散相，气相为连续相。

3.2.1.3　吸收剂的选择

在选择吸收剂时，应注意考虑以下几方面的问题。

①溶解度：吸收剂对于溶质组分应具有较大的溶解度，这样可以提高吸收速率并减小吸收剂的耗用量。

②选择性：吸收剂对溶质组分有良好的吸收能力，同时对混合气体中的其它组分基本上不吸收或吸收甚微。

③挥发度：操作温度下吸收剂的蒸气压要低，以减少吸收剂的损失量。

④腐蚀性：无腐蚀性，则对设备材质无过高要求，可以减小设备费用。

⑤黏性：操作温度下吸收剂的黏度要低，这样可以改善吸收塔内的流动状况，提高吸收速率，并且有助于降低泵的功耗，还能减小传热阻力。

⑥其它：所选用的吸收剂还应尽可能无毒性，不易燃，不发泡，冰点低，价廉易得，便于回收，并具有化学稳定性。

3.2.2 吸收过程的气液相平衡

3.2.2.1 气体在液体中的溶解度

气体在液体中的溶解度，就是指气液两相达到平衡时，气体在液相中的平衡浓度或饱和浓度。习惯上以单位质量或单位体积的液体中所含溶质的质量或物质的量来表示。

气体在液体中的溶解度表明一定吸收过程可能达到的极限程度，即反映了气液两相的相平衡关系。气体在液体中的溶解度与整个物系的温度、压强及该溶质在气相中的浓度密切相关。在一定的总压和温度下，溶质在液相中的溶解度取决于它在气相中的组成。

3.2.2.2 亨利定律

亨利定律表明在一定温度下，稀溶液中气液两相的相平衡关系。当气液两相的浓度用不同的形式表示时，亨利定律可有不同的形式。

（1）用气相分压和液相摩尔分数表示的亨利定律

$$p^* = Hx \tag{3-1}$$

式中　p^*——溶质在气相中的平衡分压，Pa 或 kPa；

　　　　x——溶质在液相中的摩尔分数；

　　　　H——亨利系数，单位与压强单位一致。

上式表明稀溶液上方的溶质分压与该溶质在液相中的摩尔分数成正比。其比例系数为亨利系数。对于一定的气体和一定的溶剂，亨利系数随温度的变化而变化。一般来说，温度升高，H 值增大，即在相同的气相分压下，液相浓度下降，这体现着气体溶解度随温度升高而减小的变化趋势。在同一溶剂中，难溶气体有较大的亨利系数，而易溶气体的亨利系数则较小。

（2）用气相分压和液相体积摩尔浓度表示的亨利定律

$$p^* = \frac{c}{E} \tag{3-2}$$

式中　c——液相中吸收质的浓度（气体在液体中的溶解度），$kmol \cdot m^{-3}$；

　　　　p^*——气相中溶质的平衡分压，Pa 或 kPa；

　　　　E——溶解度系数，$kmol \cdot m^{-3} \cdot Pa^{-1}$ 或 $kmol \cdot m^{-3} \cdot kPa^{-1}$。

若溶液的浓度为 $c kmol \cdot m^{-3}$，而溶液的密度为 $\rho kg \cdot m^{-3}$，溶质 A 和溶剂 S 的摩尔质量分别为 M_A 和 $M_S kg \cdot kmol^{-1}$，溶液中吸收质的摩尔分数为 x，则 c 与 x 之间的关系为：

$$c = \frac{\rho}{M_A x + M_S(1-x)} \cdot x$$

$$p^* = \frac{c}{E} = \frac{\rho}{M_A x + M_S(1-x)} \cdot \frac{x}{E} = Hx$$

得到

$$H = \frac{\rho}{M_A x + M_S(1-x)} \cdot \frac{1}{E} \tag{3-3}$$

对于稀溶液来说，x 很小，则：

$$H \approx \frac{\rho}{E M_S}, \quad \text{或：} E \approx \frac{\rho}{H M_S} \tag{3-3a}$$

在同一溶剂中，不同气体的溶解度有很大的差异。难溶气体的溶解度系数较小，而易溶气体的溶解度系数较大。对应于同样浓度的溶液，易溶气体溶液上方的分压较小，而难溶气体溶液上方的分压较大。

对于一定的气体和一定的溶剂，溶解度系数随温度和压强的变化而变化。一般来说，温度升高，E 值下降，溶解度减小；总压升高，E 值增大，溶解度增大。所以加压和降温有利于气体的溶解，对吸收操作有利，减压和升温有利于脱吸过程。

（3）用气相摩尔分数和液相摩尔分数表示的亨利定律

$$y^* = mx \tag{3-4}$$

式中　x——液相中溶质的摩尔分数；

　　　y^*——与该液相成平衡的气相中溶质的摩尔分数；

　　　m——相平衡系数。

若系统总压为 P，根据道尔顿分压定律：$p = Py$

则：$p^* = Py^*$　　　$p^* = Hx = Py^*$

$$m = \frac{H}{P} \tag{3-5}$$

相平衡系数也是温度的函数。温度升高，m 值增大。在同一溶剂中，易溶气体的 m 值较小，难溶气体的 m 值较大。

3.2.2.3　摩尔比及其表示的气液相平衡关系

在吸收过程中，常可认为惰性组分不进入液相，溶剂也没有显著的汽化现象，因而在塔的任意截面上，气相中惰性组分的摩尔流量和液相中溶剂的摩尔流量始终不变。以气相中惰性组分的量和液相中溶剂的量作为基准表示的溶质在气、液两相中的浓度，称为摩尔比或比摩尔分数，分别以 Y、X 表示，定义如下：

$$Y = \frac{\text{气相中溶质的物质的量}}{\text{气相中惰性组分的物质的量}} = \frac{y}{1-y} \tag{3-6}$$

$$X = \frac{\text{液相中溶质的物质的量}}{\text{液相中溶剂的物质的量}} = \frac{x}{1-x} \tag{3-7}$$

因而有：$y = \dfrac{Y}{1+Y}$，$x = \dfrac{X}{1+X}$

代入 $y^* = mx$，得：

$$Y^* = \frac{mX}{1+(1-m)X} \tag{3-8}$$

上式由亨利定律导出，在 Y-X 直角坐标系中的图形总是曲线，但是当溶液浓度很低时，右端分母趋近于 1，于是可简化为

$$Y^* = mX \tag{3-8a}$$

3.2.2.4　相平衡与吸收过程的关系

（1）气液相平衡

亨利定律的各种表达式所描述的都是互成平衡的气液两相组成间的关系，它们既可用来根据液相组成计算平衡的气相组成，同时也可用来根据气相组成计算平衡的液相组成。从这种意义上讲，上述亨利定律的几种表达形式也可改写如下：

$$p^* = Hx \rightarrow x^* = \frac{p}{H} \tag{3-9}$$

$$p^* = \frac{c}{E} \rightarrow c^* = E \cdot p \qquad\qquad (3-10)$$

$$y^* = mx \rightarrow x^* = \frac{y}{m} \qquad\qquad (3-11)$$

$$Y^* = mX \rightarrow X^* = \frac{Y}{m} \qquad\qquad (3-12)$$

（2）过程的极限

在逆流操作的吸收塔中，吸收过程的极限即出塔时气液两相达到平衡。塔底液相浓度的极限值为 x_1^*，$x_1^* = \frac{y_1}{m}$，出塔气相浓度的极限值为 y_2^*，$y_2^* = mx_2$。

（3）过程的推动力

在吸收过程中，以实际浓度与平衡浓度的偏离程度来表示过程的推动力。通常用一相浓度与另一相的平衡浓度差来表示。如 $(p-p^*)$、$(y-y^*)$、$(Y-Y^*)$、(c^*-c)、(x^*-x)、(X^*-X)。

3.2.3　吸收机理与吸收速率

吸收操作是溶质从气相转移到液相的过程，其中包括溶质由气相主体向气液界面的传递及由气液界面向液相主体的传递。物质在单一相中的传递是靠扩散作用。发生在流体中的扩散有分子扩散与涡流扩散两种。

3.2.3.1　分子扩散与费克定律

分子扩散是在一相内部有浓度差异的条件下，由于分子的无规则运动而造成的物质传递现象。发生在静止或滞流流体里的扩散就是分子扩散。

扩散过程进行的快慢可用扩散速率来度量。扩散速率即单位时间内扩散传递的物质量，可用下式表示：

$$N_A = -D_{AB} \cdot A \cdot \frac{dc_A}{d\delta} \qquad\qquad (3-13)$$

式中　N_A——物质的扩散速率，$kmol \cdot s^{-1}$ 或 $mol \cdot s^{-1}$；

　　　A——相间传质接触面积，m^2；

　　　δ——扩散距离，m；

　　　c_A——吸收质的浓度，$kmol \cdot m^{-3}$ 或 $mol \cdot m^{-3}$；

　　　$\frac{dc_A}{d\delta}$——扩散层中物质 A 的浓度梯度，即浓度 c_A 在 δ 方向的变化率，$kmol \cdot m^{-4}$；

　　　D_{AB}——物质 A 在物质 B 中的扩散系数，$m^2 \cdot s^{-1}$。

式中负号表示扩散方向沿着物质 A 浓度降低的方向进行。

式(3-13)即为费克定律，是对物质分子扩散基本规律的描述。

扩散过程进行的快慢也可用扩散通量来度量。单位面积上单位时间内扩散传递的物质量称为扩散通量，其单位为 $kmol \cdot m^{-2} \cdot s^{-1}$。实际上扩散通量即单位面积上的扩散速率，以 J_A 表示。

$$J_A = -D_{AB} \cdot \frac{dc_A}{d\delta} \qquad\qquad (3-14)$$

在稳态条件下，将上述费克定律进行积分可得：

$$N_A = D_{AB} \cdot A \cdot \frac{\Delta c}{\delta} \tag{3-15}$$

若扩散在气相中进行，且气相为理想气体混合物，则：

$$N_A = D_{AB} \cdot A \cdot \frac{\Delta p}{RT\delta_G} \tag{3-16}$$

若扩散在液相中进行，则：

$$N_A = D_{AB} \cdot A \cdot \frac{\Delta c}{\delta_L} \tag{3-17}$$

在吸收过程中，实际进行的是一组分通过另一停滞组分的分子扩散，即在气液界面上，溶剂可看作是静止的，气相中的吸收质通过气液界面进入液相。此时扩散速率可用下式表示：

$$N_A = D_{AB} \cdot A \cdot \frac{\Delta p}{RT\delta_G} \cdot \frac{P}{p_{Bm}} \tag{3-18}$$

式中　P——气相总压，Pa；

p_{Bm}——气体层两侧惰性组分分压的对数平均值，$p_{Bm} = \dfrac{p_{B1} - p_{B2}}{\ln \dfrac{p_{B1}}{p_{B2}}}$，Pa；

$\dfrac{P}{p_{Bm}}$——漂流因数。

仿照气相中的扩散速率，可写出液相中的扩散速率：

$$N_A = D_{AB} \cdot A \cdot \frac{\Delta c}{\delta_L} \cdot \frac{C}{c_{Sm}} \tag{3-19}$$

式中　C——液相总浓度，$kmol \cdot m^{-3}$；

c_{Sm}——液体层两侧溶剂浓度的对数平均值，$c_{Sm} = \dfrac{c_{S1} - c_{S2}}{\ln \dfrac{c_{S1}}{c_{S2}}}$，$kmol \cdot m^{-3}$。

3.2.3.2　对流扩散

物质在湍流主体中的传递，主要是靠流体质点的无规则运动。湍流中发生的旋涡，引起各部分流体间的剧烈混合，在有浓度差存在的条件下，物质便朝着其浓度降低的方向进行传递。这种凭借流体质点的湍动和旋涡来传递物质的现象，称为涡流扩散。在湍流流体中，分子扩散和涡流扩散同时发挥着作用。

$$N_A = -(D + D_e) \cdot A \cdot \frac{dc_A}{d\delta} \tag{3-20}$$

式中　D——分子扩散系数，$m^2 \cdot s^{-1}$；

D_e——涡流扩散系数，$m^2 \cdot s^{-1}$；

$\dfrac{dc_A}{d\delta}$——浓度梯度，$kmol \cdot m^{-4}$。

涡流扩散系数 D_e 不是物性常数，它与湍动程度有关，且随位置不同而不同。

3.2.3.3 吸收机理

对于吸收传质过程的机理，学界提出了多种简化模型，其中较为重要的是双膜理论，其基本要点如下：

①相互接触的气液两流体间存在着稳定的相界面，界面两侧各有一个很薄的有效滞流膜层，分别为气膜和液膜，在这两个膜层内，吸收质以分子扩散方式传递。

②在相界面上，气液两相达成平衡。

③在膜层以外的气液两相中心区，由于流体充分湍动，吸收质浓度是均匀的，即两相中心区的浓度梯度为零，全部浓度变化集中在两个有效膜层内。

通过以上假设，就把整个相际传质过程简化为经由气、液两膜的分子扩散过程。双膜理论认为相界面上处于平衡状态，相界面上符合平衡关系。这样，整个相际传质过程的阻力便全部体现在两个有效膜层里。在两相主体浓度一定的情况下，两膜的阻力便决定了传质速率的大小。因此，双膜理论又称双阻力理论。

3.2.3.4 吸收速率方程

对于吸收过程的速率关系，可写成："吸收速率$=\dfrac{\text{吸收推动力}}{\text{吸收阻力}}$"的形式，其中的吸收推动力即吸收传质过程的浓度差。吸收阻力的倒数可表示为系数形式，称为吸收系数，所以吸收速率方程也可写成："吸收速率=吸收系数×吸收推动力"的形式。

（1）气膜吸收速率方程

气膜吸收速率方程中的推动力为气相主体浓度与界面气相浓度差。一般采用如下两种形式：

$$① \qquad\qquad N=k_G \cdot A \cdot (p-p_i) \qquad\qquad\qquad (3-21)$$

式中　N——吸收速率，$kmol \cdot s^{-1}$；

　　　　A——吸收传质面积，m^2；

　　　　k_G——气膜吸收分系数，$kmol \cdot m^{-2} \cdot s^{-1} \cdot kPa^{-1}$；

　　　　p——气相主体吸收质的分压，kPa；

　　　　p_i——界面气相中吸收质的分压，kPa。

气膜吸收分系数的倒数$\dfrac{1}{k_G}$即表示吸收质通过气膜的传递阻力，这个阻力的表达形式是与气膜推动力$(p-p_i)$相对应的。

$$② \qquad\qquad N=k_y \cdot A \cdot (y-y_i) \qquad\qquad\qquad (3-22)$$

式中　k_y——气膜吸收分系数，$kmol \cdot m^{-2} \cdot s^{-1}$；

　　　　y——气相主体吸收质的摩尔分数；

　　　　y_i——界面气相中吸收质的摩尔分数。

气膜吸收分系数的倒数$\dfrac{1}{k_y}$也表示吸收质通过气膜的传递阻力，但这个阻力的表达形式是与气膜推动力$(y-y_i)$相对应的。

当气相总压不很高时，根据分压定律，$p=Py$，$p_i=Py_i$．

$$N=k_G \cdot A \cdot (p-p_i)=k_G \cdot A \cdot (Py-Py_i)$$
$$=k_G P \cdot A \cdot (y-y_i)=k_y \cdot A \cdot (y-y_i)$$

$$k_y = k_G P \tag{3-23}$$

（2）液膜吸收速率方程式

液膜吸收速率方程中的推动力为界面液相浓度与液相主体浓度之差。一般采用下面两种形式：

①
$$N = k_L \cdot A \cdot (c_i - c) \tag{3-24}$$

式中　k_L——液膜吸收分系数，$m \cdot s^{-1}$；

　　　c——液相主体吸收质的体积摩尔浓度，$kmol \cdot m^{-3}$；

　　　c_i——界面液相中吸收质的体积摩尔浓度，$kmol \cdot m^{-3}$。

液膜吸收分系数的倒数 $\dfrac{1}{k_L}$ 即表示吸收质通过液膜的传递阻力，这个阻力的表达形式是与液膜推动力 $(c_i - c)$ 相对应的。

②
$$N = k_x \cdot A \cdot (x_i - x) \tag{3-25}$$

式中　k_x——液膜吸收分系数，$kmol \cdot m^{-2} \cdot s^{-1}$；

　　　x——液相主体吸收质的摩尔分数；

　　　x_i——界面液相中吸收质的摩尔分数。

液膜吸收分系数的倒数 $\dfrac{1}{k_x}$ 也表示吸收质通过液膜传递的阻力，但这个阻力的表达形式是与液膜推动力 $(x_i - x)$ 相对应的。

若液相总浓度用 C 表示，则有：$c = Cx$，$c_i = Cx_i$

$$N = k_L \cdot A \cdot (c_i - c) = k_L \cdot A \cdot (Cx_i - Cx)$$
$$= k_L C \cdot A \cdot (x_i - x) = k_x \cdot A \cdot (x_i - x)$$
$$k_x = k_L C \tag{3-26}$$

（3）界面浓度

根据双膜理论，界面上的气液浓度符合平衡关系，同时，在稳态状况下，气液两膜中的传质速率应相等。

$$N = k_G \cdot A \cdot (p - p_i) = k_L \cdot A \cdot (c_i - c)$$
$$\frac{p - p_i}{c - c_i} = -\frac{k_L}{k_G} \tag{3-27}$$

在直角坐标系中，p_i 与 c_i 的关系是一条通过定点 (c, p) 而斜率为 $-\dfrac{k_L}{k_G}$ 的直线，该直线与平衡线 $p^* = f(c)$ 的交点坐标便代表了界面上的液相溶质浓度与气相溶质分压。

（4）总吸收速率方程

对于吸收过程，同样可以采用两相主体浓度的某种差值来表示总推动力而写出吸收速率方程式，这种速率方程式中的吸收系数称为吸收总系数，总系数的倒数即总阻力，总阻力应当是两膜传质阻力之和。但在求总推动力时，这种差值不能用气液浓度直接相减，因为吸收过程之所以能进行，就是由于两相主体浓度尚未达到平衡，而不是相等。因此，吸收过程的总推动力应该用任何一相的主体浓度与另一相主体浓度的平衡浓度的差值来表示。

① 以 $(p - p^*)$ 表示总推动力的吸收速率方程

$$N = K_G \cdot A \cdot (p - p^*) \tag{3-28}$$

式中　p——气相主体吸收质的分压，kPa；

p^*——与液相相平衡的气相中吸收质的分压，kPa；

K_G——气膜吸收总系数，$K_G = \dfrac{1}{\dfrac{1}{k_G} + \dfrac{1}{Ek_L}}$，$kmol \cdot m^{-2} \cdot s^{-1} \cdot kPa^{-1}$。

气膜吸收总系数的倒数$\dfrac{1}{K_G}$表示吸收质通过气膜和液膜传递过程的总阻力。

$$\frac{1}{K_G} = \frac{1}{k_G} + \frac{1}{Ek_L} \qquad (3-29)$$

吸收传质总阻力等于气膜阻力$\dfrac{1}{k_G}$与液膜阻力$\dfrac{1}{Ek_L}$之和。这个总阻力的表达形式是与吸收过程总推动力$(p-p^*)$相对应的。

对于易溶气体，E值很大，在k_G与k_L接近的情况下，$\dfrac{1}{Ek_L} \ll \dfrac{1}{k_G}$，此时传质阻力绝大多数存在于气膜中，即气膜阻力控制着整个吸收过程的速率，吸收总推动力绝大部分用于克服气膜阻力，这种情况称为"气膜控制"。

②以(c^*-c)表示总推动力的吸收速率方程

$$N = K_L \cdot A \cdot (c^*-c) \qquad (3-30)$$

式中　c——液相主体吸收质的体积摩尔浓度，$kmol \cdot m^{-3}$；

　　　c^*——与气相相平衡的液相中吸收质的体积摩尔浓度，$kmol \cdot m^{-3}$；

　　　K_L——液膜吸收总系数，$K_L = \dfrac{1}{\dfrac{E}{k_G} + \dfrac{1}{k_L}}$，$m \cdot s^{-1}$。

液膜吸收总系数的倒数$\dfrac{1}{K_L}$表示吸收质通过气膜和液膜传递过程的总阻力。

$$\frac{1}{K_L} = \frac{E}{k_G} + \frac{1}{k_L} \qquad (3-31)$$

吸收传质总阻力等于气膜阻力$\dfrac{E}{k_G}$与液膜阻力$\dfrac{1}{k_L}$之和。这个总阻力的表达形式是与吸收过程总推动力(c^*-c)相对应的。

对于难溶气体，E值很小，在k_G与k_L接近的情况下，$\dfrac{E}{k_G} \ll \dfrac{1}{k_L}$，此时传质阻力绝大多数存在于液膜中，即液膜阻力控制着整个吸收过程的速率，吸收总推动力绝大部分用于克服液膜阻力，这种情况称为"液膜控制"。

气膜吸收阻力　　　　　　$\dfrac{1}{K_G} = \dfrac{1}{k_G} + \dfrac{1}{Ek_L}$

液膜吸收阻力　　　　　　$\dfrac{1}{K_L} = \dfrac{E}{k_G} + \dfrac{1}{k_L}$

得出：　　　　　　　　　$\dfrac{1}{K_L} = E \cdot \dfrac{1}{K_G}$

$$K_G = E \cdot K_L \qquad (3-32)$$

③以$(y-y^*)$表示总推动力的吸收速率方程

$$N = K_y \cdot A \cdot (y - y^*)$$ (3-33)

式中　y——气相主体吸收质的摩尔分数；

y^*——与液相相平衡的气相中吸收质的摩尔分数；

K_y——气膜吸收总系数，$K_y = \dfrac{1}{\dfrac{1}{k_y} + \dfrac{m}{k_x}}$，$kmol \cdot m^{-2} \cdot s^{-1}$。

气膜吸收总系数的倒数 $\dfrac{1}{K_y}$ 也表示吸收质通过气膜和液膜传递过程的总阻力。

$$\frac{1}{K_y} = \frac{1}{k_y} + \frac{m}{k_x}$$ (3-34)

吸收传质总阻力等于气膜阻力 $\dfrac{1}{k_y}$ 与液膜阻力 $\dfrac{m}{k_x}$ 之和。这个总阻力的表达形式是与吸收过程总推动力 $(y - y^*)$ 相对应的。

对于易溶气体，m 值很小，在 k_y 与 k_x 接近的情况下，$\dfrac{m}{k_x} \ll \dfrac{1}{k_y}$，此时传质阻力绝大多数存在于气膜中，属于"气膜控制"。

④以 $(x^* - x)$ 表示总推动力的吸收速率方程

$$N = K_x \cdot A \cdot (x^* - x)$$ (3-35)

式中　x——液相主体吸收质的摩尔分数；

x^*——与气相相平衡的液相中吸收质的摩尔分数；

K_x——液膜吸收总系数，$K_x = \dfrac{1}{\dfrac{1}{mk_y} + \dfrac{1}{k_x}}$，$kmol \cdot m^{-2} \cdot s^{-1}$。

液膜吸收总系数的倒数 $\dfrac{1}{K_x}$ 也表示吸收质通过气膜和液膜传递过程的总阻力。

$$\frac{1}{K_x} = \frac{1}{k_x} + \frac{1}{mk_y}$$ (3-36)

吸收传质总阻力等于气膜阻力 $\dfrac{1}{mk_y}$ 与液膜阻力 $\dfrac{1}{k_x}$ 之和。这个总阻力的表达形式是与吸收过程总推动力 $(x^* - x)$ 相对应的。

对于难溶气体，m 值很大，在 k_y 与 k_x 接近的情况下，$\dfrac{1}{mk_y} \ll \dfrac{1}{k_x}$，此时传质阻力绝大多数存在于液膜中，属于"液膜控制"。

气膜吸收阻力
$$\frac{1}{K_y} = \frac{1}{k_y} + \frac{m}{k_x}$$

液膜吸收阻力
$$\frac{1}{K_x} = \frac{1}{mk_y} + \frac{1}{k_x}$$

得出：
$$\frac{1}{K_y} = m \cdot \frac{1}{K_x}$$

$$K_y = \frac{K_x}{m}$$ (3-37)

⑤以$(Y-Y^*)$表示总推动力的吸收速率方程

根据比摩尔分数的定义，$y=\dfrac{Y}{1+Y}$，$y^*=\dfrac{Y^*}{1+Y^*}$

$$N=K_y \cdot A \cdot (y-y^*)=K_y \cdot A \cdot \left(\dfrac{Y}{1+Y}-\dfrac{Y^*}{1+Y^*}\right)=\dfrac{K_y}{(1+Y)(1+Y^*)} \cdot A \cdot (Y-Y^*)$$

令：
$$K_Y=\dfrac{K_y}{(1+Y)(1+Y^*)}$$

得：
$$N=K_Y \cdot A \cdot (Y-Y^*) \tag{3-38}$$

式中　K_Y——气相吸收总系数，$kmol \cdot m^{-2} \cdot s^{-1}$。

当吸收质在气相和液相中的浓度都很小时，即 Y 和 Y^* 都很小，此时式中的$(1+Y)(1+Y^*)$趋近于 1，因此，

$$K_Y \approx K_y=K_G \cdot P \tag{3-39}$$

⑥以(X^*-X)表示总推动力的吸收速率方程
$$N=K_X \cdot A \cdot (X^*-X) \tag{3-40}$$

式中　K_X——液相吸收总系数，$K_X=\dfrac{K_x}{(1+X^*)(1+X)}$，$kmol \cdot m^{-2} \cdot s^{-1}$。

当吸收质在气相和液相中的浓度都很小时，即 X 和 X^* 都很小，此时式中的$(1+X)(1+X^*)$趋近于 1，因此，

$$K_X \approx K_x=K_L \cdot C \tag{3-41}$$

（5）速率方程小结

由于推动力所涉及的范围不同及浓度的表示方法不同，吸收速率方程式呈现了多种不同的形态。

①膜吸收系数相对应的速率方程，采用一相主体与界面浓度之差表示推动力。
$$N=k_G \cdot A \cdot (p-p_i)$$
$$N=k_y \cdot A \cdot (y-y_i)$$
$$N=k_L \cdot A \cdot (c_i-c)$$
$$N=k_x \cdot A \cdot (x_i-x)$$

②与总吸收系数相对应的速率方程，采用两相主体浓度之差表示推动力。如：
$$N=K_G \cdot A \cdot (p-p^*)$$
$$N=K_y \cdot A \cdot (y-y^*)$$
$$N=K_Y \cdot A \cdot (Y-Y^*)$$
$$N=K_L \cdot A \cdot (c^*-c)$$
$$N=K_x \cdot A \cdot (x^*-x)$$
$$N=K_X \cdot A \cdot (X^*-X)$$

任何吸收系数的单位都是 $kmol \cdot m^{-2} \cdot s^{-1} \cdot$ 推动力。当推动力以无因次的摩尔分数或比摩尔分数表示时，吸收系数的单位便简化为 $kmol \cdot m^{-2} \cdot s^{-1}$。

（6）强化吸收的途径

从吸收速率方程可知，影响吸收速率的因素主要是气液接触面积、吸收推动力和吸收传质系数，强化吸收的途径也必须从这三方面考虑。

①提高吸收传质系数。吸收系数的倒数即为吸收阻力，提高吸收传质系数，就是要降低吸收阻力。从前面可知，

$$\frac{1}{K_G} = \frac{1}{k_G} + \frac{1}{Ek_L}$$

$$\frac{1}{K_L} = \frac{E}{k_G} + \frac{1}{k_L}$$

总阻力等于液膜阻力加气膜阻力。膜内阻力和膜的厚度成正比，因此增大气液两相流体的相对运动速度，使流体内产生强烈的湍动，能减小膜的厚度，从而降低吸收阻力，提高吸收传质系数。

对于易溶气体，属于气膜控制，因此应设法减小气膜阻力。对于难溶气体，属于液膜控制，因此应设法减小液膜阻力，以提高吸收速率。

②增大吸收推动力。增大吸收推动力可以通过降低与液相平衡的气相中吸收质的浓度来实现。增大吸收剂用量，降低溶液中吸收质的浓度，可以降低平衡浓度。降低吸收温度、增加系统压力，都可使亨利系数或相平衡系数减小，也可以降低与液相平衡的气相中的吸收质浓度，从而增大吸收的推动力。此外，当气液两相在进出口处的浓度都相同的情况下，逆流操作的平均推动力比并流操作的大。因此，采用逆流操作，也是强化吸收的途径。

③增大气液接触面积。增大气液接触面积可以采用增大气体或液体的分散度，或选用比表面积(即单位体积填料的表面积)大的填料等方法。

3.2.4　填料吸收塔的计算

3.2.4.1　物料衡算和操作线方程

（1）物料衡算

在逆流操作的填料吸收塔中，各已知条件如下：

V——单位时间内通过吸收塔的惰性气体量，$kmol(B) \cdot s^{-1}$；

L——单位时间内通过吸收塔的溶剂量，$kmol(S) \cdot s^{-1}$；

Y_1、Y_2——进塔及出塔气体中溶质的比摩尔分数；

X_1、X_2——出塔及进塔液体中溶质组分的比摩尔分数。

对单位时间内进出吸收塔的吸收质的量作物料衡算：

$$VY_1 + LX_2 = VY_2 + LX_1$$

即：
$$V(Y_1 - Y_2) = L(X_1 - X_2) \tag{3-42}$$

上式为吸收塔内的物料衡算式。

吸收过程混合气体中溶质被吸收的百分率，称为吸收率或回收率。用 η 表示：

$$\eta = \frac{Y_1 - Y_2}{Y_1} \tag{3-43}$$

当生产任务规定了进塔混合气的组成与流量、吸收剂的组成和流量以及要求的吸收率时，通过全塔物料衡算，就可以求出出塔吸收液浓度。

（2）操作线方程

在吸收塔的任意截面与塔底端面之间以溶质为对象来作物料衡算：

$$VY + LX_1 = VY_1 + LX$$

$$Y = \frac{L}{V}X + \left(Y_1 - \frac{L}{V}X_1\right) \tag{3-44}$$

若在任意截面与塔顶端面之间作物料衡算：

$$VY + LX_2 = VY_2 + LX$$

$$Y = \frac{L}{V}X + \left(Y_2 - \frac{L}{V}X_2\right) \tag{3-44a}$$

根据物料衡算式：

$$\left(Y_1 - \frac{L}{V}X_1\right) = \left(Y_2 - \frac{L}{V}X_2\right)$$

上面两个式子是等效的，表明塔内任一横截面上的气相浓度 Y 与液相浓度 X 间的关系，称为逆流吸收塔的操作线方程。直线的斜率为 $\frac{L}{V}$，且通过 I（X_1、Y_1）和 II（X_2、Y_2）两点。斜率可由下式计算：

$$\frac{L}{V} = \frac{Y_1 - Y_2}{X_1 - X_2} \tag{3-45}$$

3.2.4.2 吸收剂用量的确定

在 V、Y_1、Y_2、X_2 已知的情况下，吸收塔操作线的一个端点 II（X_2、Y_2）已经固定，另一个端点 I 则可在 $Y = Y_1$ 的水平线上移动，此端点的横坐标将取决于操作线的斜率 $\frac{L}{V}$。

操作线的斜率 $\frac{L}{V}$，称为"液气比"，是溶剂与惰性气体摩尔流量的比值，它反映单位气体处理量的溶剂耗用量的大小。在 V 值已经确定的情况下，减少吸收剂用量 L，使 $\frac{L}{V}$ 值减小，I 点右移，其结果是使出塔吸收液的浓度加大，而吸收推动力相应减小。若吸收剂用量减少到恰使 I 点移至水平线 $Y = Y_1$ 与平衡线的交点时，$X_1 = X_1^*$，即塔底流出的吸收液与刚进塔的混合气体达成平衡，这是理论上吸收液所能达到的最高浓度。这种情况下吸收操作的斜率称为"最小液气比"，以 $\left(\dfrac{L}{V}\right)_{min}$ 表示，相应的吸收剂的用量即为最小吸收剂用量，以 L_{min} 表示。

$$\left(\frac{L}{V}\right)_{min} = \frac{Y_1 - Y_2}{X_1^* - X_2} \tag{3-46}$$

根据经验，一般情况下吸收剂用量为最小用量的 1.2~2.0 倍，即：

$$\frac{L}{V} = (1.2 \sim 2.0)\left(\frac{L}{V}\right)_{min} \tag{3-47}$$

或：

$$L = (1.2 \sim 2.0)L_{min} \tag{3-47a}$$

若平衡关系符合亨利定律，可用 $Y^* = mX$ 表示，则可直接用下式算出最小液气比，即：

$$\left(\frac{L}{V}\right)_{min} = \frac{Y_1 - Y_2}{\dfrac{Y_1}{m} - X_2} \tag{3-48}$$

则：

$$L_{min} = V \cdot \frac{Y_1 - Y_2}{\dfrac{Y_1}{m} - X_2} \tag{3-48a}$$

3.2.4.3 塔径的计算

填料塔直径可按圆形管路内的流量公式来计算：

$$D = \sqrt{\frac{4V_s}{\pi u}} \tag{3-49}$$

式中　D——塔径，m;

　　V_s——操作条件下混合气体的流量，$m^3 \cdot s^{-1}$;

　　u——空塔气速，即按空塔截面计算的混合气体的线速度，$m \cdot s^{-1}$。

混合气体量以塔底气量为依据。

3.2.4.4 填料层高度的计算

（1）填料层高度的基本计算式

在填料吸收塔中任意截取一段高度为 dh 的微元填料层，在此微元填料层内作组分 A 的物料衡算：

$$dN_A = VdY = LdX \tag{3-50}$$

又根据吸收速率方程式：

$$dN_A = K_Y \cdot (Y - Y^*) \cdot dA = K_X \cdot (X^* - X) \cdot dA \tag{3-51}$$

设　a——单位体积填料层所提供的有效接触面积，$m^2 \cdot m^{-3}$;

　　Ω——塔截面积，m^2。

$$dA = d(a \cdot h \cdot \Omega) = a \cdot \Omega \cdot dh \tag{3-52}$$

$$dN_A = K_Y \cdot (Y - Y^*) \cdot a \cdot \Omega \cdot dh = K_X \cdot (X^* - X) \cdot a \cdot \Omega \cdot dh \tag{3-53}$$

得：

$$VdY = K_Y \cdot (Y - Y^*) \cdot a \cdot \Omega \cdot dh \tag{3-54}$$

$$LdX = K_X \cdot (X^* - X) \cdot a \cdot \Omega \cdot dh \tag{3-55}$$

将上两式分别整理为：

$$\frac{dY}{Y - Y^*} = \frac{K_Y \cdot a \cdot \Omega}{V} \cdot dh \tag{3-56}$$

$$\frac{dX}{X^* - X} = \frac{K_X \cdot a \cdot \Omega}{L} \cdot dh \tag{3-57}$$

对于稳态操作的吸收塔，L、V、a、Ω 皆不随时间而改变，且不随截面位置而变。当溶质在气、液两相中的浓度不高时，K_Y 及 K_X 通常也可视为常数，将式（3-56）、式（3-57）在全塔范围内积分：

$$\int_{Y_2}^{Y_1} \frac{dY}{Y - Y^*} = \int_0^h \frac{K_Y \cdot a \cdot \Omega}{V} \cdot dh = \frac{K_Y \cdot a \cdot \Omega}{V} \int_0^h dh \tag{3-58}$$

$$\int_{X_2}^{X_1} \frac{dX}{X^* - X} = \int_0^h \frac{K_X \cdot a \cdot \Omega}{L} \cdot dh = \frac{K_X \cdot a \cdot \Omega}{L} \int_0^h dh \tag{3-59}$$

由此得到低浓度气体吸收时计算填料层高度的基本关系式，即：

$$h = \frac{V}{K_Y \cdot a \cdot \Omega} \cdot \int_{Y_2}^{Y_1} \frac{dY}{Y - Y^*} \tag{3-60}$$

$$h = \frac{L}{K_X \cdot a \cdot \Omega} \cdot \int_{X_2}^{X_1} \frac{dX}{X^* - X} \tag{3-61}$$

（2）传质单元高度与传质单元数

在填料层高度计算式 $h = \dfrac{V}{K_Y \cdot a \cdot \Omega} \cdot \displaystyle\int_{Y_2}^{Y_1} \dfrac{\mathrm{d}Y}{Y - Y^*}$ 中，因式 $\dfrac{V}{K_Y \cdot a \cdot \Omega}$ 的单位为：

$$\frac{[\mathrm{kmol} \cdot \mathrm{s}^{-1}]}{[\mathrm{kmol} \cdot \mathrm{m}^{-2} \cdot \mathrm{s}^{-1}] \cdot [\mathrm{m}^2 \cdot \mathrm{m}^{-3}] \cdot [\mathrm{m}^2]} = [\mathrm{m}]$$

最后结果是高度的单位，因此可将 $\dfrac{V}{K_Y \cdot a \cdot \Omega}$ 理解为由过程条件所决定的某种单元高度，此单元高度称为"气相总传质单元高度"，以 H_{OG} 表示，即：

$$H_{OG} = \frac{V}{K_Y \cdot a \cdot \Omega} \tag{3-62}$$

在填料层高度计算式中，积分号内的分子与分母具有相同的单位，因而整个积分必然得到一个无因次的数值，可认为它代表所需填料层高度相当于气相总传质单元高度 H_{OG} 的倍数，此倍数称为"气相总传质单元数"，以 N_{OG} 表示，即：

$$N_{OG} = \int_{Y_2}^{Y_1} \frac{\mathrm{d}Y}{Y - Y^*} \tag{3-63}$$

于是填料层高度可写为：

$$h = H_{OG} \cdot N_{OG} \tag{3-64}$$

同理，

$$h = H_{OL} \cdot N_{OL} \tag{3-65}$$

式中　H_{OL}——液相总传质单元高度，m；

N_{OL}——液相总传质单元数，无因次。

$$H_{OL} = \frac{L}{K_X \cdot a \cdot \Omega} \tag{3-66}$$

$$N_{OL} = \int_{X_2}^{X_1} \frac{\mathrm{d}X}{X^* - X} \tag{3-67}$$

（3）传质单元高度及传质单元数的物理意义

以气相为例来说明：

假设某吸收过程所需的填料层高度恰等于一个气相总传质单元高度，即有：$h = H_{OG}$，

此时，

$$N_{OG} = \int_{Y_2}^{Y_1} \frac{\mathrm{d}Y}{Y - Y^*} = 1$$

在整个填料层中，吸收推动力 $(Y - Y^*)$ 虽是变量，但总可找到某一平均值 $(Y - Y^*)_m$，用来代替积分式中的 $(Y - Y^*)$ 而不改变积分值，即：

$$N_{OG} = \int_{Y_2}^{Y_1} \frac{\mathrm{d}Y}{Y - Y^*} = \int_{Y_2}^{Y_1} \frac{\mathrm{d}Y}{(Y - Y^*)_m} = \frac{1}{(Y - Y^*)_m} \int_{Y_2}^{Y_1} \mathrm{d}Y = 1 \tag{3-68}$$

$$Y_1 - Y_2 = (Y - Y^*)_m \tag{3-69}$$

因此，当气体流经一段填料层前后的浓度变化 $(Y_1 - Y_2)$ 恰好等于此段填料层内以气相浓度差所表示的总推动力的平均值 $(Y - Y^*)_m$ 时，这层填料层的高度就是一个气相总传质单元高度。传质单元高度的大小由过程的条件决定。

$$H_{OG} = \frac{\dfrac{V}{\Omega}}{K_Y \cdot a}$$

上式中，$\dfrac{V}{\Omega}$ 为单位塔截面上惰性气体的摩尔流量，气体处理量越大，传质单元高度越

大。K_Y 为吸收系数，为吸收阻力的倒数。a 为单位体积填料所提供的传质面积，表示填料性能的优劣及润湿情况的好坏。吸收过程传质阻力越大，填料层比表面积越小，传质单元所相当的填料层高度越大。

生产中，常将 K_Y 与 a 综合考虑，$K_Y \cdot a$ 称为体积吸收系数，单位为 kmol·m^{-3}·s^{-1}。

传质单元数反映吸收过程的难度，过程平衡推动力越小，任务所要求的气体浓度变化越大，则意味着过程难度越大，此时所需的传质单元数也就越大。

（4）传质单元数的求法

以气相为例来说明。

①图解积分法：

$$N_{OG} = \int_{Y_2}^{Y_1} \frac{dY}{Y - Y^*}$$

可以看出，被积函数 $\frac{1}{Y-Y^*}$ 中有 Y 和 Y^* 两个变量，但 Y^* 与 X 之间存在着平衡关系 $Y^* = f(X)$，任一截面上的 X 与 Y 又存在着操作关系。所以，只要有了 Y–X 图上的平衡线和操作线，便可由任何一个 Y 值求出相应截面上的推动力（$Y-Y^*$）值，并可计算出 $\frac{1}{Y-Y^*}$ 的数值，再在直角坐标系中将 $\frac{1}{Y-Y^*}$ 与 Y 的对应关系进行标绘，所得的函数曲线与 $Y = Y_1$、$Y = Y_2$ 及 $\frac{1}{Y-Y^*} = 0$ 三条直线之间所包围的面积，便是定积分 $\int_{Y_2}^{Y_1} \frac{dY}{Y - Y^*}$ 的值，即气相总传质单元数。

②对数平均推动力法。若在吸收过程中所涉及的浓度范围内平衡关系可用直线方程 $Y^* = mX + b$ 表示，即在此段浓度范围内平衡线为直线，则可根据塔顶及塔底两个端面上的吸收推动力求出整个塔内吸收推动力的平均值，进而求得传质单元数。

仍以气相总传质单元数为例。

$$dN_A = K_Y \cdot (Y - Y^*) \cdot dA$$

在全塔范围内，尽管推动力 $\Delta Y = Y - Y^*$ 是变量，但在平衡线为直线的情况下，ΔY 与 Y 的关系也是直线，整个填料层中的吸收速率方程式，可写为：

$$N_A = K_Y \cdot A \cdot \Delta Y_m \tag{3-70}$$

式中，ΔY_m 为填料层上、下两端面上吸收推动力（$Y-Y^*$）的对数平均值，其计算式为：

$$\Delta Y_m = \frac{\Delta Y_1 - \Delta Y_2}{\ln \dfrac{\Delta Y_1}{\Delta Y_2}} = \frac{(Y_1 - Y_1^*) - (Y_2 - Y_2^*)}{\ln \dfrac{(Y_1 - Y_1^*)}{(Y_2 - Y_2^*)}} \tag{3-71}$$

$$A = a \cdot h \cdot \Omega \tag{3-72}$$

则有：

$$V(Y_1 - Y_2) = K_Y \cdot (a \cdot \Omega \cdot h) \cdot \Delta Y_m \tag{3-73}$$

$$h = \frac{V(Y_1 - Y_2)}{K_Y \cdot a \cdot \Omega \cdot \Delta Y_m} = \frac{V}{K_Y \cdot a \cdot \Omega} \cdot \frac{Y_1 - Y_2}{\Delta Y_m} \tag{3-74}$$

将上式与填料层计算一般式比较，得：

$$N_{OG} = \int_{Y_2}^{Y_1} \frac{dY}{Y - Y^*} = \frac{Y_1 - Y_2}{\Delta Y_m} \tag{3-75}$$

同理，液相总传质单元数及液相对数平均吸收推动力的计算式分别为：

$$N_{OL} = \frac{X_1 - X_2}{\Delta X_m} \qquad (3-76)$$

$$\Delta X_m = \frac{\Delta X_1 - \Delta X_2}{\ln \dfrac{\Delta X_1}{\Delta X_2}} = \frac{(X_1^* - X_1) - (X_2^* - X_2)}{\ln \dfrac{X_1^* - X_1}{X_2^* - X_2}} \qquad (3-77)$$

当 $\dfrac{\Delta Y_1}{\Delta Y_2} < 2$ 及 $\dfrac{\Delta X_1}{\Delta X_2} < 2$ 时，可用算术平均值代替对数平均值。

（5）传质单元高度的计算

传质单元高度：

$$H_{OG} = \frac{V}{K_Y \cdot a \cdot \Omega}$$

$$H_{OL} = \frac{L}{K_X \cdot a \cdot \Omega}$$

式中，V、L 是生产要求确定的，a 由选用的填料和液体喷淋量确定，当填料表面全部润湿时，a 为填料的比表面积。Ω 根据塔中允许的流体流速确定。因此，求出 K_Y 和 K_X 后，就可计算传质单元高度。

在填料吸收塔的计算中，要注意以下问题：

①气相、液相各种浓度之间的相互换算，如气相组成 p 分压、Y 比摩尔分数之间的换算，液相质量分数（%）、体积摩尔浓度 c、摩尔分数 X 之间的相互换算。

②注意计算式中单位的统一。

③在推动力的计算中，正确理解 Y_1^* 和 Y_2^*。

§3.3 基础知识测试题

一、填空题

1. 相际传质过程主要依靠物质的扩散作用，而物质的扩散主要有两种基本方式：物质借分子运动由一处向另一处转移而进行物质扩散的方式，即为_____；物质因流体的旋涡运动或流体质点的相对位移而进行物质扩散的方式，即为_____。

2. 填料吸收塔正常操作时，若液气比增大，则吸收液的出塔浓度_____，吸收的推动力_____。

3. 气相总吸收系数与膜吸收系数之间的关系为 $\dfrac{1}{K_G} = \dfrac{1}{k_G} + \dfrac{1}{Ek_L}$，该式表示单位相界面的传质总阻力等于_____和_____之和。当其中_____项的值远大于_____项时，则表明该过程为气膜控制。

4. 操作线和操作线方程表示吸收塔中任何一个截面上气相和液相进行接触时的_____浓度之间的关系，而平衡曲线和平衡关系式则表示气相和液相之间的_____浓度之间关系。

5. 吸收是利用气相混合物中各组分的_____不同，选择适宜的_____对混合气中的组分进行选择性吸收的单元操作。在同一物系中，在一定的压力和温度下进行操作时，加大吸收推动力的最有效措施是加大_____。

6. 吸收操作线在 Y–X 坐标图上为一直线，该直线通过_____和_____两点，斜率为_____。

7. 在一定压力和温度下，对于浓度相同的溶液，则易溶气体溶液上方的分压_____，难溶气体溶液上方的分压_____。吸收过程进行的条件是被吸收组分在气相中的分压_____液相中该组分浓度相应的平衡分压。

8. 当亨利定律的数学表达式为 $p^* = Hx$ 时，亨利系数 H 的单位是_____，亨利系数 H 的数值越大，则表示 A 组分的溶解度越_____，越_____于被吸收。

9. 已知某物系的气液相平衡关系为 $Y^* = mX$，当总压强_____，温度_____时，可使相平衡系数 m 值变小，则_____于吸收操作。

10. 吸收操作按吸收质与吸收剂的作用原理，可分为_____吸收和_____吸收；按混合气体中可被吸收剂吸收的组分数，可分为_____吸收和_____吸收；按吸收过程的热效应可分为_____吸收和_____吸收。

11. 某气体用水吸收时，在一定浓度范围内，其在 Y–X 图上标绘的操作线和平衡线均为直线，则平衡线的斜率即为_____值，操作线的斜率即为_____值。

12. 亨利定律可以表达为 $p^* = Hx$，$p^* = \dfrac{c}{E}$，$y^* = mx$，若该体系的总压强为 P，溶液的密度为 ρ_L，溶液 A 的摩尔质量为 M_A，溶剂 S 的摩尔质量为 M_S，则溶解度系数 E、亨利系数 H 和相平衡系数 m 之间存在如下换算关系：$H = $_____ $\cdot \dfrac{1}{E}$，$H = $_____$m$。对于稀溶液，$x$ 值较小，则 H 与 E 换算关系可简化为 $H = $_____$\dfrac{1}{E}$。

二、判断题

1. 根据双膜模型假设，在吸收过程中，气液界面上两相浓度互成平衡，界面上不存在任何扩散阻力。 （　　）

2. 根据双膜模型，溶质从气相进入液相时，通过气液两虚拟膜层的阻力之和等于吸收过程的总阻力。 （　　）

3. 和传热过程相类似，气、液相际传质过程的推动力是气、液两相的浓度差；过程的极限是两相之间浓度相等。 （　　）

4. 对于易溶气体的溶解过程，不存在液膜层，而对于难溶气体的溶解过程，则不存在气膜层。 （　　）

5. 填料层高度计算中，对低浓度气体，当平衡线不为直线时，$\displaystyle\int_{Y_2}^{Y_1} \dfrac{dY}{Y - Y^*}$ 可采用图解积分法求得。 （　　）

6. 气体吸收中，操作线的斜率，是塔底进气量与塔顶液体喷淋量之比。 （　　）

7. 当系统温度升高及总压强降低时，溶解度系数 E 减小，相平衡系数 m 减小。（　　）

8. 在填料吸收塔操作中，当在一定的气速下，增大单位吸收剂耗用量（即液气比）时，则出塔溶液的浓度就会下降，吸收的推动力也会减小，吸收率也随之降低。 （　　）

9. 吸收操作是气液两相间的传质过程。当吸收操作在塔设备中进行时，气液两相采用

逆流接触有利于吸收完全，并可获得较大的推动力。 （ ）

10. 在连续稳态的吸收过程中，无论对溶解度小或对溶解度大的气体，吸收质通过气膜的传质速率必然等于吸收质通过液膜的传质速率。 （ ）

11. 用某吸收剂在一吸收塔中吸收某混合气体中的一个组分。若混合气的进口浓度 Y_1 增加，而惰性气体的摩尔流率 V、溶剂的摩尔流率 L 和 X_2 以及操作温度、压强都不变，则传质对数平均推动力将增加。 （ ）

三、选择题

1. 根据双膜模型的基本假设，固定相界面两侧的扩散阻力集中在两层虚拟的静止膜层之内，但对于易溶气体的吸收，则为（ ）。

（A）气膜阻力远大于液膜阻力，属于气膜控制过程

（B）气膜阻力远大于液膜阻力，属于液膜控制过程

（C）气膜阻力远小于液膜阻力，属于气膜控制过程

（D）气膜阻力远小于液膜阻力，属于液膜控制过程

2. 在吸收操作中，填料塔某一截面上的总推动力为（ ）。

（A）$(y-y^*)$ （B）(y^*-y) （C）$(y-y_i)$ （D）(y_i-y)

（y—气相中溶质组分的摩尔分数；y^*—与液相平衡的气相中溶质组分的摩尔分数；y_i—气、液相界面上的气相浓度。）

3. 吸收操作的依据是混合物中各组分的（ ）。

（A）挥发度差异 （B）溶解度差异

（C）温度差异 （D）密度差异

4. 为了提高气体吸收时的传质推动力，可以采用的方法是（ ）。

（A）提高操作温度 （B）增加吸收塔的高度

（C）降低操作压强 （D）增加吸收剂用量

5. 以下各项中哪一项表示的是吸收过程中气膜一侧的传质推动力（ ）。

（A）$(p-p^*)$ （B）$(c-c_i)$ （C）$(Y-Y^*)$ （D）$(y-y_i)$

6. 根据双膜模型，当被吸收组分在溶液中的溶解度很小时，以液相浓度差表示推动力的传质总系数 K_L（ ）。

（A）大于液相传质膜系数 k_L （B）近似等于液相传质膜系数 k_L

（C）大于气相传质膜系数 k_G （D）近似等于气相传质膜系数 k_G

7. 用纯溶剂逆流吸收气体中的可溶组分，液气比 $\dfrac{L}{V}=m$，（相平衡关系为 $Y^*=mX$）。进口气体组成 $Y_1=0.05$，出口 $Y_2=0.01$，则过程的平均推动力为（ ）。

（A）0 （B）0.01 （C）0.04 （D）0.02

8. 用某吸收剂（进口浓度和纯溶剂的摩尔流率分别为 X_2 和 L），在逆流接触吸收塔中吸收某混合气（进口浓度和惰性组分的摩尔流率分别为 Y_1 和 V）中的一个组分。若 Y_1 增加，而 V、L、X_2 以及操作温度和压强都不变，则传质速率 N_A 将（ ）。

（A）增大 （B）减小 （C）不变 （D）无法确定

9. 用某吸收剂（进口浓度和纯溶剂的摩尔流率分别为 X_2 和 L），在逆流接触的吸收塔中吸收某混合气（进口浓度和惰性组分的摩尔流率分别为 Y_1 和 V）中的一个组分。若 Y_1 增加，

而 V、L、X_2 以及操作温度和压强都不变，则传质对数平均推动力 ΔY_m 将( )。

(A)不变　　　　(B)无法确定　　　　(C)增大　　　　(D)减小

10. 如图所示，AB 和 $A'B$ 线为两种吸收操作情况下的操作线，由此可见( )。

(A)吸收过程的推动力，前者大于后者；塔底溶液浓度，前者大于后者；吸收过程要求塔的高度，前者大于后者

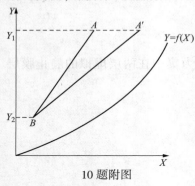

10 题附图

(B)吸收过程的推动力，前者大于后者；塔底溶液浓度，前者小于后者；吸收过程要求塔的高度，前者小于后者

(C)吸收过程的推动力，前者小于后者；塔底溶液浓度，前者大于后者；吸收过程要求塔的高度，前者大于后者

(D)吸收过程的推动力，前者小于后者；塔底溶液浓度，前者小于后者；吸收过程要求塔的高度，前者小于后者

四、计算题

1. 20℃时氧气溶于水中的亨利系数为 4.06×10^6 kPa，求 20℃和 101.33kPa 时，空气中的氧气溶于水中的饱和浓度，$\mathrm{mol} \cdot \mathrm{m}^{-3}$。

2. 已知在 0.10MPa 和 20℃下，氨-空气混合气与水达成溶解平衡时，液相组成为 15kg(NH_3)/1000kg(H_2O)，气相中 NH_3 的平衡分压为 2.27kPa，试求此时的溶解度常数 E、亨利常数 H 及相平衡常数 m。(稀氨水密度近于水)

3. 在常压下，在逆流操作的降膜湿壁塔中，用水吸收空气中某种有害气体。在 20℃时，测得塔底进塔气体中有害物质的摩尔分数 $y_1 = 0.04$，塔底流出溶液中有害物质的摩尔分数 $x_1 = 0.008$，该物系的平衡关系服从亨利定律，且已知溶解度常数 $E = 1.8 \mathrm{mol} \cdot \mathrm{m}^{-3} \cdot \mathrm{Pa}^{-1}$，塔底两相的传质膜系数分别为 $k_G = 4.4 \times 10^{-5} \mathrm{mol} \cdot \mathrm{m}^{-2} \cdot \mathrm{s}^{-1} \cdot \mathrm{Pa}^{-1}$，$k_L = 8.2 \times 10^{-4} \mathrm{m} \cdot \mathrm{s}^{-1}$，试求该塔塔底处的传质速率 N_A，$\mathrm{mol} \cdot \mathrm{m}^{-2} \cdot \mathrm{s}^{-1}$。

4. 某低浓度混合气体被吸收剂吸收时，服从亨利定律。已知其气相传质膜系数 k_G 为 $1.00 \times 10^{-6} \mathrm{kmol} \cdot \mathrm{m}^{-2} \cdot \mathrm{h}^{-1} \cdot \mathrm{Pa}^{-1}$，液相传质膜系数 k_L 为 $0.25 \mathrm{m} \cdot \mathrm{h}^{-1}$，溶解度常数 E 为 $0.0040 \mathrm{kmol} \cdot \mathrm{m}^{-3} \cdot \mathrm{Pa}^{-1}$，试求气相吸收总系数 K_G，并说明该气体是易溶、难溶还是属于中等溶解度的气体。

5. 某逆流操作的吸收塔，气液相进出口吸收质的摩尔分数分别为 $y_1 = 0.02$，$y_2 = 0.005$，$x_1 = 0.008$，$x_2 = 0$。在操作条件下，气液平衡关系为 $y^* = 1.8x$。试求在上述条件下，实际液气比与最小液气比的比值。

6. 在 101.3kPa，25℃下，用清水吸收混合气中的 H_2S，将其摩尔分数由 0.022 降至 0.001。该系统符合亨利定律 $y^* = 545x$，若吸收剂用量为理论最小用量的 1.3 倍，试计算操作液气比和出口液相组成 x_1。

7. 在某逆流操作的填料吸收塔中，常温常压下用清水处理含 SO_2 的混合气体。进塔混合气体中含 SO_2 的质量分数为 0.18，其余为惰性气体。吸收剂用量比最小用量大 65%，要求每小时从混合气体中吸收 2.0×10^3 kg 的 SO_2。在该操作条件下气液相平衡关系式为 $Y^* = 26.7X$。试计算吸收剂的实际用量，$\mathrm{m}^3 \cdot \mathrm{h}^{-1}$。($SO_2$ 摩尔质量为 64kg · kmol^{-1}，惰性气

体摩尔质量为 $28kg \cdot kmol^{-1}$)

8. 拟用逆流操作的吸收塔,在常压下用清水吸收空气中的 CO_2。若塔底进入的混合气体中含 CO_2 的体积分数为 0.060 和塔底出口溶液含 CO_2 的摩尔分数为 4.0×10^{-5},且要求两者均保持不变,当操作温度由20℃改为10℃时,塔底的传质推动力 $(y_1 - y_1^*)$ 将有何变化?

(已知:20℃ 时体系的亨利常数 $H_{20℃} = 1.44 \times 10^5 kPa$,10℃ 时体系的亨利常数 $H_{10℃} = 1.05 \times 10^5 kPa$。)

9. 在逆流操作的填料吸收塔中,用清水吸收气体混合物中的某种气体 A,进入吸收塔的气体中含 A 的体积分数为 0.10,吸收后离塔气体中含 A 的体积分数为 0.010,出口溶液中 A 的浓度摩尔分数为 0.020。该物系的相平衡关系式为 $Y^* = 3.50X$(Y,X 均为摩尔比),试问:

(1)气体进出口处以摩尔比(比摩尔分数)表示的推动力为多少?
(2)塔底所得 A 组分的水溶液浓度最大只能达到多少?
(3)吸收后由塔顶排出的气体中,A 组分的浓度最低只能达到多少?

10. 某厂用含芳烃的摩尔分数为 0.006 的洗油,从吸收塔顶喷淋吸收焦炉气中的芳烃。洗油用量为 $31.2 kmol \cdot h^{-1}$。在操作压强为 108.2kPa,温度为30℃时,焦炉气进吸收塔的流量为 $4000 m^2 \cdot h^{-1}$,其中含芳烃的摩尔分数为 0.022。若要求出塔气体中芳烃的摩尔分数不大于 0.001(设焦炉气为理想气体),试求:

(1)吸收率;
(2)塔底流出的洗油中芳烃的浓度。

11. 有一吸收塔于常压下逆流操作,用清水吸收焦炉气中的氨。焦炉气的处理量(体积流量)为 $0.833 m^3 \cdot s^{-1}$。氨的体积分数为 0.10,要求氨的回收率不低于 95%。水的用量为最小用量的 1.5 倍。在操作温度30℃条件下的相平衡方程为 $Y^* = 1.2X$。试求:气相传质单元数 N_{OG} 和冷却水用量($m^3 \cdot s^{-1}$)。

12. 填料吸收塔的内径为 900mm,填料层高度为 6m,用清水逆流接触吸收空气中的丙酮。已知混合气中丙酮的摩尔分数为 0.049,经吸收后要求塔顶排出的尾气中丙酮的摩尔分数不大于 2.62×10^{-3},塔底排出每千克溶液中含丙酮不低于 60g。该吸收过程在 101.3kPa 和 25℃下进行,每小时处理气体量为 $2600 m^3$,气液相平衡关系式为 $Y^* = 2.0X$,试求:

(1)该吸收过程的气相体积吸收系数;
(2)每小时可回收的丙酮量,kg。

13. 在直径为 0.6m,填料层高度为 3.6m 的填料塔中,用 $1000kg \cdot h^{-1}$ 的清水逆流吸收空气中的氨。进塔混合气量为 $600 m^3$(标准)$\cdot h^{-1}$,含氨的体积分数为 0.013,并测得氨的回收率达 90%。已知操作压强 101.3kPa,操作温度为 20℃,此时的物系相平衡关系遵循亨利定律,即 $Y^* = 0.75X$。试计算:(1)溶液的出口浓度 X_1;(2)传质单元高度 H_{OG};(3)总体积传质系数 $K_Y a$。

14. 在一内径为 500mm 的填料吸收塔中,用清水吸收原料气中的甲醇。已知原料气的流量为 $1000 m^3$(标准)$\cdot h^{-1}$,原料气中每(标准)立方米含甲醇 27g,要求甲醇的吸收率不低于 90%。为下一个工序回收甲醇方便,塔底溶液中甲醇的摩尔分数不低于 0.012。在此操作条件下,该物系遵循亨利定律 $Y^* = 1.15X$。若体积吸收系数 $K_Y a = 198 kmol \cdot m^{-3} \cdot h^{-1}$,试求:

(1)清水用量,$kg \cdot h^{-1}$;

（2）填料层高度，m。

15. 用含 CCl_4 质量分数为 0.0252 的煤油溶液作吸收剂，吸收空气中的微量 CCl_4。煤油的摩尔流量为 60kmol·h^{-1}，空气中 CCl_4 的摩尔分数为 0.05，空气的摩尔流量为 240kmol·h^{-1}。在操作温度和压强为 25℃和 101.3kPa 时的平衡关系式为 $Y^* = 0.13X$，填料塔的塔径为 1.4m，填料的有效比表面积为 126m^2·m^{-3}，实验测得气相吸收系数为 0.96kmol·m^{-2}·h^{-1}。若要求吸收率达 90%，试求算所需填料层的高度。

16. 今有逆流操作的填料吸收塔，用清水吸收原料气中的甲醇。已知处理气量为 1000m^3·h^{-1}，原料气中含甲醇 100g·m^{-3}，吸收后的水中含甲醇量等于与进料气体相平衡时浓度的 67%。设在标准状态下操作，吸收平衡关系为 $Y^* = 1.15X$，甲醇的回收率为 98%，吸收系数 $K_Y = 0.5$kmol·m^{-2}·h^{-1}，塔内填料的有效比表面积为 190m^2·m^{-3}，塔内气体的空塔速度为 0.5m·s^{-1}，试求：

（1）水的用量，m^3·h^{-1}；

（2）塔径，m；

（3）填料层高度，m。

17. 常压填料吸收塔中，用清水吸收废气中的氨气。废气的体积流量为 2500m^3（标准）·h^{-1}，废气中氨的浓度为 1.5×10^{-2}kg·m^{-3}，要求回收率不低于 98%。若吸收剂的体积流量为 3.6m^3·h^{-1}，操作条件下的平衡关系为 $Y^* = 1.2X$，气相传质单元高度为 0.7m，试求：

（1）塔底、塔顶及全塔的吸收过程推动力（以气相摩尔比表示）；

（2）气相传质单元数；

（3）填料层高度。

§3.4　基础知识测试题参考答案

一、填空题

1. 分子扩散；涡流扩散

2. 降低；增大

3. 气膜阻力；液膜阻力；$\dfrac{1}{k_G}$；$\dfrac{1}{Ek_L}$

4. 实际操作；平衡

5. 溶解度；吸收剂；液气比$\left(\dfrac{L}{V}\right)$

6. 塔底(X_1, Y_1)；塔顶(X_2, Y_2)；液气比$\left(\dfrac{L}{V}\right)$

7. 小；大；大于

8. Pa；小；难

9. 增高；降低；有利

10. 物理；化学；单组分；多组分；等温；非等温

11. 相平衡系数 m；液气比$\left(\dfrac{L}{V}\right)$

12. $\dfrac{\rho}{M_A x + M_S(1-x)}$; P ; $\dfrac{\rho}{M_S}$

二、判断题

1. √　2. √　3. ×　4. ×　5. √　6. ×　7. ×　8. ×　9. √　10. √　11. √

三、选择题

1. A　2. A　3. B　4. D　5. D　6. B　7. B　8. A　9. C　10. B

四、计算题

1. 解：氧气在空气中的分压

$$p_{O_2} = P \cdot y_{O_2} = 101.3 \times 0.21 = 21.28(kPa)$$

根据亨利定律

$$p^* = \frac{c}{E}, \quad c^* = Ep$$

$$E \approx \frac{\rho}{HM_S} = \frac{1000}{4.06 \times 10^6 \times 18} = 1.37 \times 10^{-5}(kmol \cdot m^{-3} \cdot kPa^{-1})$$

$$c^* = Ep = 1.37 \times 10^{-5} \times 21.28 = 2.91 \times 10^{-4}(kmol \cdot m^{-3})$$

2. 解：

液相中氨的摩尔分数为：

$$x_A = \frac{n_A}{n} = \frac{n_A}{n_A + n_B} = \frac{\dfrac{15}{17}}{\dfrac{15}{17} + \dfrac{1000}{18}} = 0.0156$$

$$p^* = Hx$$

$$H = \frac{p^*}{x} = \frac{2.27 \times 10^3}{0.0156} = 1.455 \times 10^5(Pa)$$

$$E = \frac{\rho}{M_A x + M_S(1-x)} \cdot \frac{1}{H}$$

$$= \frac{1000}{17 \times 0.0156 + 18 \times (1 - 0.0156)} \times \frac{1}{1.455 \times 10^5}$$

$$= 3.82 \times 10^{-4}(kmol \cdot m^{-3} \cdot Pa^{-1})$$

气相中氨的摩尔分数为 $y_A = \dfrac{p_A}{p} = \dfrac{2.27}{0.10 \times 10^3} = 0.0227$

$$m = \frac{y_A}{x_A} = \frac{0.0227}{0.0156} = 1.455$$

3. 解：

$$K_G = \frac{1}{\dfrac{1}{k_G} + \dfrac{1}{Ek_L}} = \frac{1}{\dfrac{1}{4.4 \times 10^{-5}} + \dfrac{1}{8.2 \times 10^{-4} \times 1.8}} = 4.27 \times 10^{-5}(mol \cdot m^{-2} \cdot s^{-1} \cdot Pa^{-1})$$

$$K_Y = K_G \cdot P = 4.27 \times 10^{-5} \times 1.01 \times 10^5 = 4.33(mol \cdot m^{-2} \cdot s^{-1})$$

$$H = \frac{\rho}{EM_S} = \frac{1000}{1.8 \times 18 \times 10^{-3}} = 3.09 \times 10^4(Pa)$$

$$m = \frac{H}{p} = \frac{3.09 \times 10^4}{1.01 \times 10^5} = 0.306$$

$$Y_1 = \frac{y_1}{1-y_1} = \frac{0.04}{1-0.04} = 0.0417$$

$$X_1 = \frac{x_1}{1-x_1} = \frac{0.008}{1-0.008} = 0.0081$$

$$Y_1^* = mX_1 = 0.306 \times 0.0081 = 0.0025$$

塔底处的传质速率

$$N = K_Y \cdot (Y_1 - Y_1^*) = 4.33 \times (0.0417 - 0.0025) = 1.7 (\text{mol} \cdot \text{m}^{-2} \cdot \text{s}^{-1})$$

4. 解：

$$\frac{1}{k_G} = \frac{1}{1.00 \times 10^{-6}} = 1.00 \times 10^6$$

$$\frac{1}{Ek_L} = \frac{1}{0.0040 \times 0.25} = 1.00 \times 10^3$$

$$\frac{1}{K_G} = \frac{1}{k_G} + \frac{1}{Ek_L} = 1.00 \times 10^6 + 1.00 \times 10^3 \approx 1.00 \times 10^6$$

$$K_G = 1.00 \times 10^{-6} \text{kmol} \cdot \text{m}^{-2} \cdot \text{h}^{-1} \cdot \text{Pa}^{-1}$$

因为

$$\frac{1}{K_G} = \frac{1}{k_G} \overline{m} \frac{1}{k_G} >> \frac{1}{Ek_L}$$

所以该过程为气膜控制，气体属于易溶气体。

5. 解：

$$Y_1 = \frac{y_1}{1-y_1} = \frac{0.02}{1-0.02} = 0.020408$$

$$Y_2 = \frac{y_2}{1-y_2} = \frac{0.005}{1-0.005} = 0.005025$$

$$X_1 = \frac{x_1}{1-x_1} = \frac{0.008}{1-0.008} = 0.008065$$

$$X_2 = 0$$

则

$$\frac{L}{V} = \frac{Y_1 - Y_2}{X_1 - X_2} = \frac{0.020408 - 0.005025}{0.008065 - 0} = 1.9074$$

$$\left(\frac{L}{V}\right)_{\min} = \frac{Y_1 - Y_2}{\dfrac{Y_1}{m} - X_2} = \frac{0.020408 - 0.005025}{\dfrac{0.020408}{1.8} - 0} = 1.3568$$

$$\frac{\left(\dfrac{L}{V}\right)}{\left(\dfrac{L}{V}\right)_{\min}} = \frac{1.9074}{1.3568} = 1.406$$

6. 解：

$$Y_1 = \frac{y_1}{1-y_1} = \frac{0.022}{1-0.022} = 0.0225$$

$$Y_2 = \frac{y_2}{1-y_2} = \frac{0.001}{1-0.001} \approx 0.0010$$

$$X_2 = 0$$

因为 $\qquad Y^* = \dfrac{mX}{1+(1-m)X}$，对于稀溶液 $Y^* = mX$

所以 $\qquad \left(\dfrac{L}{V}\right)_{min} = \dfrac{Y_1 - Y_2}{\dfrac{Y_1}{m} - X_2} = \dfrac{0.0225 - 0.0010}{\dfrac{0.0225}{545} - 0} \approx 521$

则 $\qquad \dfrac{L}{V} = 1.3\left(\dfrac{L}{V}\right)_{min} = 1.3 \times 521 = 677$

故 $\qquad X_1 = X_2 + \dfrac{L}{V}(Y_1 - Y_2) = 0 + \dfrac{1}{677}(0.0225 - 0.0010) \approx 0.0000318 = 3.18 \times 10^{-5}$

$$x_1 = \frac{X_1}{1+X_1} = \frac{3.18 \times 10^{-5}}{1+3.18 \times 10^{-5}} \approx 3.18 \times 10^{-5}$$

7. 解：

$$y_1 = \frac{\dfrac{18}{64}}{\dfrac{18}{64} + \dfrac{82}{28}} = 0.0876$$

$$Y_1 = \frac{y_1}{1-y_1} = \frac{0.0876}{1-0.0876} = 0.096$$

$$X_1^* = \frac{Y_1}{m} = \frac{0.096}{26.7} = 0.0036$$

$$\left(\frac{L}{V}\right)_{min} = \frac{Y_1 - Y_2}{X_1^* - X_2}$$

$$(L)_{min} = \frac{V(Y_1 - Y_2)}{X_1^* - X_2} = \frac{\dfrac{2 \times 10^3}{64}}{0.0036 - 0} = 8680.5\,(\text{kmol} \cdot \text{h}^{-1})$$

吸收剂实际用量 $\qquad L = (1+0.65)L_{min} = 1.65 \times 8680.5 = 14322.9\,(\text{kmol} \cdot \text{h}^{-1})$

$$V_s = \frac{14322.9 \times 18}{1000} = 257.8\,(\text{m}^{-3} \cdot \text{h}^{-1})$$

8. 解：(1) 20℃时，相平衡常数 $m = \dfrac{H}{p} = \dfrac{1.44 \times 10^5}{101.33} = 1.42 \times 10^3$

$$y_1^* = mx_1 = 1.42 \times 10^3 \times 4 \times 10^{-5} = 0.0568$$

则塔底传质推动力 $\qquad (y_1 - y_1^*)_{20℃} = 0.06 - 0.0568 = 0.0032$

(2) 10℃时，$m = \dfrac{H}{p} = \dfrac{1.05 \times 10^5}{101.33} = 1.04 \times 10^3$

$$y_1^* = mx_1 = 1.04 \times 10^3 \times 4 \times 10^{-5} = 0.0416$$

则塔底传质推动力 $(y_1 - y_1^*)_{10℃} = 0.06 - 0.0416 = 0.0184$

（3）
$$\frac{(y_1-y_1^*)_{10℃}}{(y_1-y_1^*)_{20℃}}=\frac{0.0184}{0.0032}=5.75$$

9. 解：（1）已知： $y_1=0.10$ $y_2=0.010$ $x_1=0.020$ $x_2=0$

$$Y_1=\frac{y_1}{1-y_1}=\frac{0.10}{(1-0.10)}=0.111$$

$$Y_2=\frac{y_2}{1-y_2}=\frac{0.010}{(1-0.010)}=0.0101$$

$$X_1=\frac{x_1}{1-x_1}=\frac{0.020}{(1-0.020)}\approx0.0204 \quad X_2=0$$

又知：
$$Y=3.50X$$

$$Y_1^*=3.50X_1=3.50×0.0204=0.0714$$

$$Y_2^*=3.50X_2=0$$

$$X_1^*=\frac{Y}{3.50}=\frac{0.111}{3.50}=0.0317$$

$$X_2^*=\frac{Y_2}{3.50}=\frac{0.0101}{3.50}=2.89×10^{-3}$$

在气体进口处：

以气相为基准的推动力 $\Delta Y_1=Y_1-Y_1^*=0.111-0.0714=0.0396$

以液相为基准的推动力 $\Delta X_1=X_1^*-X_1=0.0317-0.020=0.0117$

在气体出口处：

以气相为基准的推动力 $\Delta Y_2=Y_2-Y_2^*=0.0101-0=0.0101$

以液相为基准的推动力 $\Delta X_2=X_2^*-X_2=2.89×10^{-3}$

（2）$(X_1)_{max}=X_1^*=0.0317$

（3）$(Y_2)_{min}=Y_2^*=0$

10. 解：（1）进入吸收塔的惰性气体摩尔流量为：

$$V=\frac{4000×(1-0.022)×108.2}{8.314×303}=168.02(kmol·h^{-1})$$

$$Y_1=\frac{y_1}{1-y_1}=\frac{0.022}{1-0.022}=0.0225$$

$$Y_2=\frac{y_2}{1-y_2}=\frac{0.001}{1-0.001}=0.001$$

$$\eta=\frac{Y_1-Y_2}{Y_1}=\frac{0.0225-0.001}{0.0225}=95.56\%$$

（2）$X_2=\frac{x_2}{1-x_2}=\frac{0.006}{1-0.006}=0.00604$

则 $X_1=X_2+\frac{V}{L}(Y_1-Y_2)=0.00604+\frac{168.02}{31.2}×(0.0225-0.001)=0.1218$

$$x_1=\frac{X_1}{1+X_1}=\frac{0.1218}{1+0.1218}=0.1086$$

11. 解： $Y_1 = \dfrac{y_1}{1-y_1} = \dfrac{0.10}{1-0.10} = 0.111$, $Y_2 = Y_1(1-\eta) = 5.55 \times 10^{-3}$

最小液气比： $\left(\dfrac{L}{V}\right)_{\min} = \dfrac{Y_1 - Y_2}{\dfrac{Y_1}{m} - X_2} = \dfrac{0.111 - 5.55 \times 10^{-3}}{\dfrac{0.111}{1.2} - 0} = 1.14$

实际液气比 $\dfrac{L}{V} = 1.5 \times \left(\dfrac{L}{V}\right)_{\min} = 1.5 \times 1.14 = 1.71$

惰性气体的摩尔流量 $V = \dfrac{pV_s}{RT} = \dfrac{101.3 \times 10^3 \times 0.833}{8.314 \times 303} \times (1-0.10) = 30.15(\text{mol} \cdot \text{s}^{-1})$

则冷却水用量： $L = 1.71V = 1.71 \times 30.15 = 51.56(\text{mol} \cdot \text{s}^{-1})$

$$V_s(\text{水}) = \dfrac{51.56 \times 18}{1000} = 0.928(\text{m}^3 \cdot \text{s}^{-1})$$

$$X_1 = X_2 + \dfrac{V}{L}(Y_1 - Y_2) = \dfrac{0.111 - 5.55 \times 10^{-3}}{1.71} = 6.17 \times 10^{-2}$$

$$\Delta Y_m = \dfrac{(Y_1 - mX_1) - (Y_2 - mX_2)}{\ln \dfrac{Y_1 - mX_1}{Y_2 - mX_2}} = \dfrac{(0.111 - 1.2 \times 6.17 \times 10^{-2}) - 5.55 \times 10^{-3}}{\ln \dfrac{0.111 - 1.2 \times 6.17 \times 10^{-2}}{5.55 \times 10^{-3}}} = 1.66 \times 10^{-2}$$

则气相传质单元数 $N_{OG} = \dfrac{Y_1 - Y_2}{\Delta Y_m} = \dfrac{0.111 - 5.55 \times 10^{-3}}{1.66 \times 10^{-2}} \approx 6.35$

12. 解：
$$Y_1 = \dfrac{0.049}{1-0.049} = 0.0515$$

$$Y_2 = \dfrac{2.62 \times 10^{-3}}{1 - 2.62 \times 10^{-3}} = 0.00263$$

$$X_2 = 0$$

$$X_1 = \dfrac{\dfrac{60}{58}}{\dfrac{(1000-60)}{18}} = 0.0198$$

$$Y_1^* = 2.0X_1 = 2.0 \times 0.0198 = 0.0396$$

$$Y_2^* = 0$$

$$\Delta Y_1 = Y_1 - Y_1^* = 0.0515 - 0.0396 = 0.0119$$

$$\Delta Y_2 = Y_2 - Y_2^* = Y_2 - 0 = 0.00263$$

$$\Delta Y_m = \dfrac{\Delta Y_1 - \Delta Y_2}{\ln \dfrac{\Delta Y_1}{\Delta Y_2}} = \dfrac{0.0119 - 0.00263}{\ln \dfrac{0.0119}{0.00263}} = 0.00614$$

$$N_{OG} = \dfrac{Y_1 - Y_2}{\Delta Y_m} = \dfrac{0.0515 - 0.00263}{0.00614} = 7.96$$

$$h = H_{OG} \cdot N_{OG}, \quad H_{OG} = \dfrac{h}{N_{OG}} = \dfrac{6}{7.96} = 0.754$$

$$H_{OG} = \frac{\dfrac{V}{\Omega}}{K_Y \cdot a} = 0.754$$

$$V = \frac{2600(1-0.049)}{22.4} \times \frac{273}{298} = 101(\text{kmol} \cdot \text{h}^{-1})$$

$$\Omega = \frac{\pi}{4}D^2 = \frac{3.14}{4} \times 0.9^2 = 0.636$$

$$K_Y \cdot a = \frac{\dfrac{V}{\Omega}}{H_{OG}} = \frac{\dfrac{101}{0.636}}{0.754} = 210.6(\text{kmol} \cdot \text{m}^{-3} \cdot \text{h}^{-1})$$

回收丙酮量 $G = V(Y_1 - Y_2) \cdot M_A = 101 \times (0.0515 - 0.00263) \times 58 = 286(\text{kg} \cdot \text{h}^{-1})$

13. 解：（1）$L = \dfrac{1000}{18} = 55.56(\text{kmol} \cdot \text{h}^{-1})$

$$V = \frac{600 \times (1-0.013)}{22.4} = 26.4(\text{kmol} \cdot \text{h}^{-1})$$

$$Y_1 = \frac{y_1}{1-y_1} = \frac{0.013}{1-0.013} = 0.0132$$

$$Y_2 = Y_1(1-\eta) = 0.0132 \times (1-0.90) = 0.00132$$

$$X_1 = \frac{L}{V}(Y_1 - Y_2) + X_2 = \frac{26.4}{55.56} \times (0.0132 - 0.00132) + 0 = 5.65 \times 10^{-3}$$

（2）$\Delta Y_m = \dfrac{(Y_1 - mX_1) - (Y_2 - mX_2)}{\ln \dfrac{Y_1 - mX_1}{Y_2 - mX_2}}$

$$= \frac{(0.0132 - 0.75 \times 5.66 \times 10^{-3}) - (0.001302 - 0)}{\ln \dfrac{0.0132 - 0.75 \times 5.66 \times 10^{-3}}{0.001302 - 0}} = 0.00397$$

$$N_{OG} = \frac{Y_1 - Y_2}{\Delta Y_m} = \frac{0.0132 - 0.001302}{0.00397} = 3.00$$

$$H_{OG} = \frac{h}{N_{OG}} = \frac{3.6}{3.00} = 1.2(\text{m})$$

（3）$\Omega = \dfrac{\pi}{4}D^2 = \dfrac{3.14}{4} \times 0.6^2 = 0.283(\text{m}^2)$

则

$$K_Y a = \frac{V}{H_{OG} \cdot \Omega} = \frac{26.4}{1.2 \times 0.283} = 78.7(\text{kmol} \cdot \text{m}^{-3} \cdot \text{h}^{-1})$$

14. 解：（1）清水用量：

$$Y_1 = \frac{\dfrac{27}{32}}{\dfrac{1000}{22.4} - \dfrac{27}{32}} = 1.93 \times 10^{-2}$$

$$Y_2 = Y_1(1-\eta) = 1.93 \times 10^{-2}(1-0.90) = 1.93 \times 10^{-3}$$

$$X_1 = \frac{x_1}{1-x_1} = \frac{0.012}{1-0.012} = 1.22 \times 10^{-2}$$

$$X_2 = 0$$

$$V = \frac{1000}{22.4} - \frac{27}{32} = 43.8(\text{kmol} \cdot \text{h}^{-1})$$

$$L = \frac{V(Y_1-Y_2)}{X_1-X_2} = \frac{43.8(1.93 \times 10^{-2} - 1.93 \times 10^{-3})}{0.22 \times 10^{-2}} = 62.46(\text{kmol} \cdot \text{h}^{-1})$$

$$W_s = L \cdot M_s = 62.4 \times 18 = 1.12 \times 10^3(\text{kg} \cdot \text{h}^{-1})$$

（2）填料层高度：

$$\Delta Y_1 = Y_1 - mX_1 = 1.93 \times 10^{-2} - 1.15 \times 1.22 \times 10^{-2} = 5.27 \times 10^{-3}$$

$$\Delta Y_2 = Y_2 - mX_2 = Y_2 = 1.93 \times 10^{-3}$$

$$\Delta Y_m = \frac{\Delta Y_1 - \Delta Y_2}{\ln\dfrac{\Delta Y_1}{\Delta Y_2}} = \frac{5.27 \times 10^{-3} - 1.93 \times 10^{-3}}{\ln\dfrac{5.27 \times 10^{-3}}{1.93 \times 10^{-3}}} = 3.33 \times 10^{-3}$$

$$N_{OG} = \frac{Y_1 - Y_2}{\Delta Y_m} = \frac{1.93 \times 10^{-2} - 1.93 \times 10^{-3}}{3.33 \times 10^{-3}} = 5.22$$

$$H_{OG} = \frac{V}{K_Y a \Omega} = \frac{43.8}{198 \times \dfrac{\pi}{4} \times (0.5)^2} = 1.13(\text{m})$$

$$H = N_{OG} \cdot H_{OG} = 5.22 \times 1.13 \approx 6(\text{m})$$

15. 解：
$$Y_1 = \frac{y_1}{1-y_1} = \frac{0.05}{1-0.05} = 0.0526$$

$$Y_2 = Y_1(1-\eta) = 0.0526 \times (1-0.90) = 0.00526$$

$$X_2 = \frac{\dfrac{2.52}{154}}{\dfrac{97.48}{170}} = 0.0285$$

$$X_1 = \frac{V}{L}(Y_1-Y_2) + X_2 = \frac{240}{60}(0.0526-0.00526) + 0.0285 = 0.218$$

$$\Delta Y_1 = Y_1 - mX_1 = 0.0526 - 0.13 \times 0.218 = 0.0243$$

$$\Delta Y_2 = Y_2 - mX_2 = 0.00526 - 0.13 \times 0.0285 = 0.00156$$

$$\Delta Y_m = \frac{\Delta Y_1 - \Delta Y_2}{\ln\dfrac{\Delta Y_1}{\Delta Y_2}} = \frac{0.0243 - 0.00156}{\ln\dfrac{0.0243}{0.00156}} = 0.00828$$

$$N_{OG} = \frac{Y_1 - Y_2}{\Delta Y_m} = \frac{0.0526 - 0.00526}{0.00828} = 5.72$$

$$H_{OG} = \frac{V}{K_Y a \Omega} = \frac{240}{0.96 \times 126 \times 0.785 \times (1.4)^2} = 1.29(\text{m})$$

$$H = H_{OG} \cdot N_{OG} = 1.29 \times 6.067 = 7.4(\text{m})$$

16. 解：（1）求水的用量：

$$M(\text{CH}_3\text{OH}) = 32$$

$$y_1 = \frac{\frac{100}{32}}{\frac{1000}{22.4}} = 0.07$$

$$Y_1 = \frac{y_1}{1-y_1} = \frac{0.07}{1-0.07} = 0.07527$$

$$Y_2 = Y_1(1-\eta) = 0.07527 \times (1-0.98) = 1.5054 \times 10^{-3}$$

$$X_1^* = \frac{Y_1}{m} = \frac{0.07527}{1.15} = 0.06545$$

$$X_1 = 0.67 X_1^* = 0.67 \times 0.06545 = 0.04385$$

$$V = \frac{1000(1-0.07)}{22.4} = 41.52 \,(\text{kmol} \cdot \text{h}^{-1})$$

$$\frac{L}{V} = \frac{Y_1-Y_2}{X_1-X_2} = \frac{0.07527-1.5054\times10^3}{0.04385-0} = 1.682$$

$$L = 1.682V = 1.682 \times 41.52 \approx 69.84 \,(\text{kmol} \cdot \text{h}^{-1})$$

水的密度 $\quad\quad\quad\quad\quad\quad \rho = 1000 \text{kg} \cdot \text{m}^{-3}$

则 $\quad\quad\quad\quad\quad\quad V_s(\text{水}) = \frac{69.84 \times 18}{1000} = 1.3 \,(\text{m}^3 \cdot \text{h}^{-1})$

（2）求塔径 D：

塔截面 $\quad\quad\quad\quad \Omega = \frac{V_s(g)}{u} = \frac{1000}{0.5 \times 3600} = 0.556 \,(\text{m}^2)$

$$D = \sqrt{\frac{\Omega}{\frac{\pi}{4}}} = \sqrt{\frac{0.556}{\frac{\pi}{4}}} = 0.841 \,(\text{m})$$

（3）求填料层高 H：

$$H_{OG} = \frac{V}{K_Y a \Omega} = \frac{41.52}{0.5 \times 190 \times 0.556} = 0.786 \,(\text{m})$$

$$\Delta Y_1 = Y_1 - Y_1^* = 0.07527 - 1.15 \times 0.04385 = 0.02484$$

$$\Delta Y_2 = Y_2 - Y_2^* = 1.5054 \times 10^{-3} - 0 = 1.5054 \times 10^{-3}$$

$$\Delta Y_m = \frac{\Delta Y_1 - \Delta Y_2}{\ln \frac{\Delta Y_1}{\Delta Y_2}} = \frac{0.02484 - 0.0015054}{\ln \frac{0.02484}{0.0015054}} = 0.00832$$

$$N_{OG} = \frac{Y_1 - Y_2}{\Delta Y_m} = \frac{0.07527 - 0.0015054}{0.00832} = 8.86$$

$$h = H_{OG} \cdot N_{OG} = 0.786 \times 8.86 = 6.96 \,(\text{m})$$

17. 解： $\quad\quad\quad\quad y_1 = \frac{\frac{1.5 \times 10^{-2}}{17}}{\frac{1}{22.4}} = 0.1976$

$$Y_1 = \frac{y_1}{1-y_1} = \frac{0.01976}{1-0.01976} = 0.02016$$

$$Y_2 = Y_1(1-\eta) = 0.02016 \times (1-0.98) = 0.0004032$$

$$V = \frac{2500}{22.4}(1-0.01976) = 109.4 \, (\text{kmol} \cdot \text{h}^{-1})$$

$$L = \frac{3.6 \times 1000}{18} = 200 \, (\text{kmol} \cdot \text{h}^{-1})$$

(1)
$$\frac{L}{V} = \frac{Y_1 - Y_2}{X_1 - X_2}, \quad X_2 = 0$$

$$X_1 = \frac{V}{L}(Y_1 - Y_2) = \frac{109.4}{200}(0.02016 - 0.0004032) = 0.01081$$

塔底 $\Delta Y_1 = Y_1 - mX_1 = 0.02016 - 1.2 \times 0.01081 = 0.007188$

塔顶 $\Delta Y_2 = Y_2 - mX_2 = 0.0004032 - 1.2 \times 0 = 0.0004032$

全塔 $\Delta Y_m = \dfrac{\Delta Y_1 - \Delta Y_2}{\ln \dfrac{\Delta Y_1}{\Delta Y_2}} = \dfrac{0.007188 - 0.0004032}{\ln \dfrac{0.007188}{0.0004032}} = 0.002355$

(2)
$$N_{OG} = \frac{Y_1 - Y_2}{\Delta Y_m} = \frac{0.02016 - 0.0004032}{0.002355} = 8.389$$

(3)
$$H = H_{OG} \cdot N_{OG} = 0.7 \times 8.389 = 5.872 \, (\text{m}) \approx 6 \, (\text{m})$$

§3.5　思考题及解答

1. 吸收剂的选择应注意什么？吸收的类型有哪些？

答：在选择吸收剂时，应注意：①吸收质在吸收剂中有较大的溶解度；②吸收剂对溶质的吸收具有较好的选择性；③吸收质在吸收剂中的溶解度随温度有较大的变化；④吸收剂不易挥发；⑤吸收剂的黏度要小；⑥吸收剂无毒性、无腐蚀性、不易燃，不发泡，冰点低，价廉易得，便于回收，并具有化学稳定性。

吸收操作可按不同方法加以分类。按吸收过程的机理，分为物理吸收和化学吸收；按过程中温度变化情况，分为等温吸收和非等温吸收；按进入液相的组分数目，分为单组分吸收和多组分吸收；按操作流程，分为单程吸收、循环吸收、吸收与解吸相结合流程；按吸收质与吸收剂的分散情况，分为喷淋吸收、鼓泡吸收、膜式吸收。

2. 说明亨利定律适用的范围、在不同形式的表达式中系数 H、E、m 的意义，并推导它们之间的关系。

答：稀溶液中气液两相之间的平衡关系符合亨利定律。H、E、m 分别为亨利系数、溶解度系数、相平衡系数，它们之间的关系推导如下：

①由
$$c = \frac{\rho}{M_A x + M_S(1-x)} \cdot x$$

$$p^* = \frac{c}{E} = \frac{\rho}{M_A x + M_S(1-x)} \cdot \frac{x}{E} = Hx$$

得到
$$H = \frac{\rho}{M_A x + M_S(1-x)} \cdot \frac{1}{E}$$

②由
$$p^* = Py^* = Pmx = Hx$$
$$Pm = H$$

得到
$$m = \frac{H}{P}$$

3. 比较传热过程与吸收传质过程的相似和不同。

答：传热过程与吸收过程的相似点：传热过程可以归结为传热边界层中的热传导过程，其规律可以用傅里叶定律描述，传导传热速率与传热过程中的推动力成正比，与传热过程中的阻力成反比，其比例系数为导热系数，是物质的物理性质。吸收过程可以归结吸收膜层中的分子扩散过程，其规律可以用费克定律描述，分子扩散速率与吸收过程中的推动力成正比，与吸收过程中的阻力成反比，其比例系数为扩散系数，是物质的物理性质。

传热过程与吸收过程的不同点：传热过程中的推动力为温度差，传热过程的平衡是冷热流体的温度达到相等，所以推动力可以直接用热流体与冷流体的温度相减来计算；吸收过程中的推动力为浓度差，吸收过程的平衡是气液两相达到平衡，所以推动力不能直接用两相的浓度相减来计算，而应用一相浓度与另一相的平衡浓度的差来计算。同时应注意，热量并不单独占有空间，而物质本身却要占据一定的空间，这就使得物质传递现象较传热现象更为复杂。

4. 双膜理论的主要要点是什么？

答：双膜理论的基本要点如下：

（1）相互接触的气液两流体间存在着稳定的相界面，界面两侧各有一个很薄的有效滞流膜层，分别为气膜和液膜，在这两个膜层内，吸收质以分子扩散方式传递。

（2）在相界面上，气液两相达成平衡。

（3）在膜层以外的气液两相中心区，由于流体充分湍动，吸收质浓度是均匀的，即两相中心区的浓度梯度为零，全部浓度变化集中在两个有效膜层内。

5. 什么是气膜控制？什么是液膜控制？

答：在吸收过程中，传质总阻力等于气膜阻力加液膜阻力，如果气膜阻力远远大于液膜阻力，即传质阻力绝大多数存在于气膜中，气膜阻力控制着整个吸收过程的速率，吸收总推动力绝大部分用于克服气膜阻力，这种情况称为"气膜控制"。反之，如果液膜阻力远远大于气膜阻力，即传质阻力绝大多数存在于液膜中，液膜阻力控制着整个吸收过程的速率，吸收总推动力绝大部分用于克服液膜阻力，这种情况称为"液膜控制"。

6. 影响吸收传质系数的因素有哪些？根据具体情况，可采取什么措施来提高传质系数？

答：影响吸收传质系数的因素有物系的性质、流体的流动状态、操作条件等。

提高吸收传质系数，就是要降低吸收阻力。总阻力等于液膜阻力加气膜阻力。膜内阻力和膜的厚度成正比，因此增大气液两相流体的相对运动速度，使流体内产生强烈的湍动，能减小膜的厚度，从而降低吸收阻力，提高吸收传质系数。

对于易溶气体，属于气膜控制，因此应设法减小气膜阻力。对于难溶气体，属于液膜控制，因此应设法减小液膜阻力，以提高吸收速率。

7. 写出逆流吸收操作线方程，并绘制吸收操作线。

答：逆流吸收操作线方程：

$$Y = \frac{L}{V}X + \left(Y_1 - \frac{L}{V}X_1\right)$$

$$Y = \frac{L}{V}X + \left(Y_2 - \frac{L}{V}X_2\right)$$

图中Ⅰ、Ⅱ为吸收操作线。

8. 什么是液气比？它对吸收操作过程产生什么样的影响？什么是最小液气比？如何计算？

答："液气比"，是溶剂与惰性气体摩尔流量的比值，它反映单位气体处理量的溶剂耗用量的大小。在气体处理量 V 确定的情况下，减少吸收剂用量 L，使液气比 $\frac{L}{V}$ 值减小，其结果是使出塔吸收液的浓度加大，而吸收推动力相应减小。若吸收剂用量减少到恰使操作线上的Ⅰ点落到平衡线上，即塔底流出的吸收液与

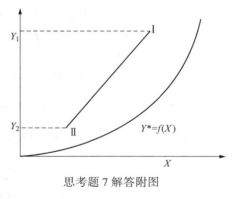

思考题 7 解答附图

刚进塔的混合气体达成平衡，这种情况下吸收操作的斜率称为"最小液气比"，以 $\left(\dfrac{L}{V}\right)_{\min}$ 表示。

$$\left(\frac{L}{V}\right)_{\min} = \frac{Y_1 - Y_2}{X_1^* - X_2}$$

9. 什么是传质单元数和传质单元高度，其计算公式是什么？

答：传质单元高度为浓度变化恰好等于此段填料层内以气相或液相浓度差所表示的总推动力的平均值时的填料层的高度。传质单元数为完成分离要求所需传质单元高度的数目，反映吸收过程的难易程度。用气相与液相表示的传质单元高度与传质单元数分别为：

气相：
$$H_{\text{OG}} = \frac{V}{K_Y \cdot a \cdot \Omega}, \quad N_{\text{OG}} = \int_{Y_2}^{Y_1} \frac{\mathrm{d}Y}{Y - Y^*}$$

液相：
$$H_{\text{OL}} = \frac{L}{K_X \cdot a \cdot \Omega}, \quad N_{\text{OL}} = \int_{X_2}^{X_1} \frac{\mathrm{d}X}{X^* - X}$$

10. 如何计算吸收塔的塔高？在计算时应注意什么？

答：填料塔的高度主要取决于填料层的高度，填料层高度可根据下式计算：

$$h = \frac{V}{K_Y \cdot a \cdot \Omega} \cdot \int_{Y_2}^{Y_1} \frac{\mathrm{d}Y}{Y - Y^*}$$

$$h = \frac{L}{K_X \cdot a \cdot \Omega} \cdot \int_{X_2}^{X_1} \frac{\mathrm{d}X}{X^* - X}$$

在填料吸收塔的计算中，要注意以下问题：

①气相、液相各种浓度之间的相互换算，如气相组成 p 分压、Y 比摩尔分数之间的换算，液相质量分数（%）、体积摩尔浓度 c、摩尔分数 X 之间的相互换算。

②注意计算式中单位的统一。

③在推动力的计算中，正确理解 Y_1^* 和 Y_2^*。

§3.6 习题详解

1. 在表压强为 1.42MPa 和温度为 25℃下，用清水吸收二氧化碳与空气混合气中的二氧化碳。已知混合气中 CO_2 的体积分数为 0.26。试计算：

（1）混合气中 CO_2 的分压、摩尔分数和摩尔比（比摩尔分数）；

(2)当吸收率为96%时,尾气中CO_2的分压、摩尔分数和摩尔比(比摩尔分数);

(3)当尾气中CO_2的体积分数为0.036时的吸收率。

解:(1)$y_1 = 0.26$

$$p_1 = P \cdot y_1 = (1420 + 101.3) \times 0.26 = 395.5(kPa)$$

$$Y_1 = \frac{y_1}{1 - y_1} = \frac{0.26}{1 - 0.26} = 0.351$$

(2) $$Y_2 = (1 - \eta)Y_1 = (1 - 0.96)Y_1 = 0.04 \times 0.351 = 0.014$$

$$y_2 = \frac{Y_2}{1 + Y_2} = \frac{0.014}{1 + 0.014} = 0.0138$$

$$p_2 = P \cdot y_2 = (1420 + 101.3) \times 0.0138 = 21.0(kPa)$$

(3) $$y_2 = 0.036$$

$$Y_2 = \frac{y_2}{1 - y_2} = \frac{0.036}{1 - 0.036} = 0.0373$$

$$\eta = \frac{Y_1 - Y_2}{Y_1} = \frac{0.351 - 0.0373}{0.351} = 0.894 = 89.4\%$$

2. 在101.3kPa和20℃下,二氧化硫与空气混合气和二氧化硫水溶液之间的平衡关系遵循亨利定律,且已知亨利系数$H = 3.55 \times 10^3 kPa$。当水溶液中二氧化硫的质量分数为0.025时,试求:

(1)气相中二氧化硫的平衡分压p_A^*,Pa;

(2)气相中二氧化硫的平衡浓度y_A^*,摩尔分数。

解:(1)

$$x_A = \frac{\dfrac{W_A}{M_A}}{\dfrac{W_A}{M_A} + \dfrac{(1 - W_A)}{M_B}} = \frac{\dfrac{0.025}{64}}{\dfrac{0.025}{64} + \dfrac{(1 - 0.025)}{18}} = 7.16 \times 10^{-3}$$

$$p_A^* = H \cdot x_A = 3.55 \times 10^3 \times 7.16 \times 10^{-3} = 25.4(kPa)$$

(2) $$y_A = \frac{p_A^*}{P} = \frac{25.4}{101.3} = 0.25$$

3. 在总压为$3.022 \times 10^5 Pa$和温度为20℃下,氨的摩尔分数为3.00×10^{-2}的稀氨水,其上方气相平衡分压为$2.499 \times 10^3 Pa$,在此状况下平衡关系服从亨利定律,试求亨利常数H、溶解度常数E和相平衡常数m的数值(稀氨水的密度可近似取为$1000 kg \cdot m^{-3}$)。

解

$$H = \frac{p_A^*}{x_A} = \frac{2.499 \times 10^3}{3.00 \times 10^{-2}} = 8.33 \times 10^4(Pa)$$

$$E = \frac{\rho_L}{M_A x_A + M_S(1 - x_A)} \cdot \frac{1}{H} = \frac{1000 \times 10^3}{17 \times 0.03 + 18 \times 0.97} \times \frac{1}{8.33 \times 10^4} = 0.668(mol \cdot m^{-3} \cdot Pa^{-1})$$

$$m = \frac{H}{P} = \frac{8.33 \times 10^4}{3.022 \times 10^5} = 0.276$$

4. CO_2分压为50.67kPa的混合气体分别与CO_2的摩尔浓度为$10 mol \cdot m^{-3}$的水溶液和CO_2的摩尔浓度为$50 mol \cdot m^{-3}$的水溶液接触,系统温度均为25℃。气液平衡关系$p_A^* = 1.66 \times 10^5 x$ kPa。试求上述两种情况下两相的推动力(分别以气相分压和液相摩尔分数来表示)。并

说明 CO_2 在两种情况下属吸收还是解吸。

解：（1）$c=10\,\text{mol}\cdot\text{m}^{-3}$　　查表：25℃，$\rho_{水}=996.95\,\text{kg}\cdot\text{m}^{-3}$

由气液平衡关系可知：$H=1.66\times10^5\,\text{kPa}$

$$E=\frac{1}{H}\cdot\frac{\rho_s}{M_s}=\frac{996.95\times10^3}{1.66\times10^5\times18}=3.337\times10^{-1}(\text{mol}\cdot\text{m}^{-3}\cdot\text{kPa}^{-1})$$

$$p^*=\frac{c}{E}=\frac{10}{3.337\times10^{-1}}=29.98(\text{kPa})$$

$$\Delta p=p-p^*=50.67-29.96=20.69(\text{kPa})$$

$$\Delta x=x^*-x=\frac{p}{H}-\frac{p^*}{H}=\frac{1}{H}(p-p^*)=\frac{1}{1.66\times10^5}\times20.69=1.25\times10^4$$

因为 $p>p^*$，$x<x^*$，所以发生吸收过程。

（2）
$$c=50\,\text{mol}\cdot\text{m}^{-3}$$

$$p^*=\frac{c}{E}=\frac{50}{3.337\times10^{-1}}=149.9(\text{kPa})$$

$$\Delta p=p-p^*=50.67-149.9=-99.23(\text{kPa})$$

$$\Delta x=x^*-x=\frac{1}{H}(p-p^*)=\frac{1}{1.66\times10^5}\times(-99.23)=-5.98\times10^4$$

因为 $p<p^*$，$x>x^*$，所以发生吸收过程。

5. 拟用逆流操作的吸收塔，在 101.33kPa 和 20℃用清水吸收空气中的 CO_2。若塔底进入的混合气体中含 CO_2 的体积分数为 0.060，塔底出口溶液含 CO_2 的摩尔分数为 4.0×10^{-5}，且要求两者均保持不变。

(1)当操作温度由 20℃改为 10℃时，塔底的传质推动力 $(y_1-y_1^*)$ 将有何变化？

(2)当操作压强增加 1 倍时，塔底传质推动力 $(y_1-y_1^*)$ 将会增加多少倍？

(已知：20℃时体系的亨利常数 $H_{20℃}=1.44\times10^5\,\text{kPa}$；10℃时体系的亨利常数 $H_{10℃}=1.05\times10^5\,\text{kPa}$。)

解：(1)20℃时，相平衡常数 $m=\dfrac{H}{p}=\dfrac{1.44\times10^5}{101.33}=1.42\times10^3$

$$y^*=mx=1.42\times10^3\times4\times10^{-5}=0.0568$$

则：塔底传质推动力 $(y-y^*)_{20℃}=0.060-0.0568=0.0032$

10℃时，$m=\dfrac{H}{p}=\dfrac{1.05\times10^5}{101.33}=1.04\times10^3$

$$y^*=mx=1.04\times10^3\times4\times10^{-5}=0.0416$$

则：塔底传质推动力 $(y-y^*)_{10℃}=0.060-0.0416=0.0184$

两者传质推动力比：$\dfrac{(y-y^*)_{10℃}}{(y-y^*)_{20℃}}=\dfrac{0.0184}{0.0032}=5.8$

(2)当操作压强为 101.3kPa 时，

相平衡常数 $m_1=\dfrac{H}{p_1}=\dfrac{1.44\times10^5}{101.33}=1.42\times10^3$

$$y_{p_1}^*=m_1x=1.42\times10^3\times4\times10^{-5}=0.0568$$

$$(y-y^*)_{p_1} = 0.06-0.0568 = 0.0032$$

操作压力变为 202.6kPa 时，

$$m_2 = \frac{H}{p_2} = \frac{1.44 \times 10^5}{202.6} = 0.71 \times 10^3$$

$$y^*_{p_2} = m_2 x = 0.71 \times 10^3 \times 4 \times 10^{-5} = 0.0284$$

$$(y-y^*)_{p_2} = 0.06-0.0284 = 0.0316$$

传质推动力增加倍数： $\dfrac{(y-y^*)_{p_2}-(y-y^*)_{p_1}}{(y-y^*)_{p_1}} = \dfrac{0.0316-0.0032}{0.0032} = 8.9$（倍）

6. 用清水逆流吸收某一组分，已知混合气离塔时浓度为 0.0040mol·mol⁻¹（惰气），溶液出口浓度为 0.012mol·mol⁻¹（H_2O）。该系统的平衡关系为 $Y^* = 2.52X$，塔底以气相浓度差表示的推动力为 0.0298，试求该混合气的进塔气体浓度及以气相浓度差表示的塔顶推动力。

解：已知， $Y_2 = 0.0040$， $X_1 = 0.012$， $X_2 = 0$， $\Delta Y_1 = Y_1 - Y_1^* = 0.0298$

$$Y_1^* = 2.52X_1 = 2.52 \times 0.012 = 0.0302$$

$$Y_1 = \Delta Y + Y_1^* = 0.0298 + 0.0302 = 0.06$$

$$\Delta Y_2 = Y_2 - Y_2^* = 0.0040 - 2.52 \times 0 = 0.0040$$

7. 已知某低浓度气体被吸收时，平衡关系服从亨利定律，气膜传质系数 $k_G = 2.74 \times 10^{-7}$ mol·m⁻²·s⁻¹·Pa⁻¹，液膜传质系数 $k_L = 0.25$m·h⁻¹，溶解度常数 $E = 1.5$mol·m⁻³·Pa⁻¹。试求气相吸收总系数 K_G，并指出该吸收过程是属于气膜控制还是液膜控制。

解：已知 $k_G = 2.74 \times 10^{-7}$ mol·m⁻²·s⁻¹·Pa⁻¹

$$k_L = 0.25 \text{m·h}^{-1} = 6.94 \times 10^{-5} \text{m·s}^{-1}$$

$$E = 1.5 \text{mol·m}^{-3} \cdot \text{Pa}^{-1}$$

因该系统符合亨利定律，则

$$\frac{1}{K_G} = \frac{1}{k_G} + \frac{1}{Ek_L} = \frac{1}{2.74 \times 10^{-7}} + \frac{1}{1.5 \times 6.94 \times 10^{-5}} = 3.65 \times 10^6 \text{(m}^2 \cdot \text{s} \cdot \text{Pa} \cdot \text{mol}^{-1})$$

$$K_G = 2.73 \times 10^{-7} \text{mol·m}^{-2} \cdot \text{s}^{-1} \cdot \text{Pa}^{-1}$$

由计算过程可知，液膜阻力 $\dfrac{1}{Ek_L}$ 远小于气膜阻力 $\dfrac{1}{k_G}$，所以该吸收过程为气膜控制。

8. 在压强为 101.3kPa、温度为 20℃下，用水吸收空气中的氨，相平衡关系符合亨利定律，亨利常数为 8.33×10⁴Pa。在稳态操作条件下，吸收塔中某一个横截面上的气相平均氨的摩尔比（比摩尔分数）为 0.12，液相平均氨的摩尔比（比摩尔分数）为 6.0×10⁻²，以 ΔY 为推动力的气相传质膜系数 $k_Y = 3.84 \times 10^{-1}$mol·m⁻²·s⁻¹，以 ΔX 为推动力的液相传质膜系数 $k_X = 10.2$mol·m⁻²·s⁻¹，试问：

(1) 以 ΔY 为推动力的气相总传质系数为多大？

(2) 此种吸收是液膜控制还是气膜控制？

(3) 该截面上气液界面处的气液两相浓度为多少？

解：(1) 气相总传质系数 K_Y

$$m = \frac{H}{p} = \frac{8.33 \times 10^4}{101300} = 0.822$$

$$\frac{1}{K_Y} = \frac{m}{k_X} + \frac{1}{k_Y}$$

则 $K_Y = \dfrac{k_Y k_X}{k_X + m k_Y} = \dfrac{3.84 \times 10^{-1} \times 10.2}{10.2 + 0.822 \times 3.84 \times 10^{-1}} = 0.372 (\text{mol} \cdot \text{m}^{-2} \cdot \text{s}^{-1})$

（2）因为 $k_X \gg k_Y$，$K_Y \approx k_Y$，该过程为气膜控制过程。

（3）用水吸收氨的过程是气膜控制过程，因而液膜阻力可以略去。

$$N_A = k_Y(Y - Y_i) = k_X(X_i - X)$$

$$Y_i = m X_i = 0.822 X_i$$

$$\frac{Y - Y_i}{X_i - X} = \frac{k_X}{k_Y} \qquad \text{又 } X_i = \frac{Y_i}{0.822}$$

$$\frac{0.12 - Y_i}{\dfrac{Y_i}{0.822} - 0.66} = \frac{10.2}{3.84 \times 10^{-1}}$$

解得： $Y_i = 5.14 \times 10^{-2}$，$X_i = 6.26 \times 10^{-2}$

9. 已知 $N_A = K_Y(Y - Y^*) = K_X(X^* - X)$ 及 $N_A = k_Y(Y - Y_i) = k_X(X_i - X)$，试证明：

$$\frac{1}{K_Y} = \frac{m}{k_X} + \frac{1}{k_Y}$$

$$\frac{1}{K_X} = \frac{1}{m k_Y} + \frac{1}{k_X}$$

证明： $N_A = k_X(X_i - X) = k_Y(Y - Y_i) = k_Y(mX^* - mX_i)$

可得：

$$X_i - X = \frac{N_A}{k_X} \qquad\qquad ①$$

$$X^* - X_i = \frac{N_A}{m k_Y} \qquad\qquad ②$$

式①与式②相加整理得：

$$X^* - X = \frac{N_A}{m k_Y} + \frac{N_A}{k_X} = N_A\left(\frac{1}{m k_Y} + \frac{1}{k_X}\right) \qquad ③$$

$$N_A = \frac{X^* - X}{\dfrac{1}{m k_Y} + \dfrac{1}{k_X}} = K_X(X^* - X)$$

$$\frac{1}{K_X} = \frac{1}{m k_Y} + \frac{1}{k_X}$$

同理： $N_A = k_X(X_i - X) = k_X\left(\dfrac{Y_i}{m} + \dfrac{Y^*}{m}\right) = k_Y(Y - Y_i)$

可得：

$$Y - Y_i = \frac{N_A}{k_Y} \qquad\qquad ④$$

$$Y_i - Y^* = \frac{m N_A}{k_X} \qquad\qquad ⑤$$

式④与式⑤相加，整理得：

$$Y - Y^* = \frac{mN_A}{k_X} + \frac{N_A}{k_Y} = N_A\left(\frac{m}{k_X} + \frac{1}{k_Y}\right)$$

$$N_A = \frac{Y - Y^*}{\dfrac{m}{k_X} + \dfrac{1}{k_Y}} = K_Y(Y - Y^*)$$

$$\frac{1}{K_Y} = \frac{m}{k_X} + \frac{1}{k_Y}$$

10. 在逆流操作的吸收塔中，用清水吸收分离焦炉气中的氨气。焦炉气中氨含量为 1.00×10^{-2} kg·m^{-3}，焦炉气的处理量为 5000m³（标准）·h^{-1}，回收率不低于 95%，清水的用量为最小用量的 1.5 倍，在常压和 30℃下操作，气液平衡关系为 $Y^* = 1.2X$，试计算实际需用吸收剂的质量流量及吸收液的组成。

解：$y_1 = \dfrac{\dfrac{1.0 \times 10^{-2}}{17}}{\dfrac{1}{22.4}} = 0.01318$，$Y_1 = \dfrac{y_1}{1 - y_1} = \dfrac{0.01318}{1 - 0.01318} = 0.01336$

$$Y_2 = (1 - \eta)Y_1 = (1 - 0.95) \times 0.01336 = 0.000668$$
$$X_2 = 0$$

最小液气比：$\left(\dfrac{L}{V}\right)_{\min} = \dfrac{Y_1 - Y_2}{X_1^* - X_2} = \dfrac{Y_1 - Y_2}{\dfrac{Y_1}{m} - X_2} = \dfrac{0.01336 - 0.000668}{\dfrac{0.01336}{1.2} - 0} = 1.14$

$$\frac{L}{V} = 1.5\left(\frac{L}{V}\right)_{\min} = 1.5 \times 1.14 = 1.71$$

$$L = 1.71V = 1.71 \times \frac{5000 \times (1 - 0.01318)}{22.4} \times 18 = 6779\,(\text{kg} \cdot \text{h}^{-1})$$

$$\frac{L}{V} = \frac{Y_1 - Y_2}{X_1 - X_2}$$

$$X_1 = \frac{(Y_1 - Y_2)}{\dfrac{L}{V}} + X_2 = \frac{0.01336 - 0.000668}{1.71} + 0 = 7.42 \times 10^{-3}$$

11. 在一个填料塔内，用清水吸收氨–空气混合气中的氨。混合气中 NH_3 的分压为 1.44×10^3 Pa，经处理后降为 1.44×10^2 Pa，入塔混合气体的体积流量为 1000m³（标准）·h^{-1}。塔内操作条件为 20℃，1.01×10^5 Pa 时，该物系的平衡关系式为 $Y^* = 2.74X$，试求：

（1）该操作条件下的最小液气比；

（2）当吸收剂用量为最小用量的 1.5 倍时，吸收剂的实际质量流量；

（3）在实际液气比下，出口溶液中氨的摩尔比（比摩尔分数）。

解：（1）最小液气比：

$$y_1 = \frac{1.44 \times 10^3}{1.01 \times 10^5} = 1.43 \times 10^{-2}$$

$$Y_1 = \frac{y_1}{1 - y_1} = \frac{1.43 \times 10^{-2}}{1 - 1.43 \times 10^{-2}} = 1.45 \times 10^{-2}$$

$$y_2 = \frac{1.44 \times 10^2}{1.01 \times 10^5} = 1.43 \times 10^{-3}$$

$$Y_2 = \frac{y_2}{1-y_2} = \frac{1.43 \times 10^{-3}}{1-1.43 \times 10^{-3}} = 1.43 \times 10^{-3}$$

$$X_2 = 0$$

$$X_1^* = \frac{Y_1}{m} = \frac{1.45 \times 10^{-2}}{2.74} = 5.29 \times 10^3$$

$$\left(\frac{L}{V}\right)_{min} = \frac{Y_1 - Y_2}{X_1^* - X_2} = \frac{1.45 \times 10^{-2} - 1.43 \times 10^{-3}}{5.29 \times 10^{-3}} = 2.47$$

（2）吸收剂的质量流量：

$$\frac{L}{V} = 1.5 \left(\frac{L}{V}\right)_{min} = 1.5 \times 2.47 = 3.71$$

$$L = 3.71V = 3.71 \times \frac{1000 \times (1-1.43 \times 10^{-2})}{22.4} \times 18 = 2930 (kg \cdot h^{-1})$$

（3）出口溶液的摩尔比（比摩尔分数）：

$$X_1 = \frac{(Y_1 - Y_2)}{\dfrac{L}{V}} + X_2 = \frac{1.45 \times 10^{-2} - 1.43 \times 10^{-3}}{3.71} + 0 = 3.52 \times 10^{-3}$$

12. 石油炼制排出的气体中含有体积分数为 0.0291 的 H_2S，其余为碳氢化合物。在一逆流操作的吸收塔中用三乙醇胺水溶液去除石油气中的 H_2S，要求吸收率不低于 99%。操作温度为 27℃，压强为 0.10MPa 时，气液两相平衡关系式为 $Y^* = 2.0X$。进塔三乙醇胺水溶液中不含 H_2S，出塔液相中 H_2S 的摩尔比（比摩尔分数）为 0.013。已知单位塔截面上单位时间流过的惰性气体量为 15mol $\cdot$ m^{-2} $\cdot$ s^{-1}，气相体积吸收总系数 $K_Y a$ 为 40mol $\cdot$ m^{-3} $\cdot$ s^{-1}。试求吸收塔所需填料层高度。

解：
$$h = H_{OG} \cdot N_{OG} = \frac{V}{K_Y a \Omega} \cdot \frac{Y_1 - Y_2}{\Delta Y_m}$$

$$y_1 = 0.0291, \quad Y_1 = \frac{y_1}{1-y_1} = \frac{0.0291}{1-0.0291} = 0.03$$

$$Y_2 = (1-\eta)Y_1 = (1-0.99) \times 0.03 = 0.0003$$

$$X_1 = 0.013, \quad X_2 = 0$$

$$Y_1^* = mX_1 = 2 \times 0.013 = 0.026, \quad Y_2^* = mX_2 = 0$$

$$\Delta Y_m = \frac{(Y_1 - Y_1^*) - (Y_2 - Y_2^*)}{\ln \dfrac{Y_1 - Y_1^*}{Y_2 - Y_2^*}} = \frac{(0.03 - 0.026) - (0.0003 - 0)}{\ln \dfrac{0.03 - 0.026}{0.0003 - 0}} = 0.00143$$

$$\frac{V}{\Omega} = 15 mol \cdot m^{-2} \cdot s^{-1}$$

则
$$H_{OG} = \frac{V}{K_Y a \Omega} = \frac{15}{40} = 0.375 (m)$$

$$N_{OG} = \frac{Y_1 - Y_2}{\Delta Y_m} = \frac{0.03 - 0.0003}{0.00143} = 20.8$$

得 $$h = H_{OG} \cdot N_{OG} = 0.375 \times 20.8 = 7.8 (\text{m})$$

13. 拟用内径为 1.8m 逆流操作的吸收塔，在常温常压下吸收氨–空气混合气中的氨。已知空气的摩尔流量为 0.14kmol·s^{-1}，进口气体中含氨的体积分数为 0.020，出口气体中含氨的体积分数为 0.0010，喷淋的稀氨水溶液中氨的摩尔分数为 5.0×10^{-4}，喷淋量为 0.25kmol·s^{-1}。在操作条件下，物系服从亨利定律，$Y^* = 1.25X$，体积吸收总系数 $K_Y a = 4.8 \times 10^{-2}$ kmol·m^{-3}·s^{-1}。试求：

（1）塔底所得溶液的浓度；

（2）全塔的平均推动力 ΔY_{m}；

（3）吸收塔所需的填料层高度。

解：（1）
$$Y_1 = \frac{y_1}{1-y_1} = \frac{0.020}{1-0.020} = 0.0204$$

$$Y_2 = \frac{y_2}{1-y_2} = \frac{0.0010}{1-0.0010} = 0.0010$$

$$X_2 = \frac{x_2}{1-x_2} = \frac{0.00050}{1-0.00050} = 0.00050$$

$$X_1 = \frac{V}{L}(Y_1 - Y_2) + X_2 = \frac{0.14}{0.25} \times (0.0204 - 0.0010) + 0.00050 = 0.0114$$

（2）
$$\Delta Y_1 - Y_1 - Y_1^* = 0.0204 - 1.25 \times 0.0114 = 0.00615$$
$$\Delta Y_2 - Y_2 - Y_2^* = 0.001 - 1.25 \times 0.0005 = 0.000375$$

则
$$\Delta Y_{\text{m}} = \frac{\Delta Y_1 - \Delta Y_2}{\ln \dfrac{\Delta Y_1}{\Delta Y_2}} = \frac{0.00615 - 0.000375}{\ln \dfrac{0.00615}{0.000375}} = 2.07 \times 10^{-3}$$

（3）
$$N_{OG} = \frac{Y_1 - Y_2}{\Delta Y_{\text{m}}} = \frac{0.0204 - 0.0010}{2.07 \times 10^{-3}} = 9.37$$

$$\Omega = \frac{\pi}{4}d^2 = \frac{3.14}{4} \times 1.8^2 = 2.54 (\text{m}^2)$$

$$H_{OG} = \frac{V}{K_Y a \Omega} = \frac{0.14}{0.048 \times 2.54} = 1.15 (\text{m})$$

则
$$h = H_{OG} \cdot N_{OG} = 1.15 \times 9.37 = 11 (\text{m})$$

14. 在塔径为 0.2m，填料层高度为 4.0m 的吸收塔中，用清水吸收空气中的丙酮。已知进塔气体中丙酮的摩尔分数为 0.060，出塔气体中丙酮的摩尔分数为 0.0030，混合气的体积流量为 16.8m^3·h^{-1}，每 100g 出塔吸收液中含丙酮 6.2g，在 27℃ 和 0.10MPa 操作条件下，物系平衡关系式为 $Y^* = 2.53X$，试求：

（1）气相体积吸收总系数 $K_Y a$；

（2）每小时吸收的丙酮量，kg·h^{-1}。

（丙酮的摩尔质量为 58kg·kmol^{-1}）

解：（1）气相总体积吸收系数 $K_Y a$

$$Y_1 = \frac{y_1}{1-y_1} = \frac{0.06}{1-0.06} = 0.0638$$

$$Y_2 = \frac{y_2}{1-y_2} = \frac{0.003}{1-0.003} = 0.00301$$

$$X_1 = \frac{\dfrac{6.2}{58}}{\dfrac{100-6.2}{18}} = 0.02051$$

$$X_2 = 0$$

$$\Delta Y_m = \frac{(Y_1 - mX_1) - (Y_2 - mX_2)}{\ln\dfrac{Y_1 - mX_1}{Y_2 - mX_2}} = \frac{(0.0638 - 2.53 \times 0.02051) - 0.00301}{\ln\dfrac{0.0638 - 2.53 \times 0.02051}{0.00301}} = 0.00648$$

$$N_{OG} = \frac{Y_1 - Y_2}{\Delta Y_m} = \frac{0.0638 - 0.00301}{0.00638} = 9.38$$

$$H_{OG} = \frac{V}{K_Y a \Omega} = \frac{H}{N_{OG}} = \frac{4.0}{9.38} = 0.43(m)$$

$$V = \frac{16.8 \times (1-0.06)}{22.4} \times \frac{273}{273+27} = 0.642(kmol \cdot h^{-1})$$

$$\Omega = \frac{\pi}{4}d^2 = \frac{3.14}{4} \times 0.2^2 = 0.0314(m^2)$$

$$K_Y a = \frac{V}{H_{OG} \cdot \Omega} = \frac{0.642}{0.43 \times 0.0314} = 47.5(kmol \cdot m^{-3} \cdot h^{-1})$$

（2）每小时可以回收的丙酮量：

$$W_s = V(Y_1 - Y_2) \cdot M_{丙酮} = 0.642 \times (0.0638 - 0.00301) \times 58 = 2.3(kg \cdot h^{-1})$$

15. 在一填料塔中，在稳态逆流操作下用水吸收空气中的丙酮。已知进入塔内的混合气中含丙酮的摩尔分数为 0.060，其余为空气，进塔水中不含丙酮，出塔尾气中丙酮的摩尔分数为 0.019，平衡关系式为 $Y^* = 1.68X$。若操作液气比 $\dfrac{L}{V} = 2.0$，填料层填充高度为 1.2m，试求该填料层的气相传质单元高度。

解：
$$Y_1 = \frac{y_1}{1-y_1} = \frac{0.06}{1-0.06} = 0.0638$$

$$Y_2 = \frac{y_2}{1-y_2} = \frac{0.019}{1-0.019} = 0.0194$$

$$X_2 = 0$$

$$X_1 = \frac{V}{L}(Y_1 - Y_2) + X_2 = \frac{0.0638 - 0.0194}{2.0} + 0 = 0.0222$$

$$Y_1^* = mX_1 = 1.68 \times 0.0222 = 0.0373$$

$$Y_2^* = mX_2 = 0$$

$$\Delta Y_1 - Y_1 - Y_1^* = 0.0638 - 0.0373 = 0.0265$$

$$\Delta Y_2 - Y_2 - Y_2^* = 0.0194 - 0 = 0.0194$$

$$\Delta Y_m = \frac{\Delta Y_1 - \Delta Y_2}{\ln\dfrac{\Delta Y_1}{\Delta Y_2}} = \frac{0.0265 - 0.0194}{\ln\dfrac{0.0265}{0.0194}} = 0.0231$$

$$N_{OG} = \frac{Y_1 - Y_2}{\Delta Y_m} = \frac{0.0638 - 0.0194}{0.0231} = 1.922$$

$$H_{OG} = \frac{H}{N_{OG}} = \frac{1.2}{1.922} = 0.624(m)$$

16. 有一个填料吸收塔,塔径为800mm,填料层高度为6m,填料比表面积为93m² · m⁻³。该塔在25℃和0.10MPa下用清水吸收混合气体中的丙酮。已知每小时处理2000m³混合气体,混合气中丙酮的体积分数为0.05,其它为惰性气体。若要求吸收率为95%,塔底出口溶液浓度为0.065kg(丙酮) · kg⁻¹(水),气液平衡关系式为$Y^* = 2.0X$,当填料表面只有90%被润湿时,试求:

(1)吸收过程的平均推动力ΔY_m;

(2)吸收速率N_A;

(3)气相吸收总系数K_Y;

(4)吸收剂的质量流量$q_{m,L}$,kg · h⁻¹。

解:
$$y_1 = 0.05, \quad Y_1 = \frac{y_1}{1 - y_1} = \frac{0.05}{1 - 0.05} = 0.0526$$

$$Y_2 = (1 - \eta)Y_1 = (1 - 0.95) \times 0.0526 = 0.0263$$

$$X_1 = \frac{\dfrac{0.065}{58}}{\dfrac{1}{18}} = 0.020$$

$$X_2 = 0$$

$$Y_1^* = mX_1 = 2 \times 0.02 = 0.04$$

$$Y_2^* = mX_2 = 0$$

$$V = \frac{2000 \times (1 - 0.05)}{22.4} \times \frac{273}{273 + 25} = 77.7 \text{kmol} \cdot \text{h}^{-1}$$

(1)平均推动力$\Delta Y_m = \dfrac{(Y_1 - Y_1^*) - (Y_2 - Y_2^*)}{\ln \dfrac{Y_1 - Y_1^*}{Y_2 - Y_2^*}} = \dfrac{0.0526 - 0.04 - 0.00263}{\ln \dfrac{0.0526 - 0.04}{0.00263}} = 0.00637$

(2)吸收速率$N_A = V(Y_1 - Y_2) = 77.7 \times (0.0526 - 0.00263) = 3.88(\text{kmol} \cdot \text{h}^{-1})$

(3)气相吸收总系数:

$$h = H_{OG} \cdot N_{OG} = \frac{V}{K_Y a \Omega} \cdot \frac{Y_1 - Y_2}{\Delta Y_m}$$

$$K_Y = \frac{V(Y_1 - Y_2)}{H \cdot a\Omega \cdot \Delta Y_m} = \frac{N_A}{H \cdot a\Omega \cdot \Delta Y_m}$$

$$= \frac{3.88}{6 \times 95 \times 0.9 \times \dfrac{3.14}{4} \times 0.8^2 \times 0.00637} = 2.41(\text{kmol} \cdot \text{m}^{-2} \cdot \text{h}^{-1})$$

(4)吸收剂用量:$L = \dfrac{V(Y_1 - Y_2)}{X_1 - X_2} = \dfrac{3.88}{0.02 - 0} = 194(\text{kmol} \cdot \text{h}^{-1})$

$$q_{m,L} = 194 \times 18 = 3490(\text{kg} \cdot \text{h}^{-1})$$

17. 在一个填料吸收塔内，用清水吸收空气中的甲醇。混合气中含甲醇的体积分数为 0.080，在操作压强为 101.3kPa，温度为 25℃时，其平衡关系式为 $Y^* = 1.24X$，用水量为最小用水量的 1.4 倍，以摩尔比表示推动力的气相吸收总系数 $K_Y = 2.28 \times 10^{-4}\,kmol \cdot m^{-2} \cdot s^{-1}$。填料层高度为 6m，所用填料的比表面积 $a = 190\,m^2 \cdot m^{-3}$，若处理混合气体的量为 $15000\,m^3$（标准）$\cdot h^{-1}$，吸收率为 95%，试计算：

（1）水的质量流量；

（2）吸收液出口浓度；

（3）吸收塔的直径。

解：（1）水的质量流量：

$$y_1 = 0.08, \quad Y_1 = \frac{y_1}{1-y_1} = \frac{0.08}{1-0.08} = 0.087$$

$$Y_2 = (1-\eta)Y_1 = (1-0.95) \times 0.087 = 0.0044$$

$$X_2 = 0, \quad X_1^* = \frac{Y_1}{m} = \frac{0.087}{1.24} = 0.07$$

$$\left(\frac{L}{V}\right)_{min} = \frac{Y_1 - Y_2}{X_1^* - X_2} \frac{0.087 - 0.0044}{0.07 - 0} = 1.2$$

$$\frac{L}{V} = 1.4\left(\frac{L}{V}\right)_{min} = 1.4 \times 1.2 = 1.68$$

$$L = 1.652V = 1.68 \times \frac{15000 \times (1-0.08)}{22.4} \times 18 = 1.86 \times 10^4 (kg \cdot h^{-1})$$

（2）吸收液出口浓度：

$$\frac{L}{V} = \frac{Y_1 - Y_2}{X_1 - X_2}$$

$$X_1 = \frac{(Y_1 - Y_2)}{\frac{L}{V}} + X_2 = \frac{0.087 - 0.0044}{1.68} + 0 = 0.049$$

（3）吸收塔直径：

$$h = H_{OG} \cdot N_{OG} = \frac{V}{K_Y a \Omega} \cdot \frac{Y_1 - Y_2}{\Delta Y_m}$$

$$\Omega = \frac{V(Y_1 - Y_2)}{h \cdot K_Y a \cdot \Delta Y_m}$$

$$V = \frac{15000 \times (1-0.08)}{3600 \times 22.4} = 0.171 (kmol \cdot s^{-1})$$

$$Y_1^* = mX_1 = 1.24 \times 0.049 = 0.061$$

$$Y_2^* = mX_2 = 0$$

$$\Delta Y_1 = Y_1 - Y_1^* = 0.087 - 0.061 = 0.026$$

$$\Delta Y_2 = Y_2 - Y_2^* = 0.0044 - 0 = 0.0044$$

$$\Delta Y_m = \frac{\Delta Y_1 - \Delta Y_2}{\ln \frac{\Delta Y_1}{\Delta Y_2}} = \frac{0.026 - 0.0044}{\ln \frac{0.026}{0.0044}} = 0.0122$$

$$\Omega = \frac{V(Y_1 - Y_2)}{h \cdot K_Y a \cdot \Delta Y_m} = \frac{0.171 \times (0.087 - 0.0044)}{6 \times 2.28 \times 10^{-4} \times 190 \times 0.0122} = 4.45 (m^2)$$

$$\Omega = \frac{\pi}{4} D^2$$

$$D = \sqrt{\frac{4\Omega}{\pi}} = \sqrt{\frac{4 \times 4.45}{3.14}} = 2.38 (m)$$

18. 拟设计一个填料吸收塔，在常压下用清水除去某气体中的有害组分 A。每小时的处理量为 5490m³(标准)，入塔气体中组分 A 的体积分数为 0.020，要求出塔气体中组分 A 的体积分数小于 0.00040。在操作条件下，物系的相平衡常数 $m = 2.5$，选用操作液气比为最小液气比的 1.5 倍。由相关计算得到该塔的传质单元高度 $H_{OG} = 1.13m$ 时，试求：

(1)所需的填料层高度，m；

(2)吸收剂(水)的实际耗用量，$kg \cdot h^{-1}$。

解：(1)填料层高度 H：

$$Y_1 = \frac{y_1}{1-y_1} = \frac{0.020}{1-0.020} = 0.0204, \quad Y_2 = \frac{y_2}{1-y_2} = \frac{0.00040}{1-0.00040} = 0.0004$$

$$V = \frac{5490 \times (1-0.02)}{22.4} = 240 (kmol \cdot h^{-1})$$

$$\left(\frac{L}{V}\right)_{min} = \frac{Y_1 - Y_2}{X_1^* - X_2} = \frac{Y_1 - Y_2}{\frac{Y_1}{m} - X_2} = \frac{0.0204 - 0.0004}{\frac{0.0204}{2.5} - 0} = 2.45$$

$$\frac{L}{V} = 1.5 \left(\frac{L}{V}\right)_{min} = 1.5 \times 2.45 = 3.68$$

$$X_1 = \frac{(Y_1 - Y_2)}{\frac{L}{V}} + X_2 = \frac{0.0204 - 0.0004}{3.68} + 0 = 5.43 \times 10^{-3}$$

$$\Delta Y_1 = Y_1 - Y_1^* = 0.0204 - 2.5 \times 5.43 \times 10^{-3} = 6.83 \times 10^{-3}$$

$$\Delta Y_2 = Y_2 - Y_2^* = 0.0004 - 0 = 0.0004$$

$$\Delta Y_m = \frac{\Delta Y_1 - \Delta Y_2}{\ln \frac{\Delta Y_1}{\Delta Y_2}} = \frac{6.83 \times 10^{-3} - 4.00 \times 10^{-4}}{\ln \frac{6.83 \times 10^{-3}}{4.00 \times 10^{-4}}} = 2.27 \times 10^{-3}$$

$$h = H_{OG} \cdot N_{OG} = H_{OG} \cdot \frac{Y_1 - Y_2}{\Delta Y_m} = 1.13 \times \frac{0.0204 - 0.0004}{2.27 \times 10^{-3}} = 9.96 (m)$$

(2)吸收剂用量：

$$L = 3.68V = 3.68 \times 240 = 883 (kmol \cdot h^{-1})$$

$$W_s = 883 \times 18 = 1.59 \times 10^4 (kg \cdot h^{-1})$$

19. 有一填料层高度为 8.0m 的吸收塔，用清水与混合气逆流接触，除去其中的有害组分 A。在某操作条件下，测得组分 A 在气相中的摩尔比(比摩尔分数)进、出塔处分别为 $Y_1 = 0.020$，$Y_2 = 0.0040$，而 A 在出塔液相中的摩尔比(比摩尔分数) $X_1 = 0.0080$，相平衡常数 $m = 1.5$，试求：

(1)该条件下，气相总传质单元高度，H_{OG}；

（2）为使组分 A 在气相中的排放浓度降为 $Y'_2=0.0020$，而操作液气比、总传质系数及塔径等不变，填料层高度应改为多高？

解：（1）

$$\Delta Y_1 = Y_1 - Y_1^* = Y_1 - mX_1 = 0.02 - 1.5 \times 0.008 = 0.008$$

$$\Delta Y_2 = Y_2 - Y_2^* = Y_2 - mX_2 = 0.004 - 0 = 0.004$$

$$\Delta Y_m = \frac{\Delta Y_1 - \Delta Y_2}{\ln \dfrac{\Delta Y_1}{\Delta Y_2}} = \frac{0.008 - 0.004}{\ln \dfrac{0.008}{0.004}} = 5.77 \times 10^{-3}$$

$$N_{OG} = \frac{Y_1 - Y_2}{\Delta Y_m} = \frac{0.02 - 0.004}{5.77 \times 10^{-3}} = 2.77$$

$$H_{OG} = \frac{H}{N_{OG}} = \frac{8.0}{2.77} = 2.89(\text{m})$$

（2）当 $Y'_2 = 0.002$ 时，

$$\frac{L}{V} = \frac{Y_1 - Y_2}{X_1 - X_2} = \frac{0.020 - 0.0040}{0.0080 - 0} = 2.0$$

$$X_1' = \frac{(Y_1 - Y'_2)}{\dfrac{L}{V}} + X_2 = \frac{0.020 - 0.002}{2.0} + 0 = 0.009$$

$$\Delta Y_1' = Y_1 - mX_1' = 0.02 - 1.5 \times 0.009 = 0.0065$$

$$\Delta Y_2' = Y'_2 - mX_1 = 0.002 - 0 = 0.002$$

$$\Delta Y'_m = \frac{\Delta Y_1' - \Delta Y_2'}{\ln \dfrac{\Delta Y_1'}{\Delta Y_2'}} = \frac{0.0065 - 0.0020}{\ln \dfrac{0.0065}{0.0020}} = 3.82 \times 10^{-3}$$

$$N_{OG}' = \frac{Y_1 - Y'_2}{\Delta Y_m'} = \frac{0.02 - 0.002}{3.82 \times 10^{-3}} = 4.7$$

$$h = H_{OG} \cdot N_{OG}' = 2.89 \times 4.7 = 13.6(\text{m})$$

20. 在内径为 300mm，填料层高度为 3.2m 的填料塔内，用水吸收空气中的某有害气体。已知气相进出口浓度 $Y_1 = 0.1$，$Y_2 = 0.004$，空气流量 $V = 10\text{kmol} \cdot \text{h}^{-1}$，水流量 $L = 20\text{kmol} \cdot \text{h}^{-1}$，在操作条件下，物系遵循亨利定律 $Y^* = 0.5X$，试求该塔的体积吸收系数 K_Ya。已知 $K_Ya \propto V^{0.7}$，当 $V' = 1.25V$ 时（假设此时塔仍能正常操作，且 Y_1、Y_2、X_2、L、D 均保持不变），问填料层高度还需增加多少米？

解：（1）体积吸收系数 K_Ya

$$X_1 = \frac{V}{L}(Y_1 - Y_2) + X_2 = \frac{10}{20} \times (0.1 - 0.004) + 0 = 0.048$$

$$\Delta Y_m = \frac{(Y_1 - mX_1) - (Y_2 - mX_2)}{\ln \dfrac{Y_1 - mX_1}{Y_2 - mX_2}} = \frac{(0.1 - 0.5 \times 0.048) - (0.004 - 0)}{\ln \dfrac{0.1 - 0.5 \times 0.048}{0.004 - 0}} = 0.0245$$

$$N_{OG} = \frac{Y_1 - Y_2}{\Delta Y_m} = \frac{0.1 - 0.004}{0.0245} = 3.92$$

$$H_{OG} = \frac{H}{N_{OG}} = \frac{3.2}{3.92} = 0.816(\text{m})$$

$$K_Ya = \frac{V}{H_{OG} \cdot \Omega} = \frac{10}{0.816 \times \frac{\pi}{4} \times 0.3^2} = 174 (\text{kmol} \cdot \text{m}^{-3} \cdot \text{h}^{-1})$$

（2）当 $V' = 1.25V$ 时，

$$X_1' = \frac{V'}{L}(Y_1 - Y_2) + X_2 = \frac{1.25 \times 10}{20} \times (0.1 - 0.004) + 0 = 0.06$$

$$\Delta Y_m' = \frac{(Y_1 - mX_1') - (Y_2 - mX_2)}{\ln \dfrac{Y_1 - mX_1'}{Y_2 - mX_2}} = \frac{(0.1 - 0.5 \times 0.06) - (0.004 - 0)}{\ln \dfrac{0.1 - 0.5 \times 0.06}{0.004 - 0}} = 0.0231$$

$$\frac{h'}{h} = \frac{H'_{OG}N'_{OG}}{H_{OG}N_{OG}} = \frac{V' \cdot (K_Ya)}{V \cdot (K_Ya)'} \cdot \frac{\Delta Y_m}{\Delta Y_m'} = \left(\frac{V'}{V}\right)^{0.3} \cdot \frac{\Delta Y_m}{\Delta Y_m'} = (1.25)^{0.3} \times \frac{0.0245}{0.0231} = 1.134$$

则 $\qquad h' = 1.134 \times 3.2 = 3.63(\text{m})$

$$\Delta h = h' - h = 3.63 - 3.2 = 0.43(\text{m})$$

21. 根据工艺过程要求，需用一个逆流接触的填料塔用吸收剂对混合气进行吸收操作。按照原定操作要求，气相进出口吸收质 A 的摩尔比（比摩尔分数）分别为 $Y_1 = 0.020$，$Y_2 = 0.0035$，液相进出口吸收质 A 的摩尔比分别为 $X_2 = 0$，$X_1 = 0.0080$，则填料层设计高度为 1.8m。现因尾气排放提高了要求，需将尾气浓度降至 0.0030。若操作条件（温度、压强、气相和液相流量以及气液相进口浓度）均维持不变，问填料层需增高多少米？已知气液平衡关系式为 $Y^* = 1.8X$。

解：（1）原定操作要求下：

$$\frac{L}{V} = \frac{Y_1 - Y_2}{X_1 - X_2} = \frac{0.020 - 0.0035}{0.0080 - 0} = 2.1$$

$$\Delta Y_m = \frac{(Y_1 - mX_1) - (Y_2 - mX_2)}{\ln \dfrac{Y_1 - mX_1}{Y_2 - mX_2}} = \frac{(0.020 - 1.8 \times 0.0080) - (0.0035 - 0)}{\ln \dfrac{0.020 - 1.8 \times 0.0080}{0.0035 - 0}} = 0.0045$$

$$N_{OG} = \frac{Y_1 - Y_2}{\Delta Y_m} = \frac{0.02 - 0.0035}{0.0045} = 3.7$$

$$H_{OG} = \frac{H}{N_{OG}} = \frac{1.8}{3.7} = 0.49(\text{m})$$

（2）改变排放要求后：

$$X_1' = \frac{V}{L}(Y_1 - Y_2') + X_2 = \frac{0.020 - 0.0030}{2.1} + 0 = 0.0081$$

$$\Delta Y_m' = \frac{(Y_1 - mX_1) - (Y_2 - mX_2)}{\ln \dfrac{Y_1 - mX_1}{Y_2 - mX_2}} = \frac{(0.020 - 1.8 \times 0.0081) - (0.003 - 0)}{\ln \dfrac{0.020 - 1.8 \times 0.0081}{0.003 - 0}} = 0.0041$$

$$N'_{OG} = \frac{Y_1 - Y_2}{\Delta Y_m'} = \frac{0.02 - 0.003}{0.0041} = 4.2$$

$$h' = H_{OG} \cdot N'_{OG} = 0.49 \times 4.2 = 2.1(\text{m})$$

$$\Delta h = h' - h = 2.1 - 1.8 = 0.3(\text{m})$$

22. 在高度为 6m 的填料塔内，用纯吸收剂 S 吸收气体混合物中的可溶组分 A。在操作

条件下相平衡常数 $m=0.5$。当单位吸收剂耗用量 $\dfrac{L}{V}=0.8$ 时，吸收率可达 90%。现改用另一种性能较好的填料，在相同操作条件下其吸收率提高到 95%，试问改换填料后气相体积吸收总系数 $(K_Y a)$ 将有何变化？

解：设原用填料气相吸收总系数为 $K_Y a$，新用填料气相吸收总系数为 $(K_Y a)'$

$$h=\frac{V}{K_Y a\Omega}\cdot\frac{Y_1-Y_2}{\Delta Y_{\mathrm{m}}}=\frac{V}{(K_Y a)'\Omega}\cdot\frac{Y_1-Y_2'}{\Delta Y_{\mathrm{m}}'} \qquad ①$$

由式①可得出：

$$(K_Y a)'=K_Y a\cdot\frac{Y_1-Y_2'}{Y_1-Y_2}\cdot\frac{\Delta Y_{\mathrm{m}}}{\Delta Y_{\mathrm{m}}'} \qquad ②$$

式中：

$$Y_2=(1-0.9)Y_1=0.1Y_1$$
$$Y_2'=(1-0.95)Y_1=0.05Y_1$$
$$\frac{Y_1-Y_2}{X_1}=\frac{L}{V}=0.8$$
$$X_1=\frac{V}{L}(Y_1-Y_2)=\frac{0.9Y_1}{0.8}=1.125Y_1$$
$$\frac{Y_1-Y_2'}{X_1'}=\frac{L}{V}=0.8$$
$$X_1'=\frac{V}{L}(Y_1-Y_2')=\frac{0.95Y_1}{0.8}=1.19Y_1$$
$$Y_1^*=mX_1=0.5\times1.125Y_1=0.563Y_1$$
$$Y_1^{*}{}'=mX_1'=0.5\times1.19Y_1=0.594Y_1$$
$$\Delta Y_{\mathrm{m}}=\frac{Y_1-Y_1^*-Y_2}{\ln\dfrac{Y_1-Y_1^*}{Y_2}}=\frac{Y_1-0.563Y_1-0.1Y_1}{\ln\dfrac{Y_1-0.563Y_1}{0.1Y_1}}=\frac{0.337Y_1}{\ln4.37}$$
$$\Delta Y_{\mathrm{m}}'=\frac{Y_1-Y_1^*-Y_2}{\ln\dfrac{Y_1-Y_1^*}{Y_2}}=\frac{Y_1-0.594Y_1-0.05Y_1}{\ln\dfrac{Y_1-0.594Y_1}{0.05Y_1}}=\frac{0.356Y_1}{\ln8.12}$$

由式②计算可得：

$$(K_Y a)'=K_Y a\cdot\frac{Y_1-Y_2'}{Y_1-Y_2}\cdot\frac{\Delta Y_{\mathrm{m}}}{\Delta Y_{\mathrm{m}}'}=K_Y a\cdot\frac{Y_1-0.05Y_1}{Y_1-0.1Y_1}\cdot\frac{\dfrac{0.337Y_1}{\ln4.37}}{\dfrac{0.356Y_1}{\ln8.12}}=1.42(K_Y a)$$

第四章 精 馏

§4.1 本章重点

1. 双组分物系气液相平衡；
2. 精馏原理；
3. 连续精馏塔的物料衡算；
4. 理论板层数的求算；
5. 回流比的选择。

§4.2 知识要点

4.2.1 概述

蒸馏是分离液体混合物的单元操作。这种操作是将液体混合物部分汽化，利用其中各组分挥发度的不同以实现分离的目的。通常，将沸点低的组分称为易挥发组分，沸点高的组分称为难挥发组分。

蒸馏操作可按不同方法加以分类：

（1）按操作方式

按操作方式分为间歇蒸馏、连续蒸馏。

①间歇蒸馏 分批加料的蒸馏过程，主要用于小规模生产或有特殊要求的场合。

②连续蒸馏 连续加料的蒸馏过程，生产中多采用这种蒸馏方法，原料连续加入，产品连续取出。

（2）按蒸馏方法

按蒸馏方法分为简单蒸馏、精馏、特殊蒸馏。

①简单蒸馏 一次部分汽化和部分冷凝的蒸馏过程。用于挥发度相差很大较易分离的物系或对分离要求不高的场合。

②精馏 多次部分汽化和部分冷凝的蒸馏过程。通过精馏，可以得到几乎纯的组分。

③特殊蒸馏 特殊条件下的精馏过程，主要用于很难分离或用普通方法不能分离的场合。

（3）按操作压强

按操作压强分为常压蒸馏、减压蒸馏、加压蒸馏。

①常压蒸馏 在通常大气压强下进行的蒸馏操作。在一般情况下，多采用常压蒸馏。

②减压蒸馏 在低于外界大气压下进行的蒸馏操作，常用于沸点较高且又是热敏性混合物的分离过程。

③加压蒸馏　在高于外界大气压下进行的蒸馏操作,用于常压下不能进行分离或达不到分离要求的气态混合物的分离过程。

(4)按待分离混合物中组分数目

按待分离混合物中组分数目分为双组分精馏、多组分精馏。

①双组分精馏　混合物中只有两个组分的精馏过程。

②多组分精馏　混合物中有多个组分的精馏过程。

4.2.2　双组分溶液的气液相平衡

蒸馏是气液两相间的传质过程,用组分在两相中的浓度(组成)偏离平衡的程度来衡量推动力的大小,且以两相达到平衡为极限。气液相平衡关系是分析蒸馏原理和进行设备计算的理论基础。

4.2.2.1　理想溶液的气液相平衡——拉乌尔定律

理想溶液服从拉乌尔定律。即在一定的温度下,溶液上方各组分的饱和分压等于同温度下各组分的饱和蒸气压乘以该组分在溶液中的摩尔分数。

$$p_i = p_i^\circ \cdot x_i \tag{4-1}$$

式中　p_i——溶液上方某组分的蒸气压,Pa;

p_i°——同一温度下,该纯组分的饱和蒸气压,Pa;

x_i——该组分在溶液中的摩尔分数。

若为双组分理想溶液,以 A 表示其中的易挥发组分,以 B 表示其中的难挥发组分,根据拉乌尔定律,可得:

$$p_A = p_A^\circ \cdot x_A \tag{4-2}$$

$$p_B = p_B^\circ \cdot x_B = p_B^\circ \cdot (1 - x_A) \tag{4-3}$$

若系统总压为 p,根据道尔顿分压定律:

$$p = p_A + p_B = p_A^\circ \cdot x_A + p_B^\circ \cdot (1 - x_A)$$

整理后得:

$$x_A = \frac{p - p_B^\circ}{p_A^\circ - p_B^\circ} \tag{4-4}$$

$$y_A = \frac{p_A}{p} = \frac{p_A^\circ \cdot x}{p} = \frac{p_A^\circ \cdot x}{p_A^\circ + p_B^\circ (1 - x_A)} \tag{4-5}$$

已知不同温度下的 p_A°、p_B°,根据上两式可建立起理想溶液的气液相平衡关系。

4.2.2.2　用相对挥发度表示的气液相平衡关系

纯组分的挥发度是指该液体组分在一定温度下的饱和蒸气压,而溶液中各组分的挥发度定义为该组分在气相中的蒸气分压与在液相中的摩尔分数的比值。以 ν 表示。

对于 A-B 两组分体系:

$$\nu_A = \frac{p_A}{x_A} \tag{4-6}$$

$$\nu_B = \frac{p_B}{x_B} \tag{4-7}$$

对于理想溶液,服从拉乌尔定律,即有:

$$\nu_A = \frac{p_A}{x_A} = \frac{p_A^\circ \cdot x_A}{x_A} = p_A^\circ \tag{4-8}$$

$$\nu_B = \frac{p_B}{x_B} = \frac{p_B^\circ \cdot x_B}{x_B} = p_B^\circ \tag{4-9}$$

理想溶液中各组分的挥发度即在该温度下的饱和蒸气压。饱和蒸气压随温度的变化而变化，因此，挥发度也随温度的变化而变化。

溶液中易挥发组分的挥发度与难挥发组分的挥发度的比值，称为相对挥发度，以 α_{AB} 或 α 表示。

$$\alpha = \frac{\nu_A}{\nu_B} = \frac{\dfrac{p_A}{x_A}}{\dfrac{p_B}{x_B}} = \frac{p_A \cdot x_B}{p_B \cdot x_A} \tag{4-10}$$

对于理想溶液，服从拉乌尔定律：

$$\alpha = \frac{\nu_A}{\nu_B} = \frac{p_A \cdot x_B}{p_B \cdot x_A} = \frac{p_A^\circ \cdot x_A \cdot x_B}{p_B^\circ \cdot x_B \cdot x_A} = \frac{p_A^\circ}{p_B^\circ} \tag{4-11}$$

理想溶液中两组分的相对挥发度等于同温度下两组分的饱和蒸气压之比。由于 p_A° 和 p_B° 随温度沿相同的方向变化，因此两者的比值变化不大，所以一般将 α 视为常数，或在计算时取平均值。

若操作压强不太高时，根据道尔顿分压定律：

$$p_A = p \cdot y_A \qquad p_B = p \cdot y_B$$

$$\alpha = \frac{\nu_A}{\nu_B} = \frac{\dfrac{p_A}{x_A}}{\dfrac{p_B}{x_B}} = \frac{p_A \cdot x_B}{p_B \cdot x_A} = \frac{p \cdot y_A \cdot x_B}{p \cdot y_B \cdot x_A}$$

$$\frac{y_A}{y_B} = \alpha \cdot \frac{x_A}{x_B} \qquad \frac{y_A}{1-y_A} = \alpha \cdot \frac{x_A}{1-x_A}$$

略去下标，整理后得：

$$y = \frac{\alpha \cdot x}{1 + (\alpha - 1) \cdot x} \tag{4-12}$$

若 α 已知，给定液相组成 x，根据上式可求出气相组成 y，所以上式称为气液平衡方程。

相对挥发度 α 值的大小可以用来判断某混合液分离的难易程度。一般来说，$\alpha > 1$，α 值越大，说明混合物越易分离。

4.2.2.3 两组分气液平衡相图

（1）沸点组成图（$t-x-y$ 图）

在一定的压力下，溶液沸点与组成之间的关系图称为沸点组成图。溶液的沸点组成图，以温度 t 为纵坐标，以液相组成 x 或气相组成 y 为横坐标作图，得到 $t-y$ 和 $t-x$ 两条曲线。上方曲线 $t-y$ 线，表示混合物的沸点 t 和平衡气相组成 y 之间的关系，称为饱和蒸气线或露点线；下方曲线 $t-x$ 线，表示混合液的沸点 t 和平衡液相组成 x 之间的关系，此曲线称为饱和液体线或泡点线。$t-y$ 和 $t-x$ 两条曲线将 $t-x-y$ 图分成三个区域。$t-y$ 线上方的区域代表过热蒸气，称为气相区；$t-x$ 线以下的区域代表未沸腾的液体，称为液相区；两条曲线包围的区域表示气液同时存在，称为气液共存区。见图 4-1。

通常，$t-x-y$ 关系的数据由实验测得。对于理想溶液，可用纯组分的饱和蒸气压数据按拉乌尔定律及理想气体分压定律进行计算。

（2）平衡线（$y-x$ 图）

$y-x$ 图表示在一定压力下，液相组成 x 和与之平衡的气相组成 y 的关系。气液组成通常均以低沸点组分的摩尔分数来表示。以 x 为横坐标，以 y 为纵坐标，将液相组成及气相组成描绘在图中，得到一条曲线，曲线上任意一点 D 表示组成为 x 的液相与组成为 y 的气相互成平衡，且 D 点有一确定的状态。在 $y-x$ 图上，通常作出对角线作为参考。对于大多数溶液，两相达到平衡时，y 总是大于 x，所以平衡线位于对角线上方，且平衡线偏离对角线越远，表示该溶液越易分离。见图 4-2。

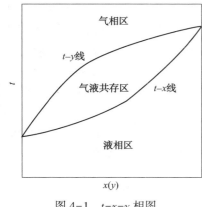

图 4-1 $t-x-y$ 相图

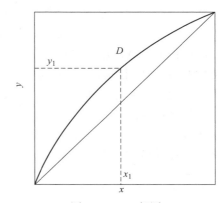

图 4-2 $y-x$ 相图

$y-x$ 图可通过 $t-x-y$ 图作出。$y-x$ 平衡关系是在恒定压强下测得的，但在不同压力下，平衡曲线的变化不大。

4.2.3 连续精馏过程

4.2.3.1 精馏原理

精馏操作是利用混合物中各组分挥发度不同将其进行高纯度分离的过程，可通过多次部分汽化和多次部分冷凝来达到这一目的。

将组成为 x_F、温度为 t_F 的混合液进行加热，在温度未达到泡点温度 t_0 前，物系保持为液相，当溶液温度升至 t_0 时，溶液开始沸腾，体系中出现与液相相平衡的蒸气相，蒸气的组成为 y_F。从相图（图 4-3）中可知，$y_F > x_F$，若将蒸气导出全部冷凝，可得到比原始混合液易挥发组分含量高的馏出液。导出蒸气后，馏残液中易挥发组分含量降低，沸点升高，需继续提高温度，溶液才能沸腾，但因液相组成下降，此时产生蒸气中易挥发组分的含量也在下降。

若达到泡点后，产生蒸气并不导出，而将体系继

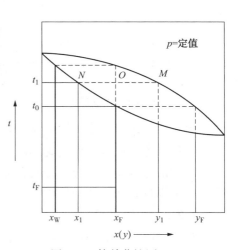

图 4-3 简单蒸馏原理

续加热到$t_1(t_1>t_0)$，则体系处于气液共存区。将气相与液相分开，相应的液相组成为x_1，气相组成为y_1，从相图可知，$y_1>x_F>x_1$。所以，经过一次部分汽化后，可以得到两个馏分，导出的气相馏分中易挥发组分含量大于原始混合液中易挥发组分含量，而馏残液中难挥发组分含量大于原混合液中难挥发组分的含量。此时液相与气相的量可按杠杆原理确定。

$$蒸气量：溶液量 = V：L = NO：OM$$

从相图中还可得出，用一次部分汽化方法得到的气相产品的组成不会大于y_F，而y_F是加热原料液时产生的第一个气泡的组成。同时，液相产品的组成不会低于x_W，而x_W是将原料液全部汽化后而剩下最后一滴液体的组成。组成为x_W的液体量及组成为y_F的气体量是极少的。由此可见，将液体混合物进行一次部分汽化的过程，只能起到部分分离的作用，因此这种方法只适用于要求粗分或初步加工的场合。显然，要使混合物中的组分得到几乎完全的分离，必须进行多次部分汽化和部分冷凝的操作过程。

若将第一级溶液部分汽化所得气相产品y_1在冷凝器中加以冷凝，然后再将冷凝液在第二级中部分汽化，此时所得气相组成为y_2，且y_2必大于y_1。这种部分汽化的次数（即级数）越多，所得到的蒸气浓度也越高，最后几乎可得到纯态的易挥发组分。同理，若将第一级部分汽化后所得的液相产品x_1再次进行部分汽化，分离出气相后，此时液相组成为x_2'，且x_2'必小于x_1。这种操作进行的次数越多，即级数越多，得到的液相浓度也越低。最后可得到几乎纯态的难挥发组分。

在多级的蒸馏釜内多次地进行部分汽化后，可使混合物得以完全分离。但这种操作流程因为在分离过程得到许多中间馏分，纯产品的收率低，设备庞大，能量消耗大，所以在工业上是不能采用的。

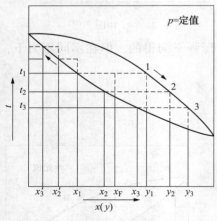

图 4-4 精馏原理

在操作过程中，若将第二级产生的中间产品x_2与第一级的原料液x_F混合，第三级所产生的中间产品x_3与第二级的料液y_1混合，……，这样就消除了中间产品，且提高了最后产品的收率。同时，当将第一级所产生的蒸气y_1与第三级下降的液体x_3直接混合时，由于液相温度t_3低于气相温度t_1，因此高温的蒸气y_1将加热低温的液体x_3，而使液体部分汽化，蒸气自身则被部分冷凝。由此(图 4-4)可见，不同温度且互不平衡的气液两相接触时，必然会同时产生传热和传质的双重作用，所以使上一级的液相回流(如液相x_3)与下一级的气相(如气相y_1)直接接触，就可以省去了逐级使用的中间加热器和冷凝器。

操作过程中，在每一级上必须有上升蒸气与下降液体接触。所以，液相回流和上升蒸气是精馏得以连续稳定操作的必不可少的条件。

多次部分汽化和部分冷凝的分离过程，可在一精馏塔内完成，通过多次部分汽化和部分冷凝，可以得到几乎纯的易挥发组分和难挥发组分。

4.2.3.2 精馏塔

化工厂中的精馏操作是在直立圆形的精馏塔内进行的。塔内装有若干层塔板或充填一定高度的填料。在精馏操作中，多采用板式塔。在每一层塔板上，都是气液两相进行热量和质量交换的场所。如在筛板塔(图 4-5)中，塔板上开有许多小孔，由下一层板(如第$n+1$层板)上升的蒸气通过板上小孔上升，而上一层板(如第 $n-1$ 层板)上的液体通过溢流管下降至第 n 层板上，在第 n 层板上气液两相密切接触，进行热和质的交换。设进入第 n 层板上的气相的浓度和温度分别为 y_{n+1} 和 t_{n+1}，液相的浓度和温度分别为 x_{n-1} 和 t_{n-1}，二者相互不平衡，即 $t_{n+1}>t_{n-1}$，液相中易挥发组分的浓度 x_{n-1} 大于与 y_{n+1} 成平衡的液相浓度 x_{n+1}^*，当组成为 y_{n+1} 的气相与 x_{n-1} 的液相在第 n 层板上接触时，由于存在温度差和浓

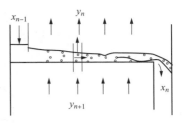

图 4-5　筛板塔塔板操作情况

度差，气相就要进行部分冷凝，使其中部分难挥发组分转入液相中；而气相冷凝时放出潜热传给液相，使液相部分汽化，其中的部分易挥发组分转入气相中。总的结果致使离开第 n 层板的液相中易挥发组分浓度较进入该板时减低，而离开的气相中易挥发组分浓度又较进入时增高。即 $x_n<x_{n-1}$，$y_n>y_{n+1}$。若气液两相在板上接触时间长，那么离开该板的气液两相互呈平衡，即 x_n 与 y_n 相互平衡。若离开塔板的气液两相达到平衡状态，通常将这种板称为理论板。精馏塔的每层板上都进行着与上述相似的过程。因此，塔内只要有足够多的塔板层数，就可使混合物达到所要求的分离程度。

4.2.3.3　精馏流程

根据精馏原理可知，单有精馏塔还不能完成精馏操作，而必须同时有塔底再沸器和塔顶冷凝器，有时还要配有原料液预热器、回流液泵等附属设备，才能实现整个操作。再沸器的作用是提供一定量的上升蒸气流，冷凝器的作用是获得液相产品及保证有适宜的液相回流，因而使精馏能连续稳定地进行。

典型的精馏流程(图 4-6)：原料液经预热器加热到指定的温度后，送入精馏塔的进料板，在进料板上与自塔上部下降的回流液体汇合后，逐板溢流，最后流入塔底再沸器中。在每层塔板上，回流液体与上升蒸气互相接触，进行热和质的传递过程。操作时，连续地从再沸器取出部分液体作为塔底产品(釜残液)，部分液体汽化，产生上升蒸气，依次通过各层塔板。塔顶蒸气进入冷凝器中被全部冷凝，并将部分冷凝液用泵送回塔顶作为回流液体，其余部分经冷却器后被送出作为塔顶产品(馏出液)。

通常，将原料液进入的那层塔板称为加料板，加料板以上的塔段称为精馏段，加料板以下的塔段(包括加料板)称为提馏段。

4.2.4　双组分连续精馏塔的计算

4.2.4.1　理论板的概念及恒摩尔流的假设

（1）理论板

理论板是指在气液接触过程中，传热、传质都能达到平衡状态的塔板，也即离开此板的气液两相达到平衡。理论板是一种理想板，在实际过程中作为衡量实际板分离效率的依据和标准。

（2）恒摩尔流的假设

①恒摩尔汽化　精馏操作时，在精馏塔的精馏段内，每层板的上升蒸气摩尔流量都是相等的。在提馏段内也是如此，但两段的上升蒸气摩尔流量却不一定相等。即：

$$V_1=V_2=\cdots=V_n=V$$
$$V_1{}'=V_2{}'=\cdots=V_m{}'=V' \tag{4-13}$$

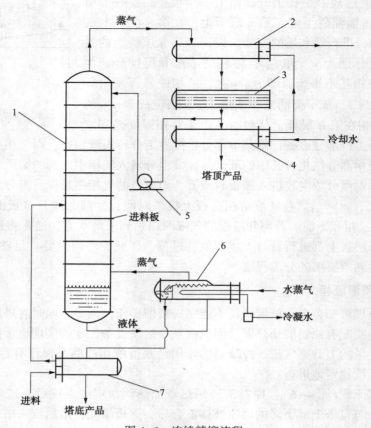

图 4-6　连续精馏流程

1—精馏塔；2—全凝器；3—贮槽；4—冷却器；5—回流液泵；6—再沸器；7—原料预热器

式中：V——精馏段中上升蒸气的摩尔流量，kmol·h^{-1}；

　　　V'——提馏段中上升蒸气的摩尔流量，kmol·h^{-1}。

下标表示塔板序号。

②恒摩尔溢流　精馏操作时，在塔的精馏段内，每层板下降液体的摩尔流量都是相等的。在提馏段内也是如此，但两段的液体摩尔流量却不一定相等。即：

$$L_1 = L_2 = \cdots = L_n = L$$
$$L_1' = L_2' = \cdots = L_m' = L' \tag{4-14}$$

式中　L——精馏段中下降液体的摩尔流量，kmol·h^{-1}；

　　　L'——提馏段中下降液体的摩尔流量，kmol·h^{-1}。

下标表示塔板序号。

恒摩尔汽化和恒摩尔溢流的假设称之为恒摩尔流假设。为保证恒摩尔流，必须满足以下条件：

a. 各组分的摩尔汽化潜热相等；

b. 气液接触时因温度不同而交换的显热可以忽略；

c. 塔设备保温良好，热损失可以忽略。

精馏操作时，有些系统能基本上符合上述条件。因此，可将这些系统在塔内的气液两相视为恒摩尔流动。

4.2.4.2 连续精馏的物料衡算

（1）全塔物料衡算

在整个精馏塔内，以单位时间为基准，作物料衡算（图4-7）：

总物料： $$F = D + W \qquad (4-15)$$

易挥发组分： $$Fx_F = Dx_D + Wx_W \qquad (4-16)$$

式中 F——原料液的摩尔流量，$kmol \cdot h^{-1}$；

D——塔顶产品（馏出液）的摩尔流量，$kmol \cdot h^{-1}$；

W——塔底产品（釜残液）的摩尔流量，$kmol \cdot h^{-1}$；

x_F——原料液中易挥发组分的摩尔分数；

x_D——馏出液中易挥发组分的摩尔分数；

x_W——釜残液中易挥发组分的摩尔分数。

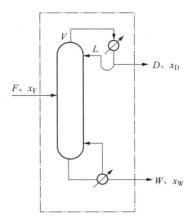

图4-7 全塔物料衡算

通过总物料与易挥发组分的物料衡算式，可得：

$$D = \frac{F(x_F - x_W)}{x_D - x_W} \qquad (4-17)$$

$$W = \frac{F(x_D - x_F)}{x_D - x_W} \qquad (4-18)$$

由此可求出塔顶及塔底产品的流量。

同时还可得出： $$\frac{D}{F} = \frac{x_F - x_W}{x_D - x_W} \qquad (4-19)$$

$$\frac{W}{F} = 1 - \frac{D}{F} \qquad (4-20)$$

式（4-19）、式（4-20）分别为馏出液与釜残液的采出率。

在精馏计算中，分离程度除用两种产品的摩尔分数表示外，有时还用回收率表示。即：

塔顶易挥发组分的回收率： $$\eta_D = \frac{Dx_D}{Fx_F} \times 100\% \qquad (4-21)$$

塔底难挥发组分的回收率： $$\eta_W = \frac{W(1 - x_W)}{F(1 - x_F)} \times 100\% \qquad (4-22)$$

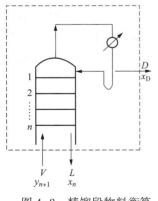

图4-8 精馏段物料衡算

（2）精馏段物料衡算

在连续精馏的精馏段，以单位时间为基准，对第 $n+1$ 层板以上（不包括第 $n+1$ 层板）的塔段作物料衡算（图4-8）：

总物料： $$V = L + D \qquad (4-23)$$

易挥发组分： $$Vy_{n+1} = Lx_n + Dx_D \qquad (4-24)$$

式中 V——精馏段上升蒸气的摩尔流量，$kmol \cdot h^{-1}$；

L——精馏段回流液体的摩尔流量，$kmol \cdot h^{-1}$；

x_n——精馏段第 n 层板下降液体中易挥发组分的摩尔分数；

y_{n+1}——精馏段第 $n+1$ 层板上升蒸气中易挥发组分的摩尔分数。

整理得：

$$y_{n+1} = \frac{L}{L+D} x_n + \frac{D}{L+D} x_D \qquad (4-25)$$

等号右边两项的分子分母同除以 D，

$$y_{n+1} = \frac{\dfrac{L}{D}}{\dfrac{L}{D}+1} x_n + \frac{1}{\dfrac{L}{D}+1} x_D$$

令：$R = \dfrac{L}{D}$，则： $\qquad y_{n+1} = \dfrac{R}{R+1} x_n + \dfrac{1}{R+1} x_D \qquad (4-25a)$

式中，R 为回流比。它表示塔顶回流液体流量与塔顶产品流量的比值。根据恒摩尔流假设，L 为定值，且在稳态操作时，D 及 x_D 为定值，所以 R 为常量。因此式（4-25a）为一直线方程，称为精馏段的操作线方程。表示在一定操作条件下，精馏段内自任意第 n 层板下降液相组成 x_n 与其相邻的下一层板上升蒸气的气相组成 y_{n+1} 之间的关系。用此方程在 $x-y$ 坐标上作图可得到一条直线，此直线斜率为 $\dfrac{R}{R+1}$，截距为 $\dfrac{x_D}{R+1}$，这条直线称为精馏段的操作线。

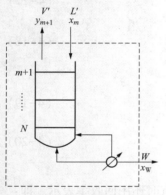

图 4-9　提馏段物料衡算

（3）提馏段物料衡算

在连续精馏塔的提馏段，以单位时间为基准，对第 $m+1$ 板以下以及再沸器作物料衡算（图 4-9）：

总物料：$\qquad L' = V' + W \qquad (4-26)$

易挥发组分：$\qquad L' x_m = V' y_{m+1} + W x_W \qquad (4-27)$

式中　L'——提馏段回流液体的流量，$kmol \cdot h^{-1}$；

　　　　V'——提馏段上升蒸气的流量，$kmol \cdot h^{-1}$；

　　　　x_m——提馏段第 m 层板下降液相中易挥发组分的摩尔分数；

　　　　y_{m+1}——提馏段第 $m+1$ 层板上升蒸气中易挥发组分的摩尔分数。

整理上两式得：

$$y_{m+1} = \frac{L'}{L'-W} x_m - \frac{W}{L'-W} x_W \qquad (4-28)$$

在稳态操作情况下，L'、W、x_W 为常数，所以上述方程表示的是一条直线，式（4-28）称为提馏段的操作线方程。表示在一定操作条件下，提馏段内自任意第 m 层板下降的液体组成 x_m 与其相邻的下层板上升蒸气组成 y_{m+1} 之间的关系。将上述关系在 $x-y$ 坐标上作图，可得到一条直线，这条直线称为提馏段的操作线。

4.2.4.3　进料热状况对精馏的影响

在实际生产中，加入精馏塔中的原料液可能有五种不同的热状况：

①温度低于泡点的冷液体（冷液进料）。

②泡点下的饱和液体（饱和液体进料）。

③温度介于泡点和露点之间的气液混合物（气液混合进料）。

④露点下的饱和蒸气（饱和蒸气进料）。

⑤温度高于露点的过热蒸气（过热蒸气进料）。

由于不同进料热状况的影响，使从进料板上升的蒸气量及下降的液体量发生变化，也即上升到精馏段的蒸气量及下降到提馏段的液体量发生了变化。

进料的热状况通常用 q 值表示：

$$q = \frac{1\,mol\ 原料液变成饱和蒸气所需热量}{1\,mol\ 原料液的汽化热} \qquad (4-29)$$

q 值称为进料热状况参数，对于各种进料热状况，均可用式（4-29）计算 q 值。以加料板为衡算范围，进行物料衡算和热量衡算，可得出：

$$L' = L + qF$$
$$V = V' + (1-q)F \qquad (4-30)$$

由式 $L' = L + qF$ 还可以从另一方面来说明 q 的意义。以 $1\,mol \cdot L^{-1}$ 进料为基准时，提馏段中的液体流量较精馏段增大的数值，即 q 值。对于饱和液体、气液混合及饱和蒸气三种进料热状况而言，q 值就等于进料中的液体分率。

根据 L'、L 的相互关系，提馏段操作线方程可写为：

$$y_{m+1} = \frac{L+qF}{L+qF-W} x_m - \frac{W}{L+qF-W} x_W \qquad (4-31)$$

各种不同进料热状况下的 q 值如表 4-1 所示。

表 4-1　各种不同进料热状况下的 q 值

进料	冷液进料	泡点进料	气液混合进料	饱和蒸气进料	过热蒸气进料
q 值	>1	1	$0<q<1$	0	<0

4.2.4.4　理论板层数的求算

操作线方程表示了相邻两塔板之间气液组成的关系，平衡关系表示理论塔板上气液组成之间的关系，因此，利用平衡关系和操作线关系即可求出在精馏过程中所需的理论塔板数。通常可用逐板计算法和图解法计算理论塔板数。

（1）逐板计算法

若塔顶采用全凝器，从塔顶最上层（第一层板）上升的蒸气进入冷凝器中被全部冷凝，因此塔顶馏出液组成及回流液组成均与第一层板的上升蒸气组成相同，即：

$$y_1 = x_D = 已知值$$

由于离开每层理论板的气液组成是互成平衡的，故可由 y_1 用气液平衡关系求得 x_1。如果是理想溶液，气液平衡关系可采用气液平衡方程表示：

$$y = \frac{\alpha \cdot x}{1 + (\alpha - 1)x}$$

通过平衡方程可求得：

$$x_1 = \frac{y_1}{\alpha - (\alpha - 1)y_1}$$

由于从下一层板（第二层板）的上升蒸气组成 y_2 和 x_1 之间的关系符合操作线关系，故用精馏段的操作线方程由 x_1 求得 y_2：

$$y_2 = \frac{R}{R+1} x_1 + \frac{1}{R+1} x_D$$

同理，y_2 与 x_2 互成平衡，可用平衡方程由 y_2 求得 x_2，再用精馏段操作线方程由 x_2 求得 y_3，……如此重复计算，直至计算到 $x_n \leqslant x_F$（仅指饱和液体进料），说明第 n 层理论板是加料

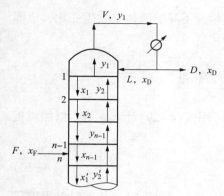

图 4-10　逐板计算示意图

板，因此精馏段所需理论板数为 $n-1$。在计算过程中，每使用一次平衡关系，表示需要一层理论板。示意图见图 4-10。

此后，改用提馏段操作线方程，继续用与上述相同的方法求提馏段的理论板层数，因为 $x'_1 = x_n =$ 已知值，可用提馏段操作线方程求出 y'_2，即：

$$y'_2 = \frac{L+qF}{L+qF-W} x'_1 - \frac{W}{L+qF-W} x_W$$

再用气液平衡方程由 y'_2 求出 x'_2，如此重复计算，直到计算到 $x'_m \leqslant x_W$ 为止。由于一般再沸器相当于一层理论板，故提馏段所需的理论板层数为 $m-1$。

逐板计算法是求算理论板层数的基本方法，计算结果较准确，且可同时求得各层板上的气、液相组成。

（2）图解法

图解法求理论板层数的基本原理与逐板计算法相同，只不过是用平衡线和操作线代替平衡方程和操作线方程，用简便的作图法代替繁杂的计算而已。图解法中以直角梯级图解法最为常用。

①操作线的作法：精馏段操作线与提馏段操作线在图上均为直线，根据已知条件分别求出两条直线的截距和斜率，便可绘出这两条直线。但在实际作图时一般先找出这两条直线上的固定点，如操作线与对角线的交点、操作线间的交点等，然后由这些固定点及各线的截距和斜率再作这两条直线。见图 4-11。

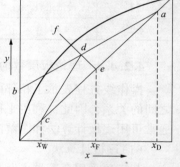

图 4-11　操作线作法

a. 精馏段操作线的作法　若略去精馏段操作线方程式中变量的下标，精馏段操作线为：

$$y = \frac{R}{R+1} x + \frac{1}{R+1} x_D$$

对角线为 $y=x$。

将上两式联立，可得到精馏段操作线与对角线的交点。解得结果：$x = x_D$，$y = x_D$。将此点记为 $a(x_D, x_D)$，再根据已知的 R 及 x_D，算出精馏段操作线的截距 $\frac{x_D}{R+1}$，依此定出该线在 y 轴上的截距，记为 b 点，连接 a、b，所得直线 ab 即为精馏段的操作线。同样，也可以从 a 点作斜率为 $\frac{R}{R+1}$ 的直线，得到精馏段的操作线。

b. 提馏段操作线的作法　若略去提馏段操作线中变量的下标，提馏段操作线方程式可写为：

$$y = \frac{L+qF}{L+qF-W} x - \frac{W}{L+qF-W} x_W$$

上式与对角线方程联解，得到该操作线与对角线的交点坐标为：$x = x_W$，$y = x_W$。将此点记为 c 点，即 $c(x_W, x_W)$。由于提馏段操作线的截距很小，交点 c 与代表截距的点离得很近，作图不易准确。若利用斜率$\dfrac{L+qF}{L+qF-W}$作图，不仅麻烦，而且不能直接反映进料热状况，所以常常找出精馏段操作线与提馏段操作线的交点来作图。

精馏段操作线方程与提馏段操作线方程可分别用下面的式子来表示：

$$\begin{cases} Vy = Lx + Dx_{\mathrm{D}} \\ V'y = L'x - Wx_{\mathrm{W}} \end{cases} \tag{4-32}$$

两式相减，

$$(V'-V)y = (L'-L)x - (Dx_{\mathrm{D}} + Wx_{\mathrm{W}}) \tag{4-33}$$

根据全塔物料衡算，

$$Fx_{\mathrm{F}} = Dx_{\mathrm{D}} + Wx_{\mathrm{W}}$$

又：

$$L'-L = qF$$

$$V'-V = (q-1)F$$

整理可得：

$$y = \frac{q}{q-1}x - \frac{x_{\mathrm{F}}}{q-1} \tag{4-34}$$

式(4-34)称为 q 线方程或进料方程，代表两操作线交点的轨迹方程。该式也是直线方程，其斜率为$\dfrac{q}{q-1}$，截距为$-\dfrac{x_{\mathrm{F}}}{q-1}$。

将 q 线方程与对角线方程联立，求得交点坐标为 $x = x_{\mathrm{F}}$，$y = x_{\mathrm{F}}$，记作 $e(x_{\mathrm{F}},\ x_{\mathrm{F}})$。再从点 e 作斜率为$\dfrac{q}{q-1}$的直线，该线与精馏段操作线交于点 d，此点即为两操作线的交点，联结 cd，即为提馏段的操作线。

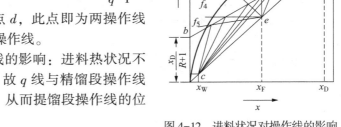

图4-12　进料状况对操作线的影响

②进料热状况对 q 线及操作线的影响：进料热状况不同，q 值及 q 线的斜率也就不同，故 q 线与精馏段操作线的交点因进料热状况不同而变动，从而提馏段操作线的位置也就随之而变化。见图4-12。

不同进料热状况对 q 值及 q 线的影响见表4-2。

表4-2　进料热状况对 q 线的影响

进料状况	q 值	q 线的斜率$\dfrac{q}{q-1}$	q 线在 $x-y$ 图上的位置
冷液	>1	+	↗
饱和液体	1	∞	↑
气液混合	0<q<1	−	↖
饱和蒸气	0	0	←
过热蒸气	<0	+	↙

③图解法求理论板层数的步骤(图4-13)：

a. 在直角坐标上绘出待分离混合液的 $x-y$ 平衡曲线，并作出对角线。

b. 在 $x = x_{\mathrm{D}}$ 处作铅垂线，与对角线交于点 a，再由精馏段操作线的截距$\dfrac{x_{\mathrm{D}}}{R+1}$值，在 y 轴上定出点 b，联 a、b，ab 线即精馏段操作线。

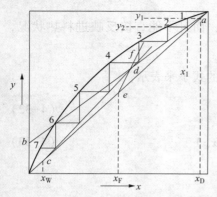

图 4-13　图解法求理论板层数

c. 在 $x = x_F$ 处作铅垂线，与对角线交于点 e，从点 e 作斜率为 $\dfrac{q}{q-1}$ 的 q 线 ef，该 q 线与 ab 线交于点 d。

d. 在 $x = x_W$ 处作铅垂线，与对角线交于点 c，联 c、d，cd 即提馏段操作线。

e. 从点 a 开始，在精馏段操作线与平衡线之间绘由水平线及铅垂线组成的梯级。当梯级跨过点 d 时，则改在提馏段操作线与平衡线之间绘梯级，直至某梯级的铅垂线达到或小于 x_W 为止。每一梯级，代表一层理论板，梯级总数即为理论板总层数。应予指出，也可从点 c 开始往上画梯级，结果相同。

④适宜的进料位置：图解过程中当某梯级跨过两操作线交点时，应更换操作线。跨过交点的梯级代表适宜的加料板。因为对一定的分离任务而言，此时所需的理论板层数为最少。

4.2.4.5　回流比对精馏的影响及选择

回流是保证精馏连续稳定操作的必要条件之一，且回流比是影响精馏操作费用和投资费用的重要因素，对于一定的分离任务，（即 F、x_F、q、x_W 一定），应选择适宜的回流比。

（1）全回流和最少理论板层数

若塔顶上升蒸气经冷凝后全部回流至塔内，这种方式称为全回流。此时塔顶产品 D 为零，通常 F 和 W 也均为零，即既不向塔内进料，也不从塔内取出产品，全塔也就无精馏段和提馏段之分，两段的操作线合二为一。

全回流时的回流比：

$$R = \frac{L}{D} = \frac{L}{0} = \infty$$

因此，精馏段操作线的斜率 $\dfrac{R}{R+1} = 1$，在 y 轴上的截距 $\dfrac{x_D}{R+1} = 0$，此时在 x-y 图上操作线与对角线相重合，操作线方程为 $y_{n+1} = x_n$，显然此时操作线和平衡线的距离最远，因此达到给定分离程度所需的理论板层数为最小，以 N_{min} 表示。N_{min} 可在 x-y 图上的平衡线和对角线间直接图解求得，也可以从芬斯克（Fenske）方程式计算得到。

全回流时，求算理论板层数的公式可由平衡方程和操作线方程导出。

当体系为理想体系或接近理想体系时，气液之间的平衡关系可用下式表示：

$$\left(\frac{y_A}{y_B}\right)_n = \alpha_n \left(\frac{x_A}{x_B}\right)_n \tag{4-35}$$

式中下标表示第 n 层理论板。

全回流时的操作线方程：

$$\left(\frac{y_A}{y_B}\right)_{n+1} = \left(\frac{x_A}{x_B}\right)_n \tag{4-36}$$

若塔顶采用全凝器，则：

$$y_1 = x_D \tag{4-37}$$

或：

$$\left(\frac{y_A}{y_B}\right)_1 = \left(\frac{x_A}{x_B}\right)_D \tag{4-37a}$$

离开第一层板的气液平衡关系为：

$$\left(\frac{y_A}{y_B}\right)_1 = \alpha_1 \left(\frac{x_A}{x_B}\right)_1 = \left(\frac{x_A}{x_B}\right)_D \tag{4-38}$$

在第一层板和第二层板间的操作线关系：

$$\left(\frac{y_A}{y_B}\right)_2 = \left(\frac{x_A}{x_B}\right)_1 \tag{4-39}$$

$$\left(\frac{x_A}{x_B}\right)_D = \alpha_1 \left(\frac{y_A}{y_B}\right)_2 \tag{4-40}$$

由第二层板的气液平衡关系：

$$\left(\frac{y_A}{y_B}\right)_2 = \alpha_2 \left(\frac{x_A}{x_B}\right)_2 \tag{4-41}$$

代入上式得：

$$\left(\frac{x_A}{x_B}\right)_D = \alpha_1 \alpha_2 \left(\frac{x_A}{x_B}\right)_2 \tag{4-42}$$

将第二层板与第三层板间的操作关系：

$$\left(\frac{y_A}{y_B}\right)_3 = \left(\frac{x_A}{x_B}\right)_2 \tag{4-43}$$

代入上式得：

$$\left(\frac{x_A}{x_B}\right)_D = \alpha_1 \alpha_2 \left(\frac{y_A}{y_B}\right)_3 = \alpha_1 \alpha_2 \alpha_3 \left(\frac{x_A}{x_B}\right)_3 \tag{4-44}$$

若将再沸器视为 $N+1$ 层理论板，重复上述的计算过程，直至再沸器止，可得：

$$\left(\frac{x_A}{x_B}\right)_D = \alpha_1 \alpha_1 \cdots \alpha_{N+1} \left(\frac{x_A}{x_B}\right)_W \tag{4-45}$$

若令 $\alpha_m = \sqrt[N+1]{\alpha_1 \alpha_2 \cdots \alpha_N}$ ，则上式可改写为：

$$\left(\frac{x_A}{x_B}\right)_D = \alpha_m^{N+1} \left(\frac{x_A}{x_B}\right)_W \tag{4-46}$$

因全回流时所需理论板层数为 N_{min} ，以 N_{min} 代替上式的 N ，并将该式等号两边取对数，经整理得：

$$N_{min} + 1 = \frac{\lg\left[\left(\frac{x_A}{x_B}\right)_D \left(\frac{x_A}{x_B}\right)_W\right]}{\lg \alpha_m} \tag{4-47}$$

对双组分溶液，上式可略去下标 A、B 而可写为：

$$N_{min} + 1 = \frac{\lg\left[\left(\frac{x_D}{1-x_D}\right)\left(\frac{1-x_W}{x_W}\right)\right]}{\lg \alpha_m} \tag{4-47a}$$

式中　N_{min}——全回流时所需的最少理论板层数（不包括再沸器）；

α_m——全塔平均相对挥发度，当 α 变化不大时，可取塔顶和塔底的几何平均值。

式(4-47a)称为芬斯克公式，用以计算全回流下采用全凝器时的最少理论板层数。若将式中的 x_W 换成进料组成 x_F ，α 取为塔顶和进料处的平均值，则该式也可用以计算精馏段的理论板层数及加料板位置。

应予指出，全回流是回流比的上限。由于在这种情况下得不到精馏产品，即生产能力为零，因此对正常生产无实际意义。但在精馏的开工阶段或实验研究时，多采用全回流操作，以便于过程的稳定和控制。

（2）最小回流比

从精馏段的操作线方程可以看出，当回流比从全回流逐渐减小时，精馏段操作线的截距随之逐渐增大，两操作线的位置将向平衡线靠近，因此为达到相同分离程度时所需的理论板层数亦逐渐增多，当回流比减小到使两操作线交点 d 正好落在平衡线时，所需理论板层数便无限多。这是因为在点 d 前后各板之间（进料板上、下区域），气液两相组成基本上不发生变化，无增浓作用，故这个区域称为恒浓区（或称为挟紧区），点 d 称为挟紧点。此时若在平衡线和操作线之间画梯级，就需要无限多梯级才能达到点 d，这种情况下的回流比称为最小回流比，以 R_{min} 表示。最小回流比是回流比的下限。当回流比较 R_{min} 还要低时，操作线和 q 线的交点就落在平衡线之外，精馏操作就无法进行。但若回流比较 R_{min} 稍高一点，就可以进行实际操作，不过所需塔板层数很多。

最小回流比 R_{min} 有以下两种求法：

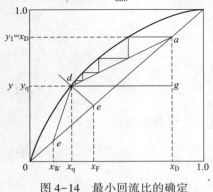

图 4-14　最小回流比的确定

① 作图法（图 4-14）　根据精馏段操作线斜率可知：

$$\frac{R_{min}}{R_{min}+1}=\frac{x_D-y_q}{x_D-x_q} \tag{4-48}$$

将上式整理得：

$$R_{min}=\frac{x_D-y_q}{y_q-x_q} \tag{4-49}$$

式中　x_q、y_q——q 线与平衡线的交点坐标，可由图中读得。

若为饱和液体进料：

$$x_q=x_F \qquad y_q=y_F$$

$$R_{min}=\frac{x_D-y_F}{y_F-x_F} \tag{4-49a}$$

② 解析法　因在最小回流比下，操作线与 q 线交点坐标位于平衡线上，对于相对挥发度为常量（或取平均值）的理想溶液，有：

$$y_q=\frac{\alpha x_q}{1+(\alpha-1)x_q} \tag{4-50}$$

将上式代入最小回流比的计算式，得：

$$R_{min}=\frac{x_D-\dfrac{\alpha x_q}{1+(\alpha-1)x_q}}{\dfrac{\alpha x_q}{1+(\alpha-1)x_q}-x_q} \tag{4-51}$$

简化上式得：

$$R_{min}=\frac{1}{\alpha-1}\left[\frac{x_D}{x_q}-\frac{\alpha(1-x_D)}{1-x_q}\right] \tag{4-52}$$

饱和液体进料时，$x_q=x_F$，$y_q=y_F$

$$R_{min}=\frac{1}{\alpha-1}\left[\frac{x_D}{x_F}-\frac{\alpha(1-x_D)}{1-x_F}\right] \tag{4-52a}$$

（3）适宜回流比的选择

对于一定的分离任务，若在全回流下操作，虽然所需理论板层数为最小，但是得不到产品；若在最小回流比下操作，则所需理论板层数为无限多。因此，实际回流比总是介于两种极限情况之间。适宜的回流比应通过经济核算来决定，即操作费用和设备费用之和为最低时的回流比，称为适宜的回流比。

在精馏设计中，适宜的回流比也可根据经验选取。通常，操作回流比可取为最小回流比的 1.1~2.0 倍。即：

$$R = (1.1 \sim 2) R_{min} \tag{4-53}$$

4.2.4.6　简捷法求理论板层数

精馏塔理论板层数除了可用前述的图解法和逐板计算法求算外，还可采用简捷法计算。下面介绍一种采用经验关联图的捷算法。

（1）吉利兰特（Gilliland）关联图

精馏塔是在全回流及最小回流比两个极限之间操作的。回流比最小时，理论板层数为无限多；全回流时，所需理论板层数为最少，采用实际回流比时，则需要一定层数的理论板。为此，人们对 R_{min}、R、N_{min} 及 N 四个变量之间的关系进行了广泛的研究，得到上述四个变量之间的关联图，称吉利兰特关联图，如图 4-15 所示。

吉利兰特关联图为双对数坐标，横坐标表示 $\dfrac{R-R_{min}}{R+1}$，纵坐标表示 $\dfrac{N-N_{min}}{N+2}$。其中 N、N_{min} 为不包括再沸器的理论板层数及最少理论板层数。

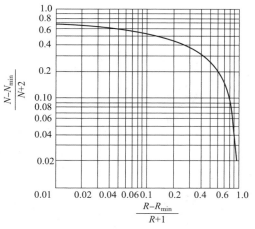

图 4-15　吉利兰特关联图

由图可见，曲线的两端代表两种极限的情况。

右端表示全回流下的操作情况，即 $R = \infty$，$\dfrac{R-R_{min}}{R+1} = 1$，故 $\dfrac{N-N_{min}}{N+2} = 0$ 或 $N = N_{min}$，说明全回流时理论板层数为最少。曲线左端延长后表示在最小回流比下的操作情况，此时 $\dfrac{R-R_{min}}{R+1} = 0$，$\dfrac{N-N_{min}}{N+2} = 1$ 或 $N = \infty$，说明用最小回流比操作时理论板层数为最多。

若能求得 R_{min}、N_{min} 的值，确定 R 值，就可得到 $\dfrac{R-R_{min}}{R+1}$ 值，从而从图上查到 $\dfrac{N-N_{min}}{N+2}$ 的值，在 N_{min} 已知的条件下，就可确定 N 值。

（2）简捷法求理论板层数的步骤

① 求出最小回流比，并确定 R 值。

最小回流比可根据最小回流比的定义，从相图中求出。

$$R_{min} = \frac{x_D - y_q}{y_q - x_q}$$

对于饱和液体进料，$x_q = x_F$，$y_q = y_F$

$$R_{min} = \frac{x_D - y_F}{y_F - x_F}$$

对于理想溶液，气液之间关系可用气液平衡方程表示：

$$y = \frac{\alpha x}{1+(\alpha-1)x}$$

对于饱和液体进料，可根据 x_F 用上式求得 y_F；对于其它进料热状况，可根据 x_q 求得 y_q，代入回流比计算式中计算最小回流比。

根据最小回流比，确定实际回流比。

$$R = (1.1 \sim 2)R_{min}$$

②计算全回流时的最小理论板层数。

全回流时所需的理论板层数 N_{min} 可用下式计算：

$$N_{min} + 1 = \frac{\lg\left[\left(\frac{x_D}{1-x_D}\right)\left(\frac{1-x_W}{x_W}\right)\right]}{\lg\alpha_m}$$

式中　N_{min}——全回流时所需的最少理论板层数(不包括再沸器)；

　　　α_m——全塔平均相对挥发度，当 α 变化不大时，可取塔顶和塔底的几何平均值。

③确定理论板层数。

计算 $\frac{R-R_{min}}{R+1}$ 之值，在吉利兰特图横坐标上找出相应点，由此点向上作铅垂线，与曲线相交，由交点的纵坐标 $\frac{N-N_{min}}{N+2}$ 的值，算出理论板层数 N(不包括再沸器)。

④确定加料板位置。

若要计算精馏段的理论板层数，确定加料板位置，就要先计算精馏段的最小理论板层数，然后从吉利兰特关联图上求得精馏段的理论板层数，就可确定加料板位置。计算精馏段最小理论板层数时，只要将全塔最小理论板层数求算中 x_W 换成进料组成 x_F 即可。即：

$$N_{精,min} + 1 = \frac{\lg\left[\left(\frac{x_D}{1-x_D}\right)\left(\frac{1-x_F}{x_F}\right)\right]}{\lg\alpha_m} \tag{4-54}$$

式中　$N_{精,min}$——全回流时精馏段所需的最少理论板层数；

　　　α_m——精馏段平均相对挥发度。

4.2.4.7　塔板效率和实际板层数

理论塔板假设塔板上气相浓度和液相浓度都是均匀的，且气液两相达到平衡，但在实际塔板上气液两相接触时一般不能达到平衡状态，因此实际塔板层数总比理论板层数要多。理论板只是衡量实际板分离效率的标准。由于实际板和理论板在分离效果上的差异，因此，引入"塔板效率"。塔板效率有多种表示方法，下面介绍其中常用的两种。

(1)单板效率 E_M

单板效率又称莫夫里效率。它是以气相(或液相)经过实际板的组成变化值与经过理论板的组成变化值来表示的。对于任意的第 n 层板，单板效率可分别按气相组成及液相组成的变化来表示，即：

$$E_{MV} = \frac{实际塔板气相增浓值}{理论塔板气相增浓值} = \frac{y_n - y_{n+1}}{y_n^* - y_{n+1}} \tag{4-55}$$

$$E_{ML} = \frac{实际塔板液相降浓值}{理论塔板液相降浓值} = \frac{x_{n-1} - x_n}{x_{n-1} - x_n^*} \tag{4-56}$$

式中　y_n^*——与 x_n 成平衡的气相中易挥发组分的摩尔分数；

　　x_n^*——与 y_n 成平衡的液相中易挥发组分的摩尔分数；

　　y_{n+1}、y_n——进入和离开第 n 层塔板的气相组成；

　　x_{n-1}、x_n——进入和离开第 n 层塔板的液相组成；

　　E_{ML}——液相莫夫里效率；

　　E_{MV}——气相莫夫里效率。

（2）全塔效率

全塔效率又称总板效率。一般来说，精馏塔中各层板的单板效率并不相等，为简便起见，常用全塔效率来表示，即：

$$E = \frac{N_T}{N_P} \times 100\% \qquad\qquad (4-57)$$

式中　E——全塔效率；

　　N_T——理论板层数；

　　N_P——实际板层数。

全塔效率反映塔中各层塔板的平均效率，因此它是理论板层数的一个校正系数。对于一定结构的板式塔，若已知在某种操作条件下的全塔效率，便可求得实际板层数，即：

$$N_P = \frac{N_T}{E} \qquad\qquad (4-58)$$

（3）影响塔板效率的因素

塔板效率反映实际塔板上传质过程进行的程度。传质系数、传质推动力、传质面积和气液接触时间是决定塔板上各点处气、液接触效率的重要因素。归结起来，影响塔板效率的因素有：

①物系性质　影响塔板效率的物系性质主要有黏度、密度、表面张力、扩散系数、相对挥发度等。

②塔板型式与结构　塔板结构因素主要包括板距、堰高、塔径以及液体在板上的流径长度等。

③操作条件　操作条件主要有温度、压强、气体上升速率、溢流强度、气液流量比等因素，其中气速的影响尤为重要。

4.2.4.8　塔高和塔径的计算

（1）塔高的计算

对于板式精馏塔，应先利用塔板效率将理论板层数折算成实际板层数，然后再由实际板层数和板间距（板间距指相邻两层实际板之间的距离，可取经验值）来计算塔高。应予指出，由上面算出的塔的高度，是指精馏塔主体的有效高度，而不包括塔底蒸馏釜和塔顶空间等高度在内。

（2）塔径的计算

精馏塔的直径，可由塔内上升蒸气的体积流量及其通过塔横截面的空塔速度来求出，即：

$$V_s = \frac{\pi}{4} D^2 u$$

或：

$$D = \sqrt{\frac{4V_s}{\pi u}} \qquad (4-59)$$

式中　D——精馏塔的内径，m；

　　　u——空塔速度，m·s^{-1}；

　　　V_s——塔内上升蒸气的体积流量，m^3·s^{-1}。

精馏段和提馏段内的上升蒸气体积流量 V_s 可能不同，因此两段的 V_s 及直径应分别计算。

①精馏段 V_s 的计算

$$V = L + D = (R+1)D \qquad (4-60)$$

式中　V——精馏段上升蒸气的摩尔流量，kmol·h^{-1}。

$$V_s = \frac{VM_m}{3600\rho_V} \qquad (4-61)$$

式中　V_s——气相体积流量，m^3·s^{-1}；

　　　ρ_V——在平均操作压强和温度下气相密度，kg·m^{-3}；

　　　M_m——气相平均摩尔质量，kg·kmol^{-1}；

若精馏操作压强较低时，气相可视为理想气体混合物，则：

$$V_s = \frac{22.4V}{3600} \cdot \frac{Tp_0}{T_0 p} \qquad (4-62)$$

式中　T、T_0——操作的平均温度和标准状况下的温度，K；

　　　p、p_0——操作的平均压强和标准状况下的压强，N·m^{-2}。

②提馏段 V_s' 的计算

$$V' = V + (q-1)F \qquad (4-63)$$

由上式求得 V' 后，可按前面精馏段中的方法，将摩尔流量换算为体积流量 V_s'。

由于进料热状况及操作条件不同，两段的上升蒸气体积流量可能不同，故所要求的塔径也不相同。但若两段的上升蒸气体积流量相差不太大时，为使塔的结构简化，两段宜采用相同的塔径。

§4.3　基础知识测试题

一、填空题

1. 在 $t-x-y$ 图中的气液共存区内，气液两相温度_____，但气相组成_____液相组成，而两相的量可根据_____来确定。

2. 当气液两相组成相同时，则气相露点温度_____液相泡点温度。

3. 双组分溶液的相对挥发度 α 是溶液中_____的挥发度对_____的挥发度之比，若 $\alpha = 1$ 表示_____。物系的 α 值愈大，在 $x-y$ 图中的平衡曲线愈_____对角线。

4. 工业生产中在精馏塔内是将_____过程和_____过程有机结合起来而实现操作的。而_____是精馏与普通蒸馏的本质区别。

5. 精馏塔的作用是_____。

6. 在连续精馏塔内，加料板以上的塔段称为_____，其作用是_____；加料板以下的塔段(包括加料板)称为_____，其作用是_____。

7. 离开理论板时，气液两相达到_____状态，即两相_____相等，_____互成平衡。

8. 精馏塔的塔顶温度总是低于塔底温度，其原因有_____和_____。

9. 精馏过程回流比 R 的定义式为_____；对于一定的分离任务来说，当 $R=$_____时，所需理论板数为最少，此种操作称为_____；而 $R=$_____时，所需理论板数为∞。

10. 精馏塔有_____进料热状况，其中以_____进料 q 值最大，进料温度_____泡点温度。

11. 某连续精馏塔中，若精馏段操作线方程的截距等于零，则回流比等于_____，馏出液流量等于_____，操作线方程为_____。

12. 在操作的精馏塔中，第一板及第二板气液两相组成分别为 y_1、x_1 及 y_2、x_2，则它们的大小顺序为_____最大，_____第二，_____第三，而_____最小。

13. 对于不同的进料热状况，x_q、y_q 与 x_F 的关系为(选择：大于、等于、小于)
(1)冷液进料：x_q _____ x_F，y_q _____ x_F；
(2)饱和液体进料：x_q _____ x_F，y_q _____ x_F；
(3)气液混合物进料：x_q _____ x_F，y_q _____ x_F；
(4)饱和蒸气进料：x_q _____ x_F，y_q _____ x_F；
(5)过热蒸气进料：x_q _____ x_F，y_q _____ x_F。

14. 精馏操作时，增大回流比 R，其他操作条件不变，则精馏段液气比_____，馏出液组成 x_D _____釜残液组成 x_W _____。

15. 精馏塔的设计中，若进料热状况由原来的饱和蒸气进料改为饱和液体进料，其它条件维持不变，则所需的理论塔板数 N_T _____，提馏段下降液体流量 L' _____。

二、选择题

1. 精馏塔中由塔顶向下的第 $n-1$，n，$n+1$ 层塔板，其气相组成关系为(   )。
(A)$y_{n+1}>y_n>y_{n-1}$ (B)$y_{n+1}=y_n=y_{n-1}$
(C)$y_{n+1}<y_n<y_{n-1}$ (D)不确定

2. 某两组分混合物，其中 A 为易挥发组分，液相组成 $x_A=0.4$，相应的泡点温度为 t_1，气相组成 $y_A=0.4$，相应的露点温度为 t_2，则(   )。
(A)$t_1<t_2$ (B)$t_1=t_2$
(C)$t_1>t_2$ (D)不能判断

3. 若进料量、进料组成、进料热状况都不变，要提高 x_D，可采用(   )。
(A)减小回流比   (B)增加提馏段理论板数
(C)增加精馏段理论板数   (D)塔釜保温良好

4. 在精馏操作中，若进料位置过高，会造成(   )。
(A)釜残液中易挥发组分含量增高   (B)实际板数减少
(C)馏出液中难挥发组分含量增高   (D)各组分含量没有变化

5. 精馏塔采用全回流时，其两操作线(   )。

(A)与对角线重合　　　　　　　　(B)距平衡线最近

(C)斜率为零　　　　　　　　　　(C)在 y 轴上的截距为1

6. 精馏的两操作线都是直线，主要是基于(　　)。

(A)理论板的概念　　　　　　　　(B)理想溶液

(C)服从拉乌尔定律　　　　　　　(D)恒摩尔流假设

7. 当 x_F、x_D、x_W 和 q 一定时，若减小回流比 R，其它条件不变，则(　　)。

(A)精馏段操作线的斜率变小，两操作线远离平衡线

(B)精馏段操作线的斜率变小，两操作线靠近平衡线

(C)精馏段操作线的斜率变大，两操作线远离平衡线

(D)精馏段操作线的斜率变大，两操作线靠近平衡线

三、判断题

1. 理想溶液中组分的相对挥发度等于同温度下两纯组分的饱和蒸气压之比。　　(　　)

2. 从相平衡 x-y 图中可以看出，平衡曲线距离对角线越近，则表示该溶液越容易分离。
(　　)

3. 用于精馏计算的恒摩尔液流假定，就是指从塔内两段每一层塔板下降的液体摩尔流量都相等。
(　　)

4. 精馏段操作线的斜率随回流比的增大而增大，所以当全回流时精馏段操作线斜率为无穷大。
(　　)

5. 用图解法求理论塔板数时，适宜的进料位置应该在跨过两操作线交点的梯级上。
(　　)

6. 当进料量、进料组成及分离要求都一定时，两组分连续精馏塔所需理论塔板数的多少与(1)操作回流比有关(　　)；(2)原料液的温度有关。　　(　　)

7. 对于精馏塔的任何一层理论板来说，其上升蒸气的温度必然等于其下降液体的温度。
(　　)

8. 当 F、x_F 一定时，只要规定了分离程度 x_D 和 x_W，则 D 和 W 也就被确定了。(　　)

9. 当精馏操作的回流比减少至最小回流比时，所需理论板数为最小。　　　　(　　)

10. 在精馏操作中，若进料的热状况不同，则提馏段操作线的位置不会发生变化。
(　　)

四、计算题

1. 已知甲醇和丙醇在80℃时的饱和蒸气压分别为181.13kPa和50.92kPa，且该溶液为理想溶液。试求：

(1)80℃时甲醇与丙醇的相对挥发度；

(2)若在80℃下气液两相平衡时的液相组成为0.6，试求气相组成；

(3)此时的总压。

2. 已知二元理想溶液上方易挥发组分A的气相组成为0.45(摩尔分数)，在平衡温度下，A、B组分的饱和蒸气压分别为145kPa和125kPa。求平衡时A、B组分的液相组成及总压。

3. 在连续精馏塔中分离两组分理想溶液，原料液流量为 $100kmol \cdot h^{-1}$，组成为0.3(摩尔分数)，其精馏段和提馏段操作线方程分别为 $y=0.8x+0.172$ 和 $y=1.3x-0.018$，试求馏出

液和釜液流量。

4. 某精馏塔分离 A、B 混合液，以饱和蒸气加料，加料中含 A 和 B 各为 50%（摩尔分数），处理量为每小时 100kmol，塔顶、塔底产品量每小时各为 50kmol。精馏段操作线方程为：$y=0.8x+0.18$，间接蒸气加热，塔顶采用全凝器，试求：

（1）塔顶、塔釜产品液相组成；

（2）全凝器中每小时的蒸气冷凝量；

（3）塔釜每小时产生的蒸气量；

（4）提馏段操作线方程。

5. 用一连续精馏塔分离由组分 A、B 所组成的理想混合液。原料液和馏出液中含组分 A 的含量分别为 0.45 和 0.96（均为摩尔分数），已知在操作条件下溶液的平均相对挥发度为 2.3，最小回流比为 1.65。试说明原料液的进料热状态，并求出 q 值。

6. 在常压连续精馏塔中，分离苯-甲苯混合液，原料液流量为 $100\mathrm{kmol \cdot h^{-1}}$，其中含苯 0.4（摩尔分数，下同），泡点进料。馏出液组成为 0.97，釜液组成为 0.02，塔顶采用全凝器，操作回流比为 2.0，操作条件下物系的平均相对挥发度为 2.47。试求：

（1）用逐板计算法求理论板数；

（2）塔内循环的物料流量。

7. 在常压连续精馏塔中分离某理想溶液，原料液浓度为 0.4，塔顶馏出液浓度为 0.95，塔釜产品组成为 0.05（均为易挥发组分的摩尔分数），塔顶采用全凝器，进料为饱和液体进料。若操作条件下塔顶、塔釜及进料组分间的相对挥发度分别为 2.6、2.34 及 2.44，取回流比为最小回流比的 1.5 倍。

（1）试用简捷法确定完成该分离任务所需的理论塔板数及加料板位置。

（2）假如原料液组成变为 0.7（摩尔分数），产品组成与前面相同，则最小理论板数为多少？

8. 用连续精馏塔分离含苯的摩尔分数为 0.50，含甲苯的摩尔分数为 0.50 的混合液，要求馏出液含苯的摩尔分数为 0.90，残液含苯的摩尔分数为 0.10，泡点进料。已知原料液进料量为 $200\mathrm{kmol \cdot h^{-1}}$，塔釜产生的蒸气量为 $300\mathrm{kmol \cdot h^{-1}}$。试求：

（1）馏出液及残液量的摩尔流量，$\mathrm{kmol \cdot h^{-1}}$；

（2）精馏段操作线方程和提馏段操作线方程的具体表达式。

9. 在一个连续精馏塔内对苯-甲苯的混合液进行分离。料液中苯的摩尔分数 $x_F=0.50$，塔顶产品中要求达到苯的摩尔分数为 0.90，釜残液中苯的摩尔分数要求低于 0.10。实际回流比为最小回流比的 2 倍。泡点下饱和液体进料。若已知与液相组成 $x_F=0.50$ 成平衡的蒸气相组成为 $y_F^*=0.70$，试求：

（1）$1000\mathrm{kmol \cdot h^{-1}}$ 料液可得到的塔顶产品量；

（2）实际回流比；

（3）精馏段操作线方程的具体表达式。

10. 要分离含易挥发组分的摩尔分数为 0.50 的某理想溶液，要求塔顶馏出液及釜残液中含易挥发组分的摩尔分数分别为 0.95 和 0.05。已知在某进料状态下的最小回流比为 0.81，实际回流比取最小回流比的 1.3 倍，提馏段操作线方程为 $y=1.2x-0.01$。

（1）计算 q 值，并说明进料状态；

（2）若塔顶采用全凝器，试问离开从塔顶数起第一块塔板的液体组成为多少？

11. 将含苯的摩尔分数为 0.40 的苯-甲苯混合液加入一连续精馏塔中，要求馏出液中含苯的摩尔分数为 0.90，釜液中含苯的摩尔分数为 0.0667。已知进入冷凝器中蒸气量为 115.2kmol·h^{-1}，塔顶回流液量为 75.2kmol·h^{-1}，试求塔顶采出率(馏出液与原料液摩尔流量之比)及回流比 R。

12. 已知苯-甲苯体系的相对挥发度 $\alpha = 2.42$。在全回流时，测得相邻三块塔板上液体出口苯的摩尔分数分别为 0.20，0.30，0.43，试求中间一块塔板以液相浓度差表示的单板效率。

13. 某一连续精馏塔分离 A-B 混合液，塔顶为全凝器。系统相对挥发度为 2.4，精馏段操作线方程为：$y_{n+1} = 0.75x_n + 0.15$。若从第一块板下降液体中易挥发组分的摩尔分数为 0.50，试求该塔板的单板效率。

§4.4　基础知识测试题参考答案

一、填空题

1. 相等、大于、杠杆规则

2. 大于

3. 易挥发组分、难挥发组分、不能用普通蒸馏方法分离、远离

4. 多次部分汽化、多次部分冷凝、回流

5. 提供气液接触进行传热和传质的场所

6. 精馏段、提浓上升蒸气中易挥发组分、提馏段、提浓下降液体中难挥发组分

7. 平衡、温度、组成

8. 塔顶易挥发组分含量高、塔底压力高于塔顶

9. $R = \dfrac{L}{D}$、∞、全回流、R_{min}

10. 五种、冷液体、小于

11. ∞、零、$y_{n+1} = x_n$

12. y_1、y_2、x_1、x_2

13. 大于、大于；等于、大于；小于、大于；小于、等于；小于、小于

14. 增加、增加、减小

15. 减小、增加

二、选择题

1. C　2. A　3. C　4. C　5. A　6. D　7. B

三、判断题

1. √　2. ×　3. ×　4. ×　5. √　6. (1)√　(2)√　7. √　8. √　9. ×　10. ×

四、计算题

1. 解：(1)甲醇与丙醇在 80℃时的相对挥发度

$$\alpha = \frac{p_A^\circ}{p_B^\circ} = \frac{181.13}{50.92} = 3.557$$

(2)当 $x = 0.6$ 时

$$y = \frac{\alpha x}{1+(\alpha-1)x} = \frac{3.557 \times 0.6}{1+(3.557-1) \times 0.6} = 0.842$$

（3）总压

$$P = \frac{p_A^\circ x}{y} = \frac{181.13 \times 0.6}{0.842} = 129.07 (kPa)$$

2. 解：对二元理想溶液的气液平衡关系可采用拉乌尔定律及道尔顿分压定律求解。

已知理想溶液 $y_A = 0.45$，则 $y_B = 1 - y_A = 1 - 0.45 = 0.55$

根据拉乌尔定律：$p_A = p_A^\circ x_A$，$p_B = p_B^\circ x_B$

道尔顿分压定律：$p_A = P y_A$，$p_B = P y_B$

则有
$$x_A = \frac{P y_A}{p_A^\circ}, \quad x_B = \frac{P y_B}{p_B^\circ}$$

因为
$$x_A + x_B = 1$$

所以
$$P\left(\frac{y_A}{p_A^\circ} + \frac{y_B}{p_B^\circ}\right) = 1$$

即
$$P\left(\frac{0.45}{145} + \frac{0.55}{125}\right) = 1$$

可解得
$$P = 133.3 kPa$$

则液相组成
$$x_A = \frac{P y_A}{p_A^\circ} = \frac{133.3 \times 0.45}{145} = 0.414$$

$$x_B = 1 - x_A = 1 - 0.414 = 0.586$$

3. 解：由精馏段操作线斜率得

$$\frac{R}{R+1} = 0.8, \quad 故 \ R = 4$$

由精馏段操作线的截距得 $\frac{x_D}{R+1} = 0.172$，$x_D = 0.86$（摩尔分数）

x_W 由提馏段操作线方程和对角线方程联立解得

$$x_W = \frac{0.018}{1.3-1} = 0.06$$

对全塔作物料物料衡算得

$$D + W = F = 100$$

$$0.86D + 0.06W = 100 \times 0.3$$

所以
$$D = 30 kmol \cdot h^{-1}, \quad W = 70 kmol \cdot h^{-1}$$

4. 解：（1）塔顶、塔釜产品液相组成

由精馏段操作线方程 $y = 0.8x + 0.18$，可得

$\frac{R}{R+1} = 0.8$，所以 $R = 4$

$\frac{x_D}{R+1} = 0.18$ 得 $x_D = 0.9$

又由物料衡算 $F x_F = D x_D + W x_W$，可得

$$x_W = \frac{F x_F - D x_D}{W} = \frac{100 \times 0.5 - 50 \times 0.9}{50} = 0.1$$

（2）全凝器中每小时蒸汽冷凝量 V

$$V=(R+1)D=(4+1)\times50=250(\text{kmol}\cdot\text{h}^{-1})$$

（3）塔釜每小时产生的蒸汽量 V'

$$V'=V-F=250-100=150(\text{kmol}\cdot\text{h}^{-1})$$

（4）提馏段操作线方程

由于 $\qquad\qquad L'=L+qF$ 且 $q=0$

所以 $\qquad\qquad L'=L=RD=50\times4=200(\text{kmol}\cdot\text{h}^{-1})$

故提馏段操作线方程为

$$y'_{m+1}=\frac{L'}{V'}x_m-\frac{W}{V'}x_W=\frac{200}{150}x_m-\frac{50}{150}\times0.1=1.33x_m-0.033$$

5. 解：由最小回流比的定义知，平衡线与精馏段操作线的交点也必是 q 线与平衡线的交点。由题知平衡方程为

$$y=\frac{\alpha x}{1+(\alpha-1)x}=\frac{2.3x}{1+1.3x}$$

精馏段操作线方程为

$$y=\frac{R}{R+1}x+\frac{1}{R+1}x_D=\frac{R_{min}}{R_{min}+1}+\frac{1}{R_{min}+1}x_D=\frac{1.65}{1.65+1}x+\frac{0.96}{1.65+1}=0.623x+0.362$$

联立上面两式，解得

$$x_q=0.417,\quad y_q=0.622$$

因 $x_q<x_F$，$y_q>x_F$，故原料液的进料热状况为气液混合物。

由 q 线方程得

$$y=\frac{q}{q-1}x-\frac{x_F}{q-1}$$

即 $\qquad\qquad 0.622=\frac{q}{q-1}\times0.417-\frac{0.45}{q-1}$

解得 $q=0.839$

6. 解：（1）逐板计算法求 N_T

首先求出两操作线方程，其中精馏段操作线方程为

$$y_{n+1}=\frac{R}{R+1}x_n+\frac{x_D}{R+1}=\frac{2}{2+1}x_n+\frac{0.97}{2+1}=0.667x_n+0.323 \qquad ①$$

提馏段的操作线方程

$$y_{n+1}=\frac{RD+qF}{RD+qF-W}x_n-\frac{Wx_W}{RD+qF-W}$$

其中 D 和 W 由全塔物料衡算求得，即

$$D+W=F=100$$

$$0.97D+0.02W=100\times0.4$$

解得：$D=40\text{kmol}\cdot\text{h}^{-1}$，$W=60\text{kmol}\cdot\text{h}^{-1}$

且 $\qquad\qquad q=1$

故 $\qquad y_{n+1}=\frac{2\times40+1\times100}{2\times40+100-60}x_n-\frac{60\times0.02}{2\times40+100-60}=1.5x_n-0.01 \qquad ②$

气液平衡方程为

$$x = \frac{y}{\alpha - (\alpha - 1)y} = \frac{y}{2.47 - 1.47y} \qquad ③$$

理论板数 N_T 由逐板计算法求得，即：从塔顶开始往下计算，因采用全凝器，故

$$y_1 = x_D = 0.97$$

由式③求得 x_1，即

$$x_1 = \frac{0.97}{2.47 - 1.47 \times 0.97} = 0.927$$

再由式①求得 y_2，即

$$y_2 = 0.667 \times 0.927 + 0.323 = 0.941$$

依次交替使用式③和式①，直至 $x_n \leqslant 0.40$，再交替使用式②和式③直至 $x_m \leqslant 0.02$ 为止。计算结果见下表：

序号	1	2	3	4	5	6	7	8	9	10	11	12	13	14	15
y	0.97	0.941	0.901	0.848	0.785	0.725	0.667	0.622	0.590	0.542	0.476	0.394	0.302	0.0894	0.0473
x	0.927	0.866	0.787	0.693	0.597	0.516	0.448	0.40 (≤0.40, 加料板)	0.368	0.324	0.269	0.208	0.149	0.0382	0.0197 ≤0.02

故所需理论板数为14(不包括再沸器)，从上往下的第8层为加料板。

(2)塔内物料循环量

因泡点回流，精馏段循环量为

$$L = RD = 2 \times 40 = 80 (\text{kmol} \cdot \text{h}^{-1})$$

$$V = (R+1)D = (2+1) \times 40 = 120 (\text{kmol} \cdot \text{h}^{-1})$$

净流量为

$$V - L = 102 - 80 = 40 (\text{kmol} \cdot \text{h}^{-1})$$

提馏段循环量为

$$L' = L + qF = 80 + 1 \times 100 = 180 (\text{kmol} \cdot \text{h}^{-1})$$

$$V' = V - (1-q)F = 120 (\text{kmol} \cdot \text{h}^{-1})$$

净流量为

$$L' - V' = 180 - 120 = 60 (\text{kmol} \cdot \text{h}^{-1})$$

7. 解：(1)简捷法计算理论塔板数的步骤如下：

①最小回流比 R_{min}

因为是泡点进料，故

$$R_{min} = \frac{1}{\alpha - 1}\left[\frac{x_D}{x_F} - \frac{\alpha(1-x_D)}{1-x_F}\right]$$

式中，相对挥发度 α_1 采用塔顶与塔底相对挥发度的几何平均值，即

$$\alpha_1 = \sqrt{\alpha_D \alpha_W} = \sqrt{2.6 \times 2.34} = 2.47$$

故

$$R_{min} = \frac{1}{2.47 - 1}\left[\frac{0.95}{0.40} - \frac{2.47 \times (1-0.95)}{1-0.40}\right] = 1.48$$

②最小理论板数 $N_{\min}$

$$N_{\min} = \frac{\lg\left[\left(\dfrac{x_D}{1-x_D}\right)\left(\dfrac{1-x_W}{x_W}\right)\right]}{\lg\alpha} - 1 = \frac{\lg\left[\left(\dfrac{0.95}{1-0.95}\right)\left(\dfrac{1-0.05}{0.05}\right)\right]}{\lg 2.47} - 1 = 5.51$$

③理论塔板数 N

由题意

$$R = 1.5R_{\min} = 1.5 \times 1.48 = 2.22$$

则

$$\frac{R-R_{\min}}{R+1} = \frac{2.22-1.48}{2.22+1} = 0.23$$

由此值查吉利兰关联图得

$$\frac{N-N_{\min}}{N+2} = 0.43$$

将 $N_{\min} = 5.51$ 代入上式中,得全塔理论塔板数

$N = 11.2 \approx 12$(不包括再沸器)

④进料板位置

将芬斯克方程式中的釜液组成 x_W 换成进料组成 x_F,α_2 按塔顶和进料相对挥发度的几何平均值计算,便可求出精馏段的最少理论塔板数 $N_{\min,精}$

因为

$$\alpha_2 = \sqrt{\alpha_D \alpha_F} = \sqrt{2.6 \times 2.44} = 2.52$$

所以

$$N_{\min,精} = \frac{\lg\left[\left(\dfrac{x_D}{1-x_D}\right)\left(\dfrac{1-x_F}{x_F}\right)\right]}{\lg\alpha} - 1 = \frac{\lg\left[\left(\dfrac{0.95}{1-0.95}\right)\left(\dfrac{1-0.4}{0.4}\right)\right]}{\lg 2.52} - 1 = 2.62$$

前边已查出 $\dfrac{R-R_{\min}}{R+1} = \dfrac{2.22-1.48}{2.22+1} = 0.23$ 时,$\dfrac{N-N_{\min}}{N+2} = 0.43$

将 $N_{\min,精} = 2.62$ 代入,得包括进料板在内的精馏段理论塔板数 $N_1 = 6.1$,即加料板为从塔顶数起的第 7 块理论板。

(2)原料液组成变为 0.7 时的最小理论塔板数:

最小理论塔板数是在全回流的情况下所需要的理论板数,故在分离任务一定的前提下,进料组成的改变对最小理论塔板数无影响。所以组成改变后最小理论塔板数 $N_{\min}$ 仍为 5.51(不包括再沸器)。

8. 解:(1)

$$\begin{cases} F = D + W \\ Fx_F = Dx_D + Wx_W \end{cases} \qquad \begin{aligned} 200 &= D + W \\ 200 \times 0.5 &= D \times 0.9 + W \times 0.1 \end{aligned}$$

解得 $D = 100\ \text{kmol} \cdot \text{h}^{-1}$,$W = 100\ \text{kmol} \cdot \text{h}^{-1}$

(2)$V = V' = 300\ \text{kmol} \cdot \text{h}^{-1}$

$$V = L + D \qquad 则 \quad L = V - D = 200\ \text{kmol} \cdot \text{h}^{-1}$$

$$R = \frac{L}{D} = 2 \qquad \frac{R}{R+1} = \frac{2}{3} \qquad \frac{x_D}{R+1} = 0.3$$

精馏段操作线方程为

$$y = \frac{2}{3}x + 0.3$$

$$q = 1(\text{泡点进料}) \qquad L' = L + F = 400\ \text{kmol} \cdot \text{h}^{-1}$$

$$\frac{L'}{L'-W}=\frac{4}{3} \qquad \frac{W}{L'-W}x_w=\frac{100\times0.1}{400-100}=\frac{1}{30}$$

提馏段操作线方程为： $\qquad y=1.33x-0.033$

9. 解：（1）求 D：

已知 $\qquad x_F=0.50 \quad x_D=0.90 \quad x_W=0.1 \quad F=1000\text{kmol}\cdot\text{h}^{-1}$

$$F=D+W \qquad\qquad 1000=D+W$$

$$Fx_F=Dx_D+Wx_W \qquad 1000\times0.5=D\times0.9+W\times0.1$$

解得： $D=500\text{kmol}\cdot\text{h}^{-1}$, $\quad W=500\text{kmol}\cdot\text{h}^{-1}$

（2）求 R：

$$R_{\min}=\frac{x_D-y_F^*}{y_F^*-x_F}=\frac{0.9-0.7}{0.7-0.5}=1$$

则实际回流比 $R=2R_{\min}=2$

（3）求精流段操作线方程：

$$y_{n+1}=\frac{R}{R+1}x_n+\frac{x_D}{R+1}$$

代入 R、x_D 数值，可得 $y_{n+1}=\frac{2}{3}x_n+0.3$

10. 解：（1）实际回流比 $\qquad R=1.3\times0.81=1.053$

精馏段操作线方程 $\qquad y=0.513x+0.463$

提馏段操作线方程 $\qquad y=1.2x-0.01$

两操作线交点由此解得 $\qquad x=0.69$

$$y=0.82$$

q 线也经过此点，故有 $0.82=\dfrac{q}{q-1}\times0.69-\dfrac{1}{q-1}\times0.5$

解得 $q=2.46$　故为冷液进料

（2）q 线方程 $\quad y=1.685x-0.342$

最小回流比时的精馏段操作线方程 $\quad y=0.448x+0.525$

解得 $x=0.70$

$\qquad y=0.84$

此交点落在相平衡线上

故有 $0.84=\dfrac{0.70\alpha}{1+(\alpha-1)0.70}$

解得 $\alpha=2.25$

则离开塔顶第一块塔板的液体组成由 $0.95=\dfrac{\alpha x}{1+(\alpha-1)x}=\dfrac{2.25x}{1+1.25x}$

解得 $x=0.89$

11. 解： $\dfrac{D}{F}=\dfrac{x_F-x_W}{x_F-x_W}=\dfrac{0.4-0.0667}{0.9-0.0667}=0.40$

$$D=V-L=115.2-75.2=40\text{kmol}\cdot\text{h}^{-1}$$

$$R=\frac{L}{D}=\frac{75.2}{40}=1.88$$

12. 依题意可知 $\quad x_{n-1}=0.43$，$x_n=0.30$，$x_{n+1}=0.20$

因全回流 $\qquad\qquad\qquad y_n=x_{n-1}=0.43$

又 $\qquad\qquad\qquad\qquad y_n^*=\dfrac{\alpha x_n}{1+(\alpha-1)x_n}$

则 $\qquad\qquad\qquad 0.43=\dfrac{2.42x_n^*}{1+1.42x_n^*}$

$$x_n^*=0.238$$

$$\eta_n=\frac{x_{n-1}-x_n}{x_{n-1}-x_n^*}=\frac{0.43-0.30}{0.43-0.238}=0.677=67.7\%$$

13. 解： $\qquad\qquad\qquad\dfrac{R}{R+1}=0.75\quad R=3$

$$\frac{x_D}{R+1}=0.15\quad x_D=0.60$$

塔顶为全凝器： $\qquad\qquad y_1=x_D=0.60$

$$y_1^*=\frac{\alpha x_1}{1+(\alpha-1)x_1}=\frac{2.4\times0.50}{1+(2.4-1)\times0.50}=0.706$$

$$y_2=0.75x_1+0.15=0.75\times0.50+0.15=0.525$$

$$\eta_n=\frac{y_1-y_2}{y_1^*-y_2}=\frac{0.60-0.525}{0.706-0.525}=0.41$$

§4.5 思考题及解答

1. 精馏操作的依据是什么？什么是挥发度？什么是相对挥发度？

答：精馏操作的依据是组成混合物中各组分的挥发度不同。纯组分的挥发度是指该液体组分在一定温度下的饱和蒸气压，而溶液中由于各个组分之间的相互影响，溶液上方各组分的蒸气压要比纯液体时的要低。溶液中各组分的挥发度定义为该组分在气相中的蒸气分压与在液相中的摩尔分数的比值。相对挥发度为溶液中易挥发组分的挥发度与难挥发组分的挥发度的比值。

2. 试用 $t-x-y$ 相图说明在塔板上进行的精馏过程。

答：精馏过程就是部分汽化和部分冷凝的过程。通过一次部分汽化和一次部分冷凝，可将液体混合物进行初步分离，经过多次部分汽化和多次部分冷凝，可将混合物分离分成几乎纯的易挥发组分和难挥发组分。如图所示，将组成为 x_F、温度为 t_F 的混合液进行加热，其泡点温度为 t_0，在温度未达到 t_0 前，物系保持为液相，温度逐渐提高，当溶液温度升至 t_0 时，溶液开始沸腾，体系中出现与溶液相平衡的蒸气相，蒸气的组成为 y_F。若将蒸气导出全部冷凝，因为 $y_F>x_F$，所以可得到比原始混合液易挥发组分含量高的馏出液。导出蒸气后，馏残液中易挥发组分含量降低，沸点升高，需继续提高温度，溶液才能沸腾，但因液相组成下降，此时产生蒸气中易挥发组分的含量也在下降。

若达到泡点后，产生蒸气并不导出，而将体系继续加热到 t_1，则体系处于气液共存区。将气相与液相分开，相应的液相组成为 x_1，气相组成为 y_1，由附图可知，$y_1>x_F>x_1$。所以，经过一次部分汽化后，可以得到两个馏分，导出的气相馏分中易挥发组分含量大于原始混合液中易挥发组分含量，而馏残液中难挥发组分含量大于原混合液中难挥发组分的含量。若将第一级溶液部分汽化所得气相产品在冷凝器中加以冷凝，然后再将冷凝液在第二级中部分汽化，此时所得气相组成为 y_2，且 y_2 必大于 y_1。这种部分汽化的次数（即级数）越多，所得到的蒸气浓度也越高，最后几乎可得到纯态的易挥发组分。同理，若将从各分离器所得的液相产品分别进行多次部分汽化和分离，那么这种级数越多，得到的液相浓度也越低。最后可得到几乎纯态的难挥发组分。

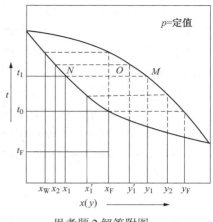

思考题 2 解答附图

3. 为什么精馏必须有回流？说明回流比对精馏的影响。为什么既要有回流，而精馏塔又要保温？

答：精馏是多次部分汽化和部分冷凝的过程。部分冷凝，必须有冷却介质或加装冷凝器。在精馏塔的每一层塔板上，并没有冷却装置，如果没有回流，那么就不会有蒸气的部分冷凝，每一层塔板也就起不到分离的作用。显然，只有在每一层塔板上有回流液，由于回流液的温度低于蒸气的温度，所以回流液与蒸气进行热量交换，蒸气部分冷凝，使离开塔板时蒸气的组成大于进入塔板时的组成，起到分离的作用。因此，回流是保证精馏过程连续稳定操作的必不可少的条件之一。

回流比表示塔顶回流液相流量与塔顶产品流量的比值，是影响精馏操作费用和投资费用的重要因素。回流比越大，操作线离平衡线的距离越远，操作过程的推动力越大，为完成一定的分离任务所需的理论板层数越少，设备费用越少，但回流比大，产品量小，操作费用相应增加。全回流时，回流比达到最大值，所需理论板层数最小。反之，回流比越小，操作线离平衡线的距离越近，操作过程的推动力越小，为完成一定的分离任务所需的理论板层数越多，设备费用越大，但回流比小，产品量大，操作费用相应减小。最小回流比时，精馏段操作线和提馏段操作线的交点正好落在平衡线上，此时所需理论板层数为无限多。所以在生产过程中，应选择合适的回流比，使操作费用和设备投资费用总和最小。一般情况下，$R=(1.1\sim2.0)R_{\min}$。

在精馏塔中，部分冷凝与部分汽化是同时进行的。在精馏塔的每层塔板上，由上一层板回流的液体与下一层板上升的蒸气在中间某层塔板上接触，由于进入塔板的气液两相存在温度差和浓度差，气相部分冷凝，使其中部分难挥发组分转入液相中，气相冷凝时放出潜热传给液相，使液相部分汽化，其中的部分易挥发组分转入气相中，达到分离的目的。所以在精馏塔中，有回流才有气相的部分冷凝，设备保温措施保证气相冷凝时放出的热量尽可能地用于液相的部分汽化。

4. 在精馏操作开始时，为什么要进行一定时间的全回流操作？

答：全回流是将塔顶上升蒸气经冷凝后全部回流至塔内的操作方式。在精馏操作开始时，精馏塔精馏段的每一层板上只有上升蒸气没有回流液体，因此上升蒸气没有经过部分冷凝提纯，到达塔顶经冷凝后馏出液浓度达不到工艺规定要求，不能送出去作为产品。当将这部分馏出液经冷凝后打回到塔中时，回流液与上升蒸气逆流接触，进行传热和传质，使上升蒸气的组成不断增加，经过一段时间，达到工艺要求后就可作为产品送出去。通过全回流操作，也可在塔内建立起浓度分布，从塔顶到塔底易挥发组分含量逐渐降低，难挥发组分含量逐渐提高，在与原料浓度接近的地方作为加料板，将原料液加入，进入正常操作。由于在这种情况下得不到精馏产品，即生产能力为零，因此对正常生产无实际意义。但在精馏的开工阶段，多采用全回流操作，以便于过程的稳定和控制。

5. 什么是最小回流比？如何计算？

答：在回流比逐渐减小的过程中，精馏段操作线与提馏段操作线的交点逐渐向平衡线靠近，推动力逐渐减小，所需理论板层数逐渐增多。当回流比减小到使两操作线交点正好落在平衡线时，所需理论板层数便无限多，此时所对应的回流比为最小回流比。

$$R_{min} = \frac{x_D - y_q}{y_q - x_q}$$

若为饱和液体进料，
$$R_{min} = \frac{x_D - y_F}{y_F - x_F}$$

6. 精馏段和提馏段的基本作用是什么？

答：在精馏塔中，将原料液进入的那层塔板称为加料板，加料板以上的塔段称为精馏段，加料板以下的塔段(包括加料板)称为提馏段。在精馏段，主要是将上升蒸气中的难挥发组分冷凝下来，使上升蒸气得到精制；在提馏段，主要是将回馏液中的易挥发组分提取出来。

7. 说明精馏过程中操作线的物理意义，为什么用操作线和平衡线可以解出精馏所需的理论塔板数？

答：精馏段的操作线方程，表示在一定操作条件下，精馏段内自任意第 n 层板下降液相组成 x_n 与其相邻的下一层板上升蒸气的气相组成 y_{n+1} 之间的关系。平衡线表示同一层塔板上气液组成 y_n 与 x_n 的关系。通过平衡关系可由 y_1 求得 x_1，通过操作线关系可进一步由 x_1 求得 y_2，$y_2 \rightarrow x_2 \rightarrow y_3 \rightarrow x_3 \cdots\cdots$，如此循环，就可求出理论板层数。每用一次平衡关系，就代表一层理论板。

8. 求算精馏的理论塔板数有哪些方法？各有什么优缺点？

答：求算理论板层数的方法有逐板计算法、图解法、捷算法。逐板计算和图解法都是利用平衡关系和操作线关系来计算理论板层数的，逐板计算利用平衡关系和操作线关系的代数式进行计算，过程较为繁琐，但计算结果比较精确，并且在计算过程中可以计算出每层板上的气液相组成；图解法将平衡关系和操作线关系绘制成图线，通过作图来计算理论板层数，过程简单直观，但精确度较差。捷算法是利用芬斯克公式和吉利兰关联图来求算理论板层数的一种方法，计算也较简单。

9. 进料状况对精馏有何影响？

答：在实际生产中，加入精馏塔中的原料液有五种不同的热状况：
(1)温度低于泡点的冷液体(冷液进料)。
(2)泡点温度下的饱和液体(饱和液体进料)。
(3)温度介于泡点和露点之间的气液混合物(气液混合进料)。
(4)露点温度下的饱和蒸气(饱和蒸气进料)。
(5)温度高于露点的过热蒸气(过热蒸气进料)。
由于进料热状况的不同，使从进料板上升的蒸气量及下降的液体量发生变化，也即上升到精馏段的蒸气量及下降到提馏段的液体量发生了变化。

进料热状况参数：$q = \dfrac{1 \text{mol 原料液变成饱和蒸气所需热量}}{1 \text{mol 原料液的汽化热}}$

通过对加料板进行物料衡算和热量衡算，可得如下关系：

$$L' = L + qF$$
$$V = V' + (1-q)F$$

不同进料状况的 q 值不同，所以精馏段和提馏段上升蒸气 V、V' 之间的关系不同，精馏段和提馏段回流液体 L、L' 之间的关系不同，不同进料状况的 q 值及上升蒸气、回流液体之间的关系列于下表。

进料状况	q 值	V、V' 的关系	L、L' 的关系
冷液进料	$q>1$	$V<V'$	$L'>L+F$
饱和液体进料	$q=1$	$V=V'$	$L'=L+F$
气液混合进料	$0<q<1$	$V>V'$	$L'>L$
饱和蒸气进料	$q=0$	$V=V'+F$	$L'=L$
过热蒸气进料	$q<0$	$V>V'+F$	$L'<L$

10. 回流比的大小对精馏有何影响？

答：回流比表示塔顶回流液相流量与塔顶产品流量的比值，是影响精馏操作费用和投资费用的重要因素。回流比越大，操作线离平衡线的距离越远，操作过程的推动力越大，为完成一定的分离任务所需要的理论板层数越少，设备费用越少，但回流比大，产品量小，操作费用相应增加。全回流时，回流比达到最大值，所需理论板层数最小。反之，回流比越小，操作线离平衡线的距离越近，操作过程的推动力越小，为完成一定的分离任务所需要的理论板层数越多，设备费用越大，但回流比小，产品量大，操作费用相应减小。最小回流比时，精馏段操作线和提馏段操作线的交点正好落在平衡线上，此时所需理论板层数为无限多。所以在生产过程中，应选择合适的回流比，使操作费用和设备投资费用总和最小。一般情况下，$R = (1.1 \sim 2.0) R_{\min}$。

11. 如何进行逐板计算求理论塔板数？

答：逐板计算是利用平衡关系和操作线关系求算在精馏过程中所需理论板层数的一种方法。平衡关系表示理论塔板上气液组成之间的关系，操作线关系表示相邻两塔板之间气液组成的关系，即上一层板下降液体组成与下一层板上升蒸气组成之间的关系。因此，通过平衡关系和操作线关系及对分离的具体要求，就可求算出理论板层数。逐板计算步骤如下：

若塔顶采用全凝器，塔顶馏出液组成及回流液组成均与第一层板的上升蒸气组成相同，即：

$$y_1 = x_D = \text{已知值}$$

由于离开每层理论板的气液组成是互成平衡的，故可由 y_1 用气液平衡关系求得 x_1。如果是理想溶液，气液平衡关系可采用气液平衡方程表示：

$$y = \frac{\alpha \cdot x}{1 + (\alpha - 1)x}$$

通过平衡方程可求得：

$$x_1 = \frac{y_1}{\alpha - (\alpha - 1)y_1}$$

由于从下一层板（第二层板）的上升蒸气组成 y_2 和 x_1 之间的关系符合操作线关系，故用精馏段的操作线方程由 x_1 求得 y_2：

$$y_2 = \frac{R}{R+1}x_1 + \frac{1}{R+1}x_D$$

同理，y_2 与 x_2 互成平衡，可用平衡方程由 y_2 求得 x_2，再用精馏段操作线方程由 x_2 求得 y_3，……如此重复计算，直至计算到 $x_n \leqslant x_F$（仅指饱和液体进料），说明第 n 层理论板是加料板，因此精馏段所需理论板数为 $n-1$。在计算过程中，每使用一次平衡关系，表示需要一层理论板。

此后，改用提馏段操作线方程，继续用与上述相同的方法求提馏段的理论板层数，因为 $x_1' = x_n =$ 已知值，可用提馏段操作线方程求出 y_2'，即：

$$y_2' = \frac{L+qF}{L+qF-W}x_1' - \frac{W}{L+qF-W}x_W$$

再用气液平衡方程由 y_2' 求出 x_2'，如此重复计算，直到计算到 $x_m' \leqslant x_W$ 为止。由于一般再沸器相当于一层理论板，故提馏段所需的理论板层数为 $m-1$。总板层数为 $n+m-2$。

12. 什么是恒摩尔流假设？假设的目的是什么？

答：恒摩尔流假设包括恒摩尔汽化和恒摩尔溢流。恒摩尔汽化指在精馏操作时，精馏塔的精馏段或提馏段，每层板的上升蒸气摩尔流量都是相等的。恒摩尔溢流指在精馏操作时，精馏塔的精馏段或提馏段，每层板下降液体的摩尔流量都是相等的。精馏塔的精馏段与提馏段的上升蒸气或回流液体是否相等，取决于进料状况。

由于精馏过程是既涉及传热又涉及传质的过程，相互影响因素较多，为了简化计算，做恒摩尔流的假设。

13. 精馏操作线的图示有哪些主要步骤？

答：精馏段操作线：$y = \frac{R}{R+1}x + \frac{1}{R+1}x_D$

作图步骤：①在对角线上作出点 $a(x_D, x_D)$；②在 y 轴上点出截距为 $\frac{x_D}{R+1}$ 的点 b，连接 ab 即为精馏段操作线（或从 a 点作斜率为 $\frac{R}{R+1}$ 的直线）

提馏段操作线：$y = \frac{L+qF}{L+qF-W}x - \frac{W}{L+qF-W}x_W$

q 线：$y = \frac{q}{q-1}x - \frac{x_F}{q-1}$

作图步骤：①在对角线上作出点 $c(x_W, x_W)$；②在对角线上作出点 $e(x_F, x_F)$；③过 e 点作斜率为 $\frac{q}{q-1}$ 的直线 ef 与精馏段操作线交于点 d；④连接 cd 即为提馏段操作线。

14. 理论塔板是如何定义的？说明板效率的定义及影响因素。

答：所谓理论板是指离开这种板的气液两相互成平衡，而且塔板上的液相组成也是均匀一致的。理论塔板假设塔板上气液两相达到平衡，但在实际塔板上气液两相接触时一般不能达到平衡状态，因此实际板层数总比理论板层数要多。实际板和理论板在分离效果上的差异程度，用塔板效率来表示。常用两种方法来表示塔板效率。

（1）单板效率 E_M：

单板效率又称莫夫里效率。它是以气相（或液相）经过实际板的组成变化值与经过理论板的组成变化值来表示的。

$$E_{MV} = \frac{实际塔板气相增浓值}{理论塔板气相增浓值} = \frac{y_n - y_{n+1}}{y_n^* - y_{n+1}}$$

$$E_{ML} = \frac{实际塔板液相降浓值}{理论塔板液相降浓值} = \frac{x_{n-1} - x_n}{x_{n-1} - x_n^*}$$

（2）全塔效率 E：

全塔效率又称总板效率。定义为理论板层数与实际板层数的比值。

$$E = \frac{N_T}{N_P} \times 100\%$$

影响塔板效率的因素有：

①物系性质　影响塔板效率的物系性质主要有黏度、密度、表面张力、扩散系数、相对挥发度等。

②塔板型式与结构　塔板结构因素主要包括板距、堰高、塔径以及液体在板上的流径长度等。

③操作条件　操作条件主要有温度、压强、气体上升速率、溢流强度、气液流量比等因素，其中气速的影响尤为重要。

§4.6　习题详解

1. 苯–甲苯混合液中 $x_苯 = 40\%$，在 101.3kPa 下加热至 100℃，试求此时的气液相平衡组成。

解：通过查阅物理化学手册，得到 100℃ 苯、甲苯的饱和蒸气压分别为：

$$p_A^\circ = 176.7\text{kPa}, \quad p_B^\circ = 74.4\text{kPa}$$

液相组成：
$$x_A = \frac{p - p_B^\circ}{p_A^\circ - p_B^\circ} = \frac{101.3 - 74.4}{176.7 - 74.4} = 0.26$$

气相组成：
$$y_A = \frac{p_A^\circ x_A}{p} = \frac{176.7 \times 0.26}{101.3} = 0.453$$

2. 今有苯–甲苯的混合液，已知总压强为 101.33kPa，温度为 100℃ 时，苯和甲苯的饱和蒸气压分别为 176.7kPa 和 74.4kPa。若该混合液可视为理想溶液，试求此条件下该溶液的相对挥发度及气、液相的平衡组成。

解：苯和甲苯的混合物可以作为理想混合体系来处理，

所以
$$\alpha_{AB} = \frac{p_A^\circ}{p_B^\circ} = \frac{176.7}{74.4} = 2.38$$

$$x_A = \frac{p - p_B^\circ}{p_A^\circ - p_B^\circ} = \frac{101.33 - 74.4}{176.7 - 74.4} = 0.26$$

$$y_A = \frac{p_A^\circ x_A}{p} = \frac{176.7 \times 0.26}{101.33} = 0.45$$

3. 在连续精馏塔中分离苯–甲苯混合液，原料液中苯的摩尔分数为 0.35。要求塔顶产品中苯的摩尔分数不低于 0.93，而塔顶产品中苯的含量占原料液中苯含量的 96%。问塔顶产品量 D 为每小时多少千摩尔？釜液中易挥发组分的摩尔分数 x_w 又为多少？

解：取 $100kmol \cdot h^{-1}$ 原料液为计算基准。

塔顶产品中易挥发组分苯的含量为原料液中苯含量的 96%，有：

$$\frac{Dx_D}{Fx_F} = \frac{0.93D}{100 \times 0.35} = 0.96$$

解得：$D = 36.1kmol \cdot h^{-1}$

在全塔范围内作总物料衡算及苯的物料衡算，得：

$$F = D + W \qquad\qquad ①$$
$$Fx_F = Dx_D + Wx_W \qquad\qquad ②$$

即有：$100 = 36.1 + W$

$100 \times 0.35 = 36.1 \times 0.93 + Wx_W$

解得：$W = 63.9kmol \cdot h^{-1}$，$x_W = 0.022$

4. 有一连续精馏塔用以分离甲醇–水混合液。已知：物系平均相对挥发度 $\alpha_m = 5.0$；泡点温度下进料，料液的摩尔流量 $F = 400kmol \cdot h^{-1}$，料液中甲醇的摩尔分数为 $x_F = 0.30$；塔顶和塔底产品中甲醇的摩尔分数分别为 $x_D = 0.90$ 和 $x_W = 0.10$；实际回流比为最小回流比的 2 倍，试求：加料板上下的蒸气和液体的摩尔流量，$kmol \cdot h^{-1}$。

解：（1）
$$F = D + W \qquad\qquad ①$$
$$Fx_F = Dx_D + Wx_W \qquad\qquad ②$$

已知：$F = 400kmol \cdot h^{-1}$，$x_F = 0.30$，$x_D = 0.90$，$x_W = 0.10$

代入式①、式②可得 $W = 300kmol \cdot h^{-1}$，$D = 100kmol \cdot h^{-1}$

（2）
$$y_F = \frac{\alpha_m x_F}{1 + (\alpha_m - 1)x_F} = \frac{5 \times 0.3}{1 + 4 \times 0.3} = 0.68$$

$$R_{min} = \frac{x_D - y_F}{y_F - x_F} = \frac{0.9 - 0.68}{0.68 - 0.3} = 0.58$$

$$R = 2R_{min} = 2 \times 0.58 = 1.16$$

（3）
$$L = R \cdot D = 1.16 \times 100 = 116(kmol \cdot h^{-1})$$

$$V = L + D = 116 + 100 = 216(kmol \cdot h^{-1})$$

$$V' = V = 216(kmol \cdot h^{-1})$$

$$L' = L + F = 116 + 400 = 516(kmol \cdot h^{-1})$$

5. 在一个常压下操作的连续精馏塔中分离某理想混合液，若要求馏出液组成（摩尔分数）$x_D = 0.94$，釜液组成（摩尔分数）$x_W = 0.04$，已知此塔进料 q 线方程为 $y = 6x - 1.5$，采用回流比为最小回流比的 1.2 倍，混合液的相对挥发度为 2，试求：

（1）精馏段操作线方程；

（2）当塔底产品的摩尔流量 $W = 150kmol \cdot h^{-1}$ 时，进料的摩尔流量 F 和塔顶产品的摩尔流量 D；

（3）提馏段操作线方程。

解：因为 $\frac{q}{q-1} = 6$　所以 $q = 1.2$　又因 $\frac{x_F}{q-1} = 1.5$　所以 $x_F = 0.3$

由
$$\begin{cases} y=\dfrac{\alpha x}{1+(\alpha-1)x}=\dfrac{2x}{1+x} \\ y=6x-1.5 \end{cases}$$

解得：
$$x_q=0.3333$$

则
$$y_q=6\times0.33-1.5=0.4998$$

$$R_{min}=\frac{x_D-y_q}{y_q-x_q}=\frac{0.94-0.4998}{0.4998-0.3333}=2.644$$

$$R=1.2R_{min}=1.2\times2.644=3.173$$

（1）精馏段操作线方程：

$$y=\frac{R}{R+1}x+\frac{x_D}{R+1}=\frac{3.173}{3.173+1}x+\frac{0.94}{3.173+1}$$

$$y=0.7604x+0.2253$$

（2）
$$F=D+W$$

$$Fx_F=Dx_D+Wx_W$$

$$F=D+150$$

$$F\times0.3=D\times0.94+150\times0.04$$

解得：
$$F=210.94\text{kmol}\cdot\text{h}^{-1}$$

$$D=60.94\text{kmol}\cdot\text{h}^{-1}$$

（3）
$$R=\frac{L}{D},\ L=R\cdot D=3.173\times60.94=193.4(\text{kmol}\cdot\text{h}^{-1})$$

$$L'=L+qF=193.4+1.2\times210.94=446.5(\text{kmol}\cdot\text{h}^{-1})$$

提馏段操作线方程：

$$y=\frac{L'}{L'-W}x-\frac{Wx_W}{L'-W}=\frac{446.5}{446.5-150}x-\frac{150\times0.04}{446.5-150}$$

$$y=1.5059x-0.0202$$

6. 用一个连续精馏塔分离某二元理想混合液。混合液中易挥发组分的摩尔分数 $x_F=0.40$，进料的摩尔流量 $F=100\text{kmol}\cdot\text{h}^{-1}$，并采用泡点温度下的液体加料，馏出液中易挥发组分的摩尔分数 $x_D=0.95$，釜残液中易挥发组分的摩尔分数 $x_W=0.03$，试求：

(1)塔顶产品的采出率(馏出液与料液的摩尔流量之比)和易挥发组分的回收率；

(2)采用回流比为3时，精馏段与提馏段的蒸气与液体的摩尔流量；

(3)回流比增加到4时，精馏段与提馏段的蒸气与液体的摩尔流量。

解：（1）由 $F=D+W$

$$Fx_F=Dx_D+Wx_W$$

整理得：

$$\frac{D}{F}=\frac{x_F-x_W}{x_D-x_W}=\frac{0.40-0.03}{0.95-0.03}=0.402$$

易挥发组分的回收率 $\dfrac{Dx_D}{Fx_F}=0.402\times\dfrac{0.95}{0.40}=0.955=95.5\%$

（2）
$$D=F\cdot\frac{x_F-x_W}{x_D-x_W}=100\times\frac{0.40-0.03}{0.95-0.03}=40.2(\text{kmol}\cdot\text{h}^{-1})$$

精馏段回流量 $L = R \cdot D = 3 \times 40.2 = 120.6 (\mathrm{kmol \cdot h^{-1}})$

提馏段回流量 $L' = L + F = 120.6 + 100 = 220.6 (\mathrm{kmol \cdot h^{-1}})$

精馏段与提馏段上升蒸气量 $V' = V = L + D = 120.6 + 40.2 = 160.8 (\mathrm{kmol \cdot h^{-1}})$

（3）精馏段回流量 $L = R \cdot D = 4 \times 40.2 = 160.8 (\mathrm{kmol \cdot h^{-1}})$

提馏段回流量 $L' = L + F = 160.8 + 100 = 260.8 (\mathrm{kmol \cdot h^{-1}})$

精馏段与提馏段上升蒸气量 $V' = V = L + D = 160.8 + 40.2 = 201.0 (\mathrm{kmol \cdot h^{-1}})$

7. 含苯的摩尔分数为 0.45 及甲苯的摩尔分数为 0.55 的混合溶液，在 0.1MPa 下的泡点为 94℃。求该混合液在 45℃时的 q 值及 q 线方程。该混合液的平均摩尔热容为 167.5 $\mathrm{J \cdot mol^{-1} \cdot K^{-1}}$，平均摩尔汽化热为 $3.04 \times 10^4 \mathrm{J \cdot mol^{-1}}$。

解：$q = \dfrac{1\mathrm{mol}\ 原料液变为饱和蒸汽所需的热量}{1\mathrm{mol}\ 原料液的汽化潜热} = \dfrac{167.5 \times (94 - 45) + 3.04 \times 10^4}{3.04 \times 10^4} = 1.27$

q 线方程为：

$$y = \frac{q}{q-1} x - \frac{x_{\mathrm{F}}}{q-1}$$

代入数据得

$$y = 4.70x - 1.67$$

8. 某一连续精馏塔用来分离苯-甲苯混合液，塔顶为全凝器，进料中苯的摩尔分数为 0.30，进料量为 $100\mathrm{kmol \cdot h^{-1}}$，饱和蒸气进料，塔顶产品量为 $45\mathrm{kmol \cdot h^{-1}}$，物系相对挥发度为 2.4，精馏段操作线方程为 $y_{n+1} = 0.75x_n + 0.15$，试求提馏段操作线方程的具体表达式。

解：由题知：$x_{\mathrm{F}} = 0.30$，$F = 100\mathrm{kmol \cdot h^{-1}}$，$q = 0$，$D = 45\mathrm{kmol \cdot h^{-1}}$，$\alpha = 2.4$

精馏段操作线方程为：

$$y = \frac{R}{R+1} x + \frac{x_{\mathrm{D}}}{R+1}$$

由题中已知条件，得：$\dfrac{R}{R+1} = 0.75$，故 $R = 3$

$\dfrac{x_{\mathrm{D}}}{R+1} = 0.15$，故 $x_{\mathrm{D}} = 0.6$。

$$L = R \cdot D = 3 \times 45 = 135 (\mathrm{kmol \cdot h^{-1}})$$

由 $q = 0$，得 $L' = L = 135\mathrm{kmol \cdot h^{-1}}$

$$\begin{cases} F = D + W \\ Fx_{\mathrm{F}} = Dx_{\mathrm{D}} + Wx_{\mathrm{W}} \end{cases}$$

$$W = F - D = 100 - 45 = 55 (\mathrm{kmol \cdot h^{-1}})$$

$$x_{\mathrm{W}} = \frac{Fx_{\mathrm{F}} - Dx_{\mathrm{D}}}{W} = \frac{100 \times 0.30 - 45 \times 0.60}{55} = 0.055$$

提馏段操作线方程：

$$y = \frac{L'}{L'-W} x - \frac{W}{L'-W} x_{\mathrm{W}} = \frac{135}{135-55} x - \frac{55}{135-55} \times 0.055$$

$$y = 1.69x - 0.0378$$

9. 在常压连续精馏塔内分离某双组分溶液，其相对挥发度为 2.50。原料中含轻组分的摩尔分数为 0.60，泡点温度下的液体进料，要求塔顶产品中轻组分的摩尔分数为 0.90，塔顶采出率为 5/8。操作回流比取最小回流比的 1.6 倍，塔釜为间接蒸气加热。求：

（1）回流比；

（2）自塔釜上升的蒸气组成及提馏段操作线方程。

解：（1）气液平衡方程：
$$y = \frac{\alpha x}{1+(\alpha-1)x}$$

已知：
$$x_F = 0.60, \quad \alpha = 2.5$$

$$y_F = \frac{\alpha x_F}{1+(\alpha-1)x_F} = \frac{2.5 \times 0.6}{1+(2.5-1) \times 0.6} = 0.789$$

泡点进料，
$$R_{min} = \frac{x_D - y_F}{y_F - x_F} = \frac{0.9-0.789}{0.789-0.6} = 0.59$$

$$R = 1.6 R_{min} = 1.6 \times 0.58 = 0.94$$

（2）
$$\frac{D}{F} = \frac{x_F - x_W}{x_D - x_W} = \frac{0.6 - x_W}{0.9 - x_W} = \frac{5}{8}$$

可得：
$$x_W = 0.10$$

根据气液平衡方程有：
$$\frac{\alpha x_W}{1+(\alpha-1)x_W} = \frac{2.5 \times 0.1}{1+(2.5-1) \times 0.1} = 0.22$$

提馏段操作线方程：

$$y = \frac{L'}{L'-W}x - \frac{W}{L'-W}x_W = \frac{L+F}{L+F-W}x - \frac{W}{L+F-W}x_W$$

$$= \frac{L+F}{L+D}x - \frac{F-D}{L+D}x_W = \frac{\dfrac{L}{D}+\dfrac{F}{D}}{\dfrac{L}{D}+1}x - \frac{\dfrac{F}{D}-1}{\dfrac{L}{D}+1}x_W$$

$$= \frac{R+\dfrac{F}{D}}{R+1}x - \frac{\dfrac{F}{D}-1}{R+1}x_W = \frac{0.94+\dfrac{8}{5}}{0.94+1}x - \frac{\dfrac{8}{5}-1}{0.94+1} \times 0.10$$

整理得：
$$y = 1.309x - 0.031$$

10. 有一板式精馏塔用以处理含苯的摩尔分数为 0.44 的苯-甲苯溶液。原料液在泡点温度下，以 172kmol·h^{-1} 的摩尔流量被连续加入塔内。当操作回流比为最小回流比的 2.05 倍时，获得的塔顶产品中含苯的摩尔分数为 0.98，塔底产品中含甲苯的摩尔分数为 0.98。已知该物系的平均相对挥发度 $\alpha = 2.46$。塔顶为全凝器，再沸器用间接蒸气加热。试计算：

（1）精馏段的上升蒸气的摩尔流量和回流液的摩尔流量；

（2）塔内最底层的塔板流下的回流液中含苯的摩尔分数。

（提示：塔釜可视为一块理论塔板。）

解：（1）气液平衡方程：
$$y = \frac{\alpha x}{1+(\alpha-1)x}$$

最小回流比时：
$$y_F = \frac{\alpha x_F}{1+(\alpha-1)x_F} = \frac{2.46 \times 0.44}{1+(2.46-1) \times 0.44} = 0.659$$

$$R_{min} = \frac{x_D - y_F}{y_F - x_F} = \frac{0.98-0.659}{0.659-0.44} = 1.466$$

$$R = 2.05R_{min} = 2.05 \times 1.466 = 3.0$$

在精馏塔内作物料衡算：

$$F = D + W$$

$$Fx_F = Dx_D + Wx_W$$

已知：$F = 172 \text{kmol} \cdot \text{h}^{-1}$，$x_F = 0.44$，$x_D = 0.98$，$x_W = 0.02$

代入物料衡算式，可得：$D = 75.25 \text{kmol} \cdot \text{h}^{-1}$，$W = 96.75 \text{kmol} \cdot \text{h}^{-1}$

$$L = R \cdot D = 3 \times 75.25 = 225.75 \text{kmol} \cdot \text{h}^{-1}$$

$$V = L + D = 225.75 + 75.25 = 301 (\text{kmol} \cdot \text{h}^{-1})$$

（2）泡点温度下进料，$L' = L + F = 225.75 + 172 = 397.75 \text{kmol} \cdot \text{h}^{-1}$

$$V' = V = 301 \text{kmol} \cdot \text{h}^{-1}$$

提馏段操作线方程：

$$y = \frac{L'}{V'}x - \frac{W}{V'}x_W = \frac{397.75}{301}x - \frac{96.75}{301} \times 0.02$$

$$y = 1.32x - 0.00643$$

根据气液平衡方程，塔釜上升蒸气组成为：

$$y_W = \frac{2.46x_W}{1 + 1.46x_W} = \frac{2.46 \times 0.02}{1 + 1.46 \times 0.02} = 0.0478$$

塔内最下一层板回流液体组成与塔釜上升蒸气组成符合操作线关系，即：

$$0.0478 = 1.32x - 0.00643$$

由此解得塔底最下一层塔板下流的液相组成：$x = 0.041$。

11. 由摩尔分数为 0.695 的正庚烷及摩尔分数为 0.305 的正辛烷组成的理想溶液，在常压下于一个连续精馏塔内进行分离，要求塔顶产品中含正庚烷的摩尔分数为 0.99，塔底产品中含正辛烷的摩尔分数也为 0.99。已知物料在泡点下进料，实际操作回流比为最小回流比的 2 倍，正庚烷对正辛烷的平均相对挥发度 $\alpha_m = 2.17$，试计算：

（1）最小回流比及实际操作回流比；

（2）在塔顶使用全凝器情况下，从塔顶数起第二块理论塔板下降的液相组成。

解：（1）泡点下进料，$q = 1$，$x_q = x_F = 0.695$，

$\alpha = 2.17$，所以 $y_q = \dfrac{\alpha_m x_q}{1 + (\alpha_m - 1)x_q} = \dfrac{2.17 \times 0.695}{1 + (2.17 - 1) \times 0.695} = 0.832$

$$R_{min} = \frac{x_D - y_q}{y_q - x_q} = \frac{0.99 - 0.832}{0.832 - 0.695} = 1.15$$

$$R = 2R_{min} = 2 \times 1.15 = 2.30$$

（2）精馏段操作线方程：

$$y = \frac{R}{R+1}x + \frac{x_D}{R+1}$$

代入数据得：

$$y = 0.697x + 0.3$$

因塔顶使用全凝器，

$$y_1 = x_D = 0.99$$

根据平衡方程：

$$x_1 = \frac{y_1}{\alpha_m - (\alpha_m - 1)y_1} = \frac{0.99}{2.17 - (2.17 - 1) \times 0.99} = 0.979$$

$$y_2 = 0.697x_1 + 0.3 = 0.697 \times 0.979 + 0.3 = 0.982$$

$$x_2 = \frac{y_2}{\alpha - (\alpha - 1)y_2} = \frac{0.982}{2.17 - (2.17 - 1) \times 0.982} = 0.962$$

所以从塔顶数起第二块理论板下降的液相组成为 0.962。

12. 在一常压连续精馏塔内分离由 A 和 B 组成的混合液。原料液中含易挥发组分 A 的摩尔分数为 0.40，要求塔顶馏出液中含 A 的摩尔分数为 0.96，塔底产品中含 B 的摩尔分数为 0.90，塔顶采用全凝器，回流比为 3.0，在泡点温度下进料。试用图解法求所需理论塔板数及进料板位置。

A 和 B 混合液的蒸气-液体两相平衡组成数据表：

x_A	0.00	0.10	0.20	0.30	0.40	0.50	0.60	0.70	0.80	0.90	1.00
y_A	0.00	0.23	0.40	0.54	0.64	0.73	0.82	0.86	0.92	0.96	1.00

解：（1）按相平衡数据在 y-x 图上作平衡线及辅助对角线。

（2）绘制操作线：

$$x_F = 0.40, \quad x_D = 0.96, \quad x_W = 0.10$$

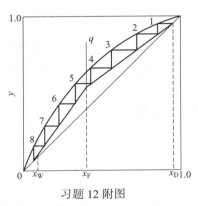

习题 12 附图

精馏段操作线的截距：$\dfrac{x_D}{R+1} = \dfrac{0.96}{3.0+1} = 0.24$，从点 $(0.96, 0.96)$ 开始，作截距为 0.24 的直线，即为精馏段操作线。

泡点温度下进料，q 线的斜率为 ∞，从点 $(0.4, 0.4)$ 开始，作垂线即为 q 线。

从点 $(0.1, 0.1)$ 开始，与 q 线和精馏段操作线的交点联线，即得提馏段操作线。

（3）由 $x_D = 0.96$ 开始，在平衡线与精馏段操作线之间画梯级，当某一梯级跨过 q 线和精馏段操作线的交点时，改在平衡线与提馏段操作线之间画梯级，直到 $x < x_W$ 时为止。如图，得：$N_T = 7$（不含塔釜），跨过 q 线和精馏段操作线的交点的塔板为加料板，加料板在第 5 块板。

13. 某平均相对挥发度为 2.5 的理想溶液，其中易挥发组分的摩尔分数为 0.70，于泡点温度下送入精馏塔中，并要求馏出液中易挥发组分摩尔分数不少于 0.95，残液中易挥发组分的摩尔分数不大于 0.025，试求：

（1）每获得 1mol 馏出液所需的原料液量；

（2）实际回流比 R 为 1.5 时，实际回流比为最小回流比的多少倍。

解：（1）在全塔范围内列总物料及易挥发组分的衡算式：

$$F = D + W$$

$$F x_F = D x_D + W x_W$$

已知：$D = 1\text{mol}$，$x_F = 0.70$，$x_D = 0.95$，$x_W = 0.025$

由此解得：$F = 1.37\text{mol}$

（2）气液平衡方程：

$$y = \frac{2.5x}{1 + 1.5x}$$

当 $x_F = 0.70$ 时，与之平衡的气相组成为：

$$y_F = \frac{2.5 \times 0.7}{1 + 1.5 \times 0.7} = 0.854$$

泡点温度下进料：$R_{min} = \dfrac{x_D - y_F}{y_F - x_F} = \dfrac{0.95 - 0.854}{0.854 - 0.7} = 0.623$

$$\frac{R}{R_{min}} = \frac{1.5}{0.623} \approx 2.41$$

即实际回流比为最小回流比的 2.41 倍。

14. 在常压连续精馏塔中分离苯-甲苯混合液，原料液的摩尔流量为1000kmol·h^{-1}，进料液中含苯的摩尔分数为 0.40，馏出液中含苯的摩尔分数为 0.90，苯在塔顶的回收率为 90%，泡点下的液体进料($q=1$)，回流比为最小回流比的 1.5 倍，物系的平均相对挥发度为 2.5，试求：精馏段和提馏段操作线方程。

解：(1)精馏段操作线：$y = \dfrac{R}{R+1} x + \dfrac{x_D}{R+1}$

已知 $x_F = 0.40$，$x_D = 0.90$，$\alpha = 2.5$

气液平衡方程： $$y = \frac{2.5x}{1 + 1.5x}$$

可得： $$y_F = \frac{2.5 \times 0.4}{1 + 1.5 \times 0.4} = 0.625$$

$$R_{min} = \frac{x_D - y_F}{y_F - x_F} = \frac{0.90 - 0.625}{0.625 - 0.4} = 1.22$$

$$R = 1.5 R_{min} = 1.5 \times 1.22 = 1.83$$

将已知条件代入精馏段操作线方程，可得精馏段操作线方程的表达式为：

$$y = 0.647x + 0.318$$

(2)提馏段操作线： $$y = \frac{L'}{L' - W} x - \frac{W}{L' - W} x_W$$

在全塔范围内列总物料及易挥发组分的衡算式：

$$F = D + W \qquad ①$$
$$F x_F = D x_D + W x_W \qquad ②$$

又已知苯在塔顶的回收率 $= \dfrac{D x_D}{F x_F} \times 100\% = 90\% \qquad ③$

已知：$F = 1000 \text{kmol} \cdot \text{h}^{-1}$，$x_F = 0.40$，$x_D = 0.90$

联立式①、式②、式③，可解得：$D = 400 \text{kmol} \cdot \text{h}^{-1}$

$$W = 600 \text{kmol} \cdot \text{h}^{-1}$$

$$x_W = 0.067$$

$$L' = L + F = RD + F = 1.83 \times 400 + 1000 = 1732 (\text{kmol} \cdot \text{h}^{-1})$$

将已知条件代入提馏段操作线方程，可得提馏段操作线方程的表达式为：

$$y = 1.53x - 0.0355$$

15. 某连续精馏塔用于分离双组分混合液。混合液中轻组分的摩尔分数为 0.250，料液在泡点温度下进料，在回流比为 R 时测得馏出液组成(摩尔分数)$x_D = 0.980$，釜液组成(摩尔分数)$x_W = 0.085$。改用回流比 R'，若单位加料的馏出液量(即塔顶产品采出率)及其它操作条件均维持不变，在此状况下测得釜液组成（摩尔分数）$x'_W = 0.082$。试问：回流比改变后，塔顶产品中轻组分的回收率有何变化？回流比是大了还是小了？

解：塔顶产品采出率：
$$\frac{D}{F} = \frac{x_F - x_W}{x_D - x_W}$$

（1）当回流比为 R 时，
$$\frac{D}{F} = \frac{x_F - x_W}{x_D - x_W} = \frac{0.250 - 0.085}{0.980 - 0.085} = 0.184$$

塔顶产品轻组分回收率：$\eta = \frac{Dx_D}{Fx_F} = 0.184 \times \frac{0.980}{0.250} = 0.721$

（2）当回流比为 R' 时，

塔顶产品采出率：$\left(\frac{D}{F}\right)' = \frac{D}{F} = 0.184$

由 $\left(\frac{D}{F}\right)' = \frac{x_F - x'_W}{x'_D - x'_W}$，即有：$\frac{0.250 - 0.082}{x'_D - 0.082} = 0.184$

解得：$x'_D = 0.995$

塔顶产品轻组分回收率：$\eta' = \frac{Dx'_D}{Fx_F} = 0.184 \times \frac{0.995}{0.250} = 0.732$

塔顶产品中轻组分的回收率增加。

（3）当回流比由 R 改为 R' 时，回收率的变化率：$\frac{0.732 - 0.721}{0.721} = 0.015 = 1.5\%$

（4）由 $x'_D > x_D$ 可知，回流比 $R' > R$。

16. 某连续精馏塔在常压下分离甲醇水溶液。原料以泡点温度进塔，已知操作线方程如下：

精馏段：$y_{n+1} = 0.630x_n + 0.361$

提馏段：$y_{m+1} = 1.805x_m - 0.00966$

试求该塔的回流比及进料液、馏出液与残液的组成。

解：（1）由 $\frac{R}{R+1} = 0.630$ 得 $R = 1.70$

（2）由 $\frac{x_D}{R+1} = 0.361$ 得 $x_D = 0.975$

或：(x_D, x_D) 为精馏段操作线与对角线的交点坐标。

$$\begin{cases} y = 0.630x + 0.361 \\ y = x \end{cases}$$

解得：$x = y = 0.975$，所以 $x_D = 0.975$

（3）由 $\frac{L'}{L' - W} = 1.805$ 可得：$\frac{L'}{W} = 2.24$

由 $\frac{Wx_W}{L' - W} = 0.00966$，即：$\frac{x_W}{\left(\frac{L'}{W}\right) - 1} = \frac{x_W}{2.24 - 1} = 0.00966$

解得：$x_W = 0.012$

或：(x_W, x_W) 为提馏段操作线与对角线的交点坐标。

$$\begin{cases} y=1.805x-0.00966 \\ y=x \end{cases}$$

解得：$x=y=0.012$，所以 $x_W=0.012$

（4）泡点温度进料时，精馏段操作线与提馏段操作线交点的横坐标即为 x_F。

由两操作线方程联立求解交点坐标：

$$\begin{cases} y=0.630x+0.361 \\ y=1.805x-0.00966 \end{cases}$$

解得：$x=0.315$，所以 $x_F=0.315$。

17. 含轻组分的摩尔分数为 0.40 的双组分混合液在一常压连续精馏塔内进行分离。其精馏段和提馏段操作线方程分别为：

$$y_{n+1}=0.8x_n+0.14$$
$$y_{m+1}=1.273x_m-0.0545$$

试求：（1）釜液组成 x_W；

（2）进料热状态参数 q。

解：（1）提馏段操作线过点 (x_W, x_W)

提馏段操作线与对角线联立，即：

$$\begin{cases} y=1.273x-0.0545 \\ y=x \end{cases}$$

解得：$x=0.2$

（2）q 线与精馏段、提馏段操作线方程共交于一点 (x, y)

联立方程：

$$\begin{cases} y=0.8x+0.14 \\ y=1.273x-0.0545 \end{cases}$$

解得：

$$x=0.411$$
$$y=0.469$$

$(0.411, 0.469)$ 为 q 线上的点，且 q 线过点 (x_F, x_F)

q 线斜率为：

$$\frac{q}{q-1}=\frac{y-y_F}{x-x_F}=\frac{0.469-0.40}{0.411-0.40}=6.273$$

$q=1.19>1$，即为冷液进料。

18. 用一个连续精馏塔来处理组成为 40% 苯和 60% 甲苯的混合液，要求将混合液分离成含苯的摩尔分数为 0.99 的塔顶产品和含甲苯的摩尔分数为 0.95 的塔底产品。若在操作条件下苯对甲苯的平均相对挥发度 $\alpha_m=2.46$，试计算全回流时所需的理论塔板数。

解：已知，$x_F=0.4$，$x_D=0.99$，$x_W=0.05$，$\overline{\alpha}=2.46$

由芬斯克公式：$N_{min}+1=\dfrac{\lg\left[\dfrac{x_D}{x_W}\left(\dfrac{1-x_W}{1-x_D}\right)\right]}{\lg\alpha_m}=\dfrac{\lg\left[\dfrac{0.99}{0.05}\left(\dfrac{1-0.05}{1-0.99}\right)\right]}{\lg2.46}=8.38$

$$N_{min}=7.38（不包括塔釜）$$

取整数，全回流时所需的理论塔板数为 8。

19. 如习题 12 的已知条件，用捷算法求理论板层数及加料板位置。

解：如 12 题，已知，$x_F=0.40$，$x_D=0.96$，$x_W=0.10$，$R=3$，饱和液体进料。

A 和 B 混合液的蒸气-液体两相平衡组成数据表：

x_A	0.00	0.10	0.20	0.30	0.40	0.50	0.60	0.70	0.80	0.90	1.00
y_A	0.00	0.23	0.40	0.54	0.64	0.73	0.82	0.86	0.92	0.96	1.00
α		2.688	2.667	2.739	2.667	2.704	3.037(舍)	2.633	2.875	2.667	

$\alpha_m = 2.705$

（1）求最小回流比：

气液平衡方程：
$$y = \frac{\alpha_m x}{1+(\alpha_m-1)x}$$

$$y_F = \frac{2.705 \times 0.40}{1+(2.705-1) \times 0.40} = 0.643$$

$$R_{min} = \frac{x_D - y_F}{y_F - x_F} = \frac{0.96-0.646}{0.646-0.4} = 1.304$$

（2）求最小理论板层数：

由芬斯克公式：
$$N_{min}+1 = \frac{\lg\left[\frac{x_D}{x_W}\left(\frac{1-x_W}{1-x_D}\right)\right]}{\lg\alpha_m} = \frac{\lg\left[\frac{0.96}{0.10}\left(\frac{1-0.10}{1-0.96}\right)\right]}{\lg 2.705} = 5.40$$

$$N_{min} = 4.40（不包括塔釜）$$

（3）求 $\dfrac{R-R_{min}}{R+1}$：

$$\frac{R-R_{min}}{R+1} = \frac{3-1.304}{3+1} = 0.424$$

（4）查吉利兰关联图，得：$\dfrac{N-N_{min}}{N+2} = 0.3$

$N_{min} = 4.40$，代入得：$N = 7.14$

（5）
$$N_{min,精}+1 = \frac{\lg\left[\frac{x_D}{x_F}\left(\frac{1-x_F}{x_D}\right)\right]}{\lg\alpha_m} = \frac{\lg\left[\frac{0.96}{0.40}\left(\frac{1-0.40}{1-0.96}\right)\right]}{\lg 2.705} = 3.60$$

$$N_{min,精} = 2.6$$

$$N_精 = 4.6$$

所需理论板层数为 7（不含塔釜），加料板位置为 5。

20. 在连续操作的板式精馏塔中，分离平均相对挥发度 α_m 为 2.39 的苯-甲苯混合液。在全回流条件下测得相邻三块塔板的液相组成（以苯的摩尔分数表示）分别为 0.30、0.44 和 0.60，试求中间一块塔板的单板效率（请分别用气相和液相组成的变化来表示）。

解：令相邻三块塔板由上而下分别为 $(n-1)$、n 和 $(n+1)$。

已知：$x_{n-1} = 0.60$，$x_n = 0.44$，$x_{n+1} = 0.30$

根据全回流的特点知：$y_n = x_{n-1}$，

即：$y_n = 0.60$，$y_{n+1} = 0.44$。

（1）用气相组成变化表示的第 n 块板的单板效率为：

$$E_{mV} = \frac{y_n - y_{n+1}}{y_n^* - y_{n+1}}$$

$$y_n^* = \frac{\alpha_m x_n}{1 + (\alpha_m - 1)x_n} = \frac{2.39 \times 0.44}{1 + (2.39 - 1) \times 0.44} = 0.653$$

$$E_{mV} = \frac{0.60 - 0.44}{0.653 - 0.44} = 0.75 = 75\%$$

（2）用液相组成变化表示的第 n 块塔板的单板效率为：

$$E_{mL} = \frac{x_{n-1} - x_n}{x_{n-1} - x_n^*}$$

$$y_n = \frac{\alpha x_n^*}{1 + (\alpha - 1)x_n^*} = \frac{2.39 x_n^*}{1 + (2.39 - 1)x_n^*} = 0.6, \text{ 解得 } x_n^* = 0.386$$

$$E_{mL} = \frac{0.60 - 0.44}{0.60 - 0.386} = 75\%$$

21. 在精馏塔的研究中，以某二元理想溶液作试验，在全回流操作条件下，测得塔顶产品浓度为 0.90，塔釜产品浓度为 0.10（均为轻组分的摩尔分数），已知该二元溶液的平均相对挥发度 α_m 为 3.0，塔内装有 5 块浮阀塔板，塔顶为全凝器，试求该精馏塔的全塔效率。又若同时取样分析，测得塔顶第一块板的回流液组成 $x_1 = 0.78$，问这块塔板的板效率为多少？

解：由芬斯克公式，得：

$$N_T + 1 = \frac{\lg\left[\frac{x_D(1 - x_W)}{x_W(1 - x_D)}\right]}{\lg\alpha_m} = \frac{\lg\left[\frac{0.90 \times (1 - 0.10)}{0.10 \times (1 - 0.90)}\right]}{\lg 3.0} = 4$$

$$N_T = 4 - 1 = 3$$

全塔效率

$$E_T = \frac{N_T}{N_P} = \frac{3}{5} = 60\%$$

第一块板的板效率

$$E_{mV,1} = \frac{y_1 - y_2}{y_1^* - y_2}$$

全回流操作，

$$y_2 = x_1$$

塔顶采用全凝器，

$$y_1 = x_D = 0.9$$

$$y_1^* = \frac{\alpha_m x_1}{1 + (\alpha_m - 1)x_1} = \frac{3.0 \times 0.78}{1 + (3.0 - 1) \times 0.78} = 0.914$$

$$E_{mV,1} = \frac{y_1 - y_2}{y_1^* - y_2} = \frac{y_1 - x_1}{y_1^* - x_1} = \frac{0.9 - 0.78}{0.914 - 0.78} = 0.896$$

第五章　化学反应工程与反应器

§5.1　本　章　重　点

1. 化学反应工程的基本概念。
2. 均相反应动力学基本概念。
3. 理想反应器的基本特点及基本方程。
4. 理想反应器的性能比较与选择。
5. 气固相催化反应器。

§5.2　知　识　要　点

5.2.1　概　　述

5.2.1.1　工业化学反应过程的特征

物理化学中的化学反应动力学是研究理想条件下化学反应的机理和速率，探讨影响反应速率的各种因素以及如何获得最优的反应结果，即研究处于均匀混合状态和均一操作条件下反应物系的动力学规律。化学反应在实验室或小规模进行时可以达到相对比较高的转化率或产率，但放大到工业反应器中进行时，反应过程不但包括化学反应，而且还伴随有各种物理过程，如热量的传递、物质的流动、混合和传递等，维持相同反应条件，所得转化率却往往低于实验室结果。其原因有以下几方面：

①大规模生产条件下，反应物系的混合不可能像实验室那么均匀。②大规模生产条件下，反应条件不能像实验室中那么容易控制，体系内温度和浓度并非均匀。③大规模生产条件下，反应体系多维持在连续流动状态，反应器的构型以及器内流动状况、流动条件对反应过程有极大的影响。

5.2.1.2　化学反应工程学的任务和研究方法

化学反应工程学是研究生产规模下化学反应过程和设备内的传递规律，它应用化学热力学和动力学知识，结合流体流动、传热、传质等传递现象，进行工业反应过程的分析、反应器的选择和设计及反应技术的开发，并研究最佳的反应操作条件，以实现反应过程操作和控制的优化。

在一般的化工单元操作中，通常采用的方法是经验关联法，例如流体阻力系数、对流传热系数的获得等，这是一种实验-综合的方法。但化学反应工程涉及的内容、参数及其相互间的影响更为复杂，这种传统的方法已经不能解决化学反应工程问题，而需要采用数学模型为基础的数学模拟法。

所谓数学模拟法是将复杂的研究对象合理地简化成一个与原过程近似等效的模型，然后对简化的模型进行数学描述，即将操作条件下的物理因素包括流动状况、传递规律等过程的影响和所进行化学反应的动力学综合在一起，用数学公式表达出来。数学模型是流动模型、传递模型、动力学模型的总和，一般是各种形式的联立代数方程、微分方程或积分方程。

数学模型的建立采用分解-综合的方法，它将复杂的反应工程问题先分解为较为简单的本征化学动力学和单纯的传递过程，把两者结合，通过综合分析的方法提出模型并用数学方法予以描述。

数学模型建立的关键是对过程实质的了解和对过程的合理简化，这些都依赖于实验；同样模型的验证和修改，也依赖于实验，只有对模型进行反复修正，才能得到与实际过程等效的数学模型。

在实际过程中是先提出理想反应器模型，然后讨论实际反应器和理想反应器的偏离，再通过校正和修改，最后建立实际反应器的模型。

5.2.1.3 工业反应器

（1）工业反应器分类

①按照操作方式进行分类，可将反应器分为间歇操作反应器、连续操作反应器和半间歇或半连续操作反应器。

②按照反应器的结构形式，可将反应器分为釜式反应器、管式反应器及塔式反应器。

③按照反应物的相态，可将反应器分为均相反应器与非均相反应器。

④按照温度条件，可将反应器分为等温反应器、绝热反应器和非等温反应器。

⑤按照反应物料的流动与混合情况，将反应器分为理想流动反应器及非理想流动反应器。理想流动反应器又有平推流反应器和全混流反应器两种。

（2）常见工业反应器

①间歇操作搅拌釜　这是一种带有搅拌器的槽式反应器。用于小批量、多品种的液相反应系统，如制药、染料等精细化工生产过程。

②连续流动的搅拌釜式反应器　常用于均相、非均相的液相系统，如合成橡胶等聚合反应过程。它可以单釜连续操作，可以是多釜串联。

③连续操作管式反应器　主要用于大规模流体参加的反应过程。

④固定床反应器　反应器内填放固体催化剂颗粒或固体反应物，在流体通过时静止不动，由此而得名。主要用于气-固相催化反应，如合成氨生产等。

⑤流化床反应器　流化床与固定床反应器中固体介质固定不动正相反，此处固相介质做成较小的颗粒，当流体通过床层时，固相介质形成悬浮状态，好像变成了沸腾的流体，故称流化床，俗称沸腾床。主要用于要求有较好的传热和传质效率的气-固相催化反应，如石油的催化裂化、丙烯氨氧化等非催化反应过程。

⑥鼓泡床反应器　为塔式结构的气-液反应器，在充满液体的床层中，气体鼓泡通过，气液两相进行反应，如乙醛氧化制乙酸。

5.2.1.4 反应器设计计算的基本方程

化学反应的设计计算，其重要任务之一，就是根据给定的生产任务和工艺条件来决定所必需的反应器体积，以作为确定反应器主要尺寸的基本依据。工业反应器中，化学反应的进行，总是伴随着质量、热量以及动量的传递过程，而这些传递过程对化学反应速率都有直接的影响，所以反应器反应体积的计算，必须综合考虑这些因素，从物料衡算、热量衡算及动量衡算得到计算反应器的基本方程，再综合化学反应速率方程，就可以计算反应体积。

（1）物料衡算方程式

物料衡算以质量守恒定律为基础，是计算反应器体积的基本方程。对于任一反应器，其物料衡算表达式为：

$$某组分流入量 = 某组分流出量 + 某组分反应消耗量 + 某组分累积量 \quad (5-1)$$

①间歇操作：对于间歇反应器，由于分批加料、卸料，反应过程中某组分流入量与流出量为零。所以有：

$$某组分反应消耗量 + 某组分累积量 = 0 \quad (5-1a)$$

②连续稳态操作：对连续稳态流动反应器，累积量为零。所以有：

$$某组分流入量 = 某组分流出量 + 某组分反应消耗量 \quad (5-1b)$$

对非稳态反应器，则上式各项均需考虑。

（2）热量衡算方程式

计算非等温反应器的反应体积时，需要同时考虑物料衡算和能量衡算。能量衡算以能量守恒与转化定律为基础。在非等温的反应器上作能量衡算，可以近似为热量衡算。对反应器或某一微元体积进行反应体系的热量衡算的基本式为：

$$带入的热焓 = 流出的热焓 + 反应热 + 热量的累积 + 传向环境的热量 \quad (5-2)$$

式（5-2）中反应热项在放热时为负值，吸热时为正值。

①间歇操作：对于间歇反应器，反应过程中带入与流出的热焓为零。

②连续稳态操作：对连续流动反应器，在稳态条件下，热量累积项为零；对等温流动反应器，在稳态条件下，带入热焓与流出热焓两项相等；对绝热反应器，传向环境的热量为零。

（3）动量衡算方程式

动量衡算以动量守恒与转化定律为基础，计算反应器的压力变化。当气相流动反应器的压强降大时，需要考虑压力对反应速率的影响，此时需要进行动量衡算。一般情况下，在反应体积计算时可不考虑。

5.2.2 均相反应动力学

在工业规模的化学反应器内，化学反应过程与热量、质量及动量传递过程同时进行，这种化学反应与物理变化的综合称为宏观反应过程。研究宏观反应过程的动力学称为宏观动力学。与宏观动力学相对应的是微观动力学，或本征动力学，它是在理想条件下研究化学反应进行的机理和反应速率。宏观动力学与本征动力学的不同之处在于宏观动力学除了研究化学反应本身外，还要考虑到热量、质量、动量传递过程和化学反应的相互作用和相互影响。本节主要讨论本征动力学问题。

5.2.2.1 化学计量学

化学计量学是研究化学反应系统中反应物和产物组成相互关系变化的数学表达式，化学计量式是化学计量的基础。

化学计量式表示参加反应的各组分的数量关系，等式左边的组分为反应物，等式右边的组分为产物，化学计量式的通式为：

$$v_1 A_1 + v_2 A_2 + \cdots = \cdots v_{n-1} A_{n-1} + v_n A_n \quad (5-3)$$

或：
$$-v_1A_1 - v_2A_2 - \cdots + v_{n-1}A_{n-1} + v_nA_n = 0 \tag{5-3a}$$

$$\sum_{i=1}^{n} v_iA_i = 0, \quad i = 1, 2, \cdots n \tag{5-3b}$$

一般将反应物的化学计量系数取负值，产物的化学计量系数取正值。

如果反应系统中有 m 个反应，则第 j 个反应的化学计量式的通式为：

$$v_{1j}A_1 + v_{2j}A_2 + \cdots = \cdots v_{(n-1)j}A_{n-1} + v_{nj}A_n \tag{5-4}$$

$$\sum_{i=1}^{n} v_{ij}A_i = 0, \quad i = 1, 2, \cdots, n, \quad j = 1, 2, \cdots, m \tag{5-4a}$$

5.2.2.2 反应程度

对于间歇反应中的单反应

$$v_A A + v_B B \Longrightarrow v_R R$$

各组分的起始物质的量分别为 n_{A0}、n_{B0} 及 n_{R0}，反应终态的物质的量分别为 n_A、n_B 及 n_R，由化学计量关系可知，

$$\frac{n_A - n_{A0}}{v_A} = \frac{n_B - n_{B0}}{v_B} = \frac{n_R - n_{R0}}{v_R} = \xi = \frac{n_i - n_{i0}}{v_i} \tag{5-5}$$

式中反应物的 $n_A - n_{A0}$ 及 v_A 均为负值，而产物的 $n_R - n_{R0}$ 及 v_R 均为正值，ξ 称为"反应程度"，上式亦可写成：

$$n_i - n_{i0} = \Delta n_i = v_i \xi \tag{5-5a}$$

$-\Delta n_i = n_{i0} - n_i$，即 i 组分反应的物质的量，由此可见，知道反应程度即可知道所有反应物及产物的反应的物质的量。

5.2.2.3 转化率

反应物 A 的反应量与其初始量之比称为 A 的转化率：

$$x_A = \frac{n_{A0} - n_A}{n_{A0}} = -\frac{\Delta n_A}{n_{A0}} = -\frac{v_A \xi}{n_{A0}} \tag{5-6}$$

工业反应过程中的原料中各组分之间往往不符合化学计量关系，通常选择不过量的反应物计算转化率，这样的组分称为关键组分。

5.2.2.4 多重反应的选择率和收率

（1）选择率

反应的选择率是指生成目的产物所消耗的关键组分量与已转化的关键组分量之比。

$$\beta = \frac{\text{生成目的产物所消耗的关键组分量}}{\text{已转化的关键组分量}} = \frac{a}{p} \cdot \frac{n_P}{n_{A0} - n_A} \tag{5-7}$$

（2）收率

$$\varphi = \frac{\text{生成目的产物所消耗的关键组分量}}{\text{关键组分的初始量}} = \frac{a}{p} \cdot \frac{n_P}{n_{A0}} \tag{5-8}$$

（3）转化率

$$\text{转化率}(x_A) = \frac{\text{反应物 A 的消耗量}}{\text{反应物 A 的初始量}} \tag{5-9}$$

（4）转化率、收率和选择率的关系

$$\varphi = x_A \cdot \beta \tag{5-10}$$

5.2.2.5 化学反应速率表示方式

化学反应速率是单位时间内单位反应混合物体积中反应物的反应量或产物的生成量。

(1)间歇系统

间歇系统中，反应速率表示为单位时间内单位反应混合物体积中反应物 A 的反应量，即：

$$r_A = -\frac{1}{V} \cdot \frac{dn_A}{dt} \tag{5-11}$$

式中　V——反应混合物体积，m^3；

　　n_A——反应物 A 的瞬时物质的量，mol；

　　t——反应时间，s。

式中的负号表示反应物 A 的量随反应时间增加而减少。

如果在反应过程中体积变化很小，可视为恒容过程。则上式可写成：

$$r_i = \pm\frac{1}{V} \cdot \frac{dn_i}{dt} = \pm\frac{d\left(\dfrac{n_i}{V}\right)}{dt} = \pm\frac{dc_i}{dt} \tag{5-12}$$

式中，c_i 为组分 i 的浓度。对于反应物，$\dfrac{dc_i}{dt}$ 取负号；对于产物，$\dfrac{dc_i}{dt}$ 取正号。

对于反应 $v_A A + v_B B = v_L L + v_M M$

式中，v_A、v_B、v_L、v_M 分别为组分 A、B、L、M 的化学计量系数。各组分的反应速率与化学计量系数之间存在着下列关系：

$$r_A : r_B : r_L : r_M = v_A : v_B : v_L : v_M \tag{5-13}$$

或：

$$-\frac{1}{v_A} \cdot \frac{dc_A}{dt} = -\frac{1}{v_B} \cdot \frac{dc_B}{dt} = \frac{1}{v_L} \cdot \frac{dc_L}{dt} = \frac{1}{v_M} \cdot \frac{dc_M}{dt} \tag{5-13a}$$

(2)连续系统

连续系统中反应速率可表示为单位反应体积中(或单位反应表面积上、或单位质量固体、或催化剂上)某一反应物或产物的摩尔流量的变化，即：

$$r_i = \pm\frac{dN_i}{dV_R} \tag{5-14}$$

或

$$r_i = \pm\frac{dN_i}{dS} \tag{5-14a}$$

$$r_i = \pm\frac{dN_i}{dW} \tag{5-14b}$$

式中　N_i——组分 i 的摩尔流量，$mol \cdot s^{-1}$；

　　V_R——反应体积，m^3；

　　S——反应表面积，m^2；

　　W——固体质量，kg。

5.2.2.6 化学反应动力学方程

(1)动力学方程的表示方式

化学反应速率与相互作用的反应物系的性质、压力 p、温度 T 及各反应组分的浓度 c 等因素有关。因此，反应速率可用下列函数关系表示。

$$r=f(p,\ T,\ c) \tag{5-15}$$

在一定的压力和温度下，化学反应速率便成了各反应组分的浓度的函数，这种函数关系式称为动力学方程或速率方程。

如果化学反应的反应式能代表反应的真正过程，称为基元反应，它的动力学方程可以从质量作用定律直接写出。如反应 $v_AA+v_BB=v_LL+v_MM$ 是基元反应，其动力学方程式可用下式表示：

$$r_A=kc_A^{v_A}c_B^{v_B}-k'c_L^{v_L}c_M^{v_M} \tag{5-16}$$

大多数化学反应是由若干个基元反应综合而成，称为非基元反应，其动力学方程需要由实验确定。如反应 $v_AA+v_BB=v_LL+v_MM$ 若是非基元反应，其动力学方程表示如下：

$$r_A=kc_A^ac_B^b-k'c_L^lc_M^m \tag{5-17}$$

式中，幂指数 a 及 b 分别称为正反应速率式中组分 A 及 B 的反应级数；幂指数 l 及 m 分别称为逆反应速率式中组分 L 及 M 的反应级数。幂指数之和 $n=a+b$ 及 $n'=l+m$ 称为正、逆反应的总级数，式中 k 及 k' 为以浓度表示的正、逆反应速率常数，其值取决于反应物系的性质和反应温度，与反应组分的浓度无关。

反应达到平衡时，反应速度为零。对于基元反应有：

$$\frac{k}{k'}=\frac{c_L^{v_L}c_M^{v_M}}{c_A^{v_A}c_B^{v_B}}=K \tag{5-18}$$

对于非基元反应，

$$\frac{k}{k'}=\frac{c_L^lc_M^m}{c_A^ac_B^b}=K \tag{5-19}$$

正逆反应速率常数之比称为平衡常数。

如果反应为不可逆反应，动力学方程式可表示为：

$$r_A=kc_A^ac_B^b \tag{5-20}$$

若为基元反应，则动力学方程式为：

$$r_A=kc_A^{v_A}c_B^{v_B} \tag{5-21}$$

（2）反应速率常数及反应的活化能

速率方程中的比例常数 k 称为反应速率常数，可以理解为反应物系各组分浓度均为 1 时的反应速率。

对于单反应，反应速率常数 k 和绝对温度 T 之间的关系可用阿累尼乌斯经验方程表示：

$$k=A\cdot e^{-E/RT} \tag{5-22}$$

式中　A——指前因子，其单位与反应速率常数相同，决定于反应物系的本质；

　　　E——化学反应活化能。

在一定温度范围内，反应的机理不变，则化学反应活化能的数值不变，反应速率常数的对数值 $\ln k$ 对 $\frac{1}{T}$ 作图可得到一条直线，直线斜率为 $-\frac{E}{R}$，从而可求出反应的活化能。

活化能有三个重要特性：

①活化能不能单独反映反应速率的大小，因为反应速率要同时受到指前因子、温度、反应级数等多个参数的影响。

②活化能愈大，温度对反应速率的影响越大。

③对于同一反应，即活化能一定时，反应速率对温度的敏感度，随温度升高而降低。

5.2.3 均相等温等容反应的动力学方程式

5.2.3.1 不可逆反应

（1）一级反应

反应速率与反应物浓度的一次方成正比。

$$A \xrightarrow{k_1} P$$

$$r = -\frac{dc_A}{dt} = k_1 c_A \qquad (5-23)$$

（2）二级反应

反应速率与反应物浓度的平方（或两物质浓度的乘积）成正比。

$$A + B \xrightarrow{k_2} P$$

$$r = k_2 c_A c_B \qquad (5-24)$$

或 $$r = k_2 c_A^2 \qquad (5-24a)$$

（3）三级反应

反应速率与反应物浓度的三次方（或三种物质浓度的乘积）成正比。

$$A + B + C \xrightarrow{k_3} P$$

$$r = k_3 c_A c_B c_C \qquad (5-25)$$

或 $$r = k_3 c_A^3 \qquad (5-25a)$$

（4）零级反应

反应速率与反应物浓度无关。

$$A \xrightarrow{k_0} P$$

$$r = k_0 = -\frac{dc_A}{dt} \qquad (5-26)$$

5.2.3.2 可逆反应

反应正向和逆向都可以进行的反应，也称对峙反应。如下一级可逆反应：

$$A \underset{k'}{\overset{k}{\rightleftharpoons}} P$$

$$r = r_{正} - r_{逆} = k_1 c_A - k' c_P \qquad (5-27)$$

5.2.3.3 复杂反应

（1）平行反应

反应物同时独立地进行两个或两个以上的反应为平行反应。

$$A \xrightarrow{k_1} P$$

$$A \xrightarrow{k_2} S$$

$$r_A = k_1 c_A + k_2 c_A = (k_1 + k_2) c_A \qquad (5-28)$$

$$r_P = k_1 c_A \qquad (5-29)$$

$$r_S = k_2 c_A \qquad (5-30)$$

$$\frac{r_P}{r_S}=\frac{k_1}{k_2} \tag{5-31}$$

（2）连串反应

连串反应是指反应主产物能进一步反应成其它副产物的过程。

$$A \xrightarrow{\quad k_1 \quad} P \xrightarrow{\quad k_2 \quad} S$$

$$r_A=-\frac{dc_A}{dt}=k_1c_A \tag{5-32}$$

$$r_P=\frac{dc_P}{dt}=k_1c_A-k_2c_P \tag{5-33}$$

$$r_S=\frac{dc_S}{dt}=k_2c_P \tag{5-34}$$

5.2.4 理想流动反应器

5.2.4.1 流动模型

（1）理想流动模型

①平推流模型　平推流模型又称为活塞流模型或理想置换模型。反应物料以一致的方向向前移动，截面上各点的流速完全相等。其特点：

a. 在垂直流动方向的截面上，所有的物性都是均匀一致，即截面上各点的温度、浓度、压力、速度均分别相同。

b. 反应器内所有物料粒子的停留时间相同，物料在反应器内的停留时间是管长的函数。

②全混流模型　全混流模型又称理想混合模型，是指连续稳定流入反应器的物料在强烈的搅拌下与反应器中的物料瞬间达到完全混合。其特点：

a. 进入的物料瞬间完全混合，整个反应器内的浓度和温度完全相同，并且等于出口处的物料浓度和温度。

b. 物料粒子的停留时间参差不齐，有一个典型分布。

"返混"：也叫"逆向混合"；是指在反应器内，不同停留时间的粒子间的混合。这里所说的逆向，是时间概念上的逆向，不同于一般的搅拌混合。引起逆向混合的主要原因有：

a. 剧烈搅拌造成涡流扩散，使物料粒子出现环流或倒流。

b. 反应器中物料的流速分布不均匀，如管式反应器内流体作层流，流速呈抛物线分布，同一截面上不同半径处的物料粒子的停留时间不一样，它们之间的混合也就是不同停留时间的物料间的混合，也就是逆向混合。

c. 反应器内的死角也会导致不同停留时间的物料逆向混合。

（2）非理想流动模型

实际反应器中的流动，偏离理想流动模型，主要由下面两方面的原因引起：一种是由于死角或沟流引起流体质点以不同的流速流过反应器，虽然流体质点间并未发生混合，但质点在反应器内的停留时间是不同的。另一种是由于邻近质点间发生部分的返混。这些都属于非理想流动。

非理想流动的描述可以根据实际流动模型与理想流动模型偏离的程度，把理想模型加以修正，提出非理想流动模型。

①扩散模型　扩散模型是当实际流动模型与平推流模型偏离不大时，对平推流模型作适

当修正而得到的模型。它假设实际流型相当于平推流模型的基础上迭加一个轴向扩散过程。而轴向扩散可以用费克定律来描述。这个模型的实质是用轴向扩散来描述轴向返混。

②多级全混流模型　多级全混流模型是以全混流为基础加以组合而成的模型。它假设实际流型以多级等容的全混流反应器相串联组合而成，每级都是全混流，且容积相等，各级的总体积即实际反应器的体积。实际过程中所用全混流级数越多，越接近于平推流模型。

5.2.4.2　理想均相反应器的计算

（1）理想间歇反应器

反应器理想化的条件：反应物黏度小，搅拌均匀，压强、温度均一（任一时刻物料的组成、温度均一）。其特点：釜内温度、浓度处处相等，但随时间而改变；所有物料的反应时间相同。

优点：操作具有较大的灵活性，操作弹性大，相同设备可以生产多个品种。

缺点：劳动强度大，装料、卸料、清洗等辅助操作常消耗一定时间，产品质量不易稳定。

①反应时间的计算关系　间歇反应器中，由于剧烈搅拌，反应器内物料的浓度和温度达到均一，因而可以对整个反应器进行物料衡算：

$$组分 A 的消耗量 = -组分 A 的累积量 \tag{5-35}$$

$$r_A V_R = -\frac{dn_A}{dt}$$

$$n_A = n_{A0}(1-x_A) \tag{5-36}$$

$$-\frac{dn_A}{dt} = -\frac{dn_{A0}(1-x_A)}{dt} = n_{A0}\frac{dx_A}{dt} \tag{5-37}$$

$$r_A \cdot V_R = n_{A0}\frac{dx_A}{dt} \tag{5-38}$$

积分后得：

$$t = n_{A0}\int_0^{x_{Af}} \frac{dx_A}{r_A V_R} \tag{5-39}$$

若反应过程中体积不发生变化，或者反应器的整个反应体积都被反应混合物充满，则可以认为是恒容过程，这时反应时间的计算式可简化为：

$$t = \frac{n_{A0}}{V_R}\int_0^{x_{Af}} \frac{dx_A}{r_A} = c_{A0}\int_0^{x_{Af}} \frac{dx_A}{r_A} \tag{5-40}$$

$$由\ x_A = \frac{c_{A0}-c_A}{c_{A0}} \quad 得 \quad dx_A = -\frac{dc_A}{c_{A0}}$$

反应时间若用浓度表示，则：

$$t = -\int_{c_{A0}}^{c_A} \frac{dc_A}{r_A} \tag{5-41}$$

从恒容反应过程反应时间的计算式中可以看出，在间歇反应器中，反应物达到一定的转化率所需的时间只取决于过程的反应速率，而与反应器的大小无关，反应器的大小只取决于反应物料的处理量。

②反应时间的计算方法

a. 图解积分法：根据反应时间的计算公式，

$$t = c_{A0}\int_0^{x_{Af}} \frac{dx_A}{r_A} \ 及\ t = -\int_{c_{A0}}^{c_A} \frac{dc_A}{r_A}$$

运用定积分的概念在不同情况下可以运用图解法求得反应时间。如图 5-1 及图 5-2 所示。

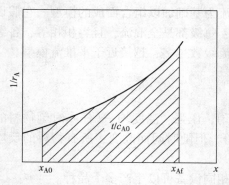

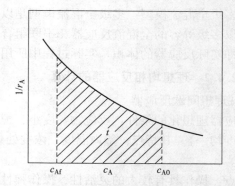

图 5-1　间歇反应过程 t/c_{A0} 的图解积分　　　图 5-2　间歇反应过程反应时间 t 的图解积分

b. 解析法：

当动力学方程式已知时，可将动力学方程式代入反应时间的计算式直接积分得到。

对于等温 n 级反应，其动力学方程式可表示为：$r_A = kc_A^n$

$$t = c_{A0} \int_0^{x_{Af}} \frac{dx_A}{r_A} = c_{A0} \int_0^{x_{Af}} \frac{dx_A}{kc_A^n}$$

当 n 不同时，代入进行积分，结果列于表 5-1。

表 5-1　理想间歇反应器中整数级反应结果表达式

反应级数	反应速率	残余浓度式	转化率式
$n=0$	$r_A = k$	$kt = c_{A0} - c_A$	$kt = c_{A0} x_A$
$n=1$	$r_A = kc_A$	$kt = \ln \dfrac{c_{A0}}{c_A}$	$kt = \ln \dfrac{1}{1-x_A}$
$n=2$	$r_A = kc_A^2$	$kt = \dfrac{1}{c_A} - \dfrac{1}{c_{A0}}$	$kt = \dfrac{1}{c_{A0}} \cdot \dfrac{x_A}{1-x_A}$
n 级 $n \neq 1$	$r_A = kc_A^n$	$kt = \dfrac{1}{n-1}(c_A^{1-n} - c_{A0}^{1-n})$	$(1-x_A)^{1-n} = 1 + (n-1)c_{A0}^{n-1} kt$

③反应器体积计算。

若单位时间要求处理的物料量为 V_0，则反应器体积可按下式计算：

$$V = V_0 \tau \tag{5-42}$$

式中　V——反应混合物体积(反应器的有效体积)，m^3；

　　　V_0——单位时间所处理的物料量，$m^3 \cdot h^{-1}$(或 $m^3 \cdot s^{-1}$)；

　　　τ——一个反应周期所需时间，h(或 s)。

间歇反应器一个反应周期所需的实际操作时间包括反应时间 t 与辅助时间 t'，t' 包括加料、调温、卸料、清洗等时间。

则反应器的体积为：

$$V = V_0 \cdot (t + t') \tag{5-43}$$

实际反应过程中，反应器的效率不可能达到我们所期望的结果，因为有操作过程及操作条件的影响，因此实际反应器的体积要大于理论上计算得出的反应体积。反应器的实际体积为：

$$V_R = \frac{V}{\varphi} \tag{5-44}$$

式中　V_R——实际反应器的体积，m^3；

　　　φ——装填系数，表示加入反应器内的物料占反应器总体积的分率，一般情况下，φ值根据经验选定，在 $0.4 \sim 0.8$ 之间。

（2）平推流反应器(活塞流)

①平推流反应器及其特点。

在等温操作的管式反应器中，物料沿着管长，齐头并进，像活塞一样向前推进，物料在每个截面上的浓度不变，反应时间是管长的函数，像这种操作模型称为平推流模型，这种理想化返混量为零的管式反应器称为平推流反应器。其特点：反应器内任一截面上的运动参数（物料浓度、反应速率、转化率、温度等）完全相等，且不随时间而改变，但不同截面的参数各不相同；所有物料在反应器内的停留时间相同。

工业上将长径比大于 30 的管式反应器视为平推流反应器。

②平推流反应器计算的基本关系式。

对于稳态操作的平推流反应器，取某一微元体积 dV_R，对组分 A 进行物料衡算：

$$组分 A 的流入量 = 组分 A 的流出量 + 组分 A 的反应消耗量 \tag{5-45}$$

$$V_0 c_{A0}(1-x_A) = V_0 c_{A0}(1-x_A-dx_A) + r_A dV_R \tag{5-46}$$

化简得：

$$V_0 c_{A0} dx_A = r_A dV_R \tag{5-47}$$

将上式积分，得：

$$V_R = V_0 c_{A0} \int_0^{x_{Af}} \frac{dx_A}{r_A} \tag{5-48}$$

式中　V_R——反应器的体积，m^3；

　　　V_0——单位时间处理的物料量，即混合物料的体积流量，$m^3 \cdot h^{-1}$；

　　　c_{A0}——反应物组分 A 的初始浓度，$kmol \cdot m^{-3}$；

　　　x_{Af}——要求反应物 A 的转化率；

　　　r_A——反应速率，$kmol \cdot h^{-1} \cdot m^{-3}$。

③等温平推流反应器的计算。若在平推流反应器中进行等温 n 级不可逆反应，反应动力学方程式为：$r_A = k c_A^n$，代入反应器体积计算式中，可以求反应器体积 V_R 与转化率 x_A 的关系。

等温 n 级不可逆反应器体积计算结果列于表 5-2。

表 5-2　等温恒容平推流反应器计算式

反应级数	反应速率	反应器体积	转化率
$n=0$	$r_A = k$	$V_R = \dfrac{V_0}{k} c_{A0} x_{Af}$	$x_{Af} = \dfrac{k\tau}{c_{A0}}$
$n=1$	$r_A = k c_A$	$V_R = \dfrac{V_0}{k} \ln \dfrac{1}{1-x_A}$	$x_{Af} = 1 - e^{-k\tau}$
$n=2$	$r_A = k c_A^2$	$V_R = \dfrac{V_0}{k c_{A0}} \cdot \dfrac{x_{Af}}{1-x_{Af}}$	$x_{Af} = \dfrac{c_{A0} k\tau}{1 + c_{A0} k\tau}$
n 级	$r_A = k c_A^n$	$V_R = \dfrac{V_0}{k(n-1)c_{A0}^{n-1}} \left[\dfrac{1}{(1-x_{Af})^{n-1}} - 1 \right]$	$x_{Af} = 1 - \left[1+(n-1)c_{A0}^{n-1} k\tau \right]^{\frac{1}{1-n}}$

④空间时间和空间速度。

为了对连续反应器的生产能力进行比较，引进空间时间（简称空时）和空间速度（简称空速）的概念。

空间时间，定义为在规定条件下进入反应器的物料通过反应器所需要的时间，即：

$$\tau_S = \frac{反应体积}{进料体积流量} = \frac{V_R}{V_0} \tag{5-49}$$

在其它条件不变的情况下，空时越小，表示反应器的处理物料量越大，说明生产能力大。

空间速度（空速）是空时的倒数，表示单位时间内通过单位反应器容积的物料体积。空速越大，反应器的生产能力越大。

$$S_V = \frac{1}{\tau_S} = \frac{V_0}{V_R} \tag{5-50}$$

对于恒温恒容反应：$\tau_S = \dfrac{V_R}{V_0} = c_{A0}\displaystyle\int_0^{x_{Af}} \frac{\mathrm{d}x_A}{r_A} = -\int_{c_{A0}}^{c_A} \frac{\mathrm{d}c_A}{r_A}$

⑤间歇搅拌釜式反应器与平推流反应器的比较：

a. 两反应器中进行同一化学反应（恒容），达到相同转化率时所需反应时间完全相同。

b. 当反应体积相等时，其生产能力相同。所以在设计、放大平推流反应器时，可以利用间歇搅拌釜式反应器的动力学数据进行计算。

c. 虽然两反应器的设计方程式相同，但物料在其中的流动形态完全不同。在间歇搅拌釜式反应器中，物料均匀混合属非稳态过程；而平推流反应器中，物料无返混属稳态过程。

d. 平推流反应器是连续操作，而间歇搅拌釜式反应器是间歇操作，需要一定的辅助时间，显然平推流反应器的生产能力比间歇搅拌釜式反应器要大，生产劳动强度要小。

（3）全混流反应器

①全混流反应器的特点：在强烈搅拌的反应釜中，一边连续恒定地向反应器内加入反应物料，同时连续不断地把反应物料排出反应器。由于强烈搅拌，反应器内物料达到全釜均匀的浓度和温度，这种连续流动反应器的流动状况称为全混流反应器。根据全混流的定义，由于强烈搅拌作用而使釜内反应物料的浓度和温度处处相等。同时，由于强烈搅拌，使进入反应器的反应物料在瞬间与存留于反应器的物料达到瞬间混合，而且在反应器出口处即将要流出的物料也与釜内物料浓度相等，且等于反应器流出物料的浓度和温度。也就是说全混流反应器中反应原料的浓度处于出口状态的低浓度，而反应产物浓度则处于出口状态的高浓度。全混流反应器的反应速率即由釜内浓度和温度所决定。

②全混流反应器计算的基本公式：由于强烈搅拌，全混流反应器内反应物料浓度达到全釜均一，且等于出口反应物浓度，因此，反应器内各点的反应速率也相同，且等于出口转化率时的反应速率。计算全混流反应器的体积时，可对整个反应器作物料衡算。

$$组分 A 的加入量 = 组分 A 的引出量 + 组分 A 的消耗量 \tag{5-51}$$

$$V_0 c_{A0} = V_0 c_{A0}(1 - x_{Af}) + r_A V_R \tag{5-52}$$

$$V_R = \frac{V_0 c_{A0} x_{Af}}{r_{Af}} \tag{5-53}$$

式中　r_{Af}——按出口浓度计算的化学反应速率。

式（5-53）是按进反应器时反应混合物中不含产物来考虑的，即 $x_{A0} = 0$，如果进料中已含有反应产物，即 $x_{A0} \neq 0$，此时体积计算公式可写为：

$$V_R = \frac{V_0 c_{A0}(x_{Af} - x_{A0})}{r_{Af}} \qquad (5-54)$$

③全混流反应器的空间时间：

按空间时间的概念，空间时间可按下式计算：

$$\tau_s = \frac{V_R}{V_0} = \frac{V_0 c_{A0} x_{Af}}{r_{Af}} = \frac{c_{A0} - c_{Af}}{r_{Af}} \qquad (5-55)$$

如果已知反应速率 r_A 与反应浓度 c_A（或转化率 x_A）的动力学关系，都可以标绘成 $\frac{1}{r_A} - c_A$ 的曲线，图5-3即为一般简单反应的曲线形状。由全混流反应器空间时间的计算关系可以知道，全混流反应器中进行反应的空间时间为图中的矩形面积。

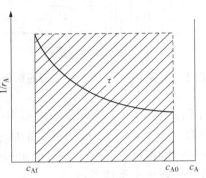

图5-3 全混流反应器 τ_s 的图解法

④平推流反应器与全混流反应器比较：

平推流反应器和全混流反应器在不同反应级数时的反应结果表达式列于表5-3。

表5-3 平推流反应器和全混流反应器反应结果比较

反应级数	反应器型式	
	平推流反应器	全混流反应器
$n=0$	$k\tau = c_{A0} x_{Af}$ $\dfrac{c_{Af}}{c_{A0}} = 1 - \dfrac{k\tau}{c_{A0}} \left(\dfrac{k\tau}{c_{A0}} \leqslant 1 \right)$	$k\tau = c_{A0} x_{Af}$ $\dfrac{c_{Af}}{c_{A0}} = 1 - \dfrac{k\tau}{c_{A0}} \left(\dfrac{k\tau}{c_{A0}} \leqslant 1 \right)$
$n=1$	$k\tau = \ln \dfrac{1}{1-x_{Af}}$ $\dfrac{c_{Af}}{c_{A0}} = \exp(-k\tau)$	$k\tau = \dfrac{x_{Af}}{1-x_{Af}}$ $\dfrac{c_{Af}}{c_{A0}} = \dfrac{1}{1+k\tau}$
$n=2$	$k\tau = \dfrac{1}{c_{A0}} \cdot \dfrac{x_{Af}}{1-x_{Af}}$ $\dfrac{c_{Af}}{c_{A0}} = \dfrac{1}{1+c_{A0}k\tau}$	$k\tau = \dfrac{1}{c_{A0}} \cdot \dfrac{x_{Af}}{(1-x_{Af})^2}$ $\dfrac{c_{Af}}{c_{A0}} = \dfrac{\sqrt{1+4c_{A0}k\tau}-1}{2c_{A0}k\tau}$

（4）多级全混流反应器的串联及优化

①多级全混流反应器的浓度特征：

从平推流反应器和全混流反应器的特点可以看出，平推流反应器是无返混的反应器，全混流反应器是返混最大的反应器。从反应过程的推动力来比较，平推流反应器的反应推动力比全混流反应器的反应推动力大得多，平推流反应器的反应速率沿物料流动方向是一个由高到低的变化过程，全混流反应器的反应速率始终处于出口反应物料浓度的低速率状态。因此，在生产过程中，如有可能总是尽量采用平推流反应器进行操作。但是，有些反应由于种种原因需要采用全混流反应器操作（如要求过程中温度均匀等），为了降低全混流反应器的返混程度，提高全混流反应过程的推动力，有效的办法是采用多级反应，用数个反应器串联进行。

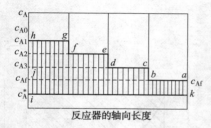

图 5-4 多级串联全混流反应器的推动力

多级全混流反应器串联的推动力如图 5-4 所示。例如，将一个反应体积为 V_R 的全混流反应器，用 m 个反应体积为 V_R/m 的全混流反应器来代替，如果两者的初始浓度及最终浓度以及温度条件都相同，则分级操作过程的推动力远大于单个全混流反应器的推动力。

由图可以看出，当只用一个全混流反应器时，整个反应器中反应物浓度均为 c_{Af}，反应过程的推动力正比于浓度 c_{Af} 与 c_A^* 之间的矩形面积；若采用多级串联(图中为四级)，各级反应器中的浓度分别为 c_{A1}、c_{A2}、c_{A3}、c_{Af}，除了最后一级外，其余各级都在高于单级操作时的浓度下进行，反应过程的推动力正比于多边形 abcdefghik 的面积。因此，平均推动力提高。级数越多，过程就越接近于平推流反应器。

② 多级全混流反应器串联的计算：

多级全混流反应器串联的计算，主要是根据所处理的物料量，决定达到最终转化率所需要的反应器级数以及各级的反应体积和反应物的浓度。

多级全混流反应器的串联操作如图 5-5 所示。

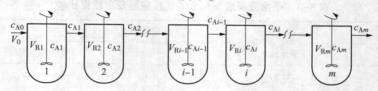

图 5-5 多级串联全混流反应器示意图

设反应在等温下进行，且各级温度相等，反应过程中物料的密度变化可以忽略不计，即反应在恒容下进行。当物料以体积流量 V_0 依次通过各反应器，并以 V_{R1}、V_{R2}、$\cdots$、V_{Rm} 及 c_{A1}、c_{A2}、$\cdots$、c_{Am} 分别表示第 1，2，$\cdots$，m 级的反应体积和反应组分 A 的浓度。

对任一级 i 中的组分 A 进行物料衡算，

$$V_0 c_{A0}(1-x_{Ai-1}) = V_0 c_{A0}(1-x_{Ai}) + r_{Ai} V_{Ri} \tag{5-56}$$

则：

$$V_{Ri} = \frac{V_0 c_{A0}(x_{Ai}-x_{Ai-1})}{r_{Ai}} \tag{5-57}$$

或：

$$V_{Ri} = \frac{V_0(c_{Ai-1}-c_{Ai})}{r_{Ai}} \tag{5-57a}$$

将反应过程的动力学方程式代入，即可求得任意一级反应器的体积。

$$V_{Ri} = \frac{V_0(c_{Ai-1}-c_{Ai})}{kc_{Ai}^n} = \frac{V_0 c_{A0}(x_{Ai}-x_{Ai-1})}{kc_{A0}^n(1-x_{Ai})^n} \tag{5-58}$$

上式关联了任一级反应体积与该级进出口浓度及进口转化率之间的关系。通过此式，可以根据规定的进出口浓度求出该级反应体积；如果反应器的级数及反应体积已定，可用来依次求出各级出口物料中反应组分 A 的浓度；同样在各级反应体积已定时，可以求得达到最终转化率所需要的级数。

运用式(5-58)时，在个别情况下可用更为简便的方法来处理。

a. 代数法 等温一级不可逆反应，其动力学方程式为：$r_A = kc_A$，

$$V_{Ri} = \frac{V_0(c_{Ai-1} - c_{Ai})}{r_{Ai}} = \frac{V_0(c_{Ai-1} - c_{Ai})}{kc_{Ai}}$$

$$\tau_i = \frac{V_{Ri}}{V_0} = \frac{c_{Ai-1} - c_{Ai}}{kc_{Ai}} \tag{5-59}$$

整理可得：

$$\frac{c_{Ai}}{c_{Ai-1}} = \frac{1}{1 + k\tau_i} \tag{5-60}$$

设 τ_1、τ_2、$\cdots$、τ_m 分别表示第 1，2$\cdots$，m 级反应器的平均停留时间，各级出口浓度与进口浓度的比值分别为：

$$\frac{c_{A1}}{c_{A0}} = \frac{1}{1 + k\tau_1} \tag{5-61}$$

$$\frac{c_{A2}}{c_{A1}} = \frac{1}{1 + k\tau_2} \tag{5-62}$$

$$\vdots$$

$$\frac{c_{Am}}{c_{Am-1}} = \frac{1}{1 + k\tau_m} \tag{5-63}$$

将以上各式相乘，

$$\frac{c_{A1}}{c_{A0}} \cdot \frac{c_{A2}}{c_{A1}} \cdot \cdots \cdot \frac{c_{Am}}{c_{Am-1}} = \left(\frac{1}{1 + k\tau_1}\right) \cdot \left(\frac{1}{1 + k\tau_2}\right) \cdot \cdots \cdot \left(\frac{1}{1 + k\tau_m}\right) \tag{5-64}$$

即：

$$\frac{c_{Am}}{c_{A0}} = \prod_{i=1}^{m} \left(\frac{1}{1 + k\tau_i}\right) \tag{5-64a}$$

若最终转化率为 x_{Am}，则有：

$$x_{Am} = \frac{c_{A0} - c_{Am}}{c_{A0}} = 1 - \frac{c_{Am}}{c_{A0}} \tag{5-65}$$

$$x_{Am} = 1 - \prod_{i=1}^{m} \left(\frac{1}{1 + k\tau_i}\right) \tag{5-66}$$

如果级数及各级反应体积已定，可由上式直接求出所能达到的最终转化率。反过来，当各级反应体积已定，也可求出达到最终转化率时所需要的级数。

如果各级反应器体积相等，那么

$$\tau_1 = \tau_2 = \cdots = \tau_m = \tau$$

$$x_{Am} = 1 - \left(\frac{1}{1 + k\tau}\right)^m \tag{5-66a}$$

$$\tau = \frac{1}{k}\left[\frac{1}{(1 - x_{Am})^{1/m}} - 1\right] \tag{5-67}$$

$$V_{Ri} = V_0\tau_i = \frac{V_0}{k}\left[\frac{1}{(1 - x_{Am})^{1/m}} - 1\right] \tag{5-68}$$

$$V_R = mV_{Ri} = \frac{mV_0}{k}\left[\frac{1}{(1 - x_{Am})^{1/m}} - 1\right] \tag{5-69}$$

已知级数及最终转化率，可求出各级的体积及总体积。已知各级体积及最终转化率，也可求出级数。

对于非一级反应，也可按上述方法处理，但情况要复杂得多。

b. 图解法　如果反应为等温恒容过程，根据体积计算公式：

$$V_{Ri} = \frac{V_0(c_{Ai-1} - c_{Ai})}{r_{Ai}}$$

$$\tau_i = \frac{V_{Ri}}{V_0} = \frac{c_{Ai-1} - c_{Ai}}{r_{Ai}} \tag{5-70}$$

$$r_{Ai} = -\frac{c_{Ai}}{\tau_i} + \frac{c_{Ai-1}}{\tau_i} \tag{5-71}$$

上式称为操作线方程。表明当第 i 级反应器进口浓度 c_{Ai-1} 已知，其出口浓度 c_{Ai} 和 r_{Ai} 为直线关系，斜率为 $-1/\tau_i$，截距为 c_{Ai-1}/τ_i。第 i 级的出口浓度还应满足动力学关系 $r_{Ai} = kf(c_{Ai})$。同时满足上述两关系时的 c_{Ai} 即为要求的出口浓度。将上述两关系描绘在 r_{Ai}-c_{Ai} 图上，两线的交点即为出口浓度。如图 5-6 所示。

若各级全混流反应器的温度相等，体积也相同（τ 相同），在已知各级反应器的体积、处理量和原料浓度的前提下，τ_i 已知。从 c_{A0} 开始作斜率为 $-1/\tau_i$ 的操作线，它与动力学关系线交于 A_1 点，A_1 点的横坐标为第一级出口的浓度 c_{A1}；再从 c_{A1} 开始作第一条操作线的平行线，与动力学关系线交于 A_2 点，A_2 点的横坐标为第二级出口的浓度 c_{A2}；依此类推，直至所得 c_{Ai} 小于或等于要求的最终出口浓度为止，所作操作线的数目即为反应器级数 m。

如果已知反应器级数 m，按上法作图，第 m 根操作线与动力学关系线的交点的横坐标即为最终出口的浓度。如果已知反应器级数 m 和最终出口的浓度，需要确定总体积时，则要采用试差法。

只有当反应速率能用单组分的浓度来表示时，才能绘制在 c_A-r_{Ai} 图上。

同样根据上述方法，可求得各级的出口转化率，方法步骤与上类似，所得图形如图 5-7 所示。

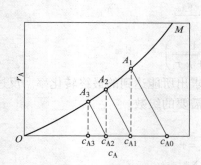 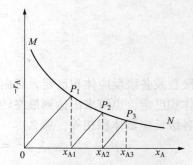

图 5-6　多级串联全混流反应器图解计算（一）　　图 5-7　多级串联全混流反应器图解计算（二）

在 r_A-c_A 图上作出动力学曲线 OM。根据第一级反应器的体积计算公式，得出 r_{A1} 与 x_{A1} 的关系：

$$r_{A1} = \frac{c_{A0}x_{A1}}{\tau_1} - \frac{c_{A0}x_{A0}}{\tau_1} \tag{5-72}$$

若 $x_{A0} = 0$，则 r_{A1} 与 x_{A1} 的关系为通过原点的直线，直线斜率为 $\dfrac{c_{A0}}{\tau_1}$，c_{A0} 为生产所确定，根据反应器体积 V_{R1} 与体积流量，可求出 τ_1。通过原点作斜率为 $\dfrac{c_{A0}}{\tau_1}$ 的直线 OP_1，P_1 点所对

应的 x_{A1} 即为第一级出口转化率。如果各级反应器的体积相等，$\tau_1 = \tau_2 = \cdots \tau_m = \tau$，所以每一级的操作线斜率相等，通过 x_{A1} 点作与 OP_1 相平行的直线 $x_{A1}P_2$ 与动力学曲线交于 P_2 点，P_2 点所对应的 x_{A2} 即为第二级的出口转化率，依次类推，直到规定级数，即可求得最终转化率。

③多级全混流反应器串联的优化：

多级全混流反应器串联，当处理的物料量、进反应器的组成及最终转化率确定，反应器的级数也确定后，则总是希望合理分配各级转化率，使所需反应体积最小。

对于一级不可逆反应，m 个全混流反应器串联，各级温度相同，总反应器的体积可按下式计算：

$$V_R = \sum_{i=1}^{m} V_{Ri} = \frac{V_0}{k}\left(\frac{x_{A1} - x_{A0}}{1 - x_{A1}} + \frac{x_{A2} - x_{A1}}{1 - x_{A2}} + \cdots + \frac{x_{Am} - x_{Am-1}}{1 - x_{Am}}\right) \tag{5-73}$$

为使 V_R 最小，可将上式分别对 x_{A1}、x_{A2} ……x_{Am-1} 求偏导数，则：

$$\frac{\partial V_R}{\partial x_{Ai}} = \frac{V_0}{k}\left[\frac{1 - x_{Ai-1}}{(1 - x_{Ai})^2} - \frac{1}{1 - x_{Ai+1}}\right](i = 1, 2, \cdots, m-1) \tag{5-74}$$

使 V_R 最小必须满足 $\dfrac{\partial V_R}{\partial x_{Ai}} = 0$，即：

$$\frac{1 - x_{Ai-1}}{(1 - x_{Ai})^2} = \frac{1}{1 - x_{Ai+1}}(i = 1, 2, \cdots, m-1) \tag{5-75}$$

也可写成：

$$\frac{1 - x_{Ai-1}}{1 - x_{Ai}} = \frac{1 - x_{Ai}}{1 - x_{Ai+1}} \tag{5-76}$$

等式两边各减 1，等式仍然成立：

$$\frac{1 - x_{Ai-1}}{1 - x_{Ai}} - 1 = \frac{1 - x_{Ai}}{1 - x_{Ai+1}} - 1$$

化简得：

$$\frac{x_{Ai} - x_{Ai-1}}{1 - x_{Ai}} = \frac{x_{Ai+1} - x_{Ai}}{1 - x_{Ai+1}} \tag{5-77}$$

即：

$$\frac{V_0}{k}\left(\frac{x_{Ai} - x_{Ai-1}}{1 - x_{Ai}}\right) = \frac{V_0}{k}\left(\frac{x_{Ai+1} - x_{Ai}}{1 - x_{Ai+1}}\right) \tag{5-78}$$

$$V_{Ri} = V_{Ri+1} \tag{5-79}$$

这就是说，对一级不可逆反应，采用多级全混流串联时，要保证总的反应体积最小，必需的条件是各级反应器的体积相等。对于其它级数的反应，可仿照上述办法求得最佳反应率的分配。

5.2.4.3 理想流动反应器的评比与选择

从工艺上看，评价反应器的指标有两个：一是生产强度，二是收率。反应器的生产强度是单位体积反应器所具有的生产能力。在规定的物料处理量和最终转化率的条件下，反应器所需的反应体积也就反映了其生产强度。在相同条件下，反应器所需反应体积越小，则表明其生产能力越大。对简单反应，不存在产品分布问题，只需从生产能力上优化。复杂反应则存在产品分布，且产品分布随反应过程条件的不同而变化，因而涉及这类反应时，首先应该考虑目的产物的产率和选择性。

（1）连续均相反应器的推动力比较

流体流动状况对反应速率的影响，主要是因为返混程度不同，使得物系的浓度梯度不同，从而影响化学反应速率。等温下，在间歇反应器、平推流反应器和全混流反应器中进行化学反应，反应推动力如图5-8所示。

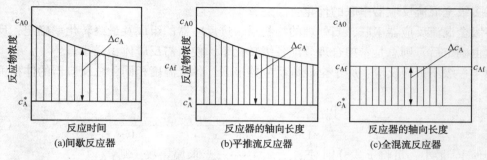

图5-8　反应器的推动力

c_{A0}、c_{Af}分别代表加料与出料中反应组分 A 的浓度，c_A^* 为反应物 A 的平衡浓度，等温下 c_A^* 为常数。（a）为间歇反应器的推动力。在间歇反应器中，反应推动力随反应时间逐步降低；（b）和（c）为平推流和全混流反应器的推动力，平推流反应器中的推动力随反应器轴向长度逐步降低，而全混流反应器中由于返混，整个反应器的推动力等于出口处反应推动力。如果在相同反应温度、相同进、出口浓度，亦即 c_{A0}、c_{Af}、c_A^* 相同的情况下，间歇反应器与平推流反应器推动力相同，只是前者的推动力随时间而变，后者则是随空间位置而变，这两种反应器的推动力均大于全混流反应器。

（2）理想流动反应器体积的比较

①间歇操作反应器与平推流反应器：

间歇操作反应器的反应时间为：

$$t = c_{A0}\int_0^{x_{Af}} \frac{\mathrm{d}x_A}{r_A} = -\int_{c_{A0}}^{c_A} \frac{\mathrm{d}c_A}{r_A}$$
$$V_R = V_0(t+t')$$

平推流反应器的体积计算公式：

$$V_R = V_0 c_{A0}\int_0^{x_{Af}} \frac{\mathrm{d}x_A}{r_A} = -V_0\int_{c_{A0}}^{c_A} \frac{\mathrm{d}c_A}{r_A}$$

间歇操作反应器体积与平推流反应器的体积相差 $V_0 t'$，即由于间歇操作反应器不是所有时间都用于反应，因此，在相同条件下，为完成相同的任务所需的反应器体积要大。若暂不考虑间歇操作反应器的辅助时间，则在相同条件下为完成相同的生产任务，其反应器体积相同，因为在这两种反应器中流体的质点不存在返混。

②平推流反应器与全混流反应器：

平推流反应器与全混流反应器都采用连续操作，但在反应器中流体的流动状态不同，平推流反应器属于平推流模型，完全没有混合，全混流反应器属于全混流模型，存在返混，因此为完成相同的任务所需的反应器的体积大小不同。

设 V_{RM}、V_{RP} 分别表示全混流反应器与平推流反应器所需的反应器体积，在相同情况下，两者具有相同的体积流量 V_0 及初始浓度 c_{A0}，在要求的最终转化率相同的条件下，两种反应器的体积分别为：

$$V_{\text{RM}} = \frac{V_0 c_{A0} x_{\text{Af}}}{r_A} \tag{5-80}$$

$$V_{\text{RP}} = V_0 c_{A0} \int_0^{x_{\text{Af}}} \frac{\mathrm{d}x_{\text{Af}}}{r_A} \tag{5-81}$$

$$\frac{V_{\text{RM}}}{V_{\text{RP}}} = \frac{\dfrac{V_0 c_{A0} x_{\text{Af}}}{r_A}}{V_0 c_{A0} \displaystyle\int_0^{x_{\text{Af}}} \frac{\mathrm{d}x_A}{r_A}} = \frac{\dfrac{x_{\text{Af}}}{r_A}}{\displaystyle\int_0^{x_{\text{Af}}} \frac{\mathrm{d}x_A}{r_A}} \tag{5-82}$$

比较上式右边分子和分母的大小，即可判断两者反应体积的大小。以 $\dfrac{1}{r_A}$ 对 x_A 作图，如图 5-9 所示。图中，AB 表示 $\dfrac{1}{r_A}$ 与 x_A 的关系，对应于 D 点的转化率为出口转化率 x_{Af}。

$$\frac{V_{\text{RM}}}{V_{\text{RP}}} = \frac{\dfrac{x_{\text{Af}}}{r_A}}{\displaystyle\int_0^{x_{\text{Af}}} \frac{\mathrm{d}x_A}{r_A}} = \frac{\text{面积 } OCBD}{\text{面积 } OABD} \tag{5-83}$$

很显然，$OCBD$ 的面积大于 $OABD$ 面积，所以，$V_{\text{RM}} > V_{\text{RP}}$，即在相同的条件下，达到相同的转化率，采用全混流反应器的体积大于平推流反应器的体积。

由图还可以看出，其它条件相同时，反应的转化率越小，两者的差别越小，也就是说，在低反应率时，全混流反应器越接近于平推流反应器。

在生产中，常采用多级串联的全混流反应器，同样以 $\dfrac{1}{r_A}$ 对 x_A 作图。如图 5-10 所示，以三级串联为例，出口转化率分别为 x_{A1}、x_{A2}、x_{Af}，各级反应器体积为：

$$V_{\text{R1}} = \frac{V_0 c_{A0} x_{A1}}{r_{A1}}$$

$$V_{\text{R2}} = \frac{V_0 c_{A0}(x_{A2} - x_{A1})}{r_{A2}}$$

$$V_{\text{R3}} = \frac{V_0 c_{A0}(x_{\text{Af}} - x_{A2})}{r_{\text{Af}}}$$

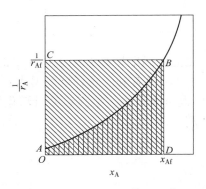

图 5-9　理想流动反应器体积比较（一）

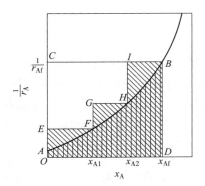

图 5-10　理想流动反应器体积比较（二）

三级串联反应器总体积：

$$V_R = V_{R1} + V_{R2} + V_{R3} = \frac{V_0 c_{A0} x_{A1}}{r_{A1}} + \frac{V_0 c_{A0}(x_{A2} - x_{A1})}{r_{A2}} + \frac{V_0 c_{A0}(x_{Af} - x_{A2})}{r_{Af}}$$

$$= V_0 c_{A0}(\text{面积 } OEFM + \text{面积 } MGHN + \text{面积 } NIBD) = V_0 c_{A0}(\text{面积 } OEFGHIBD) \quad (5-84)$$

从图中可看出：面积 $OCBD$ > 面积 $OEFGHIBD$ > 面积 $OABD$

全混流反应器体积 > 多级串联全混流反应器体积 > 平推流反应器体积   (5-85)

（3）理想反应器中多重反应的选择率

对于多重反应，反应器中的流动情况不仅影响反应器的大小，还要影响反应的选择率。对于复杂反应，往往用选择性来表示。

①平行反应

反应物同时独立地进行两个或两个以上的反应称为平行反应。典型的平行反应可表示为：

$$A \left\{ \begin{array}{l} \xrightarrow{k_1} \text{L（主反应）} \\ \xrightarrow{k_2} \text{M（副反应）} \end{array} \right.$$

或

$$A+B \left\{ \begin{array}{l} \xrightarrow{k_1} \text{L（主反应）} \\ \xrightarrow{k_2} \text{M（副反应）} \end{array} \right.$$

令 r_L 为主反应速率，r_M 为副反应速率，两者之比为对比速率：

$$\alpha = \frac{r_L}{r_M} \quad (5-86)$$

瞬时选择率：

$$s = \frac{r_L}{r_L + r_M} = \frac{r_L}{r_A} = \frac{\alpha}{1+\alpha} \quad (5-87)$$

a. 选择率的温度效应：

设反应物 A 在两个平行反应中，主、副反应的级数分别为 n_1 和 n_2，主副反应的活化能分别为 E_1 和 E_2，由选择率定义：

$$s = \frac{r_L}{r_L + r_M} = \frac{1}{1 + \dfrac{k_2}{k_1} c_A^{n_2 - n_1}} \quad (5-88)$$

温度对选择率的影响由 $\dfrac{k_2}{k_1}$ 所确定，由动力学可知：

$$\frac{k_2}{k_1} = \frac{A_2}{A_1} e^{\frac{E_1 - E_2}{RT}} \quad (5-89)$$

如果 $E_1 > E_2$，即主反应的活化能大于副反应的活化能，温度增高有利于选择率的增大；当 $E_1 < E_2$，即主反应的活化能小于副反应的活化能，温度降低有利于选择率的增大；若 $E_1 = E_2$，选择率与温度无关。平行反应选择率的温度效应也可表示为，提高温度对活化能高的那个反应有利，反之，降低温度对活化能低的反应有利。

b. 选择率的浓度效应：

由选择率的计算关系式：

$$s = \frac{r_L}{r_L + r_M} = \frac{1}{1 + \dfrac{k_2}{k_1} c_A^{n_2 - n_1}}$$

当$n_1 > n_2$，即主反应级数大于副反应级数，s随c_A的升高而增大；反之，当$n_1 < n_2$，即主反应级数小于副反应级数，s随c_A的升高而减小；若$n_1 = n_2$，s与c_A无关。

对于平行反应，当主反应级数大于副反应级数，需要c_A高时，可以采用平推流反应器（或间歇反应器）；或使用浓度高的原料，或采用较低的单程转化率等。反之，当主反应级数小于副反应级数，需要c_A低时，可以采用全混流反应器，或使用浓度低的原料（也可以加入惰性稀释剂，也可用部分反应后的物料循环以降低进料中反应物的浓度）；或采用较高的转化率等。

c. 平行反应加料方式的选择：

对于平行反应，

$$A+B \underset{k_2}{\overset{k_1}{\longrightarrow}} \begin{array}{l} L（主反应） \\ M（副反应） \end{array}$$

相应的反应速率方程：

$$r_L = k_1 c_A^{n_1} c_B^{m_1} \qquad r_M = k_2 c_A^{n_2} c_B^{m_2}$$

则瞬时选择率：

$$s = \cfrac{1}{1 + \cfrac{k_2}{k_1} c_A^{n_2 - n_1} c_B^{m_2 - m_1}} \tag{5-90}$$

不同情况下适宜的操作方式见表5-4。

表5-4 平行反应的适宜操作方式

动力学特点	对浓度的要求	适宜的操作方式
$n_1 > n_2$, $m_1 > m_2$	c_A、c_B都高	A、B同时加入的间歇操作；A、B同时加入的平推流反应器；多段全混流反应器；A、B同时加入第一级
$n_1 < n_2$, $m_1 < m_2$	c_A、c_B都低	A、B缓慢滴加的间歇式操作；单个全混流反应器；A、B多股陆续加入的平推流反应器
$n_1 > n_2$, $m_1 < m_2$	c_A高、c_B低	A一次加入；B缓慢滴加的间歇式操作；平推流反应器，A由进口一次加入，B沿管长分段加入；多段全混流反应器，A由第一段一次加入，B分段加入；单个全混流反应器，A从出口物料中分离返回反应器

②连串反应

连串反应是指反应主产物能进一步反应成其它副产物的过程。

a. 连串反应的选择率：

对于一级连串反应，

$$A \xrightarrow{k_1} L \xrightarrow{k_2} M$$

相应各组分的反应速率为：

$$r_A = -\frac{\mathrm{d}c_A}{\mathrm{d}t} = k_1 c_A \tag{5-91}$$

$$r_L = \frac{\mathrm{d}c_L}{\mathrm{d}t} = k_1 c_A - k_2 c_L \tag{5-92}$$

$$r_M = \frac{\mathrm{d}c_M}{\mathrm{d}t} = k_2 c_L \tag{5-93}$$

反应开始时 A 的浓度为 c_{A0}，而 $c_{L0} = c_{M0} = 0$

积分式（5-91），$c_A = c_{A0} e^{-k_1 t}$

代入式（5-92），$\dfrac{dc_L}{dt} + k_2 c_L = k_1 c_{A0} e^{-k_1 t}$

此式为一阶常微分方程，其解为：

$$c_L = \left(\frac{k_1}{k_2 - k_1} \right) c_{A0} \left(e^{-k_1 t} - e^{-k_2 t} \right) \tag{5-94}$$

又：

$$c_M = c_{A0} - c_A - c_L = c_{A0} \left[1 + \frac{1}{k_1 - k_2} (k_2 e^{-k_1 t} - k_1 e^{-k_2 t}) \right] \tag{5-95}$$

具有不同 k_1、k_2 值的连串反应，浓度随时间的变化如图 5-11 所示。其图形虽各不同，但具有共同的特点，即组分 A 的浓度单调下降，副产物的 M 浓度单调上升，而主要产物 L 的浓度先升后降，其间存在最大值。

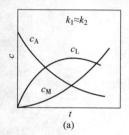 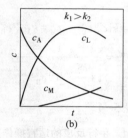 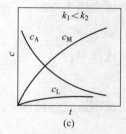

图 5-11　连串反应的浓度-时间关系

连串反应的瞬时选择率：

$$s = 1 - \frac{r_L}{r_A} = 1 - \frac{k_2 c_L}{k_1 c_A} \tag{5-96}$$

b. 连串反应的温度、浓度效应：

连串反应的温度效应决定于比值 $\dfrac{k_2}{k_1}$ 的大小，温度高低决定于主、副反应活化能的相对大小，若 $E_1 > E_2$，即主反应的活化能高，提高温度可增大选择率；若 $E_1 < E_2$，即主反应的活化能低，降低温度可增大选择率。这个结论与平行反应的温度效应相同。

连串反应的浓度效应较平行反应复杂。提高连串反应选择率可以通过适当选择反应物的初始浓度和转化率来实现。初始浓度对连串反应的影响，取决于主、副反应级数的相对大小；主反应级数高时，增加初始浓度有利于提高选择率；反之，主反应级数低时，降低初始浓度才能提高选择率。转化率对连串反应的影响是，随着转化率的增大，反应物浓度 c_A 越来越低，$\dfrac{c_L}{c_A}$ 的比值总是随 x_A 的增大而增大，瞬时选择率下降。因此，对连串反应，不能盲目追求过高的转化率，因转化率过高时选择率降低。在工业生产中进行连串反应时，常使反应在较低的单程转化率下操作，而把未反应原料经分离回收后再循环使用。

（4）理想反应器的选择

①简单反应的反应器选择：

简单反应的反应器选择主要考虑反应器体积的大小。

a. 为完成一定生产任务并达到最终转化率所需的反应体积，以平推流反应器最小，单个全混流反应器最大。

b. 多釜串联时，串联的反应器数越多，所需反应器的总体积越小；当串联数目增至无限多时，即为平推流反应器。

c. 间歇釜式反应器因辅助操作占用一定时间故有效体积大于平推流，若辅助操作时间可忽略不计，则有效体积与平推流相等。

d. 转化率越高，全混流比平推流的体积增大的倍数越多，故对于要求高转化率的反应，应选用平推流反应器或间歇操作反应器。

②多重反应的反应器选择：

多重反应的反应器选择时，主要考虑选择率。

a. 反应活化能大，反应速率对温度敏感；反应物浓度高，反应非常激烈；反应速率小，需较长停留时间；平行反应主反应级数低于副反应；连串反应的目的产物是最终产物，这些情况下用连续操作反应釜。

b. 气体反应；高压反应；强吸热反应；平行反应主反应级数高于副反应；连串反应的目的产物是中间产物，这些情况下用管式反应器较好。

5.2.5 气-固相催化反应器

在化工生产中，除均相反应过程外，还广泛采用非均相反应过程。非均相反应是指在不同相态的物料之间进行的反应。用于非均相反应的反应器称为非均相反应器。在非均相反应中，有一种比较典型的反应，是在固体催化剂表面上进行的气体反应，在这种反应过程中，固体起催化作用，称气-固相催化反应。

5.2.5.1 气-固相催化反应宏观动力学

(1)气-固相催化反应过程的特点

在多孔催化剂上进行的气-固相催化反应由下列几个步骤所组成：

①反应物从气流主体扩散到固体催化剂颗粒的外表面；

②反应物从催化剂颗粒的外表面扩散到催化剂的内表面；

③反应组分在催化剂内表面上被吸附；

④在内表面上进行催化反应；

⑤产物从催化剂内表面上脱附；

⑥产物从催化剂内表面扩散到催化剂外表面；

⑦产物从颗粒外表面扩散到气相主体。

在上述七个步骤中，①、⑦称为外扩散过程；②、⑥称为内扩散过程；③、④、⑤分别为吸附过程、固体催化剂内表面上进行的催化反应过程及脱附过程，总称为化学动力学过程。

(2)气-固相催化反应过程中反应组分的浓度分布

以球形催化剂为例，说明催化反应过程中反应物的浓度分布，如图5-12所示。反应物从气流主体扩散到颗粒外表面是一个纯物理过程，在球形颗粒外表面周围包有一层滞流边界层。设反应物在气流主体中的浓度为c_{Ag}，通过边界层，它的浓度由c_{Ag}递减到外表面上的浓度c_{As}，边界层中反应物的浓度梯度是常量，浓度差$c_{Ag}-c_{As}$就是外扩散过程的推动力，R_P是球形颗粒的半径。

反应物由颗粒外表面向内表面扩散时，同时就在内表面上进行催化反应，消耗了反应物。越深入到颗粒内部，反应物的浓度由于反应消耗而降低越多；催化剂的活性越大，向内部扩散的反应物浓度降低得也越多。因此，催化剂内部反应物的浓度梯度并非常量，在浓度-径向距离图上，反应物的浓度分布是一曲线。产物由催化剂颗粒中心向外表面扩散，浓度分布的趋势则与反应物相反。对于可逆反应，催化剂颗粒中反应物可能的最小浓度是颗粒温度下的平衡浓度 c_A^*。如果在距中心半径 R_d 处反应物的浓度接近平衡浓度，此时，在半径 R_d 的颗粒内催化反应速率接近于零，这部分区域称为"死区"，如图 5-13 所示。

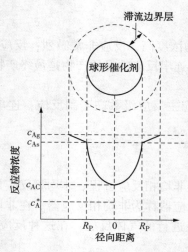

图 5-12　球形催化剂中
反应物 A 的浓度分布

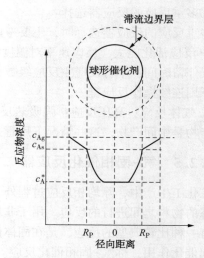

图 5-13　球形催化剂中存在死区时
反应物 A 的浓度分布

（3）内扩散有效因子与总体速率

由于内扩散与内表面上的催化反应同时进行，催化剂内各部分的反应速率并不一致，越接近于外表面，反应物的浓度越大而产物的浓度越小，因此，当颗粒处于等温时，越接近于外表面，单位内表面上催化反应速率越大。由此可见，等温催化剂单位时间颗粒中实际反应量恒小于按外表面反应组分浓度及颗粒内表面积计算的反应量，即不计入内扩散影响的反应量，二者的比值称为"内扩散有效因子"或"内表面利用率"，以符号 ξ 表示，即：

$$\xi = \frac{\int_0^{s_i} k_s f(c_A) \cdot \mathrm{d}s}{k_s f(c_{As}) \cdot s_i} \tag{5-97}$$

式中　k_s——按单位内表面计算的催化反应速率常数；

$f(c_{As})$——按颗粒外表面上反应组分浓度 c_{As} 计算的动力学方程中的浓度函数；

$f(c_A)$——按颗粒内反应组分浓度 c_A 计算的动力学方程式中的浓度函数；

s_i——单位体积催化床中催化剂的内表面积。

稳定情况下，单位时间内从催化剂颗粒外表面由扩散作用进入催化剂内部的反应组分量与单位时间内整个催化剂颗粒中实际反应的反应组分量相等。因此，内扩散有效因子亦可表示为：

$$\xi = \frac{按反应组分外表面浓度梯度计算的扩散速率}{按反应组分外表面浓度梯度及内表面积计算的反应速率} \tag{5-98}$$

若外扩散过程的影响可略去不计，而内扩散有效因子等于 1 或接近于 1，过程为化学动力学控制，此时颗粒中心与外表面反应组分的浓度差甚小。若内扩散有效因子之值远小于 1，则表明内扩散影响严重，此时，颗粒中心与外表面上反应的浓度差甚大。

对于整个气-固相催化反应过程，在稳态情况下，单位时间从气流主体扩散到催化剂外表面的反应组分的量也必等于催化剂颗粒内实际反应量，即：

$$(r_A)_g = k_g \cdot s_0 (c_{Ag} - c_{As}) = k_s \cdot s_i \cdot f(c_{As}) \cdot \xi \tag{5-99}$$

式(5-99)是将传质过程影响考虑在内的催化反应总体速率。

式中　$(r_A)_g$——组分 A 的宏观反应速率；

$\quad\quad k_g$——外扩散传质系数；

$\quad\quad s_0$——单位体积催化床中颗粒的外表面积。

若催化反应是一级可逆反应，动力学方程中的浓度函数可表示为：

$$f(c_A) = c_A - c_A^*$$

则总体速率可改写为：

$$(r_A)_g = \frac{c_{Ag} - c_A^*}{\dfrac{1}{k_g \cdot s_0} + \dfrac{1}{k_s \cdot s_i \cdot \xi}} \tag{5-100}$$

(4)催化反应控制阶段的判别

根据催化反应的总体速率方程式，若不考虑催化剂颗粒内的温度变化，当 k_g、s_0、k_s、s_i 及 ξ 为不同数值时，过程处于外扩散控制、内扩散控制和化学动力学控制。

①化学动力学控制：

当 $\dfrac{1}{k_g \cdot s_0} \ll \dfrac{1}{k_s \cdot s_i \cdot \xi}$，而内扩散因子 ξ 趋于 1 时，即内、外扩散过程的影响均可忽略时，催化反应的总体速率可表示为如下形式：

$$(r_A)_g = k_s \cdot s_i \cdot (c_{Ag} - c_A^*) \approx k_s \cdot s_i \cdot (c_{As} - c_A^*) \tag{5-101}$$

此时，$c_{Ag} \approx c_{As} \approx c_{Ac}$，而 $c_{Ac} \gg c_A^*$。

这种情况发生在外扩散传质系数 k_g 相对地较大，催化剂颗粒相当小而反应速率常数相对较小的时候。

②内扩散控制：

当 $\dfrac{1}{k_g \cdot s_0} \ll \dfrac{1}{k_s \cdot s_i \cdot \xi}$，而 $\xi \ll 1$，即外扩散过程的阻滞作用可以忽略不计，

$c_{As} \approx c_{Ag}$，而内扩散过程对宏观反应速率具有严重影响，则催化反应的总体速率可写为：

$$(r_A)_g = k_s \cdot s_i \cdot (c_{Ag} - c_A^*) \cdot \xi = k_s \cdot s_i \cdot (c_{As} - c_A^*) \cdot \xi \tag{5-102}$$

此时，$c_{Ag} \approx c_{As} \approx c_{Ac}$。

这种情况发生在催化剂颗粒相当大，外扩散传质系数及反应速率常数都相对地较大的时候。

③外扩散控制：

当 $\dfrac{1}{k_g \cdot s_0} \gg \dfrac{1}{k_s \cdot s_i \cdot \xi}$，即外扩散过程的阻滞作用占过程总阻力的主要部分，此时的宏观动力学方程式为：

$$(r_A)_g = k_g \cdot s_0 (c_{Ag} - c_A^*) \approx k_g \cdot s_0 (c_{Ag} - c_{As}) \tag{5-103}$$

此时，$c_{Ag} \gg c_{As}$，而 $c_{As} \approx c_{Ac} \approx c_A^*$

这种情况发生在催化剂颗粒相当小，外扩散传质系数相对较小而反应速率常数又相对地较大的时候。实际生产中这种情况比较少见。

5.2.5.2 气-固相催化反应器

（1）固定床催化反应器

流体通过静止不动的固体催化剂或反应物床层而进行反应的装置称作固定床反应器。

固定床反应器的主要优点：床层内流体的流动接近活塞流，可用较少量的催化剂和较小的反应器容积获得较大的生产能力，当伴有串联副反应时，可获得较高的选择性。结构简单、操作方便、催化剂机械磨损小。缺点是传热能力差，催化剂不能更换。

①固定床反应器的最佳操作参数：

设计固定床反应器的基本任务是在合适的原料消耗和能量消耗的前提下，获得设备的最大生产能力。为此，必须根据经济核算的原则来确定催化反应过程的最佳操作参数。其中最主要的参数为温度。

a. 最佳温度　用来调节催化反应过程的各项工艺操作参数中，温度对于反应混合物的平衡组成和反应速率都有很大的影响。不同类型的反应，温度的影响不完全相同。

对于不可逆反应，不存在反应平衡的限制，因为绝大多数化学反应的反应速率常数随着温度升高而增大，因此，无论是放热反应或吸热反应，无论反应进行的程度如何，都应该在尽可能高的温度下进行，以尽可能的加快反应速率，获得较高的产率。但是，反应温度过高，催化剂会降低或失去活性。伴有副反应发生时，改变温度可能影响到反应的选择率。因此，不可逆反应应在考虑这些限制因素的前提下尽可能选用较高的操作温度。

对于可逆吸热反应，因为吸热反应的平衡常数随温度升高而增大，反应速率常数也随温度升高而增大。因此，可逆吸热反应和不可逆反应一样，应尽可能在高温下进行，既有利于提高平衡转化率，也有利于增大反应速率。当然也应考虑设备材质的限制。

对于无副反应发生的可逆放热反应，温度升高，使反应速率常数增大，但平衡常数的数值会降低。改变温度时，反应速率受着这两种相互矛盾的因素影响。在较低的温度范围内，反应速率随温度增加而增加。但随着温度逐渐增加，反应速率随温度增加量逐渐减小，温度增加到某一数值时，反应速率随温度增加量变为零。此时再继续增加温度，温度对于平衡常数的影响成为矛盾的主要方面，在较高的温度范围内，反应速率随温度升高而减少。对于一定的反应混合物组成，具有最大反应速率的温度称为相应于这个组成的最佳温度。

b. 可逆放热反应的最佳温度曲线　如图 5-14 所示为可逆放热反应的速率曲线。从曲线上可以看出，当反应的转化率不变时，存在着使反应速率最大的最佳温度。随着转化率的升高，最佳温度及最佳温度下的反应速率都随之下降。由相应的各个转化率下的最佳温度所组成的曲线，称为最佳温度曲线。可从不同转化率下的反应速率随温度变化的曲线上得到。一般情况下可逆放热反应的最佳温度曲线如图 5-15 所示。

c. 可逆放热反应实现最佳温度的方法　对于可逆放热反应，如果不从反应混合物排出热量，反应热将使反应混合物的温度升高，而可逆放热反应的最佳温度分布曲线要求随着反应的进行，相应地降低混合物的温度，使催化床达到最大的生产能力。因此，必须设法从催化床排出放热量。

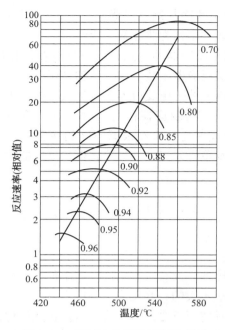

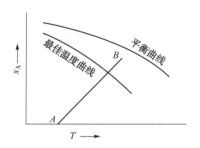

图 5-14　不同转化率时反应速率图　　　　图 5-15　绝热催化床的 x_A-T 图

从催化床排出的热量，应当加以利用。如果从催化床取走热量的"冷却剂"采用进入催化床、尚未反应的冷原料气，这种换热方式有将催化床"冷却"和冷原料气"预热"的双重作用，对催化床来说，这种换热方式称为"自冷"。如果"冷却剂"与原料气组成不同，称为"外冷"。究竟用自冷还是外冷，要根据反应物和催化床的具体情况而定。

可逆放热反应所用的催化剂与冷却剂之间的换热可采用连续换热，也可采用多段换热，因此也就有不同形式的反应器。

②固定床反应器的类型：

根据固定床反应器中换热型式的不同，可将固定床反应器分为绝热式、多段换热式及连续换热式三种类型。

a. 绝热式反应器　绝热式催化反应器在操作中与外界没有热量交换。这种反应器结构简单，设备费用低，但由于它不与外界进行热量交换，所以，随着反应的进行，温度要发生变化。温度的变化影响反应速率和平衡转化率。为使其不受大的影响，这种反应器只适用于反应热效应不大或反应混合物的热容大的反应。又因这种反应器的出口温度与进口温度相差较大，因此这种反应器不适用于温度变化范围窄的反应。

b. 多段换热式催化反应器　多段换热式反应器是可逆放热反应广泛应用的一种反应器，它的基本特征是将催化床分成若干段，使反应过程与换热过程分开进行，即在绝热情况下进行反应，然后将部分反应的气体进行冷却，再进行下一段的绝热反应。多段指多次绝热反应和多次换热，绝热反应和换热过程依次交替进行，使整个反应过程尽可能接近最佳温度曲线。

多段绝热反应器段间换热方式可采用直接换热和间接换热。间接换热可在段间设置换热器或将反应混合物从反应器中引出，在换热器中换热后再引回到反应器的下一段床层。

直接换热式是向部分反应的混合物中加入某种冷却剂，二者直接混合，以降低反应混合物的温度，因此又称为"冷激"式，如果冷激所用的冷却剂就是尚未反应的冷原料气，称为原料气冷激，如用与原料气组成不同的惰性气体，则称为非原料气冷激。

c. 连续换热式催化反应器　连续换热式催化反应器的特点是反应气体在催化床层中的反应过程与换热过程是同时进行的。连续换热式反应器中装有许多与轴平行的管子，作为反应气体与冷却剂之间的换热面。换热过程中的冷流体可由反应器自身提供，即由进入反应器中未反应的原料气与反应混合气之间进行换热，这种反应器称为"自冷"式。冷却剂如果是从外界引入非原料气，则称为"外冷"式。自冷式催化反应器根据不同的冷管结构，主要分为单管逆流式、双套管并流式、三套管并流式及单管并流式。外冷式催化反应器常用形式为单管外冷式或列管式。

（2）流化床催化反应器

流化床反应器是利用气体自下而上通过固体颗粒层而使固体颗粒处于悬浮运动状态，并进行气固相反应的装置。

流化床催化反应器亦有多种类型，主要有：

①自由床　流化床内除分布板和旋风分离器外，没有其它构件。床中催化剂被反应气体密相流化。床的高径比约 $1 \sim 2$。它适用于热效应不大的一些反应。

②流化床　床内设有换热管式挡板，或两者兼而有之的密相流化床。这些构件既可用于换热，又可限制气泡增大和减少物料返混，适用于热效应大的反应和温度控制范围较狭窄的场合。

§5.3　基础知识测试题

一、填空题

1. 化学反应过程按操作方法分为_____、_____、_____操作。

2. 不论是设计、放大或控制，都需要对研究对象作出定量的描述，也就要用数学式来表达个参数间的关系，简称_____。

3. 均相反应是指_____。

4. 活化能的大小直接反映了_____对温度的敏感程度。

5. 生成主产物的反应称为_____，其它的均为_____。

6. 对于复杂反应，当浓度不变时，升高温度有利于活化能_____的反应；降低温度有利于活化能_____的反应。

7. 同一简单反应在完全相同的条件下操作时，所需活塞流反应器有效容积与全混流反应器有效容积之比称为容积效率，则反应级数愈高，容积效率愈_____，转化率愈高，容积效率愈_____。

8. 对多级全混流反应器，反应物浓度呈_____下降，其浓度变化介于_____和_____之间，级数越多，其浓度分布越接近_____反应器，级数越少，其浓度分布越接近于_____反应器。

9. 对同一简单反应，若反应条件相同，则所需活塞流反应器的有效容积比全混流反应器的有效容积_____。对间歇操作的搅拌釜式反应器，若不考虑辅助时间，所需有效容积与_____相同。

10. 对可逆放热反应，当转化率一定时，_____最大时的温度称为该转化率下的最佳温度。随着转化率的增高最佳温度_____，但在实际反应过程中，温度控制一般先_____后_____。在反应初期，温度_____，主要目的在于提高_____；反应后期，温度_____，主要目的在于提高_____。

11. 对于气相平行反应，若生成目的产物 P 的主反应级数大于生成副产物 S 的副反应级数，为提高 P 的选择性，以选用_____反应器为宜；反之，应选用_____反应器。

$$A \underset{k_2}{\overset{k_1}{<}} \begin{array}{l} P（目的产物） \\ S（副产物） \end{array}$$

12. 在理想间歇反应器中进行零级反应，当反应时间为 10min 时，测得转化率为 0.90，反应时间为 11min 时，则转化率为_____。

13. 物料在反应器中的理想流动模型有_____和_____；在_____中返混最大；在_____中返混为零。

14. 不同的反应器具有不同的操作特征。就反应物浓度而言，间歇操作的搅拌釜内反应物浓度是_____的函数，而连续操作管式反应器内反应物浓度则是_____的函数。

15. 对不可逆的简单反应，若反应速率常数相等，要求获得相同的转化率，当反应级数 $n=0$ 时，反应时间随反应物的起始浓度的增大而_____；当反应级数 $n=1$ 时，反应时间随反应物的起始浓度的增大而_____；当反应级数 $n=2$ 时，反应时间随反应物的起始浓度的增大而_____。

16. 在设计反应器时，对简单反应，主要考虑_____；而对复杂反应，还得考虑反应过程的_____。

17. 全混流反应器的操作特点是：器内各处物料的组成和温度等都_____；各流体微元的停留时间_____；器内组成、转化率等_____时间而变化。

18. 间歇反应器的反应体积(有效容积)大小取决于单位时间所处理的物料量和每批生产所需的_____与_____。

19. 研究气固相催化反应过程采用本征动力学与传递过程相结合求得的反应速率方程式称为_____方程。

20. 对气固相催化反应，若为消除或减小外扩散影响，通常采用的措施是_____气流速度；若为消除或减小内扩散影响，通常采用的措施是_____催化剂颗粒的直径。

二、判断题

1. 在两个有效容积相同、串联操作的全混流反应器(CSTR)和活塞流反应器(PFR)中进行恒温、恒容、简单一级反应时，最终转化率与 CSTR 和 PFR 的排列次序无关。（　　）

2 活塞流反应器是一种完全没有返混的理想流况。（　　）

3. 多釜串联反应器的每一釜均为全混流反应器，但各釜之间无返混，因此串连的釜数越多，则其性能越接近活塞流反应器。（　　）

4. 在工业生产中，对间歇反应器里所进行的零级恒容反应，当反应温度及反应时间一定时，欲提高转化率 x_A，可以提高反应物的初始浓度。（　　）

5. 在间歇操作和连续操作的搅拌釜式反应器中，由于存在着剧烈的搅拌，因而都存在着严重的返混。（　　）

6. 多级全混流模型中物料的流况，介于全混流与活塞流之间。串联釜数愈多，物料的流况愈接近活塞流。（　　）

7. 对于恒容反应过程，活塞流反应器中物料质点的停留时间与空间时间两者在数值上是相等的，而全混流反应器中物料各质点的停留时间不尽相同，但其空间时间等于其平均停留时间。（　　）

8. 连续流动管式反应器不一定是活塞流反应器。（　　）

9. 理想的连续流动搅拌釜式反应器也就是全混流反应器。（　　）

10. 对于简单反应，无论是放热反应还是吸热反应，提高温度总是有利于加大反应速度。（　　）

11. 连续操作的反应器便于实现连续化、自动化生产，因此不论何种情况下，采用连续流动反应器总是比采用间歇反应器更先进。（　　）

12. 由于间歇操作的搅拌釜内装有搅拌器，因此在搅拌的作用下也有返混现象。（　　）

13. 对于气固相催化反应过程，在消除了外扩散影响的前提下，内扩散过程影响是否存在及其影响程度，可由内扩散效率因子 ζ 的数值来判断：当实验测得内扩散效率因子 $\zeta = 0.3$ 时，则表明该过程内扩散影响不太显著，内表面利用率较高。（　　）

14. 在气固相催化反应过程中，外部扩散过程与表面反应过程是串联过程，而内部扩散过程与表面反应过程是平行过程。（　　）

三、选择题

1. 有一气相反应 $2A = R + 2S$ 在活塞流反应器中进行，当 A 的转化率为 89% 时，所需的空间时间为 60s，则气体在该反应器中的平均停留时间为（　　）。

（A）>60s　　　　　（B）=60s　　　　　（C）<60s　　　　　（D）无法确定

2. 甲烷与水蒸气在镍催化剂上进行转化反应，其化学计量关系式为

$$CH_4 \ + \ 2H_2O \Longleftrightarrow 4H_2 \ + \ CO_2$$
$$\text{（A）} \quad \text{（B）} \quad \text{（P）} \quad \text{（R）}$$

若分别以甲烷的消耗速率（$-r_A$）和氢的生成速率（r_P）表达化学反应速率，则两者之间存在如下关系：（　　）。

（A）$(-r_A) = 4r_P$ 　　　　　　　　（B）$(-r_A) = \dfrac{1}{4} r_P$

（C）$(-r_A) = r_P$ 　　　　　　　　　（D）$(-r_A) = \dfrac{2}{4} r_P$

3. 在恒定操作条件下，能使反应器内反应速度始终保持不变的反应器只有（　　）。

（A）间歇搅拌釜（IBR）　　　　　　（B）全混流反应器（CSTR）

（C）活塞流反应器（PFR）　　　　　（D）固定床反应器

4. 在间歇反应器中进行液相一级反应，当 $c_{A,0} = 10 \text{mol} \cdot \text{L}^{-1}$ 时，反应 10min 后，反应物浓度 $c_A = 1 \text{mol} \cdot \text{L}^{-1}$，问再反应多长时间后，可使反应物浓度降为 $0.1 \text{mol} \cdot \text{L}^{-1}$？（　　）。

（A）1min　　　　（B）10min　　　　（C）15min　　　　（D）100min

5. 采用全混流反应器进行液相二级不可逆反应，当转化率为 0.90 时，所需反应器有效体积将是采用活塞流反应器达到相同转化率所需有效体积的多少倍？（　　）。

（A）1倍　　　　（B）10倍　　　　（C）15倍　　　　（D）100倍

6. 当反应温度增加时，平行反应选择性增加，则主、副反应活化能 $E_主$、$E_副$ 的关系是（　　）。

（A）$E_主 > E_副$　　　　（B）$E_主 = E_副$　　　　（C）$E_主 < E_副$　　　　（D）$E_主 \leqslant E_副$

7. 图中表示多级全混流反应器的图解计算，请指明反应器级数和各级有效容积是否相等？（假设和横坐标轴斜交的两条直线相互平行）。（　　）

(A)四级，有效容积相等
(B)二级，有效容积相等
(C)四级，有效容积不相等
(D)二级，有效容积不相等

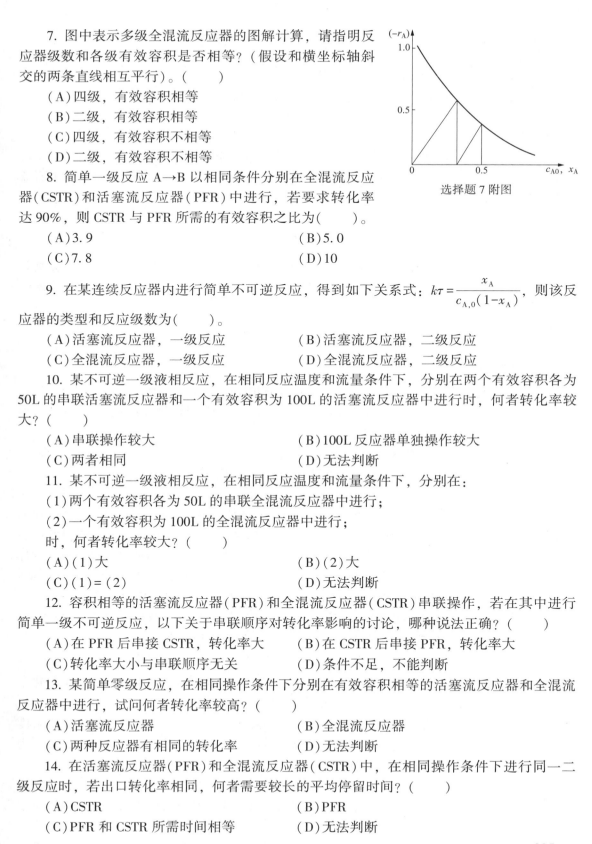

选择题7附图

8. 简单一级反应 A→B 以相同条件分别在全混流反应器（CSTR）和活塞流反应器（PFR）中进行，若要求转化率达90%，则 CSTR 与 PFR 所需的有效容积之比为（　　）。

(A)3.9　　　　　　　　　　　(B)5.0
(C)7.8　　　　　　　　　　　(D)10

9. 在某连续反应器内进行简单不可逆反应，得到如下关系式：$k\tau = \dfrac{x_A}{c_{A,0}(1-x_A)}$，则该反应器的类型和反应级数为（　　）。

(A)活塞流反应器，一级反应　　　　(B)活塞流反应器，二级反应
(C)全混流反应器，一级反应　　　　(D)全混流反应器，二级反应

10. 某不可逆一级液相反应，在相同反应温度和流量条件下，分别在两个有效容积各为50L 的串联活塞流反应器和一个有效容积为 100L 的活塞流反应器中进行时，何者转化率较大？（　　）

(A)串联操作较大　　　　　　　(B)100L 反应器单独操作较大
(C)两者相同　　　　　　　　　(D)无法判断

11. 某不可逆一级液相反应，在相同反应温度和流量条件下，分别在：
(1)两个有效容积各为 50L 的串联全混流反应器中进行；
(2)一个有效容积为 100L 的全混流反应器中进行；
时，何者转化率较大？（　　）

(A)(1)大　　　　　　　　　　(B)(2)大
(C)(1)=(2)　　　　　　　　　(D)无法判断

12. 容积相等的活塞流反应器（PFR）和全混流反应器（CSTR）串联操作，若在其中进行简单一级不可逆反应，以下关于串联顺序对转化率影响的讨论，哪种说法正确？（　　）

(A)在 PFR 后串接 CSTR，转化率大　(B)在 CSTR 后串接 PFR，转化率大
(C)转化率大小与串联顺序无关　　　(D)条件不足，不能判断

13. 某简单零级反应，在相同操作条件下分别在有效容积相等的活塞流反应器和全混流反应器中进行，试问何者转化率较高？（　　）

(A)活塞流反应器　　　　　　　(B)全混流反应器
(C)两种反应器有相同的转化率　　(D)无法判断

14. 在活塞流反应器（PFR）和全混流反应器（CSTR）中，在相同操作条件下进行同一二级反应时，若出口转化率相同，何者需要较长的平均停留时间？（　　）

(A)CSTR　　　　　　　　　　(B)PFR
(C)PFR 和 CSTR 所需时间相等　　(D)无法判断

15. 下列几种关于收率 φ、选择率 S 和转化率 x 的关系表达式中，哪种正确？（　　　）

(A) $\varphi = S/x$　　　　(B) $\varphi = Sx$　　　　(C) $\varphi = x/S$　　　　(D) $\varphi = x+S$

16. 现有活塞流反应器（PFR）和全混流反应器（CSTR）各一个，若在同温度、同产量情况下进行零级反应，转化率为 x_A，为使反应器有效容积最小，应选用（　　　）

(A) PFR　　　　　　　　　　　　　　(B) CSTR

(C) PFR，CSTR 均可　　　　　　　　　(D) 需视具体反应而定

17. 同一简单一级反应以相同条件分别在活塞流反应器（PFR）、全混流反应器（CSTR）和多级全混流反应器（n-CSTR）中进行时，若最终转化率相同，那么三种反应器所需的有效容积，按其大小顺序排列应是（　　　）。

(A) $V_{PFR} > V_{CSTR} > V_{n-CSTR}$　　　　　　(B) $V_{PFR} < V_{CSTR} < V_{n-CSTR}$

(C) $V_{CSTR} > V_{n-CSTR} > V_{PFR}$　　　　　　(D) $V_{n-CSTR} < V_{PFR} < V_{CSTR}$

18. 有两个反应组分参加的平行反应，$A+B \xrightarrow{k_1} P$　　　$A+B \xrightarrow{k_2} S$　其反应速率分别为 $r_P = k_1 c_A^{a_1} c_B^{b_1}$，$r_S = k_2 c_A^{a_2} c_B^{b_2}$，$a_1 > a_2$，$b_1 < b_2$，如果为了提高产物 P 的收率，则应采用反应物浓度控制条件是（　　　）。

(A) 高 c_A 低 c_B　　　　　　　　　　(B) 低 c_A 高 c_B

(C) c_A、c_B 均高　　　　　　　　　　(D) c_A、c_B 均低

四、计算题

1. 在间歇操作的搅拌釜式反应器中进行二级液相反应 $A+B \longrightarrow R$，两种反应物的起始浓度均为 $0.5 kmol \cdot m^{-3}$，反应 10min 后的转化率为 80%，若将该反应改在全混流反应器中进行，达到同样转化率需要多少时间？

2. 乙酸与丁醇反应生成乙酸丁酯，反应式为：

$$CH_3COOH + C_4H_9OH \longrightarrow CH_3COOC_4H_9 + H_2O$$
$$\quad A \qquad\qquad B \qquad\qquad\quad S \qquad\qquad P$$

当反应温度为 100℃，配料摩尔比为 $n(乙酸):n(丁醇) = 1:4.97$，并用少量 H_2SO_4 作催化剂时，动力学方程为 $(-r_A) = kc_A^2$，式中反应速率常数 $k = 17.4 L \cdot kmol^{-1} \cdot min^{-1}$，若该反应在间歇操作的搅拌釜中进行，物料密度恒为 $750 kg \cdot m^{-3}$，且每批物料的辅助时间取 0.5h，试计算乙酸转化率达 80% 时，每天生产 2400kg 乙酸丁酯所需反应器的体积（装料系数取 0.75）。

3. 在间歇操作的搅拌釜式反应器中进行等温反应 $A+B \longrightarrow R$，已知反应速率方程 $(-r_A) = kc_A c_B$，式中反应速率常数 $k = 0.3 L \cdot mol^{-1} \cdot min^{-1}$。假定反应过程中物料密度不变。当 A、B 的初始浓度 $c_{A,0} = c_{B,0} = 0.2 mol \cdot L^{-1}$ 时，求反应 150min 后反应物浓度 c_A。

4. 在间歇操作的搅拌釜式反应器中进行一级反应 $A \longrightarrow B$，已知其反应速率方程 $(-r_A) = kc_A$，试确定日产 150kgB 所需反应器的有效体积。已知：反应速率常数 $k = 0.8 h^{-1}$，A 的转化率 $x_A = 0.97$，物料的密度 $\rho_A = 0.9 kg \cdot L^{-1}$。辅助时间为 0.5h。

5. 在两个等体积串联全混流反应器中进行液相反应 $A+B \longrightarrow R+S$，已知反应物浓度 $c_A = c_B$ 时，反应速率方程 $(-r_A) = kc_A^2$，式中 $k = 1 m^3 \cdot kmol^{-1} \cdot s^{-1}$，A、B 的初始浓度为 $c_{A,0} = c_{B,0} = 1 kmol \cdot m^{-3}$，试求总空间时间为 1s 的转化率。

6. 在全混流反应器中进行二级不可逆反应 $A \longrightarrow R$，反应速度方程为 $(-r_A) = kc_A^2$，转化率为 50%。如果改用体积相同的活塞流反应器（PFR）操作，其余条件保持不变，问转化率为多少？

7. 在两个体积相等的串联组合全混流反应器中进行液相一级反应，

$$A \longrightarrow B+R$$

若物料的体积流量 $V_0 = 0.01 m^3 \cdot s^{-1}$，反应速率常数 $k = 0.23 s^{-1}$，试求转化率达 95% 时，所需反应器的总体积。

8. 在连续流动反应器内进行液相反应 $A \longrightarrow P$，$(-r_A) = kc_A$。已知 $k = 4.5 \times 10^{-4} s^{-1}$，物料的体积流量 $V_0 = 1.5 L \cdot s^{-1}$，反应器总体积为 $5 m^3$，试计算采用下列各种反应器时的最终转化率。

（1）全混流反应器；

（2）二级串联全混流反应器；

（3）5 级串联全混流反应器；

（4）活塞流反应器。

计算结果说明什么？

9. 丁二烯与丙烯酸甲酯在苯溶液中进行缩合反应，用无水 $AlCl_3$ 作催化剂，反应方程如下：

$$C_4H_6 + C_2H_3COOCH_3 \xrightarrow{AlCl_3} C_6H_5COOCH_3$$
$$\quad\quad B \quad\quad\quad M \quad\quad\quad\quad\quad\quad C \quad\quad\quad P$$

反应动力学方程为 $(-r_B) = kc_B c_C$。反应温度为 20℃ 时，$k = 1.15 \times 10^{-6} m^3 \cdot mol^{-1} \cdot s^{-1}$，采用有效体积为 $1 m^3$ 的全混流反应器进行反应，若催化剂 $AlCl_3$ 的摩尔浓度恒为 $6.63 mol \cdot m^{-3}$，试计算丁二烯转化率 $x_B = 40\%$ 时的物料处理量。如果处理量增大至 40 倍，转化率不变，计算所需全混流反应器和活塞流反应器的有效容积。

10. 在活塞流反应器中进行液相不可逆反应 $A+B \longrightarrow C+D$，其动力学方程为 $(-r_A) = kc_A^2$，$k = 0.6 m^3 \cdot kmol^{-1} \cdot h^{-1}$，A，B 进料流量均为 $1 m^3 \cdot h^{-1}$，A 的进料浓度为 $2 kmol \cdot m^{-3}$，求转化率 $x_A = 90\%$ 时，反应器的有效容积为多少立方米？

11. 在全混流反应器中进行二级液相反应，反应速率方程为 $(-r_A) = kc_A^2$，反应物 A 的转化率为 75%，起始浓度 $c_{A,0} = 0.004 kmol \cdot L^{-1}$，反应物进料的体积流量 $V_0 = 318 L \cdot h^{-1}$，反应速率常数 $k = 1.97 L \cdot kmol^{-1} \cdot min^{-1}$，试计算全混流反应器的有效体积。若将转化率提高至 85%，所需全混流反应器的有效体积又为多少？

12. 液相反应：

$$A \longrightarrow B \quad\quad\quad (-r_A) = kc_A，k = 0.25 h^{-1}$$

在反应原料中只有 A，$c_{A,0} = 40 mol \cdot m^{-3}$，反应混合物的密度是一常数。

（1）若采用活塞流反应器进行上述反应，那么要使 A 的转化率为 40%，空间时间为多少？

（2）若改用全混流反应器，为使 A 的转化率为 40%，空间时间又为多少？

13. 苯醌与环戊二烯的液相加成反应为：

A   B   C

在 25℃ 下，该反应的动力学方程为 $(-r_A) = kc_A c_B$，$k = 9.92 \times 10^{-3} m^3 \cdot kmol^{-1} \cdot s^{-1}$。该反

应在全混流反应器中进行，液体进料流量为 $2.78×10^{-4} m^3 \cdot s^{-1}$，苯醌和环戊二烯的起始浓度分别为 $0.06 kmol \cdot m^{-3}$ 和 $0.12 kmol \cdot m^{-3}$。若要求苯醌的转化率为 90%，试求：

（1）全混流反应器的有效体积；

（2）若将环戊二烯的起始浓度也改为 $0.06 kmol \cdot m^{-3}$，其余条件不变，全混流反应器的有效容积为多少？

（3）讨论浓度变化对反应器容积的影响。

14. 在全混流反应器中在等温下进行二级液相反应，反应物 A90% 转化成为产品。该反应动力学方程为 $(-r_A) = kc_A^2$，现计划在上述反应器后再串联一个相同的反应器。若进料流量不变，那么两个相同反应器串联后最终转化率为多少？

15. 对于某个液相不可逆二级反应：$(-r_A) = kc_A^2$，已知在 20℃ 时，$k = 10 m^3 \cdot kmol^{-1} \cdot h^{-1}$，若要求在反应物 A 的起始浓度 $c_{A,0} = 0.1 kmol \cdot m^{-3}$，加料速率为 $1.5 m^3 \cdot h^{-1}$ 操作条件下进行化学反应，试通过计算比较下列二种方案中，哪个方案最终转化率高？

（1）活塞流反应器后边串联一个全混流反应器，反应器体积各为 $1.5 m^3$；

（2）全混流反应器后边串联一个活塞流反应器，反应器体积各为 $1.5 m^3$。

16. 乙酸酐在全混流反应器中与水进行一级水解反应，反应维持在 40℃ 下进行，反应速率常数 $k = 6.33×10^{-3} s^{-1}$，乙酸酐的起始浓度 $c_{A,0} = 1.00×10^{-3} mol \cdot m^{-3}$，进料体积流量为 $8.33×10^{-4} m^3 \cdot s^{-1}$，设最终转化率为 90%，试求反应器的有效容积为多少？

若此反应在一个横截面积为 $0.01 m^2$ 的活塞流反应器中进行，设反应温度、起始浓度、进料流量和转化率等都与全混流反应器相同，试求活塞流反应器的有效长度为多少？

§5.4　测试题参考答案

一、填空题

1. 分批式操作；连续式操作；半分批式

2. 数学模型

3. 参与反应的物质均处于同一相

4. 反应速率

5. 主反应；副反应

6. 大；小

7. 小；小

8. 阶梯；活塞流反应器；全混流反应器；活塞流；全混流

9. 小；活塞流反应器(PFR)

10. 反应速率；降低；高；低；较高；反应速率；较低；转化率

11. 活塞流；全混流

12. 0.99

13. 活塞流；全混流；全混流反应器；活塞流反应器

14. 时间；管长

15. 增加；不变；减小

16. 反应速率；选择性

17. 相同；不尽相同；不随

18. 反应时间；辅助操作时间

19. 宏观动力学

20. 增大；减小

二、判断题

1. √　2. √　3. √　4. ×　5. ×　6. √　7. ×　8. √　9. √　10. √　11. ×　12. ×　13. ×
14. √

三、选择题

1. C　2. B　3. B　4. B　5. B　　6. A　7. B　8. A　9. B　10. C　11. A　12. C　13. C
14. A　15. B　16. C　17. C　18. A

四、计算题

1. 解：对间歇反应器中进行的二级反应，反应时间

$$t = c_{A0} \int_0^{x_A} \frac{dx_A}{(-r_A)} = c_{A0} \int_0^{x_A} \frac{dx_A}{kc_{A0}^2 (1-x_A)^2} = \frac{x_A}{kc_{A0}(1-x_A)}$$

$$k = \frac{x_A}{tc_{A0}(1-x_A)} = \frac{0.8}{10 \times 60 \times 0.5 \times (1-0.8)} = 0.0133 (m^3 \cdot kmol^{-1} \cdot s^{-1})$$

对 CSTR 其空间时间

$$\tau = \frac{x_A}{kc_{A0}(1-x_A)^2} = \frac{0.8}{0.0133 \times 0.5 \times (1-0.8)^2} = 3.0 \times 10^3 (s) = 50 (min)$$

2. 解：CH_3COOH 的摩尔质量为 $60 kg \cdot kmol^{-1}$，C_4H_9OH 的摩尔质量为 $74 kg \cdot kmol^{-1}$，乙酸丁酯的摩尔质量为 $116 kg \cdot kmol^{-1}$，以 1kmol 乙酸为基准计算：

$$c_{A0} = \frac{1}{\left[\frac{(1 \times 60 + 4.97 \times 74)}{750}\right]} = 1.75 (kmol \cdot m^{-3})$$

$$t = c_{A0} \int_0^{x_A} \frac{dx_A}{(-r_A)} = c_{A0} \int_0^{x_A} \frac{dx_A}{kc_{A0}^2 (1-x_A)^2} = \frac{x_A}{kc_{A0}(1-x_A)} = \frac{0.8}{17.4 \times 10^{-3} \times 1.75 \times (1-0.8)}$$

$$= 131.4 (min) = 2.19 (h)$$

平均每小时乙酸用量 $= \frac{2400}{24 \times 116 \times 0.8} = 1.08 (kmol \cdot h^{-1})$

$$V_0 = \frac{1.08 \times 60 + 1.08 \times 4.97 \times 74}{750} = 0.616 (m^3 \cdot h^{-1})$$

$$V_R = \frac{0.616 \times (2.19 + 0.5)}{0.75} = 2.21 (m^3)$$

3. 解：对间歇釜中进行的二级反应

$$k\tau = \frac{1}{c_A} - \frac{1}{c_{A0}}$$

$$\frac{1}{c_A} = \frac{1}{c_{A0}} + k\tau = \frac{1}{0.2} + 0.3 \times 150 = 50$$

$$c_A = \frac{1}{50} = 0.02 (mol \cdot l^{-1})$$

4. 解：

$$t_1 = \frac{1}{k}\ln\frac{1}{1-x_A} = \frac{1}{0.8}\ln\frac{1}{1-0.97} = 4.38(\text{h})$$

$$t = t_1 + t_2 = 4.38 + 0.5 = 4.88(\text{h})$$

$$V_R = \frac{150t}{24\times0.97\times9.0\times10^2} = \frac{150\times4.88}{24\times0.97\times9.0\times10^2} = 3.49\times10^{-2}(\text{m}^3)$$

5. 解：两个等体积串联反应器，$\tau_1 = \tau_2 = 0.5\text{s}$

对于第一反应器：

$$\tau_1 = \frac{1}{kc_{A0}}\cdot\frac{x_{A1}}{(1-x_{A1})^2} = \frac{1}{1\times1}\times\frac{x_{A1}}{(1-x_{A1})^2} = 0.5$$

整理得：

$$x_{A1}^2 - 4x_{A1} + 1 = 0$$

解得：

$$x_{A1} = 0.268$$

对于第二反应器：

$$\tau_2 = \frac{1}{kc_{A0}}\cdot\frac{x_{A2}-x_{A1}}{(1-x_{A2})^2} = \frac{1}{1\times1}\times\frac{x_{A2}-0.268}{(1-x_{A2})^2} = 0.5$$

解得：

$$x_{A2} = 0.43$$

6. 解：对于 CSTR

$$\tau = \frac{x_A}{kc_{A0}(1-x_A)^2}$$

$$kc_{A0}\tau = \frac{x_A}{(1-x_A)^2} = \frac{0.5}{(1-0.5)^2} = 2$$

改用 PFR 后，依 $\tau = c_{A0}\displaystyle\int_0^{x_A}\frac{\mathrm{d}x}{kc_{A0}^2(1-x_A)^2}$ 积分得：

$$kc_{A0}\tau = \frac{x_A'}{1-x_A'} = 2$$

$$x_A' = \frac{2}{3} = 0.667$$

7. 解：两个等体积全混流反应器串联

$$\tau = \frac{1}{k}\left[\frac{1}{(1-x_{Af})^{\frac{1}{2}}} - 1\right] = \frac{1}{0.23}\times\left[\frac{1}{(1-0.95)^{\frac{1}{2}}} - 1\right] = 15.1(\text{s})$$

$$V_{R1} = V_0\tau = 0.01\times15.1 = 0.15(\text{m}^3)$$

反应器的总容积 $\qquad V_R = 2V_{R1} = 2\times0.15 = 0.3(\text{m}^3)$

8. 解：

$$V_0 = 1.5\text{L}\cdot\text{s}^{-1} = 1.5\times10^{-3}(\text{m}^3\cdot\text{s}^{-1})$$

$$\tau = \frac{V_R}{V_0} = \frac{5}{1.5\times10^{-3}} = 3333.33(\text{s})$$

（1）

$$\tau = \frac{1}{k}\cdot\frac{x_{Af}}{1-x_{Af}} = \frac{1}{4.5\times10^{-4}}\times\frac{x_{Af}}{1-x_{Af}} = 3333.33$$

解得：

$$x_{Af} = 0.6$$

（2）两个等体积串联，$\tau_1 = \dfrac{\tau}{2}$

$$x_{Af} = 1 - \left(\frac{1}{1+k\tau_1}\right)^2 = 1 - \left(\frac{1}{1+4.5\times10^{-4}\times\dfrac{3333.33}{2}}\right)^2 = 0.63$$

（3）五个等体积串联，$\tau_2 = \dfrac{\tau}{5}$

$$x_{Af} = 1 - \left(\frac{1}{1+k\tau_2}\right)^5 = 1 - \left(\frac{1}{1+4.5\times10^{-4}\times\dfrac{3333.33}{5}}\right)^5 = 0.73$$

（4）

$$k\tau = \ln\frac{1}{1-x_{Af}}$$

$$x_{Af} = 1 - e^{-k\tau} = 1 - e^{-4.5\times10^{-4}\times3333.33} = 0.777$$

计算结果说明对不可逆一级反应，减少返混将提高转化率。全混流反应器返混最严重，串联全混流反应器将减少返混，级数愈多，愈接近活塞流反应器。

9. 解：

（1）物料处理量 V_0

催化剂浓度不变

$$(-r_B) = kc_B c_C = 1.15\times10^{-6}\times6.63c_B = 7.62\times10^{-6}c_{B0}(1-x_B)\ \text{mol}\cdot\text{m}^{-3}\cdot\text{s}^{-1}$$

$$\tau = \frac{c_{B0}x_B}{(-r_B)} = \frac{c_{B0}x_B}{7.62\times10^{-6}c_{B0}(1-x_B)} = \frac{0.4}{7.62\times10^{-6}\times0.6} = 8.75\times10^4(\text{s})$$

$$V_0 = \frac{V_R}{\tau} = \frac{1}{8.75\times10^{-4}} = 1.14\times10^{-5}(\text{m}^3\cdot\text{s}^{-1})$$

（2）处理量增大至 40 倍，$V_{CSTR} = 40V_0\tau = 40V_R = 40\text{m}^3$

活塞流反应器：

$$\tau = c_{B0}\int_0^{x_B}\frac{dx_B}{(-r_B)} = c_{B,0}\int_0^{x_B}\frac{dx_B}{kc_C c_{B0}(1-x_B)}$$

$$= \frac{1}{kc_C}\ln\frac{1}{1-x_B} = \frac{1}{7.62\times10^{-6}}\ln\frac{1}{0.6} = 6.70\times10^4(\text{s})$$

$$V_{PFR} = 40V_0\tau = 40\times1.14\times10^{-5}\times6.70\times10^4 = 30.6(\text{m}^3)$$

10. 解：

$$\tau = \frac{V}{V_0} = c_{A0}\int_0^{x_A}\frac{dx_A}{(-r_A)}$$

式中：

$$V_0 = 2\text{m}^3\cdot\text{h}^{-1},\quad c_{A0} = \frac{2}{1+1} = 1\text{kmol}\cdot\text{m}^{-3}$$

计算可得：

$$\tau = \frac{V}{V_0} = c_{A,0}\int_0^{x_A}\frac{dx_A}{kc_{A0}^2(1-x_A)^2}$$

$$= \frac{x_A}{kc_{A0}(1-x_A)} = \frac{0.9}{1\times0.6\times(1-0.9)} = 15(\text{h})$$

$$V = V_0\tau = 15\times2 = 30(\text{m}^3)$$

11. 解：对于在全混流反应器中进行的二级液相反应，反应器有效体积为：

$$V_R = \frac{V_0 x_A}{k c_{A,0}(1-x_A)^2}$$

已知：$V_0 = 318\text{L} \cdot \text{h}^{-1}$, $x_A = 0.75$, $c_{A0} = 0.004\text{kmol} \cdot \text{L}^{-1}$,

$$k = 1.97\text{L} \cdot \text{kmol}^{-1} \cdot \text{min}^{-1} = 1.97 \times 60 \text{L} \cdot \text{kmol}^{-1} \cdot \text{h}^{-1}$$

当 $x_A = 0.75$ 时，

$$V_R = \frac{V_0 x_A}{k c_{A0}(1-x_A)^2} = \frac{318 \times 0.75}{1.97 \times 60 \times 0.004(1-0.75)^2} = 8070(\text{L}) = 8.07(\text{m}^3)$$

当 $x_A = 0.85$ 时，

$$V_R = \frac{V_0 x_A}{k c_{A0}(1-x_A)^2} = \frac{318 \times 0.85}{1.97 \times 60 \times 0.004(1-0.85)^2} = 30400(\text{L}) = 30.4(\text{m}^3)$$

从计算结果看出，转化率从 75% 增至 85%，仅提高 10%，而全混流反应器的有效体积却增至原来的 3.77 倍。

12. 解：

(1) 采用活塞流反应器：

空间时间计算式

$$\tau = -\int_{c_{A0}}^{c_A} \frac{dc_A}{(-r_A)} = -\int_{c_{A0}}^{c_A} \frac{dc_A}{k c_A} = \frac{1}{k} \ln \frac{1}{1-x_{Af}}$$

当 $x_{Af} = 0.40$ 时，空间时间

$$\tau = \frac{1}{0.25} \ln \frac{1}{1-0.40} = 2.04(\text{h})$$

(2) 采用全混流反应器：

空间时间计算式

$$\tau = \frac{c_{A0} x_{Af}}{(-r_A)} = \frac{c_{A0} x_{Af}}{k c_{A0}(1-x_{Af})} = \frac{1}{k} \cdot \frac{x_{Af}}{1-x_{Af}}$$

当 $x_{Af} = 0.40$ 时，空间时间

$$\tau = \frac{1}{0.25} \times \frac{0.40}{1-0.40} = 2.67(\text{h})$$

13. 解：

(1) 对于全混流反应器，空间时间 τ 和反应体积 V_R 为：

$$\tau = \frac{c_{A0} x_A}{(-r_A)} = \frac{c_{A0} x_A}{k c_{A0}(1-x_A)(c_{B0}-c_{A0}x_A)} = \frac{x_A}{k(1-x_A)(c_{B0}-c_{A0}x_A)}$$

$$= \frac{0.90}{9.92 \times 10^{-3} \times (1-0.90)(0.12-0.06 \times 0.90)} = 1.38 \times 10^4(\text{s})$$

$$V_R = V_0 \tau = 2.78 \times 10^{-4} \times 1.38 \times 10^4 = 3.84(\text{m}^3)$$

(2) 当 B 的起始浓度改变时，空间时间 τ 和反应体积 V_R 为：

$$\tau = \frac{x_A}{k(1-x_A)(c_{B0}-c_{A0}x_A)} = \frac{0.90}{9.92 \times 10^{-3} \times (1-0.90)(0.06-0.06 \times 0.90)}$$

$$= 1.51 \times 10^5(\text{s})$$

$$V_R = V_0 \tau = 2.78 \times 10^{-4} \times 1.51 \times 10^5 = 42.0 \, (\text{m}^3)$$

（3）讨论：

（2）比（1）反应器有效容积大得多，说明使用过量的环二戊烯可较大幅度降低所需的反应器有效容积。

14. 解：

对于多级串联反应器有如下公式：

$$\tau_n = \frac{c_{A0}(x_{An} - x_{An-1})}{(-r_A)_n} = \frac{x_{An} - x_{An-1}}{kc_{A0}(1-x_{An})^2}$$

当 $n = 1$ 时

$$kc_{A0}\tau_1 = \frac{x_{A1}}{(1-x_{A1})^2} = \frac{0.90}{(1-0.90)^2} = 90$$

当 $n = 2$ 时

$$\tau_1 = \tau_2$$

$$kc_{A0}\tau_2 = kc_{A0}\tau_1 = \frac{x_{A2} - x_{A1}}{(1-x_{A2})^2} = 90$$

即

$$\frac{x_{A2} - 0.9}{(1-x_{A2})^2} = 90$$

解得

$$x_{A2} = 97.2\%$$

15. 解：

（1）PFR-CSTR：

PFR：

$$\tau_1 = \frac{V_{R1}}{V_0} = \frac{1.5}{1.5} = 1 \, (\text{h})$$

$$x_{A1} = \frac{k\tau_1 c_{A0}}{1+k\tau_1 c_{A0}} = \frac{10 \times 1 \times 0.1}{1+10 \times 1 \times 0.1} = 0.50$$

CSTR：

$$\tau_2 = \frac{V_{R2}}{V_0} = \frac{1.5}{1.5} = 1 \, (\text{h})$$

$$\tau_2 = \frac{x_{A2} - x_{A1}}{kc_{A0}(1-x_{A2})^2}$$

$$1 = \frac{x_{A2} - 0.5}{10 \times 0.1 \times (1-x_{A2})^2}$$

$$x_{A2} = 0.634$$

（2）CSTR-PFR：

CSTR：

$$\tau_1 = \frac{V_{R1}}{V_0} = \frac{1.5}{1.5} = 1 \, (\text{h})$$

$$\tau_1 = \frac{x_{A1}}{kc_{A0}(1-x_{A1})^2}$$

$$1 = \frac{x_{A1}}{10 \times 0.1 \times (1 - x_{A1})^2}$$

$$x_{A1} = 0.382$$

PFR：

$$\tau_2 = c_{A0} \int_{x_{A1}}^{x_{A2}} \frac{dx_A}{(-r_A)} = \frac{1}{kc_{A0}} \left(\frac{1}{1 - x_{A2}} - \frac{1}{1 - x_{A1}} \right)$$

$$1 = \frac{1}{10 \times 0.1} \left(\frac{1}{1 - x_{A2}} - \frac{1}{1 - 0.382} \right)$$

$$x_{A2} = 0.618$$

由上述计算结果可知：方案（1）的最终转化率高于方案（2）。

16. 解：

CSTR 中：
$$V_{CSTR} = \frac{V_0 x_{Af}}{k(1 - x_{Af})} = \frac{8.33 \times 10^{-4} \times 0.9}{6.33 \times 10^{-3} \times (1 - 0.9)} = 1.18(m^3)$$

PFR 中：
$$V_{PFR} = \frac{V_0}{k} \ln \frac{1}{1 - x_{Af}} = \frac{8.33 \times 10^{-4}}{6.33 \times 10^{-3}} \times \ln \frac{1}{1 - 0.9} = 0.30(m^3)$$

$$l = \frac{V}{S} = \frac{0.03}{0.01} = 30(m)$$

§5.5　思考题及解答

1. 试对反应 $2NO_2 + \frac{1}{2}O_2 \Longrightarrow N_2O_5$，写出 NO_2、O_2 的消耗速率与 N_2O_5 生成速率之间的关系。

答：
$$(-r_{NO_2}) = -\frac{dc_{NO_2}}{dt}, \quad (-r_{O_2}) = -\frac{dc_{O_2}}{dt}, \quad (r_{N_2O_5}) = -\frac{dc_{N_2O_5}}{dt}$$

$$(-dc_{NO_2}) : (-dc_{O_2}) : (dc_{N_2O_5}) = 2 : \frac{1}{2} : 1$$

$$(-r_{NO_2}) : (-r_{O_2}) : (r_{N_2O_5}) = 2 : \frac{1}{2} : 1$$

2. 化学反应方程式之前的计量系数变化，如 $\frac{1}{2}A + B \Longrightarrow R + \frac{1}{2}S$，写成 $A + 2B \Longrightarrow 2R + S$，反应速率表达式有何变化。

答：各物质的反应速率表达式：
$$(-r_A) = -\frac{1}{V}\frac{dn_A}{dt}, \quad (-r_B) = -\frac{1}{V}\frac{dn_B}{dt}$$

$$(r_R) = \frac{1}{V}\frac{dn_R}{dt}, \quad (r_S) = \frac{1}{V}\frac{dn_S}{dt}$$

与化学反应方程式之前的计量系数无关。

3. 说明复杂反应系统的选择率与收率的概念和表达式。

答：复杂反应常见的有如下两种类型：

（1）平行反应　　　　　　　$A \xrightarrow{k_1} P$　　　　$A \xrightarrow{k_2} S$

（2）连串反应：
$$A \xrightarrow{k_1} P \xrightarrow{k_2} S$$

复杂反应的选择率分瞬时选择率和总选择率：

$$瞬时选择率(S_P) = \frac{单位时间内生成物(P)生成的物质的量}{单位时间内生成物(S)生成的物质的量} = \frac{\mathrm{d}c_P}{\mathrm{d}c_S}$$

$$总选择率(S_O) = \frac{生成物(P)的全部物质的量}{生成物(S)的全部物质的量} = \frac{c_P}{c_S}$$

收率也分瞬时收率和总收率：

$$瞬时收率(\varphi) = \frac{某生成物(P)生成的物质的量}{某反应物(A)反应掉的物质的量} = \frac{\mathrm{d}c_P}{-\mathrm{d}c_A}$$

$$总收率(\varphi) = \frac{某生成物(P)生成的全部物质的量}{某反应物(A)反应掉的全部物质的量} = \frac{c_{Pf}}{c_{A0} - c_{Af}}$$

4. 动力学方程的构成要素是什么？

答：化学反应速率与相互作用的反应物系的性质、压力 p、温度 T 及各反应组分的浓度 c 等因素有关。对于特定的反应物系，其反应速率为反应的压力、温度及各反应组分的浓度的函数，所以动力学方程的构成要素是物料的浓度、反应的温度和压力。

5. 说明反应热与活化能的区别与联系。

答：活化分子所具有的平均能量和所有分子的平均能量的差值叫活化能。反应在一定的温度下进行时，反应所放出或吸收的热量称为反应在此温度下的热效应，简称反应热。反应的热效应等于正逆反应活化能的差值。

6. 简述活塞流反应器与全混流反应器的特点？

答：（1）活塞流模型是一种返混量为零的理想流动模型。它假设反应物料以稳定的流量进入反应器后，物料在反应器内沿物料流向平行地向前移动，犹如一个活塞朝一个方向移动一样。它的特点是：沿着物料的流动方向，物料的温度、浓度不断变化，而垂直于物料流动方向的任一截面（又称径向平面）上，物料的所有参数如浓度、温度、压力和流速等都相等。因此，所有物料质点在反应器中具有相同的停留时间，反应器中不存在返混。换句话说，平推流反应器的最基本的特征是：在稳态情况下，沿流动方向上的物料质点不存在返混，垂直于流动方向的物料质点的参数都相同。

（2）全混流模型是一种返混程度为无穷大的理想流动模型。它假设反应物料以稳定的流量进入反应器后，在反应器中，刚进入反应器的新鲜物料与存留在反应器内的物料能在瞬间达到完全混合。它的特点是：反应器内所有空间位置的物料参数都是均匀的，而且等于反应器出口处的物料性质，即反应器内各处的温度和浓度都均匀，与出口处物料的温度和浓度相等。物料质点在反应器内的停留时间参差不齐，有的很短，有的很长，形成一个停留时间分布。

7. 写出零级、一级和二级不可逆反应在等温下，采用间歇釜式反应器、活塞流反应器及全混流反应器体积的计算公式。

答：

级数 ＼ 类型	间歇釜式反应器	活塞流反应器	全混流反应器
零级反应	$t = \frac{1}{k}c_{A0}x_{Af}$ $V_R = V_0(t+t')$	$\tau = \frac{1}{k}c_{A0}x_{Af}$ $V_R = V_0\tau$	$\tau = \frac{1}{k}c_{A0}x_{Af}$ $V_R = V_0\tau$

类型 级数	间歇釜式反应器	活塞流反应器	全混流反应器
一级反应	$t=\dfrac{1}{k}\ln\dfrac{1}{1-x_{Af}}$	$\tau=\dfrac{1}{k}\ln\dfrac{1}{1-x_{Af}}$	$\tau=\dfrac{1}{k}\cdot\dfrac{x_{Af}}{1-x_{Af}}$
	$V_R=V_0(t+t')$	$V_R=V_0\tau$	$V_R=V_0\tau$
二级反应	$t=\dfrac{1}{kc_{A0}}\cdot\dfrac{x_{Af}}{1-x_{Af}}$	$\tau=\dfrac{1}{kc_{A0}}\cdot\dfrac{x_{Af}}{1-x_{Af}}$	$\tau=\dfrac{1}{kc_{A0}}\cdot\dfrac{x_{Af}}{(1-x_{Af})^2}$
	$V_R=V_0(t+t')$	$V_R=V_0\tau$	$V_R=V_0\tau$

8. 简述 PFR 和 CSTR 基本方程式中各项的意义。

答：平推流反应器（PFR）采用连续操作，在稳态条件下没有物料累积，此时物料衡算式为：组分 A 的流入量=组分 A 的流出量+组分 A 的反应消耗量。平推流反应器内随着物料的流动反应物浓度在不断变化，所以只能在微分单元 dV_R 内作物料衡算。

$$v_0 c_{A0}(1-x_A)=v_0 c_{A0}(1-x_A-dx_A)+r_A dV_R$$

$V_0 c_{A0}(1-x_A)$ 为在微元体积 dV_R 内组分 A 的加入量，$V_0 c_{A0}(1-x_A-dx_A)$ 为在微元体积 dV_R 内组分 A 的流出量，rdV_R 为在微元体积 dV_R 内组分 A 的消耗量。

全混流反应器（CSTR）内反应物料浓度达到全釜均一，且等于出口反应物浓度，因此，反应器内各点的反应速率也相同，且等于出口转化率时的反应速率。可对整个反应器作物料衡算，

$$组分 A 的加入量=组分 A 的引出量+组分 A 的消耗量$$

$$F_{A0}=F_{Af}+r_A V_R$$

式中，F_{A0} 为反应组分 A 的加入速率，F_{Af} 为反应组分 A 的引出速率，$r_A V_R$ 为组分 A 的消耗速率。也可表示为：

$$V_0 c_{A0}=V_0 c_{A0}(1-x_{Af})+r_A V_R$$

9. 简述平行反应和连串反应的特点。

答：平行反应是指反应物能同时独立地进行两个或两个以上的反应。平行反应具有以下特点：①平行反应的总速率等于各平行反应速率之和；②速率方程的微分式和积分式与简单反应的速率方程相似，只是速率系数为各个反应速率系数之和；③当各产物的起始浓度为零时，在任一瞬间，各产物浓度之比等于速率系数之比（若各平行反应的反应级数不同，则此关系不成立）；④用改变温度的办法，可以改变产物的相对含量，活化能高的反应，速率系数随温度的变化率也大。

连串反应是指反应主产物能进一步反应成其它副产物的过程。其主要特征是随着反应的进行，中间产物浓度逐渐增大，达到极大值后又逐渐减少。

10. 工业反应器主要有哪些类型？

答：化工生产中的反应器是多种多样的，按照不同的分类方式，可以将这些反应器分为不同的类型。

（1）按照操作方式进行分类，可将反应器分为间歇操作反应器、连续操作反应器和半间歇或半连续操作反应器。

（2）按照反应器的结构型式，可将反应器分为釜式反应器、管式反应器及塔式反应器。

（3）按照反应物的相态，可将反应器分为均相反应器与非均相反应器。

（4）按照温度条件，可将反应器分为等温反应器、绝热反应器和非等温反应器。

（5）按照反应物料的流动与混合情况，将反应器分为平推流反应器、全混流反应器及非理想流动反应器。

11. 为什么在反应器计算时要用物料衡算式？间歇反应釜的计算式如何把物料的转化率与反应时间、反应物体积关联起来？物料处理量和转化率与反应釜总容积如何关联起来。

答：工业反应器中，化学反应的进行，总是伴随着质量、热量以及动量的传递过程，而这些传递过程对化学反应速率都有直接的影响，所以反应器反应体积的计算，必须综合考虑这些因素，从物料衡算、热量衡算及动量衡算得到计算反应器体积的基本方程。而物料衡算是最基本的计算方程。

间歇反应釜的计算式通过物料衡算把物料的转化率与反应时间、反应物体积关联起来。

物料衡算基本式：

某组分流入量＝某组分流出量＋某组分反应消耗量＋某组分累积量

在间歇反应釜中，流入量和流出量都等于零。因此物料衡算式可写为：

某组分反应消耗量＋某组分累积量＝0

$$r_A V_R + \frac{dn_A}{dt} = 0, \quad 即 \ r_A V_R = -\frac{dn_A}{dt}$$

$$dn_A = d[n_{A0}(1-x_A)] = -n_{A0}dx_A$$

$$r_A V_R = n_{A0}\frac{dx_A}{dt}, \quad 积分得：\ t = n_{A0}\int_0^{x_{Af}}\frac{dx_A}{r_A V_R}$$

恒容过程：
$$t = \frac{n_{A0}}{V_R}\cdot\int_0^{x_{Af}}\frac{dx_A}{r_A} = c_{A0}\cdot\int_0^{x_{Af}}\frac{dx_A}{r_A}$$

$$V_R = V_0(t+t')$$

12. 证明一级反应转化率达99.9%时所需的反应时间是转化率为50%时的10倍。

证明：一级反应反应时间，
$$\tau = \frac{1}{k}\ln\frac{1}{1-x_{Af}}$$

当转化率为50%时，
$$\tau_1 = \frac{1}{k}\ln\frac{1}{1-0.5} = \frac{\ln2}{k} = \frac{0.69}{k}$$

当转化率为99.9%时，
$$\tau_2 = \frac{1}{k}\ln\frac{1}{1-0.999} = \frac{\ln1000}{k} = \frac{6.9}{k}$$

$$\frac{\tau_2}{\tau_1} = \frac{\frac{6.9}{k}}{\frac{0.69}{k}} = 10$$

证毕。

§5.6 习 题 详 解

1. 蔗糖在间歇操作的搅拌釜式反应器中水解为葡萄糖和果糖，动力学方程为 $(-r_A) = kc_A$，式中反应速率常数 $k = 0.0193\text{min}^{-1}$，若初始浓度 $c_{A0} = 1\text{mol}\cdot\text{L}^{-1}$，求反应119min后，蔗糖的浓度。

解：该反应为一级反应，$kt = \ln\frac{c_{A0}}{c_A}$

已知：反应速率常数 $k = 0.0193\text{min}^{-1}$，初始浓度 $c_{A,0} = 1\text{mol} \cdot \text{L}^{-1}$，$t = 119\text{min}$

代入上述数据解得： $c_A = 0.10\text{mol} \cdot \text{L}^{-1}$

2. 某液相反应的速度方程为 $(-r_A) = 0.35c_A^2$，$\text{kmol} \cdot \text{m}^{-3} \cdot \text{s}^{-1}$。当 A 的初始浓度分别为 $1\text{kmol} \cdot \text{m}^{-3}$ 与 $5\text{kmol} \cdot \text{m}^{-3}$，在间歇操作的理想搅拌釜式反应器中 A 的残余浓度均达到 $0.01\text{kmol} \cdot \text{m}^{-3}$ 时各需要多少时间？

解：根据题意可知，该反应为二级反应。

$$\frac{c_A}{c_{A0}} = \frac{1}{1 + c_{A,0}kt}$$

已知：$k = 0.35\text{m}^3 \cdot \text{kmol}^{-1} \cdot \text{s}^{-1}$

当 $c_{A0} = 1\text{mol} \cdot \text{m}^{-3}$ 时，$\dfrac{c_A}{c_{A0}} = \dfrac{0.01}{1} = 0.01$

$$\frac{1}{1 + c_{A0}kt} = \frac{1}{1 + 1 \times 0.35 \times t} = 0.01$$

解得：$t = 283\text{s}$

同理，当 $c_{A0} = 5\text{kmol} \cdot \text{m}^{-3}$ 时，解得：$t = 285\text{s}$

3. 试论证：一个一级反应的转化率作如下变化时：

$$x_{A0} = 0 \sim 50\%，\ 50\% \sim 75\%，\ 75\% \sim 87.5\%，\ 87.5\% \sim 93.75\%，$$

所需反应时间均为半衰期 $T_{1/2} = \dfrac{0.693}{k}$。

解：一级反应的反应时间： $t = \dfrac{1}{k}\ln\dfrac{1 - x_{A0}}{1 - x_{Af}}$

当 $x_{A0} = 0$，$x_{Af} = 50\%$ 时，$t = \dfrac{1}{k}\ln\dfrac{1 - x_{A0}}{1 - x_{Af}} = \dfrac{1}{k}\ln\dfrac{1}{1 - 0.5} = \dfrac{1}{k}\ln 2 = \dfrac{0.693}{k}$

当 $x_{A0} = 50\%$，$x_{Af} = 75\%$ 时，$t = \dfrac{1}{k}\ln\dfrac{1 - 0.5}{1 - 0.75} = \dfrac{1}{k}\ln 2 = \dfrac{0.693}{k}$

当 $x_{A0} = 75\%$，$x_{Af} = 87.5\%$ 时，$t = \dfrac{1}{k}\ln\dfrac{1 - 0.75}{1 - 0.875} = \dfrac{1}{k}\ln 2 = \dfrac{0.693}{k}$

当 $x_{A0} = 87.5\%$，$x_{Af} = 93.75\%$ 时，$t = \dfrac{1}{k}\ln\dfrac{1 - 0.875}{1 - 0.935} = \dfrac{1}{k}\ln 2 = \dfrac{0.693}{k}$

一级反应的半衰期： $T_{1/2} = \dfrac{1}{k}\ln 2 = \dfrac{0.693}{k}$

4. 在全混流反应器（CSTR）中，进行等温等容反应：$A + B \rightarrow R$，反应物的初始浓度 $c_{A0} = c_{B0} = 8 \times 10^3\text{mol} \cdot \text{m}^{-3}$，反应的动力学方程为 $(-r_A) = kc_A^2$，反应温度下的速率常数 $k = 1.97 \times 10^{-6}\text{m}^3 \cdot \text{mol}^{-1} \cdot \text{min}^{-1}$，反应物的体积流量 $V_0 = 0.171\text{m}^3 \cdot \text{h}^{-1}$，最终转化率 $x_{Af} = 80\%$，试问反应器的有效容积 V_R 为多少立方米？

解：全混流反应器中，二级反应的体积计算公式：

$$V_R = \frac{V_0 x_{Af}}{kc_{A0}(1 - x_{Af})^2}$$

已知：$c_{A0} = c_{B0} = 8 \times 10^3\text{mol} \cdot \text{m}^{-3}$，$k = 1.97 \times 10^{-6}\text{m}^{-3} \cdot \text{mol}^{-1} \cdot \text{min}^{-1}$

$$V_0 = 0.171\text{m}^3 \cdot \text{h}^{-1}，\ x_{Af} = 80\%$$

代入体积计算公式，

$$V_R = \frac{V_0 x_{Af}}{k c_{A0}(1-x_{Af})^2} = \frac{\frac{0.171}{60} \times 0.8}{1.97 \times 10^{-6} \times 8 \times 10^3 \times (1-0.8)^2} = 3.62(\text{m}^3)$$

5. 在理想间歇搅拌釜式反应器（IBR）中进行均相反应 A ——→ R，为防止产物 R 的高温分解，反应维持在 70℃ 等温下操作，已知反应速率方程为 $(-r_A) = k c_A$，其中 $k = 0.8\text{h}^{-1}$。当反应物 A 的初始浓度为 4kmol·m^{-3}，转化率 $x_A = 80\%$ 时，该反应器平均每小时可处理 0.80kmol 的反应物，若把该反应改用在活塞流反应器（PFR）或全混流反应器（CSTR）中进行，其处理量及转化率仍保持不变，试求 PFR 和 CSTR 所需的有效容积。

解：当采用理想搅拌反应器时，单位时间处理物料量：

$$V_0 = \frac{0.8}{4} = 0.2(\text{m}^3 \cdot \text{h}^{-1})$$

当改用平推流反应器时，

$$V_{R,PFR} = \frac{V_0}{k} \ln \frac{1}{1-x_{Af}} = \frac{0.2}{0.8} \ln \frac{1}{1-0.8} = 0.402(\text{m}^3)$$

当改用全混流反应器时，

$$V_{R,CSTR} = \frac{V_0 x_{Af}}{k(1-x_{Af})} = \frac{0.2 \times 0.8}{0.8 \times (1-0.8)} = 1(\text{m}^3)$$

6. 在活塞流反应器（PFR）中进行 A→R 的一级反应时，所需的有效容积为 V_{PFR}；在全混流反应器（CSTR）中进行此反应时，所需的有效容积为 V_{CSTR}。若转化率 $x_A = 60\%$，欲使 $V_{PFR} = V_{CSTR}$，那么，全混流反应器内的反应速度常数 k_{CSTR} 应为活塞流反应器内的反应速度常数 k_{PFR} 的多少倍？

解：

$$V_{PFR} = \frac{V_0}{k_{PFR}} \ln \frac{1}{1-x_{Af}}, \quad V_{CSTR} = \frac{V_0 x_{Af}}{k_{CSTR}(1-x_{Af})}$$

$$\frac{V_{PFR}}{V_{CSTR}} = \frac{\frac{V_0}{k_{PFR}} \ln \frac{1}{1-x_{Af}}}{\frac{V_0 x_{Af}}{k_{CSTR}(1-x_{Af})}} = \frac{\frac{1}{k_{PFR}} \ln \frac{1}{1-x_{Af}}}{\frac{1}{k_{CSTR}} \cdot \frac{x_{Af}}{1-x_{Af}}}$$

若要使

$$V_{PFR} = V_{CSTR}, \quad \text{则} \frac{V_{PFR}}{V_{CSTR}} = 1$$

$$\frac{1}{k_{PFR}} \ln \frac{1}{1-x_{Af}} = \frac{1}{k_{CSTR}} \cdot \frac{x_{Af}}{1-x_{Af}}$$

$$\frac{1}{k_{PFR}} \ln \frac{1}{1-0.6} = \frac{1}{k_{CSTR}} \cdot \frac{0.6}{1-0.6}$$

$$\frac{k_{CSTR}}{k_{PFR}} = \frac{\frac{0.6}{1-0.6}}{\ln \frac{1}{1-0.6}} = 1.64$$

7. 在平推流反应器（PFR）和全混流反应器（CSTR）中分别进行同一简单二级液相反应，且初始体积流量 V_0 和初始浓度 c_{A0} 均相同，若最终转化率为 50%，求 CSTR 的容积效率

(V_{PFR}/V_{CSTR})。

解：
$$V_{PFR} = \frac{V_0}{kc_{A0}} \cdot \frac{x_{Af}}{1-x_{Af}}, \quad V_{CSTR} = \frac{V_0}{kc_{A0}} \times \frac{x_{Af}}{(1-x_{Af})^2}$$

所以，CSTR 的容积效率
$$\frac{V_{PFR}}{V_{CSTR}} = \frac{\dfrac{V_0 x_{Af}}{kc_{A0}(1-x_{Af})}}{\dfrac{V_0 x_{Af}}{kc_{A0}(1-x_{Af})^2}} = 1-x_{Af} = 1-0.5 = 0.5$$

8. 在全混流反应器（CSTR）中进行某液相一级反应 A→R 时，转化率可达 50%，试计算：

（1）若将该反应改在一个 6 倍于原反应器有效容积（反应体积）的同类型反应器中进行，而反应温度、初始体积流量和初始浓度不变，转化率可达多少?

（2）若改在一个与原有效容积（反应体积）相同的活塞流反应器（PFR）中进行，而反应温度、初始体积流量和初始浓度不变，转化率又为多少?

解：（1）
$$V_R = \frac{V_0 c_{A0} x_{Af}}{kc_{A0}(1-x_{Af})} = \frac{Vx_{A,f0}}{k(1-x_{Af})}, \quad x_{Af} = 0.5$$

若体积扩大 6 倍，即 $V'_R = 6V_R$ 时，$V'_R = \dfrac{V_0 x'_{Af}}{k(1-x'_{Af})} = 6V_R$

$$\frac{x'_{Af}}{1-x'_{Af}} = 6 \cdot \frac{x_{Af}}{1-x_{Af}} = 6 \times \frac{0.5}{1-0.5} = 6$$

解得转化率 $x'_{Af} = 85.71\%$

（2）若改在一个体积相同的平推流反应器中，有：
$$V_R = \frac{V_0 x_{Af}}{k(1-x_{Af})} = \frac{V_0}{k} \ln \frac{1}{1-x'_{Af}}$$

代入数据得：
$$\ln \frac{1}{1-x'_{Af}} = \frac{x_{Af}}{1-x_{Af}} = \frac{0.5}{1-0.5} = 1$$

解得：$x'_{Af} = 63.2\%$

9. 在间歇操作的搅拌釜式反应器中进行液相反应 A+B→R，反应温度为 75℃，实验测得的反应速率方程为 $(-r_A) = kc_A c_B$，式中反应速率常数 $k = 2.78 \times 10^{-3} m^3 \cdot kmol^{-1} \cdot s^{-1}$，当反应物 A 和 B 的初始浓度均为 $4kmol \cdot m^{-3}$，A 的转化率为 80% 时，该反应器的生产能力相当于平均每分钟处理 0.684kmolA，今若将该反应移到一个内径为 300mm 的活塞流反应器（PFR）中进行，其它条件不变，试计算所需活塞流反应器的长度。

解：搅拌釜式反应器中的反应时间：
$$t = \frac{1}{kc_{A0}} \cdot \frac{x_{Af}}{1-x_{Af}} = \frac{0.8}{2.78 \times 10^{-3} \times 4 \times (1-0.8)} = 360(s)$$

若在平推流反应器中进行，则其中的停留时间应为 360s。

反应器体积：
$$V_R = V_0 t = \frac{0.684}{4 \times 60} \times 360 = 1.026(m^3)$$

管式反应器，
$$V_R = \frac{\pi}{4} d^2 \cdot l$$

反应器长度：
$$l = \frac{V_R}{\frac{\pi}{4}d^2} = \frac{1.026}{\frac{\pi}{4} \times (0.3)^2} = 14.52(m)$$

10. 在两级全混流反应器中进行苄基氯和乙酸钠的液相反应：

$$C_6H_5CH_2Cl + NaAc \xrightarrow{120℃} C_6H_5CH_2Ac + NaCl$$
$$\quad A \qquad\quad B \qquad\qquad\quad C \qquad\qquad D$$

已知两个全混流反应器的容积均为1920L，物料的体积流量为 $8L \cdot min^{-1}$，反应物 A 的初始浓度 $c_{A0} = 0.757 kmol \cdot m^{-3}$，反应速率方程为 $(-r_A) = kc_A$，其中 $k = 3.6 \times 10^{-6} s^{-1}$，试求每釜的出口转化率和出口浓度。

解：
$$V_R = V_0\tau, \quad \tau = \frac{V_R}{V_0} = \frac{1920}{8} = 240min = 14400(s)$$

设第一釜的出口浓度为 c_{A1}，出口转化率为 x_{A1}：

$$c_{A1} = \frac{c_{A0}}{1+k\tau} = \frac{0.757}{1+3.6 \times 10^{-6} \times 14400} = 0.72(kmol \cdot m^{-3})$$

$$\frac{c_{A1}}{c_{A0}} = \frac{c_{A0}(1-x_{A1})}{c_{A0}} = 1 - x_{A1} = \frac{1}{1+k\tau}$$

$$x_{A1} = 1 - \frac{1}{1+k\tau} = 1 - \frac{1}{1+3.6 \times 10^{-6} \times 14400} = 0.0493$$

设第二釜的出口浓度为 c_{A2}，出口转化率为 x_{A2}：

$$c_{A2} = \frac{c_{A0}}{(1+k\tau)^2} = \frac{0.757}{(1+3.6 \times 10^{-6} \times 14400)^2} = 0.68(kmol \cdot m^{-3})$$

$$\frac{c_{A2}}{c_{A0}} = \frac{1}{(1+k\tau)^2}$$

$$x_{A2} = 1 - \frac{1}{(1+k\tau)^2} = 1 - \frac{1}{(1+3.6 \times 10^{-6} \times 14400)^2} = 0.0961$$

11. 用全混流反应器进行拟一级不可逆反应——乙酸酐水解，其反应式为：

$$(CH_3CO)_2O + H_2O \longrightarrow 2CH_3COOH$$

在40℃时，反应速率常数 $k = 6 \times 10^{-3} s^{-1}$。若反应器的体积为 $1m^3$，物料的初始体积流量为 $8 \times 10^{-3} m^3 \cdot s^{-1}$，试求：

(1)乙酸酐的转化率；

(2)若要使出口转化率增加1倍，其余条件不变，反应器的有效体积应为原来的多少倍？

解：(1)全混流反应器：
$$V_R = \frac{V_0 x_{Af}}{k(1-x_{Af})} = 1$$

代入数据：
$$\frac{8 \times 10^{-3} \times x_{Af}}{6 \times 10^{-3} \times (1-x_{Af})} = 1$$

解得：
$$x_{Af} = 0.4286 = 42.86\%$$

(2)若要使转化率提高一倍，即 $x'_{Af} = 85.72\%$，反应器的有效体积：

$$V'_R = \frac{V_0 x'_{Af}}{k(1-x'_{Af})}$$

$$\frac{V'_R}{V_R} = \frac{\dfrac{x'_{Af}}{1-x'_{Af}}}{\dfrac{x_{Af}}{1-x_{Af}}} = \frac{\dfrac{0.8572}{1-0.8572}}{\dfrac{0.4286}{1-0.4286}} = 8$$

所以，反应器的有效体积为原来的 8 倍。

12. 在三级全混流反应器中进行二级液相反应 2A→B+C，已知：各釜容积均为 8L，物料的体积流量为 $2L \cdot s^{-1}$，A 的初始浓度为 $2mol \cdot L^{-1}$，该反应的动力学方程为 $(-r_A) = kc_A^2$，在操作条件下 $k = 0.2L \cdot mol^{-1} \cdot s^{-1}$，用图解法求各釜的出口浓度。

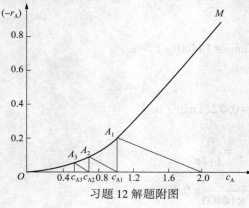

习题 12 解题附图

解：$\tau_i = \dfrac{8}{2} = 4s$。作图步骤如下：

（1）在 $(-r_A)-c_A$ 的图上描出动力学方程 $(-r_A) = kc_A^2$ 所代表的曲线 OM；

（2）以初始浓度 $c_{A0} = 2mol \cdot L^{-1}$ 为起点，过 c_{A0} 作斜率为 $-\dfrac{1}{\tau_i} = -\dfrac{1}{4}$ 的直线交 OM 于 A_1，其横坐标 c_{A1} 即为第一反应器出口浓度。

（3）由于各个反应器的 τ_i 相等，过 c_{A1} 作 $c_{A0}A_1$ 的平行线 $c_{A1}A_2$ 与 OM 交于 A_2，A_2 点的横坐标 c_{A2} 为第二反应器的出口浓度，同理，作 $c_{A2}A_3$ 与 OM 交于 A_3，A_3 点的横坐标 c_{A3} 为第三反应器的出口浓度。

从图中读出：$c_{A1} = 1.07mol \cdot L^{-1}$，$c_{A2} = 0.69mol \cdot L^{-1}$，$c_{A3} = 0.49mol \cdot L^{-1}$。

13. 当反应温度 T，反应物 A 的起始浓度 $c_{A,0}$ 和反应物入口体积流量 V_0 维持不变时，分别在全混流反应器（CSTR）和活塞流反应器（PFR）中进行一级不可逆液相反应或二级不可逆液相反应，试计算转化率 x_A 分别为 50% 和 80% 时，两种反应器所需的反应体积之比。从这两种反应器的计算结果可说明什么问题？

解：一级反应：

全混流反应器 $\quad\quad\quad\quad V_{R,CSTR} = \dfrac{V_0}{k} \cdot \dfrac{x_{Af}}{1-x_{Af}}$

活塞流反应器 $\quad\quad\quad\quad V_{R,PFR} = \dfrac{V_0}{k} \cdot \ln \dfrac{1}{1-x_{Af}}$

转化率 $x_{Af} = 50\%$ 时，两种反应器所需体积之比为：

$$\frac{V_{R,CSTR}}{V_{R,PFR}} = \frac{\dfrac{x_{Af}}{1-x_{Af}}}{\ln \dfrac{1}{1-x_{Af}}} = \frac{\dfrac{0.5}{1-0.5}}{\ln \dfrac{1}{1-0.5}} = 1.44$$

转化率 $x_{Af} = 80\%$ 时，两种反应器所需体积之比为：

$$\frac{V_{R,CSTR}}{V_{R,PFR}} = \frac{\dfrac{x_{Af}}{1-x_{Af}}}{\ln \dfrac{1}{1-x_{Af}}} = \frac{\dfrac{0.8}{1-0.8}}{\ln \dfrac{1}{1-0.8}} = 2.49$$

二级反应：

全混流反应器
$$V_{R,CSTR} = \frac{V_0}{kc_{A0}} \cdot \frac{x_{Af}}{(1-x_{Af})^2}$$

活塞流反应器
$$V_{R,PFR} = \frac{V_0}{kc_{A0}} \cdot \frac{x_{Af}}{(1-x_{Af})}$$

转化率 $x_{Af} = 50\%$ 时，两种反应器所需体积之比为：

$$\frac{V_{R,CSTR}}{V_{R,PFR}} = \frac{1}{1-x_{Af}} = \frac{1}{1-0.50} = 2$$

转化率 $x_{Af} = 80\%$ 时，两种反应器所需体积之比为：

$$\frac{V_{R,CSTR}}{V_{R,PFR}} = \frac{1}{1-x_{Af}} = \frac{1}{1-0.80} = 5$$

结论：当反应温度、起始浓度、物料处理量相同的条件下，采用全混流反应器所需体积要比活塞流反应器体积大。且反应级数越高，要求转化率越高，差距越大。

14. 有一液相反应 A→R，其动力学方程为 $(-r_A) = kc_A$，在有效容积为 V_R 的全混流反应器（CSTR）中生产，可得到 40% 的转化率。若改用总有效容积相等，且均为 $\frac{1}{2}V_R$ 的二级串联全混流反应器（2-CSTR）中生产，其他条件不变，问：

(1) 第一釜出口转化率 $x_{A1} = ?$
(2) 第二釜出口转化率 $x_{A2} = ?$

解：对在 CSTR 中进行的一级反应：$\dfrac{V_R}{V_0} = \tau = \dfrac{c_{A0}x_A}{kc_{A0}(1-x_A)} = \dfrac{x_A}{k(1-x_A)}$

则
$$k\tau = \frac{x_A}{1-x_A} = \frac{0.4}{0.6} = \frac{2}{3}$$

用两个体积均为 $\frac{1}{2}V_R$ 的全混流反应器串联，则每釜中的空间时间 $\tau_1 = \tau_2 = \frac{1}{2}\tau$

所以：
$$k\tau_1 = k\tau_2 = \frac{2}{3} \times \frac{1}{2} = \frac{1}{3}$$

$$x_{A1} = 1 - \frac{1}{(1+k\tau_1)^1} = 1 - \frac{1}{1+\frac{1}{3}} = 0.25 = 25\%$$

$$x_{A2} = 1 - \frac{1}{(1+k\tau_2)^2} = 1 - \frac{1}{\left(1+\frac{1}{3}\right)^2} = 43.75\%$$

15. 两个体积不同的反应器组合成二级串联全混流反应器，器内进行均相一级简单反应。在一定温度下，为了获得最大产率，试说明反应器以何种组合顺序为最优。在总体积一定的情况下，要想获得最大产率，应如何组合？

解：设两个反应器的体积分别为 V_1 和 V_2，且 $V_1 > V_2$，则两个反应器相应的空间时间分别为 τ_1 和 τ_2。两个反应器有二种组合顺序，如下图所示：

对于多级串联全混流反应器，由任意第 n 级物料衡算得：

$$\tau_n = \frac{c_{A0}\left[(1-x_{An-1}) - (1-x_{An})\right]}{(-r_A)_n}$$

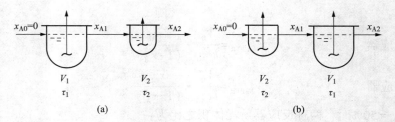

习题 15 解题附图

已知反应动力学方程： $\qquad (-r_A) = kc_{An} = kc_{A0}(1-x_{An})$

联立上列两式可得： $\qquad 1-x_{An} = \dfrac{1-x_{An-1}}{1+k\tau_n}$

（1）按（a）图方式串联组合计算最终转化率 x_{A2}：

$$1-x_{A1} = \frac{1-x_{A0}}{1+k\tau_1} = \frac{1}{1+k\tau_1}$$

$$1-x_{A2} = \frac{1-x_{A1}}{1+k\tau_2} = \frac{1}{1+k\tau_1} \cdot \frac{1}{1+k\tau_2}$$

$$x_{A2} = 1 - \frac{1}{1+k\tau_1} \cdot \frac{1}{1+k\tau_2} \qquad\qquad ①$$

（2）按（b）图方式串联组合计算最终转化率 x_{A2}：

$$1-x_{A1} = \frac{1-x_{A0}}{1+k\tau_2} = \frac{1}{1+k\tau_2}$$

$$1-x_{A2} = \frac{1-x_{A1}}{1+k\tau_1} = \frac{1}{1+k\tau_2} \cdot \frac{1}{1+k\tau_1}$$

$$x_{A2} = 1 - \frac{1}{1+k\tau_1} \cdot \frac{1}{1+k\tau_2} \qquad\qquad ②$$

（3）比较式①与式②可知所得最终转化率是相同的，由此可证明：两种组合顺序应获得相同产率，不存在何者为优。

两级串联的反应器的总体积，

$$V_R = V_0 \left(\frac{x_{A1}}{1-x_{A1}} + \frac{x_{A2}-x_{A1}}{1-x_{A2}} \right)$$

为使 V_R 最小，可将上式对 x_{A1} 求导数，则：

$$\frac{dV_R}{dx_{A1}} = V_0 \left[\frac{1}{(1-x_{A1})^2} + \frac{1}{1-x_{A2}} \right]$$

使 V_R 最小必须满足导数为零，即：

$$\frac{1}{(1-x_{A1})^2} = \frac{1}{1-x_{A2}}$$

也可写成：

$$\frac{1}{1-x_{A1}} = \frac{1-x_{A1}}{1-x_{A2}}$$

方程两边同时减 1，等式仍然成立，

· 224 ·

$$\frac{1}{1-x_{A1}}-1=\frac{1-x_{A1}}{1-x_{A2}}-1, \quad \frac{x_{A1}}{1-x_{A1}}=\frac{x_{A2}-x_{A1}}{1-x_{A2}}$$

即：

$$\frac{V_0}{k}\cdot\frac{x_{A1}}{1-x_{A1}}=\frac{V_0}{k}\cdot\frac{x_{A2}-x_{A1}}{1-x_{A2}}, \quad V_{R1}=V_{R2}$$

这就是说，对一级不可逆反应，采用多级全混流串联时，要保证总的反应体积最小，必需的条件是各级反应器的体积相等。

16. 在体积为 $5\times10^{-3}m^3$ 的连续操作理想搅拌釜中进行不可逆液相反应：$A\rightarrow 2R$，反应物以 $c_{A0}=1\times10^3 mol\cdot m^{-3}$ 的浓度加入。此反应的反应速率方程为：$(-r_A)=0.0036 c_A\, mol\cdot s^{-1}\cdot m^{-3}$，试求：

（1）若进料的体积流量为 $2\times10^{-6}m^3\cdot s^{-1}$，则出口处 R 的浓度为多少？

（2）其它操作条件不变，反应改为在相同体积的活塞流管式反应器中进行，要求产物 R 的出口浓度为 $1.5\times10^3 mol\cdot m^{-3}$，则进料的体积流量可达到多少？

解：

（1）已知：

$$V_R=5\times10^{-3}m^3, \quad V_0=2\times10^{-6}m^3\cdot s^{-1}$$

则：

$$\tau=\frac{V_R}{V_0}=2.5\times10^3 s$$

$$\frac{c_{Af}}{c_{A0}}=\frac{1}{1+k\tau}$$

$$c_{Af}=c_{A0}\cdot\frac{1}{1+k\tau}=1\times10^3\times\frac{1}{1+0.0036\times2.5\times10^3}=100(mol\cdot m^{-3})$$

$$x_{Af}=\frac{c_{A0}-c_{Af}}{c_{A0}}=\frac{1\times10^3-100}{1\times10^3}=0.9$$

由：

$$A\longrightarrow 2R$$
$$c_{A0} \qquad 0$$
$$c_{A0}(1-x_{Af}) \quad 2c_{A0}x_{Af}$$

出口处 R 的浓度：$c_R=2c_{A0}x_{Af}=2\times1\times10^3\times0.9=1.8\times10^3(mol\cdot m^{-3})$

（2）对于活塞流反应器：

$$A\longrightarrow 2R$$
$$c_{A0} \qquad 0$$
$$c_{A0}(1-x_A) \quad 2c_{A0}x_A$$

已知：

$$c_R=1.5\times10^3 kmol\cdot m^{-3}, \quad c_R=2c_{A0}x_{Af}, \quad x_{Af}=0.75$$

$$\tau=\frac{1}{k}\cdot\ln\frac{1}{1-x_{Af}}=\frac{1}{0.0036}\times\ln\frac{1}{1-0.75}=385(s)$$

所以进料体积流量可达：$V_0=\frac{V_R}{\tau}=\frac{5\times10^{-3}}{385}=1.3\times10^{-5}(m^3\cdot s^{-1})$

17. 在二级串联全混流反应器中，进行液相反应，$A+B\rightarrow C+D$，其动力学方程为 $(-r_A)=kc_A c_B=kc_A^2$，已知 $k=1.00 L\cdot mol^{-1}\cdot s^{-1}$，$c_{A0}=c_{B0}=1 mol\cdot L^{-1}$，物料经两釜总空时 $\tau=1.00s$，且 $\tau_1=\tau_2$，试求：

（1）经过两釜以后的最终转化率。

(2)再串联一个同样体积的釜后的最终转化率。($\tau_3 = \tau_1 = \tau_2$)

解：

(1)对二级串联全混流反应器，$n=2$，$\tau = 1.00s$，$\tau_1 = \tau_2 = 0.5s$

$$\frac{c_{A2}}{c_{A1}} = \frac{-1+\sqrt{1+4c_{A1}k\tau_2}}{2c_{A1}k\tau_2}, \quad \frac{c_{A1}}{c_{A0}} = \frac{-1+\sqrt{1+4c_{A0}k\tau_1}}{2c_{A0}k\tau_1}$$

将已知数据代入解得，$c_{A1} = 0.732\ mol \cdot L^{-1}$，$c_{A2} = 0.570\ mol \cdot L^{-1}$

所以最终转化率：

$$x_{Af} = \frac{c_{A0} - c_{A2}}{c_{A0}} = 0.430$$

(2)由已知可得 $\tau_3 = 0.5s$，

$$\frac{c_{A3}}{c_{A2}} = \frac{-1+\sqrt{1+4c_{A2}k\tau_3}}{2c_{A2}k\tau_3}$$

解得：

$$c_{A3} = 0.463\ mol \cdot L^{-1}$$

则最终转化率：

$$x'_{Af} = \frac{c_{A0} - c_{A3}}{c_{A0}} = \frac{1-0.463}{1} = 0.537$$

18. 生产中欲完成下列液相一级不可逆反应：

$$A \rightarrow 2R, \quad r_A = kc_A$$

反应在等温条件下进行，已知在反应条件下的反应速率常数 $k = 0.8h^{-1}$，反应物 A 的初始浓度为 $c_{A0} = 3.6\ kmol \cdot m^{-3}$，反应前后物料的密度均为 $900\ kg \cdot m^{-3}$，反应物的日处理量为 3216kg，要求最终转化率为 97%，试计算反应在下列反应器内进行时，各反应器的有效体积。

(1)间歇操作反应釜(辅助时间为 1h)；

(2)平推流反应器；

(3)全混流反应器；

(4)两级等体积串联的全混流反应器；

(5)四级等体积串联的全混流反应器。

解：生产中反应物的日处理量为 3216kg，每小时处理量为：$V_0 = \dfrac{3216}{24 \times 900} = 0.149\ (m^3 \cdot h^{-1})$

(1)采用间歇操作反应釜：

$$\tau = c_{A0} \int_0^{x_{Af}} \frac{dx_A}{r_A} = c_{A0} \int_0^{x_{Af}} \frac{dx_A}{kc_A} = c_{A0} \int_0^{x_{Af}} \frac{dx_A}{kc_{A0}(1-x_A)}$$

$$= \frac{1}{k} \cdot \ln \frac{1}{1-x_{Af}} = \frac{1}{0.8} \ln \frac{1}{1-0.97} = 4.38\ (h)$$

$$V_R = V_0(\tau + \tau') = 0.149 \times (4.38 + 1) = 0.8\ (m^3)$$

(2)平推流反应器：

$$V_R = V_0 c_{A0} \int_0^{x_{Af}} \frac{dx_A}{r_A} = \frac{V_0}{k} \cdot \ln \frac{1}{1-x_{Af}} = \frac{0.149}{0.8} \ln \frac{1}{1-0.97} = 0.65\ (m^3)$$

(3)全混流反应器：

$$V_R = \frac{V_0 c_{A0} x_{Af}}{r_A} = \frac{V_0 c_{A0} x_{Af}}{kc_{A0}(1-x_{Af})} = \frac{V_0 x_{Af}}{k(1-x_{Af})} = \frac{0.149 \times 0.97}{0.8(1-0.97)} = 6.02\ (m^3)$$

（4）两级等体积串联的全混流反应器：

解法①

两级等体积串联，$V_{R1} = V_{R2}$

$$\frac{V_0 c_{A0} x_{A1}}{k c_{A0}(1-x_{A1})} = \frac{V_0 c_{A0}(x_{Af}-x_{A1})}{k c_{A0}(1-x_{Af})}$$

即：

$$\frac{x_{A1}}{1-x_{A1}} = \frac{x_{Af}-x_{A1}}{1-x_{Af}}$$

$$\frac{x_{A1}}{1-x_{A1}} = \frac{0.97-x_{A1}}{1-0.97}$$

整理得：

$$x_{A1}^2 - 2x_{A1} + 0.97 = 0$$

解得：

$$x_{A1} = 0.827$$

$$V_{R1} = \frac{V_0 c_{A0} x_{A1}}{k c_{A0}(1-x_{A1})} = \frac{V_0 x_{A1}}{k(1-x_{A1})} = \frac{0.149 \times 0.827}{0.8 \times (1-0.827)} = 0.89(\text{m}^3)$$

$$V_R = 2V_{R1} = 1.78(\text{m}^3)$$

解法②

$$\tau = \frac{1}{k}\left[\frac{1}{(1-x_{Af})^{1/2}} - 1\right] = \frac{1}{0.8}\left[\frac{1}{(1-0.97)^{1/2}} - 1\right] = 5.97(\text{h})$$

$$V_{R1} = V_0 \tau = 0.149 \times 5.97 = 0.889(\text{m}^3)$$

$$V_R = 2V_{R1} = 1.78(\text{m}^3)$$

（5）四级等体积串联的全混流反应器：

$$\tau = \frac{1}{k}\left[\frac{1}{(1-x_{Af})^{1/4}} - 1\right] = \frac{1}{0.8}\left[\frac{1}{(1-0.97)^{1/4}} - 1\right] = 1.75(\text{h})$$

$$V_{R1} = V_0 \tau = 0.149 \times 1.75 = 0.26(\text{m}^3)$$

$$V_R = 4V_{R1} = 1.04(\text{m}^3)$$

19. 乙酐按下式水解为乙酸：

$$(CH_3CO)_2O + H_2O \longrightarrow 2CH_3COOH$$
$$\qquad A \qquad\qquad B \qquad\qquad C$$

当乙酐浓度很低时，可按拟一级反应$(-r_A) = kc_A$处理。在288K时，测得反应速率常数$k = 0.0806\text{min}^{-1}$，在313K时，测得$k = 0.380\text{min}^{-1}$。现设计一理想全混流反应器，每天处理乙酐稀水溶液$14.4\text{m}^3$，进料的乙酐初始浓度$c_{A,0} = 0.095\text{mol} \cdot \text{L}^{-1}$。

（1）当乙酐最终转化率$x_{A,f} = 0.8$，反应温度为288K，反应器有效容积为多少？

（2）若改用两个等体积的全混流反应器串联组合，其它条件不变，反应器总体积为多少？

（3）当温度提高到313K时，反应器容积取（1）所得容积，则乙酐的转化率为多少？

（4）如改用PFR进行生产，反应温度为288K，$x_{A,f}$为0.8和0.9时，反应器的容积各为多少？

解：（1）

$$V_R = \frac{V_0 x_{Af}}{k(1-x_{Af})}$$

其中，

$$V_0 = \frac{14.4}{24 \times 60} = 0.01(\text{m}^3 \cdot \text{min}^{-1})$$

$$V_R = \frac{0.01 \times 0.8}{0.0806 \times (1-0.8)} = 0.49 \, (\text{m}^3)$$

（2）两个全混流反应器等体积串联，$x_{Af} = 1 - \left(\frac{1}{1+k\tau}\right)^2$

$$\tau = \frac{1}{k} \left[\frac{1}{(1-x_{Af})^{\frac{1}{2}}} - 1 \right] = \frac{1}{0.0806} \left[\frac{1}{(1-0.8)^{\frac{1}{2}}} - 1 \right] = 15.3 \, (\text{min})$$

$$V_{R1} = V_{R2} = V_0 \tau = 0.01 \times 15.3 = 0.153 \, (\text{m}^3)$$

$$V_R = 2V_{R1} = 2 \times 0.153 = 0.306 \, (\text{m}^3)$$

（3）温度提高，体积为 0.49m^3 时，$\tau = \frac{0.49}{0.01} = 49 \, (\text{min})$

$$k\tau = \frac{x_{Af}}{1-x_{Af}}, \quad 0.380 \times 49 = \frac{x_{Af}}{1-x_{Af}}, \quad \text{解得 } x_{Af} = 0.95$$

（4）平推流反应器，$\tau = \frac{1}{k} \ln \frac{1}{1-x_{Af}}$

当转化率为 0.8 时，$\tau = \frac{1}{0.0806} \ln \frac{1}{1-0.8} = 19.96 \, (\text{min})$

$$V_R = V_0 \tau = 0.01 \times 19.96 = 0.1996 \, (\text{m}^3)$$

同理，当转化率为 0.9 时，$\tau = 28.56\text{min}$，$V_R = 0.2856\text{m}^3$。

20. 在连续流动反应器内进行液相反应 $A \rightarrow P$，$(-r_A) = kc_A$。已知 $k = 4.5 \times 10^{-4} \text{s}^{-1}$，物料的体积流量 $V_0 = 1.5\text{L} \cdot \text{s}^{-1}$，反应器总体积为 5m^3，试计算采用下列各种反应器时的最终转化率。

（1）全混流反应器；

（2）二级串联全混流反应器；

（3）五级串联全混流反应器；

（4）活塞流反应器；

计算结果说明什么？

解：（1）因为 $V_0 = 1.5\text{L} \cdot \text{s}^{-1} = 1.5 \times 10^{-3}\text{m}^3 \cdot \text{s}^{-1}$，$\tau = \frac{V_R}{V_0} = \frac{5}{1.5 \times 10^{-3}} = 3333 \, (\text{s})$

全混流时：$\quad k\tau = \frac{x_{Af}}{1-x_{Af}}, \quad 4.5 \times 10^{-4} \times 3333 = \frac{x_{Af}}{1-x_{Af}}$

解得：$\quad\quad\quad\quad\quad\quad\quad\quad x_{Af} = 60\%$

（2）全混流反应器二级串联时：$\tau = \frac{V_R}{V_0} = \frac{\dfrac{5}{2}}{1.5 \times 10^{-3}} = 1666.7 \, (\text{s})$

$$x_{Af} = 1 - \left(\frac{1}{1+k\tau}\right)^2 = 1 - \left(\frac{1}{1+4.5 \times 10^{-4} \times 1666.7}\right)^2 = 67.3\%$$

（3）全混流反应器五级串联时：$\tau = \frac{V_R}{V_0} = \frac{\dfrac{5}{5}}{1.5 \times 10^{-3}} = 666.7 \, (\text{s})$

$$x_{Af} = 1 - \left(\frac{1}{1+k\tau}\right)^5 = 1 - \left(\frac{1}{1+4.5\times10^{-4}\times666.7}\right)^5 = 73.1\%$$

（4）平推流反应器：$k\tau = \ln\frac{1}{1-x_{Af}}$

$$x_{Af} = 1 - e^{-k\tau} = 1 - e^{-4.5\times10^{-4}\times3333} = 77.7\%$$

根据上述计算可以得到以下结论，在总体积相同的反应器中进行相同的反应，反应器的类型不同，反应的最终转化率也不同。平推（活塞）流反应器转化率最高，单级全混流反应器转化率最低，多级串联的全混流反应器转化率居于平推（活塞）流和全混流之间，且串联级数越多，转化率越高。

21. 在全混流反应器中进行液相反应 $2A\to R$，其动力学方程为 $(-r_A) = kc_A^2$，转化率 $x_A = 0.50$。试求：

（1）如果反应器体积增大到原来的 6 倍，其它操作条件均保持不变，转化率 x_A 为多少？

（2）如果用容积相同的活塞流反应器代替全混流反应器，其它操作条件均保持不变，转化率 x_A 为多少？

（3）如果活塞流反应器体积增大到原来 6 倍，转化率 x_A 为多少？

解：（1）全混流反应器：$V_R = \dfrac{V_0 x_{Af}}{kc_{A0}(1-x_{Af})^2}$，$\tau = \dfrac{x_{Af}}{kc_{A0}(1-x_{Af})^2}$

$V_{R1} = 6V_R$，$\tau_1 = 6\tau$，V_0、k、c_{A0} 不变，有：

$$kc_{A0}\tau_1 = \frac{x_{A1}}{(1-x_{A1})^2} = 6kc_{A0}\tau = \frac{6x_A}{(1-x_A)^2}$$

$$\frac{x_{A1}}{(1-x_{A1})^2} = \frac{6x_A}{(1-x_A)^2} = \frac{6\times0.50}{(1-0.50)^2} = 12$$

$$x_{A1} = 0.75$$

（2）活塞流反应器，$\qquad V_R = \dfrac{V_0 x_{Af}}{kc_{A0}(1-x_{Af})}$，$\tau = \dfrac{x_{Af}}{kc_{A0}(1-x_{Af})}$

$V_{R2} = V_R$，$\tau_2 = \tau$，V_0、k、c_{A0} 不变，有：

$$kc_{A0}\tau_2 = \frac{x_{A2}}{1-x_{A2}} = kc_{A0}\tau = \frac{x_A}{(1-x_A)^2} = \frac{0.5}{(1-0.5)^2} = 2$$

$$x_{A2} = 0.67$$

（3）活塞流反应器 $\qquad V_{R3} = 6V_R$，$\tau_3 = 6\tau$

$$\frac{x_{A3}}{1-x_{A3}} = kc_{A0}\tau_3 = 6kc_{A0}\tau = 6\times2 = 12$$

$$x_{A3} = 0.92$$

22. 在全混流反应器中，反应物 A 与 B 在 343K 下以等物质的量进行反应。反应速度方程为 $(-r_A) = kc_A c_B$。由实验测得反应速率常数 $k = 3.28\times10^{-8} \text{m}^3 \cdot \text{mol}^{-1} \cdot \text{s}^{-1}$。已知 $c_{A,0} = c_{B,0} = 4\text{kmol} \cdot \text{m}^{-3}$，每小时处理反应物 A 685mol。若要求 A 的转化率为 80%，试求该反应器的有效容积。若将此反应在一个管内径为 125mm 的活塞流反应器中进行，并维持温度、处理量和所要求的转化率均与全混流反应器相同，试求活塞流反应器的有效长度。

解：在 CSTR 中：$\qquad V_R = \dfrac{F_{A0} x_{Af}}{kc_A c_B} = \dfrac{F_{A0} x_{Af}}{kc_{A0}^2(1-x_{Af})^2}$

$$= \frac{685 \times 0.8}{3600 \times 3.28 \times 10^{-8} \times (4.00 \times 10^3)^2 (1-0.8)^2} = 7.25 (\text{m}^3)$$

在 PFR 中：$V_R = F_{A0} \int_0^{x_{Af}} \frac{\mathrm{d}x_A}{kc_Ac_B} = \frac{F_{A0}}{k} \int_0^{x_{A,f}} \frac{\mathrm{d}x_A}{c_{A0}^2 (1-x_{Af})^2} = \frac{F_{A0}}{kc_{A0}^2} \frac{x_{Af}}{(1-x_{Af})}$

$$= \frac{685 \times 0.8}{3600 \times 3.28 \times 10^{-8} \times (4.00 \times 10^3)^2 (1-0.8)} = 1.45 (\text{m}^3)$$

$$l = \frac{V}{\frac{\pi}{4}d^2} = \frac{1.45}{\frac{\pi}{4} \times 0.125^2} = 118 (\text{m})$$

23. 某一均相液相反应 A→R，其动力学方程为：

$$(-r_A) = kc_A \quad k = 0.20 \text{min}^{-1}$$

当该反应在一个间歇操作的理想搅拌釜式反应器中进行时，反应物 A 的起始浓度 $c_{A0} = 4.0 \times 10^3 \text{mol} \cdot \text{m}^{-3}$，最终转化率 $x_A = 90\%$。该反应器有效容积为 1.0m^3，每天只能处理 3 釜料液。

(1)现拟将搅拌釜由间歇操作改为连续操作，并使之达到全混流，试问每天处理物料液量将可增大多少倍？

(2)若改造后的全混流反应器，每天处理物料液量增大到 36m^3，试问出口转化率将发生多大变化？A 的出口浓度将会多大？

解：(1)全混流反应器停留时间 τ：

$$\tau = \frac{c_{A0}x_A}{kc_{A0}(1-x_A)} = \frac{x_A}{k(1-x_A)}$$

全混流反应器日处理量：

$$(V_0)_{CSTR} = \frac{V_R}{\tau} = \frac{V_R k(1-x_A)}{x_A} = \frac{1 \times 0.20 \times (1-0.9)}{0.9} = 0.022 (\text{m}^3 \cdot \text{min}^{-1}) = 32 (\text{m}^3 \cdot \text{d}^{-1})$$

间歇反应器日处理量 $(V_0)_{IBR} = 1.0 \times 3 = 3.0 (\text{m}^3 \cdot \text{d}^{-1})$

间歇釜改为连续釜后，日处理量增大倍数：

$$\frac{(V_R)_{CSTR} - (V_R)_{IBR}}{(V_R)_{IBR}} = \frac{32 - 3.0}{3.0} = 9.7$$

(2)全混流反应器日处理量为 36m^3 时，$\tau = \frac{V_R}{V_0} = \frac{1.0}{\frac{36}{24}} = 0.667 (\text{h}^{-1})$

$$x_A = \frac{k\tau}{1+k\tau} = \frac{0.20 \times 60 \times 0.667}{1 + 0.20 \times 60 \times 0.667} = 0.89 = 89\%$$

$$c_A = \frac{c_{A0}}{1+k\tau} = \frac{4.0 \times 10^3}{1 + 0.20 \times 60 \times 0.667} = 4.44 \times 10^2 (\text{mol} \cdot \text{m}^{-3})$$

《化工基础》试卷(一)

一、填空题(每空 1 分,共 20 分)

1. 20℃时,浓硫酸的密度为 $1.813 \times 10^3 kg \cdot m^{-3}$,黏度为 $2.54 \times 10^{-2} Pa \cdot s$,用 $\phi 48mm \times 3.5mm$ 的无缝钢管输送时,达到湍流的最低流速为_____ $m \cdot s^{-1}$。

2. 用孔板流量计测量水的流量时,与流量计相连接的 U 形管压差计中采用汞作指示液。当水的流量为 q_v 时,压差计读数为 R;当水的流量为 $2q_v$ 时,压差计的读数为_____ R。

3. 离心泵在启动前必须先在吸入管和泵中_____,否则会发生_____现象。

4. 流体由管内径 $d_1 = 20mm$ 的细管流向管内径 $d_2 = 40mm$ 的粗管,细管中的流速 $u_1 = 1.0m \cdot s^{-1}$,则粗管内的流速 $u_2 =$_____ $m \cdot s^{-1}$。

5. 有一列管式热交换器,热流体进、出口温度分别为 280℃和 80℃,冷流体进、出口温度分别为 40℃和 190℃。对这种换热,必须采用_____操作进行,其传热平均温度差为_____。

6. 在列管式换热器内进行冷、热流体流动通道的选择时,通常应使腐蚀性流体走_____程。

7. 在精馏操作中,若采用_____进料时,则进料状况参数 $q = 1$;若采用_____进料时,则 $q = 0$。

8. 在加热或冷却时,若单位时间传递的热量一定,则在同一换热设备中,采用逆流操作比并流操作加热剂或冷却剂的用量要_____。若单位时间传递的热量一定,加热剂或冷却剂的用量也一定,则逆流操作所需换热设备的传热面积要比并流操作的_____。

9. 对于连续精馏过程,若回流比增大,则在 y-x 图上所标绘的精馏段操作线的斜率_____,所需理论塔板数_____。在全回流时,所需理论塔板数_____。

10. 不同的反应器具有不同的操作特征。就反应物浓度而言,间歇操作的搅拌釜内反应物浓度是_____的函数,而连续操作管式反应器内反应物浓度则是_____的函数。

11. 全混流反应器的操作特点是:器内各处物料的组成和温度等都_____;各反应粒子在反应器内的停留时间_____;器内组成、转化率等_____时间而变化。

二、判断题(每小题 1 分,共 10 分。正确的用"√",错误的用"×",并填在下表中)

1	2	3	4	5	6	7	8	9	10

1. 在流体流动系统中,存在明显速度梯度的区域称为流体流动边界层。边界层的厚度与雷诺数 Re 有关。Re 越大,边界层的厚度越大。

2. 离心泵标牌上的扬程、流量、功率等数值均为该泵在最高效率时的性能。

3. 两种导热系数不同的保温材料用于圆管外保温时,导热系数小的放在内层,保温效果较好,即单位长度圆管热损失小。当此二种材料用于冷冻液管道保冷时,则应将导热系数大的放在内层，以减少单位长度圆管的热能损失。

4. 为提高总传热系数 K，必须改善传热膜系数大的一侧的换热条件。

5. 塔顶回流装置和塔釜再沸器是连续精馏的必要设施。

6. 从相对挥发度 α 值大小可以预测精馏分离的难易程度。当相对挥发度 $\alpha \ll 1$ 时，混合液不能用一般精馏方法加以分离。

7. 平推流反应器是一种完全没有返混的理想流动状况。

8. 在工业生产中，对间歇反应器里所进行的零级恒容反应，当反应温度及反应时间一定时，欲提高转化率 x_A，可以提高反应物的初始浓度。

判断题 9

9. 流体在一带锥度的圆管内流动，当流经 A-A 和 B-B 两个截面时，虽然平均流速 $u_A \neq u_B$，但 u_A 与 u_B 均不随时间而变化。这一流动过程仍是稳态流动。

10. 当回流比减小到精馏段与提馏段操作线和进料 q 线相交于平衡线上时，这时的回流比称为最小回流比。

三、选择题（每小题 1 分，共 10 分。将正确选项的字母填在下表中）

1	2	3	4	5	6	7	8	9	10

1. 流体在圆管内呈层流流动时，速度分布曲线的形状及平均速度 u 和最大速度 u_{max} 的关系分别为（　　）。

(A)抛物线形，$u = \dfrac{1}{2} u_{max}$ 　　　　　(B)非严格的抛物线形，$u = 0.82 u_{max}$

(C)非严格的抛物线形，$u = \dfrac{1}{2} u_{max}$ 　　　　(D)抛物线形，$u = 0.82 u_{max}$

2. 用一圆形管道输送某液体，管长 l 和体积流量 q_V 不变。在层流情况下，若仅管径 d 变为原来的 1.1 倍，则因摩擦阻力造成的能量损失是原来的（　　）。

(A)0.75 倍 　　　　(B)0.83 倍 　　　　(C)0.68 倍 　　　　(D)0.91 倍

3. 对于两层平壁的一维稳态导热过程，若第一层的温差 ΔT_1 大于第二层的温差 ΔT_2，则第一层的热阻 R_1 与第二层的热阻 R_2 的关系为（　　）。

(A)$R_1 = R_2$ 　　　　(B)$R_1 < R_2$ 　　　　(C)无法确定 　　　　(D)$R_1 > R_2$

4. 两种流体通过间壁进行热交换时，在稳态操作条件下，并流操作与逆流操作的平均温度差不一样的只是发生在（　　）。

(A)两种流体均不变温的情况下

(B)两种流体均发生变温的情况下

(C)甲流体变温而乙流体不变温的情况下

(D)甲流体不变温而乙流体变温的情况下

5. 对一台正在工作的列管式换热器，已知一侧传热膜系数 $\alpha_1 = 1.16 \times 10^4 \text{W} \cdot \text{m}^{-2} \cdot \text{K}^{-1}$，另一侧传热膜系数 $\alpha_2 = 100 \text{W} \cdot \text{m}^{-2} \cdot \text{K}^{-1}$，管壁热阻很小，那么要提高传热总系数，最有效的措施是（　　）。

(A)设法增大 α_2 的值 　　　　　　(B)设法同时增大 α_1 和 α_2 的值

（C）设法增大 α_1 的值 （D）改用导热系数大的金属管

6. 如图所示，ef 线为连续精馏进料操作线，该进料的状态是属于（　　）。

（A）冷液进料

（B）泡点下的液体进料

（C）气-液混合进料

（D）过热蒸气进料

选择题6

7. 某精馏塔采用全凝器，且精馏段操作线方程为：$y = 0.75x + 0.24$，则这时塔顶馏出液组成 x_d 为（　　）。

（A）0.84 （B）0.96 （C）0.98 （D）0.996

8. 在双组分溶液精馏过程中，只改变了进料状态将会引起什么变化（　　）？

（A）气液相平衡曲线改变

（B）提馏段操作线与进料操作线（q 线）的斜率改变

（C）进料操作线（q 线）与精馏段操作线的斜率改变

（D）精馏段和提馏段的斜率均发生变化

9. 在恒定操作条件下，能使反应器内反应速率始终保持不变的反应器只有（　　）。

（A）间歇搅拌釜（IBR） （B）活塞流反应器（PFR）

（C）全混流反应器（CSTR） （D）固定床反应器

10. 某不可逆一级液相反应，在相同反应温度和流量条件下，分别在：

（1）两个有效容积各为 50L 的串联全混流反应器中进行

（2）一个有效容积为 100L 的全混流反应器中进行时，何者转化率较大？（　　）

（A）（1）大 （B）（2）大 （C）（1）=（2） （D）无法判断

四、简答题（共 10 分）

1. 什么是稳态传热？

2. 理论板的概念。

3. 离心泵的工作原理。

计算题1

五、计算题（共 50 分）

1. 如图所示，用一泵将某液体由敞口容器送到压强为 $5 \times 10^4 Pa$（表压）的高位槽中。两液面的位差为 12m，液体流量为 $20 m^3 \cdot h^{-1}$，密度为 $1250 kg \cdot m^{-3}$。输送管规格为 $\phi 57mm \times 3.5mm$，管长为 60m（包括局部阻力的当量长度），直管的摩擦系数 $\lambda = 0.032$。试求：泵的有效功率。（15 分）

2. 在全混流反应器（CSTR）中进行某液相一级反应 A→R 时，转化率可达 50%，试计算：

（1）若将该反应改在一个 6 倍于原反应器有效容积（反应体积）的同类型反应器中进行，而反应温度、初始体积流量和初始浓度不变，转化率可达多少？

（2）若改在一个与原有效容积（反应体积）相同的活

塞流反应器(PFR)中进行，而反应温度、初始体积流量和初始浓度不变，转化率又为多少？（10 分）

3. 由摩尔分数为 0.695 的正庚烷及摩尔分数为 0.305 的正辛烷组成的理想溶液，在常压下于一个连续精馏塔内进行分离，要求塔顶产品中含正庚烷的摩尔分数为 0.99，塔底产品中含正辛烷的摩尔分数也为 0.99。已知物料在泡点下进料，实际操作回流比为最小回流比的 2 倍，正庚烷对正辛烷的平均相对挥发度 $\bar{\alpha}=2.17$，试计算：

（1）最小回流比及实际操作回流比；

（2）在塔顶使用全凝器情况下，从塔顶数起第二块理论塔板下降的液相组成。（10 分）

4. 在 1m 长并流操作的套管式换热器中，用水冷却油。水的进口和出口温度分别为 20℃和 40℃；油的进口和出口温度分别为 150℃和 110℃。现要求油的出口温度降至 90℃，油和水的进口温度、流量和物性均维持不变。若新设计的换热器保持管径不变管长应增至多长方可满足要求？（15 分）

《化工基础》试卷（一）参考答案

一、填空题（共 11 题，20 分）

1. 1.37　2. 4　3. 灌满被输送的液体；气缚　4. 0.25　5. 逆流；61.7℃　6. 管　7. 饱和液体；饱和蒸气　8. 少；小　9. 增大；减少；最少　10. 时间；管长　11. 相同；不同；不随

二、判断题（共 10 题，10 分，每题 1 分）

1	2	3	4	5	6	7	8	9	10
×	√	×	×	√	×	√	×	√	√

三、选择题（共 10 题，10 分，每题 1 分）

1	2	3	4	5	6	7	8	9	10
A	C	D	B	A	C	B	B	C	A

四、简答题（共 3 题，10 分）

1. 稳态传热是指在传热过程中，垂直于热流方向上的各点的传热参数（温度及传热速率）不随时间而变化的传热过程。

2. 理论板是气液接触、换热、传质能达到平衡状态的塔板，也即能达到理想传质条件的塔板，不论进入此板的气相、液相的组成如何，离开此板的气、液两相达到平衡状态。

3. 在离心泵启动前，泵壳内灌满被输送的液体，启动后，叶轮由泵轴带动高速运转，叶片间的液体也随着转动。在离心力的作用下，液体从叶轮中心被抛向外缘的过程中获得动能和静压能，并以高速离开叶轮外缘进入蜗形泵壳。在蜗壳中，由于流道逐渐扩大，液体又将一部分动能转化为静压能，最后液体以较高的压强压入排出管道。在液体由叶轮中心流向外缘时，在叶轮中心形成负压，由于贮槽液面上方压强大于泵吸入口的压强，在此压强差的作用下，液体便被连续吸入叶轮中。可见，只要叶轮不停地转动，液体便不断地被吸入和排出。

五、计算题(共 4 题，50 分)

1. 本题共 15 分

对 1-1 和 2-2 截面(如图所示)

$$H_e = \lambda \sum \frac{l}{d} \frac{u^2}{2} + \frac{p_2}{\rho}(\text{表压}) + gZ_2$$

其中：$u = \dfrac{4q_V}{\pi d^2} = \dfrac{4 \times 20}{3.14 \times 0.05^2 \times 3600} = 2.83(\text{m} \cdot \text{s}^{-1})$

则 $H_e = 0.032 \times \dfrac{60}{0.05} \times \dfrac{2.83^2}{2} + \dfrac{5 \times 10^4}{1250} + 9.81 \times 12$

$\qquad = 311.5(\text{J} \cdot \text{kg}^{-1})$

故泵的有效功率 $N_e = H_e q_V \rho$

$\qquad\qquad = 311.5 \times \dfrac{20}{3600} \times 1250 = 2163(\text{W})$

$\qquad\qquad = 2.16(\text{kW})$

计算题 1 解答

2. 本题共 10 分

(1)对在 CSTR 中进行的一级反应

$$\tau = \frac{x_A}{k(1 - x_A)}, \quad V_{CSTR} = V_0 \tau, \quad \frac{V_{CSTR}}{V_0} = \frac{x_A}{k(1 - x_A)}$$

设原 CSTR 容积为 $V_{CSTR,1}$，转化率为 x_{A1}，另一 CSTR 容积为 $V_{CSTR,2} = 6V_{CSTR,1}$，转化率为 x_{A2}，则

$$\frac{6V_{CSTR,1}}{V_{CSTR,1}} = \frac{x_{A2}(1 - x_{A1})}{x_{A1}(1 - x_{A2})} = 6$$

将 $x_{A1} = 0.50$ 代入得：

$$x_{A2} = 85.71\%$$

(2)对于 PFR 中进行的一级反应

$$\tau = \frac{1}{k} \ln \frac{1}{1 - x_A}$$

$$\frac{V_{PFR}}{V_0} = \tau = \frac{1}{k} \ln \frac{1}{1 - x_{A3}} = \frac{x_{A1}}{k(1 - x_{A1})}$$

$$x_{A1} = 0.50$$

$$\ln \frac{1}{1 - x_{A3}} = \frac{0.50}{1 - 0.50}$$

解得 $\qquad\qquad x_{A3} = 63.2\%$

3. 本题共 10 分

(1)因为 $q = 1$，所以 $x_q = x_f = 0.695$

因为 $\alpha = 2.17$，所以 $y_q = y_f = \dfrac{\alpha x_q}{1 + (\alpha - 1)x_q} = 0.832$

$$R_{min} = \frac{x_d - y_q}{y_q - x_q} \qquad R_{min} = 1.15$$

$$R = 2R_{\min} = 2.30$$

(2)
$$y_n + 1 = \frac{R}{R+1}x_n + \frac{x_d}{R+1}$$

$$y_n + 1 = 0.697x_n + 0.300$$

因塔顶使用全凝器 $y_1 = x_d = 0.99$

$$x_1 = \frac{y_1}{\alpha - (\alpha - 1)y_1} = 0.979$$

因为 $y_2 = 0.697x_1 + 0.300$，所以 $y_2 = 0.982$

$$x_2 = \frac{y_2}{\alpha - (\alpha - 1)y_2} = 0.963$$

4. 本题共 15 分

解：（1）原有换热器：$\Delta t_m = \dfrac{\Delta t_1 - \Delta t_2}{\ln \dfrac{\Delta t_1}{\Delta t_2}} = \dfrac{(150-20)-(110-40)}{\ln \dfrac{(150-20)}{(110-40)}} = 97(℃)$（亦即 97K）

$$W_h c_{ph}(T_1 - T_2) = W_c c_{pc}(t_2 - t_1)$$

$$\frac{W_h c_{ph}}{W_c c_{pc}} = \frac{t_2 - t_1}{T_1 - T_2} = \frac{40-20}{150-1100} = 0.5$$

（2）新设计换热器：

$$q' = W_h c_{ph}(T_1 - T_2') = W_c c_{pc}(t_2' - t_1)$$

$$W_h c_{ph}(150-90) = W_c c_{pc}(t_2' - 20)$$

$$\frac{W_h c_{ph}}{W_c c_{pc}} = \frac{t_2' - 20}{150-90} = 0.5 \qquad t_2' = 50℃$$

$$\Delta t_m' = \frac{(150-20)-(90-50)}{\ln\left(\dfrac{130}{40}\right)} = 76.4℃$$

（3）新设计换热器的管长：

原有换热器： $q = W_h c_{ph}(150-110) = KA\Delta t_m = K \cdot \pi d l \times 97$

新设计换热器： $q' = W_h c_{ph}(150-90) = K'A'\Delta t_m' = K \cdot \pi d l' \times 76.4$

两式相比得： $l' = \dfrac{60}{40} \times \dfrac{97}{76.4} \times 1 = 1.9(m)$

《化工基础》试卷(二)

一、填空题(每空 1 分,共 20 分)

1. 黏度为 $4.0 \times 10^{-2} \mathrm{Pa \cdot s}$,相对密度为 0.975 的某液体,在 $\phi 57mm \times 3.5mm$ 管内流动时,如果要保持层流状态,允许的最大流速为_____ $\mathrm{m \cdot s^{-1}}$。

2. 流体在圆形管道内呈层流流动时,摩擦系数 λ 与雷诺数 Re 的关系是 $\lambda =$_____。

3. 生产中常用孔板流量计测量流体的流量,在流量较大时,其孔流系数 C_0 为一常数,因此,当孔板前后压差增大为原来的 2 倍时,其流量增大为原来的_____倍。

4. 离心泵的工作点是_____曲线与_____曲线的交点。

5. 有一列管式热交换器,热流体进、出口温度分别为 280℃和 80℃,冷流体进、出口温度分别为 40℃和 190℃。对这种换热,必须采用_____操作进行,其传热平均温度差为_____。

6. 在管壳式换热器内进行冷、热流体流动通道的选择时,通常应使不洁净或易结垢的液体走_____程。

7. 导热系数(λ)是物质的物理性质之一。若要提高导热速率,应选用导热系数_____的材料;保温时则要选用导热系数_____的材料。

8. 全回流操作时,相邻两块塔板之间,由下一块板上升蒸气的组成与上一块板下降液体组成_____,而且为达到指定分离程度,所需理论塔板数_____。

9. 对于双组分连续精馏过程,当进料(摩尔流量 F_f,组成 x_f)的热状况为泡点进料时,则塔内精馏段气液两相的摩尔流量 F_V、F_L 与提馏段气液两相的摩尔流量 F'_V,F'_L 之间的关系分别为_____和_____。

10. 相对挥发度是判断混合液能否用蒸馏方法分离的依据。相对挥发度_____,则混合液越容易分离;相对挥发度等于_____的混合液则不能用一般的蒸馏方法分离。

11. 物料在反应器中的理想流动模型有_____和_____;在_____中返混最大;在_____中返混为零。

二、判断题(每小题 1 分,共 10 分。正确的用"√",错误的用"×",并填在下表中)

1	2	3	4	5	6	7	8	9	10

1. 滞流时,流体沿管道的轴向作有规则的直线运动,流体的质点一层滑过一层的位移;湍流时,出现了剧烈的涡流,流向很不规则。因而,一般说来湍流的摩擦阻力系数比层流大,而且湍流程度越高,摩擦阻力越大。

2. 用转子流量计测量流体流量时,随着流量的增加,转子平衡位置所在的环隙处的截面积增加。

3. 离心泵的特点之一是能在相当大的流量范围内操作。泵的标牌上的扬程数值指该泵在最高效率点上的性能。

4. 在对流传热过程中，若两种流体的传热膜系数分别为 α_1 和 α_2，且 $\alpha_1 \gg \alpha_2$，在忽略固体壁面热阻的情况下，总传热系数 K 接近于 α_1。

5. 多层固体平壁定态导热时，总推动力为各层温差之和，总热阻为各层热阻之和，总导热速率为各层导热速率之和。

6. 传热时，如果管壁结有垢层，即使厚度不大，也会有较大的热阻，所以应该及时清除热交换器管壁上的污垢。

7. 在一连续精馏塔内欲分离 A、B 组成的混合液。某一塔板上相遇的气相与液相组成分别为 y_A，x_A，$\alpha = 1.2$。由于 $y_A = x_A$，所以不发生传质过程。

8. 和传热过程相类似，气、液相际传质过程的推动力是气、液两相的浓度差；过程的极限是两相之间的浓度差为零。

9. 多釜串联反应器的每一釜均为全混流反应器，但各釜之间无返混，因此串联的釜数越多，则其性能越接近活塞流反应器。

10. 在连续流动反应器中，全混流反应器的特点是反应器内物料的浓度、转化率和反应速率与出口物料的浓度、转化率和反应速率相同，并且出口处各粒子在反应器中的停留时间相同。

三、选择题（每小题 1 分，共 10 分。将正确选项的字母填在下表中）

1	2	3	4	5	6	7	8	9	10

1. 某套管换热器由 $\phi 108mm \times 4mm$ 和 $\phi 55mm \times 2.5mm$ 钢管组成，流体在环隙内流动，其当量直径为（   ）。

（A）55mm   （B）50mm   （C）45mm   （D）60mm

2. 某液体在内径为 d_1 的管路中作稳态流动时，其平均流速为 u_1。当它以相同的体积流量通过内径为 d_2（$d_2 = d_1/2$）的管路时，则其平均流速 u_2 为原来流速 u_1 的（   ）。

（A）2 倍   （B）4 倍   （C）8 倍   （D）16 倍

3. 如图安装的压差计，当旋塞慢慢打开时，压差计中的指示剂（汞）的液面将（   ）。

（A）左高右低

（B）左低右高

（C）维持高度不变

（D）不能确定

选择题 3

4. 在间壁式换热器中，若冷、热两种流体均无相变，并进、出口温度一定，在相同的传热速率时，逆流时的传热面积 A 和并流时的传热面积 A' 之间的关系为（   ）。

（A）$A = A'$ （B）$A > A'$

（C）$A < A'$ （D）无法确定

5. 评价热交换器性能的重要指标之一是（   ）。

（A）热通量   （B）传热量   （C）传热速率   （D）传热面积

6. 在对流传热公式 $\phi = \alpha A \Delta T$ 中，ΔT 的物理意义是（   ）。

（A）冷（或热）流体进出口温度差   （B）固体壁面与冷（或热）流体的温度差

（C）固体壁两侧的壁面温度差   （D）冷热两流体间的平均温度差

7. 在精馏塔中每一块塔板的作用是提供( )。

（A）气液两相进行传质的场所　　　　（B）气液两相进行传热的场所

（C）气液两相同时进行传质和传热的场所（D）气体上升和液体下降的通道

8. 由 A、B 组成的理想溶液，在某一温度下，纯组分 A 的饱和蒸气压 $p_A^\circ = 116.9kPa$，纯组分 B 的饱和蒸气压 $p_B^\circ = 46.0kPa$，则 A 对 B 的相对挥发度为( )。

（A）0.39　　　　（B）1.54　　　　（C）2.54　　　　（D）0.61

9. 在恒定操作条件下，能使反应器内反应物浓度始终保持不变的反应器只有( )。

（A）间歇操作搅拌釜　　　　　　　　（B）全混流反应器

（C）活塞流反应器　　　　　　　　　（D）固定床反应器

10. 简单液相反应 A→B+C 在相同条件下，在下列哪一种反应器中进行时，达相同转化率需要的反应器有效容积最大？( )

（A）活塞流反应器　　　　　　　　　（B）全混流反应器

（C）两级全混流反应器　　　　　　　（D）间歇全混流反应器，不考虑辅助时间

四、简答题（共 10 分）

1. 什么是稳态流动？

2. 什么是恒摩尔流的假设？

3. 解释离心泵的汽蚀现象。

五、计算题（共 50 分）

1. 在全混流反应器（CSTR）中进行一级反应 A→R，已知反应速率常数 $k = 100h^{-1}$。初始浓度 $c_{A0} = 1.2kmol \cdot m^{-3}$，进料中 A 的摩尔流量为 $1kmol \cdot h^{-1}$，转化率为 50%。试问：

（1）所需反应器的有效容积为多少？

（2）若将进料中 A 的摩尔流量增加为 $2kmol \cdot h^{-1}$，其余条件保持不变，反应器的有效容积又为多少？（10 分）

2. 用连续精馏塔分离含苯的摩尔分数为 0.60，甲苯的摩尔分数为 0.40 的混合液，要求馏出液含苯的摩尔分数为 0.96，塔釜残液含苯的摩尔分数为 0.04。已知泡点下的液体进料，进料量为 $100kmol \cdot h^{-1}$。塔釜产生蒸气的摩尔流量为 $150kmol \cdot h^{-1}$。试问：

（1）馏出液和残液每小时各为多少千克？

（2）塔顶回流比为多大？

（3）精馏段操作线方程具体如何表达？

（苯的摩尔质量为 $78kg \cdot kmol^{-1}$，甲苯的摩尔质量为 $92kg \cdot kmol^{-1}$。）（15 分）

3. 一单程列管换热器，平均传热面积 A 为 $200m^2$。310℃的某气体流过壳程，被加热到 445℃，另一种 580℃的气体作为加热介质流过管程，冷热气体呈逆流流动。冷热气体质量流量分别为 $8000kg \cdot h^{-1}$ 和 $5000kg \cdot h^{-1}$，平均比定压热容均为 $1.05kJ \cdot kg^{-1} \cdot K^{-1}$。如果换热器的热损失按壳程实际获得热量的 10%计算，试求该换热器的总传热系数。（10 分）

4. 如图所示，贮槽水位不变，槽底部与内径为 100mm 的放水管连接。管路上装一个闸阀，距槽出口

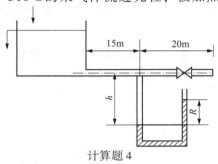

计算题 4

15m 处装一个 U 形水银压差计。压差计的一臂与管路连接充满水，另一臂通大气。当阀门关闭时，$h=1520mm$，$R=640mm$。当阀门全开时，摩擦系数 $\lambda=0.025$，管路入口处局部阻力系数为 0.5，闸阀 $l_e/d=15$。试求阀门全开时，测压口处的压强为多大？（15 分）

《化工基础》试卷（二）参考答案

一、填空题（共 11 题，20 分）

1. 1.64　2. $\dfrac{64}{Re}$　3. $\sqrt{2}$　4. 离心泵特性；管路特性　5. 逆流，61.7℃　6. 管

7. 大；小　8. 相等；最少　9. $F_L+F_f=F_L'$；$F_V=F_V'$。　10. 越大；1

11. 活塞流；全混流；全混流反应器；活塞流反应器

二、判断题（共 10 题，10 分，每题 1 分）

1	2	3	4	5	6	7	8	9	10
×	√	√	×	×	√	×	×	√	×

三、选择题（共 10 题，10 分，每题 1 分）

1	2	3	4	5	6	7	8	9	10
C	B	C	C	A	B	C	C	B	B

四、简答题（共 3 题，10 分）

1. 稳态流动是指在流动过程中，若在垂直于流动方向上的各点的流体性质（如密度、黏度）和流动参数（如流速、压强等）不随时间而变化，这种流动称为稳态流动。（3 分）

2. 恒摩尔流的假设包括恒摩尔汽化和恒摩尔溢流。恒摩尔汽化即在精馏塔的精馏段或提馏段各板上上升蒸气的摩尔流量相等；恒摩尔溢流即在精馏塔的精馏段或提馏段各板上下降液体的摩尔流量相等。（3 分）

3. 离心泵在输送液体过程中，叶轮中心及叶片入口附近的压强较低。当叶片入口附近的最低压强等于或小于输送温度下液体的饱和蒸气压时，液体在该处汽化并产生气泡，而此气泡又随同液体从低压区向高压区流动，气泡被压碎或又重新凝结成液体，由于气泡凝结成液体的过程中体积骤然缩小，所以周围的液体急速冲向原气泡所占据的空间，遂形成极高的压强和冲击频率。这种现象称为离心泵的汽蚀现象。汽蚀现象发生时，离心泵工作时产生噪音，汽蚀现象严重时，叶轮材料表面疲劳，从开始点蚀到形成严重的蜂窝状空洞，使叶轮受到损坏。（4 分）

五、计算题（共 4 题，50 分）

1. 本题共 10 分

（1）
$$\tau=\frac{c_{A0}x_A}{(-r_A)}=\frac{x_A}{k(1-x_A)}$$

$$V=\frac{F_{A0}x_A}{kc_{A0}(1-x_A)}=\frac{1\times0.75}{100\times1.2\times(1-0.75)}=0.025\,(\text{m}^3)$$

（2）当 $F_{A0}=2\text{kmol}\cdot\text{h}^{-1}$ 时，

$$V=\frac{2\times0.75}{100\times1.2\times(1-0.75)}=0.05(\text{m}^3)$$

2. 本题共 15 分

（1）
$$F=D+W$$
$$Fx_F=Dx_D+Wx_w$$

即
$$100=D+W$$
$$100\times0.6=D\times0.96+W\times0.04$$

则
$$D=60.9\text{kmol}\cdot\text{h}^{-1}$$
$$W=39.1\text{kmol}\cdot\text{h}^{-1}$$

馏出液平均摩尔质量：
$$M_d=0.96\times78+0.04\times92=74.6(\text{kg}\cdot\text{kmol}^{-1})$$

残液平均摩尔质量：
$$M_w=0.04\times78+(1-0.04)\times92=91.4(\text{kg}\cdot\text{kmol}^{-1})$$

馏出液量： $\quad q_{m,d}=60.9\times74.9=4561(\text{kg}\cdot\text{h}^{-1})$

残液量： $\quad q_{m,w}=39.1\times91.4=3574(\text{kg}\cdot\text{h}^{-1})$

（2） $\quad q=1\quad V'=V=150\text{kmol}\cdot\text{h}^{-1}\quad L=V-D=150-60.9=89.1(\text{kmol}\cdot\text{h}^{-1})$

$$R=\frac{L}{D}=\frac{89.1}{60.9}=1.46$$

（3）
$$y_{n+1}=\frac{R}{R+1}x_n+\frac{x_d}{R+1}=\frac{1.46}{1.46+1}x_n+\frac{0.96}{1.46+1}$$
$$y_{n+1}=0.595x_n+0.390$$

3. 本题共 10 分

（1）求热气体向冷气体传递的热流速率，q：

已知：冷气体的进出口温度 $t_1=310℃$，$t_2=445℃$；冷气体的质量流量 $W_c=8000\text{kg}\cdot\text{h}^{-1}$，则：

冷气体单位时间获得的热量 $\quad q'=W_c c_{pc}(t_2-t_1)$

冷气体单位时间损失的热量 $\quad q_1=0.1q'$

热气体向冷气体传递的热流速率 $\quad q=q'+q_1=1.1W_c c_{pc}(t_2-t_1)$

$$=1.1\times\frac{8000}{3600}\times1.05\times10^3\times(445-310)$$
$$=3.47\times10^5(\text{W})$$

（2）求热气体最终温度，T_2：

由热气体热量衡算可得

$$q=W_h c_{ph}(T_1-T_2)=\frac{5000}{3600}\times1.05\times10^3\times(580-T_2)=3.47\times10^5(\text{W})$$

$$T_2=342℃$$
$$\Delta t_1=T_1-t_2=580-445=135(℃)$$
$$\Delta t_2=T_2-t_1=342-310=32(℃)$$

$$\Delta t_m=\frac{135-32}{\ln\frac{135}{32}}=71.6(℃)（即71.6K）$$

$$K = \frac{q}{A\Delta t_m} = \frac{3.47 \times 10^5}{200 \times 71.6} = 24.2 \ (W \cdot m^{-2} \cdot K^{-1})$$

4. 本题共 15 分

以贮槽液面为 1-1 截面，测压口处截面为 2-2 截面，管出口截面为 3-3 截面，并以 3-3 截面为基准面。

(1) 阀关闭时 $(Z_1 + h)\rho = R\rho_R$

$$Z_1 = \frac{R\rho_R}{\rho} - h = \frac{0.64 \times 13600}{1000} - 1.52 = 7.18 \ (m)$$

(2) 在 1-1 与 3-3 截面间列伯努利方程：

$$gZ_1 + \frac{p_1}{\rho} + \frac{u_1^2}{2} = gZ_3 + \frac{p_3}{\rho} + \frac{u_3^2}{2} + \sum h_{f(1-3)} \qquad \text{①}$$

管内流速 $u = u_3$

式中：$\qquad Z_1 = 7.18m$, $Z_3 = 0$, $p_1 = p_3 = 0$(表压), $u_1 = 0$

$$\sum h_{f(1-3)} = \left[0.025\left(\frac{15 + 20}{0.1} + 15\right) + 0.5\right]\frac{u_3^2}{2} = 4.81u^2$$

由式①可得：$\qquad 7.18 \times 9.81 = 0.5u^2 + 4.81u^2 = 5.31u^2$

$$u = \sqrt{\frac{7.184 \times 9.81}{5.31}} = 3.64 \ (m \cdot s^{-1})$$

(3) 在 1-1 与 2-2 截面间列伯努利方程：

$$gZ_1 + \frac{p_1}{\rho} + \frac{u_1^2}{2} = gZ_2 + \frac{p_2}{\rho} + \frac{u_2^2}{2} + \sum h_{f(1-2)} \qquad \text{②}$$

式中：$\qquad Z_1 = 7.18m$, $Z_2 = 0$, $p_1 = 0$, $u_1 = 0$, $u = 3.64m \cdot s^{-1}$

$$\sum h_{f(1-2)} = \left(\lambda\frac{l}{d} + 0.5\right)\frac{u^2}{2} = \left(0.025 \times \frac{15}{0.1} + 0.5\right)\frac{3.643^2}{2} = 28.2 \ (J \cdot kg^{-1})$$

由式②可得：$\qquad p_2 = \left[gZ_1 - \frac{u^2}{2} - \sum h_{f(1-2)}\right]\rho$

$$= \left(9.81 \times 7.18 - \frac{3.64^2}{2} - 28.2\right) \times 1000$$

$$= 3.56 \times 10^4 Pa(\text{表压})$$

《化工基础》试卷(三)

一、填空题(每空 1 分,共 25 分。将正确答案写在横线上)

1. 离心泵的工作点是_____曲线与_____曲线的交点。

2. 二元理想溶液精馏中,已知相对挥发度 $\alpha_{AB} = 2.4$,料液组成 $x_f = 0.4$,馏出液组成 $x_d = 0.95$,釜液组成 $x_w = 0.12$(均为 A 的摩尔分数),进料状态 $q = 0$,馏出液量 $D = 138.9 \, mol \cdot s^{-1}$,回流量 $L = 277.8 \, mol \cdot s^{-1}$,塔顶为全凝器,请完成:

(1)回流比 $R = $ _____ ;

(2)精馏段操作线在 y 轴上的截距是_____,斜率是_____。与 $y-x$ 图对角线交点的坐标是_____;

(3)提馏段操作线与精馏段操作线交点的坐标是_____,与 $y-x$ 图对角线交点的坐标是_____;

(4)离开精馏塔顶部第一块板的液相组成为 $x = $ _____,进入该板的气相组成为 $y = $ _____。

3. 将下列非 SI 单位计量的物理量分别换算成指定的 SI 单位:

压　　　强　　30$\left[kg(f) \cdot cm^{-2} \right] = $ _____ Pa

热　　　量　　1.00$\left[kcal \right] = $ _____ J

比定压热容　0.50$\left[kcal \cdot kg^{-1} \cdot ℃^{-1} \right] = $ _____ $J \cdot kg^{-1} \cdot K^{-1}$

4. 密度为 $800 \, kg \cdot m^{-3}$,黏度为 $8.0 \times 10^{-2} \, Pa \cdot s$ 的某油品,连续稳定地流过一根异径管,细管直径为 $\phi 45mm \times 2.5mm$,流速为 $1.5 \, m \cdot s^{-1}$,粗管直径为 $\phi 57mm \times 3.5mm$。油品通过粗管的流速为_____ $m \cdot s^{-1}$,则油品通过粗管的雷诺数 Re 为_____,流体的流动形态为_____。

5. 当理想流体在水平变径管路中作连续定常态流动时,在管路直径缩小处,其静压强将_____,而流速将_____。

6. 合成氨反应催化剂的主体是_____,活化温度范围是_____。

7. 对于连串反应:$A \xrightarrow{k_1} B \xrightarrow{k_2} C$。若目的产物为 B,则为了使该过程有较高的 B 的生成速率,希望反应器中维持 A 的浓度_____,B 的浓度_____,为此选择理想的均相反应器时,应选用_____或_____,而不宜选用_____。

二、选择题(每小题 2 分,共 20 分。将正确选项的字母填在下表中)

1	2	3	4	5	6	7	8	9	10

1. 液体混合物可通过蒸馏方法加以分离的依据是(　　　)。

(A)混合液可以进行部分汽化和部分冷凝

（B）精馏塔可采用回流

（C）混合液为理想溶液

（D）混合液中不同组分的挥发度有差异

2. 在多层平壁稳定热传导中，通过各层平壁的导热速率（　　）。

（A）不变　　　　　　　　　　　　（B）逐渐变大

（C）逐渐变小　　　　　　　　　　（D）关系不确定

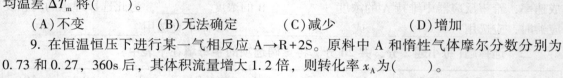

选择题 3

3. 如右图所示，实际流体作定态流动，若其它条件不变而将管径减小一倍，则流量将（　　）。

（A）增大　（B）不变

（C）减小　（D）无法确定

4. 对圆环形导管而言，雷诺数 Re 中的当量直径 d_e 等于（　　）。

（A）外管内径与内管内径之差

（B）外管内径与内管外径之差

（C）外管外径与内管外径之差

（D）外管外径与内管内径之差

5. 设双组分理想溶液中易挥发组分为 A，难挥发组分为 B，则其相对挥发度 α_{AB} 为（　　）。

（A）y_A/y_B　　　　　　　　　　（B）y_A/x_A

（C）$y_A x_B/y_B x_A$　　　　　　　（D）$y_A x_A/y_B x_B$

6. 图中所示为各种进料热状况的 q 线，其中表示气液混合进料的 q 线是（　　）。

（A）线 1　　　　　　　　　　　　（B）线 2

（C）线 3　　　　　　　　　　　　（D）线 4

7. 在 y–x 图上，连续精馏操作线与对角线重合是由于（　　）。

（A）进料是过热蒸气

（B）回流比为最小回流比

（C）塔顶无产品引出，全部用于回流

（D）塔顶回流液量为零

选择题 6

8. 冷、热流体在套管式换热器中换热（都无相变），若热流体的进口温度 T_1 上升，而热流体质量流量 q_m、冷流体质量流量 q'_m、冷流体的进口温度 T'_1 及物性数据都不变，则对数平均温差 ΔT_m 将（　　）。

（A）不变　　　　　　（B）无法确定　　　　　　（C）减少　　　　　　（D）增加

9. 在恒温恒压下进行某一气相反应 A→R+2S。原料中 A 和惰性气体摩尔分数分别为 0.73 和 0.27，360s 后，其体积流量增大 1.2 倍，则转化率 x_A 为（　　）。

（A）82%　　　　　（B）13.7%　　　　　（C）56%　　　　　（D）41%

10. 离心泵最常用的调节流量的方法是（　　）。

（A）设置回流支路，改变循环量大小　　（B）改变吸入管路中阀门的开启度

（C）改变离心泵的转速　　　　　　　　（D）改变压出管路中阀门的开启度

三、判断题（每小题1分，共5分。正确的用"√"，错误的用"×"）

1	2	3	4	5

1. 对于双组分连续精馏过程，如果将原设计的液体与蒸气混合进料改为泡点进料，同时使塔顶冷凝量、回流比保持不变，则塔顶的浓度 x_d 将不变。

2. 合成氨反应的最佳反应温度与催化剂的活化温度无关。

3. 变换反应的目的只是为了制取氢气。

4. 合成氨实际生产过程的氢氮比小于3。

5. 管式反应器中物料的浓度等于出口浓度。

四、简答题（每小题3分，共9分）

1. 简述如何选用离心泵？

2. 逆流传热比并流传热有哪些优越性？

3. 什么叫理论塔板？什么是恒摩尔流假设？

五、名词解释题（每小题3分，共6分）

1. 汽蚀现象

2. 活化温度

六、计算题（1题12分，2题10分，3题13分，共35分）

1. 燃烧炉壁由耐火砖、绝热砖和普通砖三种材料组成，各层接触良好。已知绝热砖和普通砖的厚度和导热系数依次为：$\delta_2 = 150mm$，$\lambda_2 = 0.15W \cdot m^{-1} \cdot K^{-1}$；$\delta_3 = 240mm$，$\lambda_3 = 0.8W \cdot m^{-1} \cdot K^{-1}$。若耐火砖与绝热砖接触面的温度为800℃，绝热砖与普通砖接触面的温度为200℃，试求普通砖外侧的温度。

2. 乙酐按下式水解为乙酸：

$$(CH_3CO)_2O + H_2O \longrightarrow 2CH_3COOH$$
$$A \qquad\qquad B \qquad\qquad C$$

当乙酐浓度很低时，可按拟一级反应 $(-r_A) = kc_A$ 处理。在288K时，测得反应速率常数 $k = 1.34 \times 10^{-3} s^{-1}$。现设计一活塞流反应器，每天处理 $14.4m^3$ 乙酐稀水溶液，并要求乙酐最终转化率 $x_{Af} = 0.9$，试问：反应器有效容积为多少？

3. 流体层流流经一根水平导管，当流体的流量增大到原来的3倍时（此时仍为层流），求：

(1) 流体的压降为原来的几倍？

(2) 如欲使压降保持不变，则导管的内径应为原导管内径的几倍？

《化工基础》试卷（三）参考答案

一、填空题（每空1分，共25分）

1. 管路特征　离心泵特征

2. (1) $R = 2$；(2) 0.32；$\dfrac{2}{3}$；(0.95，0.95)；(3) (0.4，0.583)；(0.12，0.12)；(4) $x_1 = $

0.89；$y_2 = 0.91$

3. 2.94×10^6；4. 18；2.09×10^3

4. 0.96；4.80×10^2；层流(或滞流)

5. 减小(或降低)；增大(或增高)

6. 三氧化二铁和氧化亚铁　$370 \sim 550℃$

7. 较高(或大)；较低(小)；间歇操作的搅拌釜式反应器(或 IBR)；活塞流反应器(或 PFR)；全混流反应器(或 CSTR)

二、选择题(每小题 2 分，共 20 分)

1	2	3	4	5	6	7	8	9	10
D	A	C	B	C	C	C	D	A	D

三、判断题(每小题 1 分，共 5 分)

1	2	3	4	5
×	×	×	√	×

四、简答题(每小题 3 分，共 9 分)

1. 在离心泵效率曲线最高点附近进行比对实际要求的扬程和流量，若能满足实际要求，可以选择，否则排除。

2. 当需要强化传热过程时，逆流优于并流；冷热流体之间传热温度差比较均匀；冷流体出口温度可以大于热流体的出口温度。

3. 在气液接触过程中，传热、传质都能达到平衡状态的塔板称为理论塔板；在没有进料和出料的塔段中，各板上上升蒸气的摩尔量相等，各板上下降液体的物质的量相等。

五、名词解释(每小题 3 分，共 6 分)

1. 离心泵工作时，当离心泵入口处的压力小于该状态下的饱和蒸气压时，液体在入口处就会汽化形成气泡，当气泡进入离心泵后，在高速旋转下获得一定能量后，又重新凝聚为液滴，形成极高的压力，冲击离心泵的叶片和泵壳，对离心泵产生巨大的破坏力，这种现象就称为汽蚀现象。

2. 在催化反应中，可以使反应进行的温度就称为活化温度。

六、计算题(28 题 12 分，29 题 10 分，30 题 13 分，共 35 分)

1. 解：
$$R_2 = \frac{\delta_2}{\lambda_2} = \frac{0.15}{0.15} = 1 (\text{m}^2 \cdot \text{K} \cdot \text{W}^{-1})$$

$$R_3 = \frac{\delta_3}{\lambda_3} = \frac{0.24}{0.8} = 0.3 (\text{m}^2 \cdot \text{K} \cdot \text{W}^{-1})$$

因为
$$q = \frac{T_2 - T_3}{R_2} = \frac{T_3 - T_4}{R_3}$$

所以
$$q = \frac{T_2 - T_3}{R_2} = \frac{1073 - 473}{1} = 600 (\text{W} \cdot \text{m}^{-2})$$

因为
$$q = \frac{T_3 - T_4}{R_3} = 600 (\text{W} \cdot \text{m}^{-2})$$

所以 $\qquad T_4 = T_3 - qR_3 = 473 - 600 \times 0.3 = 293(\mathrm{K})$

即普通砖外侧的温度为 20℃。

2. 解：
$$\tau = c_{A0} \int_0^{x_A} \frac{\mathrm{d}x_A}{(-r_A)}$$

$$= c_{A0} \int_0^{x_A} \frac{\mathrm{d}x_A}{kc_{A0}(1-x_A)} = \frac{1}{k} \ln \frac{1}{1-x_A}$$

$$= \frac{1}{1.34 \times 10^{-3}} \ln \frac{1}{1-0.9}$$

$$= 1.718 \times 10^3 (\mathrm{s})$$

$$V = V_0 \tau = \frac{14.4}{24 \times 3600} \times 1.718 \times 10^3 = 0.286(\mathrm{m}^3)$$

3. 解：（1）根据泊谡叶公式

$$\frac{\Delta p_{f1}}{\Delta p_{f2}} = \frac{\dfrac{32\mu_1 l_1 u_1}{d_1^2}}{\dfrac{32\mu_2 l_2 u_2}{d_2^2}}$$

因 $l_1 = l_2$，$d_1 = d_2$，$\mu_1 = \mu_2$

而 $\qquad u_2 = 3u_1 \qquad \dfrac{\Delta p_{f1}}{\Delta p_{f2}} = \dfrac{1}{3} \qquad \Delta p_{f2} = 3\Delta p_{f1}$

流量增加 3 倍后，压降也为原来的 3 倍。

（2）如压力降不变，则
$$\Delta p_{f1} = \Delta p_{f2}$$

$$u_1 d_2^2 = u_2 d_1^2 \qquad \frac{u_1}{u_2} = \left(\frac{d_1}{d_2}\right)^2 \qquad\qquad ①$$

又已知： $\qquad 3u_1 d_1^2 = u_2 d_2^2 \qquad \dfrac{u_1}{u_2} = \dfrac{d_2^2}{3d_1^2} \qquad\qquad ②$

由式①、式②，得： $\qquad \left(\dfrac{d_1}{d_2}\right)^2 = \dfrac{d_2^2}{3d_1^2} \qquad 3d_1^4 = d_2^4$

$$d_2 = \sqrt[4]{3d_1^4} = 1.316d_1$$

导管内径应为原来的 1.316 倍。

《化工基础》试卷(四)

一、填空题(每空 1 分,共 20 分)

1. 进行物料衡算的依据是_____;进行能量衡算的依据是_____。

2. 液体的相对密度是指液体的密度与_____的密度之比。

3. 某水泵在 5min 内向蓄水池注入 18m³ 水,则该泵的体积流量为_____,质量流量为_____。

4. 表压强的测量是以大气压为测量起点,_____的压强是表压强,_____的压强是真空度。

5. 离心泵是利用_____高速旋转时产生的惯性离心力来输送液体的设备。

6. 泵的输入功率称为_____,它是指泵在单位时间内从_____获得的能量。

7. 物体进行传热的必要条件是_____;其传热方向总是从_____自动地向_____传递。

8. 在工程上把固体壁面与流体间的传热过程统称为_____过程。

9. 工业生产中常用的精馏塔分为_____和_____两类。

10. 在吸收过程中,传质方向总是吸收质是以_____方式从_____转移到液相的。

11. 泵的特性曲线是指泵的_____与_____、功率和效率之间的变化关系曲线。

二、判断题(每小题 1 分,共 10 分。正确的用"√",错误的用"×",并填在下表中)

1	2	3	4	5	6	7	8	9	10

1. 化工单元操作是一种物理操作,只改变物料的物理性能,而不改变其化学性质。

2. 升高温度,可以使饱和溶液变成不饱和溶液。

3. 1cal 就是 1g 的水在 1℃时候所具有的热量。

4. 显热是指将物质加热到某一温度不发生相变时所吸收或放出的热量。

5. 因为流体具有流动性,所以具有动能。

6. 输送流体的密度增大,泵的轴功率将增加。

7. 当两物体温度相等时,传热过程就停止。

8. 物体的吸收率越高,其辐射能力也越大。

9. 当液相中实际浓度小于平衡浓度时,过程朝吸收方向进行。

10. 处于不平衡的气液相接触时,若气相中吸收质分压大于平衡分压,吸收过程继续进行。

三、选择题(每小题 1 分,共 10 分。将正确选项的字母填在下表中)

1	2	3	4	5	6	7	8	9	10

1. 用 U 形压差计测量压强差时，压强差的大小(　　)。

(A)与读数 R 有关，与密度差($\rho_{指}-\rho$)有关，与 U 形管粗细无关

(B)与读数 R 无关，与密度差($\rho_{指}-\rho$)无关，与 U 形管粗细有关

(C)与读数 R 有关，与密度差($\rho_{指}-\rho$)无关，与 U 形管粗细无关

(D)与读数 R 有关，与密度差($\rho_{指}-\rho$)无关，与 U 形管粗细有关

2. 如图所示，若水槽液位不变，①、②、③点的流体总机械能的关系为(　　)。

选择题 2

(A)阀门打开时，①>②>③

(B)阀门打开时，①=②>③

(C)阀门打开时，①=②=③

(D)阀门打开时，①>②=③

3. 离心泵最常用的调节方法是(　　)。

(A)改变吸入管路中阀门开度

(B)改变出口管路中阀门开度

(C)安装回流支路，改变循环量的大小

(D)车削离心泵的叶轮

4. 当离心泵入口处允许的最低压力以 $p_{1允}$ 表示，大气压以 p_a 表示，汽蚀余量以 Δh 表示时，允许吸上真空高度为(　　)。

(A)$p_{1允}/\rho g$ 　　　　B.$(p_a-p_{1允})/\rho g$ 　　　(C)$p_a-p_{1允}$ 　　　　(D)$(p_a-p_{1允})/\rho g-\Delta h$

5. 翅片管换热器的翅片应安装在(　　)。

(A)α 小的一侧 　　(B)α 大的一侧 　　(C)管内 　　(D)管外

6. 下述分离过程中哪一种不属于传质分离？(　　)

(A)萃取分离 　　(B)吸收分离 　　(C)结晶分离 　　(D)离心分离

7. 下述说法中错误的是(　　)。

(A)溶解度系数 H 值很大，为易溶气体 　(C)亨利系数 E 值很大，为难溶气体

(B)亨利系数 E 值很大，为易溶气体 　(D)平衡常数 m 值很大，为难溶气体

8. 以下说法正确的是(　　)。

(A)可根据亨利定律判断溶液的理想性

(B)全部浓度范围内服从拉乌尔定律的溶液为理想溶液

(C)二元混合液的泡点总是介于两纯组分的沸点之间

(D)理想溶液中同种分子间的作用力与异种分子间的作用力相同

9. 全回流时，$y-x$ 图上精馏段操作线的位置(　　)。

(A)在对角线之上 　　　　　　　(B)在对角线与平衡线之间

(C)与对角线重合 　　　　　　　(D)在对角线之下

10. 对于绝热操作的放热反应，最合适的反应器为(　　)。

(A)平推流反应器 　　　　　　　(B)全混流反应器

(C)循环操作的平推流反应器 　　　(D)全混流串接平推流反应器

四、简答题(共 10 分)

1. 产生流体阻力损失的根本原因是什么？

2. 简述离心泵的工作原理?

3. 什么是热传导?

4. 影响吸收操作的因素主要有哪些?

5. 什么叫理论塔板?

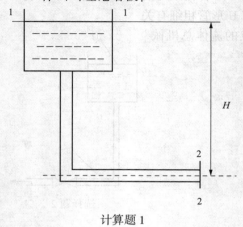

计算题 1

五、计算题(共 50 分)

1. 水塔供水系统,管路总长 $L(m)$(包括局部阻力在内当量长度),1-1′到 2-2′的高度 $H(m)$,规定供水量 $V(m^3 \cdot h^{-1})$。当忽略管出口局部阻力损失时,试导出管道最小直径 d_{min} 的计算式。若 $L = 150m$,$H = 10m$,$V = 10m^3 \cdot h^{-1}$,$\lambda = 0.023$,求 d_{min}。

2. 在管长为 1m 的冷却器中,用水冷却油。已知两流体作并流流动,油由 420K 冷却到 370K,冷却水由 285K 加热到 310K。欲用加长冷却管子的办法,使油出口温度降至 350K。若在两种情况下油、水的流量,物性常数,进口温度均不变,冷却器除管长外,其它尺寸也均不变。试求管长。

3. 在总压 $p = 500kN \cdot m^{-2}$、温度 $t = 27℃$ 下使含 CO_2 3.0%(体积)的气体与含 CO_2 370g $\cdot$ m^{-3} 的水相接触,试判断是发生吸收还是解吸? 并计算以 CO_2 的分压差表示的传质总推动力。已知:在操作条件下,亨利系数 $E = 1.73 \times 10^5 kN \cdot m^{-2}$,水溶液的密度可取 $1000kg \cdot m^{-3}$,CO_2 的分子量 44。

4. 在连续精馏塔中,精馏段操作线方程 $y = 0.75x + 0.2075$,q 线方程式为 $y = -0.5x + 1.5x_F$,试求:

(1)回流比 R;(2)馏出液组成 x_D;(3)进料液的 q 值;(4)当进料组成 $x_F = 0.44$ 时,加料板的液体浓度;(5)要求判断进料状态。

5. 在间歇釜中一级不可逆反应,液相反应 $A \rightarrow 2R$,$-r_A = Kc_A$ kmol $\cdot$ m^{-3} $\cdot$ h^{-1},$k = 9.52 \times 10^9 \exp(-7448.4/T)$h^{-1},$c_{A0} = 2.3$ kmol $\cdot$ m^{-3},$M_R = 60$,$c_{R0} = 0$,若转化率 $x_A = 0.7$,装置的生产能力为 50000kg 产物 R/天。求 50℃等温操作所需反应器的有效容积(用于非生产性操作时间 $t_0 = 0.75h$)?

《化工基础》试卷(四)参考答案

一、填空题(每空 1 分,共 20 分)

1. 质量守恒定律;能量守恒定律

2. 277K 纯水

3. 0.06m^3 $\cdot$ s^{-1};60kg $\cdot$ s^{-1}

4. 大于大气压那部分;小于大气压那部分

5. 叶轮

6. 轴功率;原动机

7. 温度差；高温物体；低温物体

8. 对流给热

9. 板式塔；填料塔

10. 扩散；气相

11. 流量；扬程

二、判断题(每小题 1 分，共 10 分。正确的用"√"，错误的用"×"，并填在下表中)

1	2	3	4	5	6	7	8	9	10
√	×	×	√	×	√	√	√	√	√

三、选择题(每小题 1 分，共 10 分。将正确选项的字母填在下表中)

1	2	3	4	5	6	7	8	9	10
A	B	B	D	A	D	B	B	C	D

四、简答题(共 10 分)

1. 由于实际流体分子间具有相互作用力，有黏性，因此在流动过程中层与层之间的内摩擦力便是流体阻力产生的根本原因。

2. 离心泵灌泵后启动，电动机带动叶轮高速旋转，叶片间的液体跟着旋转，在离心力的作用下液体获得能量并从叶轮中心被甩向四周，沿泵壳从泵出口管排出。于是叶轮中心处就形成低压区，这时水池中的水在大气压的作用下经泵入口管路被压到叶轮中心，只要叶轮不停地旋转，水池内的水就源源不断地吸入和排出，这就是离心泵的工作原理。

3. 物体内部温度较高的分子，依靠分子质点的碰撞、振动，将热能以动能的方式传给相邻温度较低部分，这样的传递过程称为传导传热(或称导热)。

4. 影响吸收操作的因素很多，主要有：(1)吸收质的溶解性能；(2)吸收剂的性能及纯度；(3)气体的流速；(4)吸收剂流量；(6)操作压力和温度。

5. 什么叫理论塔板？

所谓理论塔板是指在此塔板上，两个不平衡的气、液相充分接触后，离开此板时，气、液两相达到平衡，即从该板上升的蒸气与从该板下降的液体互成平衡状态的塔板。

五、计算题(共 50 分)

1. 解：在 1—1′与 2—2′间列伯努利方程，以通过水平管的中心线为水平基准面

$$gZ_1 + u_1^2/2 + p_1/\rho = gZ_2 + u_2^2/2 + p_2/\rho + \sum W_f$$
$$(Z_1 - Z_2) + (p_1 - p_2)/\rho g = W_f = \lambda(L/d) u_2^2/2g$$

由 $\quad p_1 - p_2 = 0 \quad Z_1 - Z_2 = H$

得到 $H = \lambda(L/d) u_2^2/2g$

而 $u_2 = V_h/[3600(\pi d^2/4)]$，代入上式

$$H = \lambda(8 V_h L/3600 \pi g d^2)$$
$$d^2 = \lambda(8 L V_h/3600 \pi g H)$$
$$d = [\lambda(8 L V_h/3600 \pi g H)]^{0.5}$$

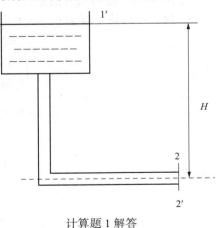

计算题 1 解答

代入数据：$d = [0.023 \times (8 \times 150 \times 10/3600 \times \pi \times 9.81 \times 10)] = 0.0466(\text{m}) = 46.6(\text{mm})$

2. 解：

$$W_1 c_{p1}(420 - 370) = W_2 c_{p2}(310 - 285)$$
$$W_1 c_{p1}(420 - 350) = W_2 c_{p2}(t_2 - 285)$$

两式相比得

$$t_2 = 320\text{K}$$

$$\Delta t_{m1} = ((420 - 285) - (370 - 310))/\ln(420 - 285)/(370 - 310) = 75/0.81 = 92.5(\text{K})$$
$$\Delta t_{m2} = ((420 - 285) - (350 - 320))/\ln(420 - 285)/(350 - 320) = 105/1.5 = 69.8(\text{K})$$

$$Q_1 = W_1 c_{p1}(420 - 370) = K_o \pi dl \Delta t_{m1}$$
$$Q_2 = W_1 c_{p1}(420 - 350) = K'_o \pi dl' \Delta t'$$

油、水的流量，物性常数及管径均不变，故 $K_o = K'_o$

两式相比得

$$(420 - 370)/(420 - 350) = (l/l') \times (\Delta t_{m1}/\Delta t_{m2})$$
$$l' = 70/50 \times 92.5/69.8 \times 1 = 1.855(\text{m})$$

3. 解：气相主体中 CO_2 的分压为 $p = 500 \times 0.03 = 15(\text{kN} \cdot \text{m}^{-2})$

与溶液成平衡的 CO_2 分压为：$p^* = Ex$

对于稀溶液：$c = 1000/18 = 55.6(\text{kmol} \cdot \text{m}^{-3})$

CO_2 的物质的量 $n = 370/(1000 \times 44) = 0.00841(\text{kmol})$

$$x \approx n/c = 0.00841/55.6 = 1.513 \times 10^{-4}$$
$$p^* = 1.73 \times 10^5 \times 1.513 \times 10^{-4} = 26.16(\text{KN} \cdot \text{m}^{-2})$$

$p^* > p$；于是发生脱吸作用。

以分压差表示的传质推动力为 $\Delta p = p^* - p = 11.16\text{kN} \cdot \text{m}^{-2}$

4. 解：

$$y_{n+1} = [R/(R+1)]x_n + x_D/(R+1)$$

（1）

$$R/(R+1) = 0.75R = 0.75R + 0.75$$
$$R = 0.75/0.25 = 3$$

（2）

$$x_D/(R+1) = 0.2075 \quad x_D/(3+1) = 0.2075 \quad x_D = 0.83$$

（3）

$$q/(q-1) = -0.5 \quad q = -0.5q + 0.5 \quad q = 0.5/1.5 = 0.333$$

（4）

$$0.75x + 0.2075 = -0.5x + 1.5x_F; \quad 0.75x + 0.2075 = -0.5x + 1.5 \times 0.44$$
$$1.25x = 1.5 \times 0.44 - 0.2075 = 0.4425; \quad x = 0.362$$

（5）$0 < q < 1$ 原料为气液混合物

5. 解：反应终了时 R 的浓度为

$$c_R = 2c_{A0}x_A = 3.22(\text{kmol} \cdot \text{m}^{-3})$$

$$t = c_{A0}\int_0^{x_A} \frac{dx_A}{kc_A} = \frac{1}{k}\int_0^{x_A} \frac{dx_A}{1 - x_A} = \frac{1}{k}\ln \frac{1}{1 - x_A}$$

$$k = 9.52 \times 10^9 \exp\left(-\frac{7448.4}{273 + 50}\right) = 0.92$$

$$t = \frac{1}{0.92}\ln \frac{1}{1 - 0.7} = 1.31(\text{h})$$

$$\frac{Vc_R M_R}{t + t_0} = \frac{50000}{24}$$

$$V = \frac{50000 \times 2.06}{24 \times 3.22 \times 60} = 22.2(\text{m}^3)$$

《化工基础》试卷(五)

一、填空题(每空 1 分，共 20 分)

1. 物理量的单位可以概括为_____和_____两大类。

2. 标准大气压下，277K 纯水的密度_____。

3. 流体在管道内流动时，单位时间内流体流动方向上所流过的距离称为流速，其单位是_____。

4. 判定流体流动类型的实验称为雷诺实验，判定流动类型的复合数群称为_____，雷诺准数的数字表达式 $Re =$ _____。

5. 离心泵的三个主要部件是_____、叶轮和轴封装置。

6. 泵的输出功率又称为_____功率，它表示单位时间内泵向_____输送的能量。

7. 固体间的传热属于传导传热；其特点是质点间没有宏观的相对位移，对于静止流体或层流流动间的传热也属于_____传热。

8. 在对流给热过程中，增大流体流速或_____，均可以减小滞流边界层厚度，从而强化对流给热效果。

9. 完成精馏操作的塔设备称为_____，它包括_____、塔底_____和塔顶_____。

10. 传质的基本方式主要有_____和_____两种。

11. 泵失损功率主要表现于_____损失、_____损失和_____损失三个方面。

二、判断题(每小题 1 分，共 10 分。正确的用"√"，错误的用"×"，并填在下表中)

1	2	3	4	5	6	7	8	9	10

1. 不同生产过程中的同一种化工单元操作，它们所遵循的原理基本相同，所使用的设备结构相似。

2. 温度不变时，在一定量溶剂里，气体的溶解度与压力成正比。

3. 热量衡算式适用于整个过程，也适用于某一部分或某一设备的热量衡算。

4. 化学反应热不仅与化学反应有关，与化学反应的温度、压力也有关。

5. 大气压强的数值是一个固定值，等于 760mmHg。

6. 选用泵时，应使泵的流量和扬程大于生产上需要的流量和外加压头数值。

7. 含热量多的物体比热量少的物体温度高。

8. 用饱和水蒸气加热物料，主要是用水蒸气在冷凝时放出的冷凝潜热。

9. 气体的溶解度与气体的性质有关，与浓度、压力关系不大。

10. 精馏操作线方程是指相邻两块塔板之间蒸气组成与液体组成之间的关系。

三、选择题(每小题 1 分,共 10 分。将正确选项的字母填在下表中)

1	2	3	4	5	6	7	8	9	10

1. 层流与湍流的本质区别是( )。
(A)湍流流速大于层流流速　　　　　　(B)流道截面大的为湍流,截面小的为层流
(C)层流的雷诺数小于湍流的雷诺数　　(D)层流无径向脉动,而湍流有径向脉动

2. 定态流动是指流体在流动系统中,任一截面上流体的流速、压强、密度等与流动有关的物理量( )。
(A)仅随位置变,不随时间变　　　　　(B)仅随时间变,不随位置变
(C)既不随时间变,也不随位置变　　　(D)既随时间变,也随位置变

3. 离心泵效率最高的点是( )。
(A)工作点　　　　(B)操作点　　　　(C)设计点　　　　(D)计算点

4. 离心泵停车时要( )。
(A)先关出口阀后断电　　　　　　　　(B)先断电后关出口阀
(C)先断电先关出口阀均可　　　　　　(D)单极式的先断电,多级式的先关出口阀

5. 在比较多的情况下,尤其是液-液热交换过程中,热阻通常较小可以忽略不计的是( )。
(A)热流体的热阻　　　　　　　　　　(B)冷流体的热阻
(C)冷热两种流体的热阻　　　　　　　(D)金属壁的热阻

6. 对流传热仅发生在( )。
(A)固体　　　　(B)静止的流体　　　　(C)流动的流体　　　　(D)金属

7. 下述说法中正确的是( )。
(A)用水吸收氨属难溶气体的吸收,为液膜阻力控制
(B)常压下用水吸收二氧化碳属难溶气体的吸收,为气膜阻力控制
(C)用水吸收氧属难溶气体的吸收,为气膜阻力控制
(D)用水吸收二氧化硫为具有中等溶解度的气体吸收,气膜阻力和液阻力均不可忽略

8. 在常压下,通过测定得知稀水溶液中溶质 A 的摩尔浓度为 $0.56 \text{kmol} \cdot \text{m}^{-3}$,此时气相中 A 的平衡摩尔分数为 0.02,则此物系的相平衡常数 $m=$( )。
(A)0.01　　　(B)2　　　(C)0.2　　　(D)0.28

9. 某精馏塔,已知 $x_D = 0.9$,系统相对挥发度 α,塔顶设全凝器,则从塔顶第一块理论板下降的液体组成 x_1 为( )。
(A)0.75　　　(B)0.818　　　(C)0.92　　　(D)0.56

10. 蒸馏操作的依据是组分间的( )。
(A)溶解度差异　　　(B)沸点差异　　　(C)挥发度差异　　　(D)蒸气压差异

四、简答题(共 10 分)

1. 如何提高气膜控制和液膜控制的吸收速率?
2. 什么叫理论塔板?
3. 换热器的热负荷与换热器的传热速率有何不同?

4. 什么是泵的汽蚀现象？

5. 简述等温恒容平推流反应器空时、反应时间、停留时间三者关系？

6. 什么是局部阻力损失？

五、计算题(共 50 分)

1. 如图所示的管路系统中，有一直径为 $\phi 38 \times 2.5mm$、长为 30m 的水平直管段 AB，并装有孔径为 16.4mm 的标准孔板流量计来测量流量，流量系数 $C_0 = 0.63$。流体流经孔板永久压强降为 $3.5 \times 10^4 N \cdot m^{-2}$，$AB$ 段的摩擦系数可取为 0.024。试计算：

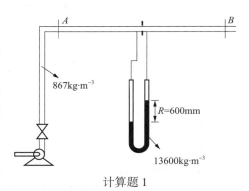

计算题 1

(1)液体流经 AB 管段的压强差；

(2)若泵的轴功率为 500W，效率为 60%，则 AB 管段所消耗的功率为泵的有效功率的百分率。

2. 欲用离心泵将 20℃水以 $30m^3/h$ 的流量由水池打到敞口高位槽，两液面均保持不变，液面高差为 18m，泵的吸入口在水池液面上方 2m 处。泵的吸入管路全部阻力为 $1mH_2O$ 柱，压出管路全部阻力为 $3mH_2O$ 柱，泵的效率为 0.6，求泵的轴功率。若已知泵的允许吸上真空高度为 6m，问上述安装高度是否合适？(动压头可忽略，水的密度可取 $1000kg \cdot m^{-3}$)

3. 用一传热面积为 $3m^2$ 由 $\phi 25mm \times 2.5mm$ 的管子组成的单程列管式换热器，用初温为 10℃的水将机油由 200℃冷却至 100℃，水走管内，油走管间。已知水和机油的质量流量分别为 $1000kg \cdot h^{-1}$ 和 $1200kg \cdot h^{-1}$，其比热容分别为 $4.18kJ \cdot kg^{-1} \cdot K^{-1}$ 和 $2.0kJ \cdot kg^{-1} \cdot K^{-1}$；水侧和油侧的对流传热系数分别为 $2000W \cdot m^{-2} \cdot K^{-1}$ 和 $250W \cdot m^{-2} \cdot K^{-1}$，两流体呈逆流流动，忽略管壁和污垢热阻。(1)计算说明该换热器是否合用？(2)夏天当水的初温达到 30℃，而油的流量及冷却程度不变时，该换热器是否合用(假设传热系数不变)？

4. 某一逆流操作的填料塔中，用水吸收空气中的氨气。已知塔底气体进气浓度为 0.026 (摩尔比)(下同)，塔顶气相浓度为 0.0026，填料层高度为 1.2m，塔内径为 0.2m，吸收过程中亨利系数为 0.5atm，操作压力为 0.95atm，平衡关系和操作关系(以摩尔浓度表示)均为直线关系。水用量为 $0.1m^3 \cdot h^{-1}$，混合气中空气量为 $100m^3 \cdot h^{-1}$(标准状态下)。试求此条件下，吸收塔的气相总体积传质系数。

5. 用常压连续精馏塔，来分离某二元理想混合液。进料为气-液混合物进料，经分析测得：进料中气相组成为 0.59，进料中液相组成为 0.365，料液平均组成为 $x = 0.44$，要求塔顶馏出液组成为 0.957(以上均为易挥发组分的摩尔分数)，试求：

(1)该二元理想混合液的平衡线方程。

(2)此种操作的进料线方程。

(3)此种分离要求的最小回流比。

6. 液相反应 A+B ——→P+S 在一全混釜中进行，速率常数 $k = 0.05L \cdot mol^{-1} \cdot s^{-1}$，$c_{A0} = c_{B0} = 1.0mol \cdot L^{-1}$ 求：

(1)$x_A = 50\%$ 时，反应器的容积；

(2)若进料流量为 $1L \cdot m^{-1}$，$c_A = 0.5mol \cdot L^{-1}$；求进口料液中 A 的浓度。

《化工基础》试卷(五)参考答案

一、填空题(每空 1 分,共 20 分)

1. 基本单位;导出单位

2. $1000kg \cdot m^{-3}$

3. $m \cdot s^{-1}$

4. 雷诺准数;dup/μ

5. 泵壳

6. 有效;液体

7. 传导

8. 流体湍动程度

9. 精馏塔;塔身;蒸馏釜;冷凝器

10. 分子扩散;对流扩散

11. 容积;水力;机械

二、判断题(每小题 1 分,共 10 分。正确的用"√",错误的用"×",并填在下表中)

1	2	3	4	5	6	7	8	9	10
√	√	√	√	×	√	×	√	×	√

三、选择题(每小题 2 分,共 20 分。将正确选项的字母填在下表中)

1	2	3	4	5	6	7	8	9	10
D	A	C	A	D	C	D	B	B	C

四、简答题(共 10 分)

1. 要提高气膜控制的吸收速率,关键在于降低气膜阻力,增加气体总压,加大气体流速,减少气膜厚度。提高液膜控制的吸收率关键在于加大流体流速和湍动程度,减少液膜厚度。

2. 所谓理论塔板是指在此塔板上,两个不平衡的气、液相充分接触后,离开此板时,气、液两相达到平衡,即从该板上升的蒸气与从该板下降的液体互成平衡状态的塔板。

3. 换热器的热负荷是指冷热流体在单位时间内需要交换多少热量,它是由生产工艺决定的,是对交换热器的换热要求。换热器的传热速率是指一台换热器本身所具备的换热能力,它应满足于工艺上的换热要求。所以换热器的传热速率必须等于或略大于热负荷,即传热速率≥热负荷。

4. 当泵入口处压强小于液体的饱和蒸气压时,液体就在泵入口处沸腾,产生大量气泡,气泡随液体进入高压区后被高压凝结,气泡处的空间形成真空,四周液体以极大速度冲向气泡中心,造成水力冲击叶轮、泵壳、泵体发生振动和不正常噪音,使叶轮脱屑、开裂、泵的流量、扬程、效率急剧下降,这种现象称为汽蚀现象。

5. 空时是反应器的有效容积与进料流体的容积流速之比。反应时间是反应物料进入反应器后从实际发生反应的时刻起到反应达某一程度所需的反应时间。停留时间是指反应物进入反应器的时刻算起到离开反应器内共停留了多少时间。由于平推流反应器内物料不发生返混，具有相同的停留时间且等于反应时间，恒容时的空时等于体积流速之比，所以三者相等。

6. 流体通过管路各种管件(如弯头、阀门等局部障碍物)由于流体流动方向和速度发生突然改变而引起的压头损失。

五、计算题(共50分)

1. 解：(1)在 $A-B$ 之间列伯努利方程(管中心线为基准面)：

$$gZ_A + u_A^2/2 + p_A/\rho = gZ_B + u_B^2/2 + p_B/\rho + \sum H_f$$

$$p_A - p_2 = \rho \sum H_f = \rho \lambda L u^2/2d + \Delta p_{孔}$$

$$u_0 = C_0 [2gR(\rho_2 - \rho)/\rho]$$

$$= 0.63 [2 \times 9.81 \times 0.6(13600 - 867)/867] = 8.284 (m \cdot s^{-1})$$

$$u = (16.4/33)^2 \times 8.284 = 2.046 (m \cdot s^{-1})$$

$$p_A - p_B = 0.024 \times (30/0.033) \times (2.046^2/2) \times 867 + 3.5 \times 10^4 = 74590 (N \cdot m^{-2})$$

(2) $N_e = H_e \cdot W_s = (74590/867)[(\pi/4)d^2 u\rho] = 86(0.785 \times 0.033^2 \times 2.046 \times 867) = 130 (W)$

有效功率百分数 $= 130/(500 \times 0.6) \times 100\% = 43.3\%$

2. 解：如图取 1—1，2—2 截面，并以 1—1 截面为基准面，列伯努利方程：

$$Z_1 + p_1/\rho g + u_1^2/2g + H_e = Z_2 + p_2/\rho g + u_2^2/2g + \sum h_f$$

$$H = \Delta Z + \sum h_{f(1-2)} = 18 + 1 + 3 = 22 (m)$$

$$N_{轴} = QH\rho/(102\eta)$$

$$= (30/3600) \times 22 \times 1000/(102 \times 0.6) = 3 (kW)$$

$$H_{g允} = H_{s允} - u^2/2g - h_{吸} = 6 - 1 = 5 (m) > 2m$$

$$H_{g实} < H_{g允}，安装高度合适。$$

3. 解：(1) $Q_1 = 1200 \times 2 \times (200 - 100) = 240000 (kJ \cdot h^{-1})$

$$Q_2 = Q_1$$

$$t_2 = t_1 + Q_1/(m\rho_2 \cdot c_{p2}) = 10 + 240000/(1000 \times 4.18) = 67.4 (℃)$$

$$\Delta t_m = (132.6 - 90)/\ln(132.6/90) = 110 (℃)$$

$$1/K_1 = 1/\alpha_1 + d_1/(\alpha_2 \cdot d_2) = 1/250 + 25/(2000 \times 20)；K_1 = 216.2 W \cdot m^{-2} \cdot K^{-1}$$

$$A_1 = Q_1/(K\Delta t_m) = 240000 \times 10^3/(216.2 \times 3600 \times 110) = 2.8 (m^2) < 3m^2，故适用。$$

(2) $t_1 = 30℃$ 时；$t_2 = 30 + 240000/(1000 \times 4.18) = 87.4 (℃)$

$$\Delta t_m = (112.6 - 70)/\ln(112.6/70) = 89.6 (℃)$$

$$A_1 = 240000 \times 10^3/(3600 \times 89.6 \times 216.2) = 3.45 (m^2) > 3m^2，不适用。$$

4. 解：$Y_1 = 0.026，Y_2 = 0.0026，m = E/p = 0.5/0.95 = 0.526$

$$L/V = 0.1 \times 1000/18/(100/22.4) = 1.244$$

$$\frac{V}{\Omega} = (100/22.4)/(\pi/4 \times 0.2^2) = 142.1 (kmol \cdot m^{-2} \cdot h^{-1})$$

$$X_1 = (Y_1 - Y_2)/(L/V) = (0.026 - 0.0026)/1.244 = 0.0188$$

$$\Delta Y_1 = Y_1 - Y_1^* = 0.026 - 0.526 \times 0.0188 = 0.0161$$

$$\Delta Y_2 = Y_2 - Y_2^* = 0.0026$$

$$\Delta Y_m = (\Delta Y_1 - \Delta Y_2)/\ln(\Delta Y_1/\Delta Y_2) = 0.00741$$

$$N_{OG} = (Y_1 - Y_2)/\Delta Y_m = 3.16$$

$$K_y a = \frac{V}{h \cdot \Omega} \cdot N_{OG} = 142.1/1.2 \times 3.16 = 37.42 (\text{kmol} \cdot \text{m}^{-3} \cdot \text{h}^{-1})$$

5. 解：(1) $\quad y^* = \alpha x / [1 + (\alpha - 1) x^*]$；$\alpha = 2.5$；$y = 2.5x/(1+1.5x)$

(2) $y = \dfrac{q}{q-1} x - \dfrac{x_F}{q-1}$；$q = 0.667$

$$y = (0.667/(0.667-1))x - (0.44/(0.667-1)) = -2x + 1.32$$

(3) $\qquad\qquad\qquad y = -2x + 1.32$ ①

$\qquad\qquad\qquad y = 2.5x/(1+1.5x)$ ②

联立式①、式②得：$x_q = 0.365$；$y_q = 0.59$；$R_{min} = (x_D - y_q)/(y_q - x_q) = 1.63$

6. 解：(1) 由 $k = 0.05 \text{L} \cdot \text{mol}^{-1} \cdot \text{s}^{-1}$ 可知该反应为二级反应

且二者的反应按 1：1 的比例进行反应

$$\tau = \frac{c_{A0} - c_A}{-r_A} = \frac{c_{A0} x_A}{k c_A c_B} = \frac{x_A}{k c_A^2}$$

$$V = \tau v_0 = \frac{v_0 x_A}{k(1-x_A)^2} = \frac{1}{0.5} = 2 (\text{L})$$

(2) $\qquad\qquad \tau = \frac{V}{v_0} = \frac{c_{A0} - c_A}{-r_A} = \frac{c_{A0} x_A}{k c_A c_B} = \frac{x_A}{k c_A^2}$

代入得 $\qquad\qquad\qquad \tau = 120\text{s}$

$$V = 2v_0 = 2 (\text{L})$$

$$c_{A0} = 120 \times 0.05 \times 0.25 + 0.5 = 2 (\text{mol} \cdot \text{L}^{-1})$$

《化工基础》试卷(六)

一、填空题(每空1分，共20分)

1. 国际单位制中，功、热、能的计量单位名称是_____，其符号是 J。

2. 某流体的相对密度为 1.2，那么它的密度为_____。

3. 热能是指_____；热量是指_____。

4. 流体流动类型不仅受_____影响，而且与_____、流体密度、流体黏度等因素有关。

5. 泵壳的主要作用是汇集液体和_____。

6. 泵的轴功率与_____功率之差为损失功率。有效功率与轴功率之比为_____。

7. 根据流体产生对流的动力情况可将对流传热分为_____传热和_____传热；前者是由于各质点温度不均而引起的对流，后者是由于_____而引起的对流。

8. 流体在换热器内有相变化的传热一般有液体的沸腾汽化和_____两种形式。

9. 理论塔板数的计算方法主要有_____、_____和捷算法三种。

10. 气体的溶解度与溶解时的温度和压力_____。温度越低，或气体分压越_____，气体的溶解度越大。

11. 泵的功率曲线表明，泵的流量越大，则泵的扬程_____，泵所需的功率_____，当流量=0时，功率_____。

二、判断题(每小题1分，共10分。正确的用"√"，错误的用"×"，并填在下表中)

1	2	3	4	5	6	7	8	9	10

1. 精馏是一种既符合传质规律，又符合传热规律的单元操作。

2. 溶液的体积=溶质的体积+溶剂的体积。

3. 高温物体比低温物体的热量多。

4. 在物料衡算中，可以对整个物料进行衡算，也可对物料中的某一级分进行衡算。

5. 化学反应热与参加反应的物质的量有关，与物质状态也有关。

6. 流体具有的位能只是一个相对值，它与基准面的选取有关。

7. 泵的效率越高，说明这台泵输送给液体的能量越多。

8. 稳定传热的特点是单位时间内通过传热间壁的热量是一个常量。

9. 气、液两相平衡时，一定数量吸收剂所能溶解的吸收质数量最多。

10. 一定外压下溶液的泡点与露点与混合溶液的组成有关。

三、选择题(每小题 2 分，共 20 分。将正确选项的字母填在下表中)

1	2	3	4	5	6	7	8	9	10

1. 离心泵最常用的调节方法是( )。
(A)改变吸入管路中阀门开度 　　(B)改变出口管路中阀门开度
(C)安装回流支路，改变循环量的大小 　(D)车削离心泵的叶轮

2. 热量传递的基本方式是( )。
(A)恒温传热和稳态变温传热 　　(B)导热给热和热交换
(C)汽化、冷凝与冷却 　　(D)传导传热、对流传热与辐射传热

3. 下述分离过程中哪一种不属于传质分离？( )
(A)萃取分离 　　(B)吸收分离 　　(C)结晶分离 　　(D)离心分离

4. 某精馏塔，已知 $x_D = 0.9$，系统相对挥发度 α，塔顶设全凝器，则从塔顶第一块理论板下降的液体组成 x_1 为( )。
(A)0.75 　　(B)0.818 　　(C)0.92 　　(D)0.83

5. 对一定的馏出液浓度 x_D，若进料浓度 x_F 越小，最小回流比 R_{min}( )。
(A)越大 　　(B)越小 　　(C)不变 　　(D)不确定

6. 某吸收过程，气相传质分系数 $k_y = 0.0004 kmol \cdot m^{-2} \cdot s^{-1}$，液相传质分系数 $k_x = 0.0006 kmol \cdot m^{-2} \cdot s^{-1}$，由此可知方该过程为( )。
(A)液膜控制 　　(B)气膜控制
(C)气液双膜控制 　　(D)判断依据不足

7. 在定态流动系统中，水由粗管连续地流入细管，若粗管直径是细管的 2 倍，则细管流速是粗管的几倍？( )
(A)2 　　(B)8 　　(C)4 　　(D)6

8. 一台离心泵在管路系统中工作，当阀门全开时相应的管路性能曲线可写成 $H = A + BQ^2$，且 $B = 0$ 时，即动能增加值、阻力损失两项之和与位能增加值、压能增加值两项之和相较甚小，当泵的转速增大 10%，如阀门仍全开，则实际操作( )。
(A)扬程增加 21%，流量增加 10% 　　(B)扬程大致不变，流量增加 10%以上
(C)扬程减少，流量增大 21% 　　(D)流量不变，扬程增大 21%

9. 分批式操作的完全混合反应器非生产性时间 t_0 不包括下列哪一项？( )
(A)加料时间 　　(B)反应时间
(C)物料冷却时间 　　(D)清洗釜所用时间

10. 对于自催化反应，最合适的反应器为( )。
(A)全混流反应器 　　(B)平推流反应器
(C)循环操作的平推流反应器 　　(D)全混流串接平推流反应器

四、简答题(共 10 分)

1. 简述离心泵的工作原理？
2. 产生流体阻力损失的根本原因是什么？
3. 什么泵的汽蚀余量？
4. 什么是拉乌尔定律？

5. 换热器的热负荷与换热器的传热速率有何不同？

五、计算题（共 40 分）

1. 如图所示的管路系统中，有一直径为 $\phi38\text{mm}\times$ 2.5mm、长为 30m 的水平直管段 AB，并装有孔径为 16.4mm 的标准孔板流量计来测量流量，流量系数 $C_0 = 0.63$。流体流经孔板永久压强降为 $3.5\times 10^4\text{N}\cdot\text{m}^{-2}$，$AB$ 段的摩擦系数可取为 0.024。试计算：（1）液体流经 AB 管段的压强差；（2）若泵的轴功率为 500W，效率为 60%，则 AB 管段所消耗的功率为泵的有效功率的百分率。

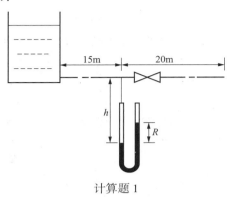

计算题 1

2. 有一壁厚为 10mm 的钢制平壁容器，内盛 80℃的恒温热水。水对内壁面的对流传热系数为 $240\text{W}\cdot\text{m}^{-2}\cdot\text{K}^{-1}$。现在容器外表面覆盖一层导热系数为 $0.16\text{W}\cdot\text{m}^{-1}\cdot\text{K}^{-1}$，厚度为 50mm 的保温材料。保温层为 10℃的空气所包围，外壁对空气的联合传热系数为 $10\text{W}\cdot\text{m}^{-2}\cdot\text{K}^{-1}$。试求：

（1）每小时从每平方米面积所损失的热量；

（2）容器内表面的温度 T（钢材的导热系数为 $45\text{W}\cdot\text{m}^{-1}\cdot\text{K}$）。

3. 用水作为吸收剂来吸收某低浓度气体生成稀溶液（服从亨利定律），操作压力为 850mmHg，相平衡常数 $m = 0.25$，已知其气膜吸收分系数 $k_G = 1.25\text{kmol}\cdot\text{m}^{-2}\cdot\text{h}^{-1}\cdot\text{atm}^{-1}$，液膜吸收分系数 $k_L = 0.85\text{m}\cdot\text{h}^{-1}$，试分析该气体被水吸收时，是属于气膜控制过程还是液膜控制过程？

4. 用常压精馏塔分离双组分理想混合物，泡点进料，进料量 $100\text{kmol}\cdot\text{h}^{-1}$，加料组成为 50%，塔顶产品组成 $x_D = 95\%$，产量 $D = 50\text{kmol}\cdot\text{h}^{-1}$，回流比 $R = 2R_{\min}$，设全塔均为理论板，以上组成均为摩尔分数。相对挥发度 $\alpha = 3$。求：

（1）$R_{\min}$（最小回流比）；

（2）精馏段和提馏段上升蒸气量；

（3）列出该情况下的精馏段操作线方程。

《化工基础》试卷（六）参考答案

一、填空题（每空 1 分，共 20 分）

1. 焦耳

2. $1.2\times10^3\text{kg}\cdot\text{m}^{-3}$

3. 分子在物体内部做无规则运动；物体热能变化多少的量度

4. 流速；管子内径

5. 转换能量

6. 有效；效率

7. 自然对流；强制对流；受外力作用

8. 蒸气的冷凝

9. 逐板计算法；作图法

10. 有关，大

11. 越小；越大；最小

二、判断题（每小题1分，共10分。正确的用"√"，错误的用"×"，并填在下表中）

1	2	3	4	5	6	7	8	9	10
√	×	×	√	√	√	√	√	√	√

三、选择题（每小题2分，共20分。将正确选项的字母填在下表中）

1	2	3	4	5	6	7	8	9	10
B	D	D	B	D	D	C	B	B	D

四、简答题（共10分）

1. 离心泵灌泵后启动，电动机带动叶轮高速旋转，叶片间的液体跟着旋转，在离心力的作用下液体获得能量并从叶轮中心被甩向四周，沿泵壳从泵出口管排出，于是叶轮中心处就形成低压区，这时水池中的水在大气压的作用下经泵入口管路被压到叶轮中心，只要叶轮不停地旋转，水池内的水就源源不断地吸入和排出，这就是离心泵的工作原理。

2. 由于实际流体分子间具有相互作用力，有黏性，因此在流动过程中层与层之间的内摩擦力便是流体阻力产生的根本原因。

3. 泵进口处液体所具有的压头与液体饱和蒸气压头之差值称为泵的汽蚀余量。

4. 对于理想溶液在一定温度下气-液达平衡时，溶液中某组分的饱和蒸气压等于同温度下该组分纯态时的饱和蒸气压与该组分在溶液中的摩尔分数的乘积。

5. 换热器的热负荷是指冷热流体在单位时间内需要交换多少热量，它是由生产工艺决定的，是对换热器的换热要求。换热器的传热速率是指一台换热器本身所具备的换热能力，它应满足于工艺上的换热要求。所以换热器的传热速率必须等于或略大于热负荷，即传热速率≥热负荷。

五、计算题（共40分）

1. 解：（1）在 A-B 之间列伯努利方程（管中心线为基准面）：

$$gZ_A + u_A^2/2 + p_A/\rho = gZ_B + u_B^2/2 + p_B/\rho + \sum W_f$$

$$p_A - p_2 = \rho \sum W_f = \rho \lambda L u^2 / 2d + \Delta p_{孔}$$

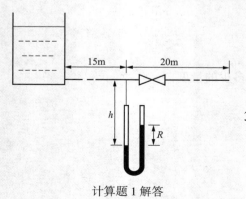

计算题1解答

$$u_0 = C_0 \left[2gR(\rho_2 - \rho)/\rho \right]$$
$$= 0.63 \left[2 \times 9.81 \times 0.6(13600 - 867)/867 \right]$$
$$= 8.284 (\text{m} \cdot \text{s}^{-1})$$

$$u = (16.4/33)^2 \times 8.284 = 2.046 (\text{m} \cdot \text{s}^{-1})$$

$$p_A - p_B = 0.024 \times (30/0.033) \times (2.046^2/2) \times 867 + 3.5 \times 10^4 = 74590 (\text{N} \cdot \text{m}^{-2})$$

（2）$N_e = W_e \cdot W_s = (74590/867) \left[(\pi/4) d^2 u \rho \right]$
$$= 86(0.785 \times 0.033^2 \times 2.046 \times 867) = 130 (\text{W})$$

有效功率百分数 = $130/(500 \times 0.6) \times 100\% = 43.3\%$

2. 解：（1）$q = K\Delta t_m$ $\Delta t_m = 80 - 10 = 70 (\text{℃})$

$$K = 1/(1/\alpha_0 + 1/\alpha_i + b_1/\lambda_1 + b_2/\lambda_2)$$
$$= 1/(1/10 + 1/240 + 0.01/45 + 0.05/0.16) = 2.399(W \cdot m^{-2} \cdot K^{-1})$$
$$q = 2.399 \times 70 = 167.9(W \cdot m^{-2})$$

每小时散热量 $q_h = 3600 \times 168/1000 = 604.4(kJ \cdot m^{-2} \cdot h^{-1})$

（2） $q = \alpha_i(80 - T_w)$ $80 - T_w = 167.9/240 = 0.7$

$$T_w = 79.3 ℃$$

3. 解： $m = E/p$，$E = mp = 0.25 \times 850/760 = 0.28(atm)$

由于是稀溶液，$H = \rho_s/M_s \cdot E = 1000/(0.28 \times 18) = 198.4(kmol \cdot m^{-3} \cdot atm^{-1})$

根据 $1/K_G = 1/k_G + 1/(Hk_L)$；即 $1/K_G = 1/1.25 + 1/(198.4 \times 0.85)$

$$K_G \approx k_G = 1.25(kmol \cdot m^{-2} \cdot h^{-1} \cdot atm^{-1})；$$

因此，是气膜控制过程。

4. 解：（1） $y = \alpha x/[1 + (\alpha - 1)x] = 3x/(1 + 2x)$

泡点进料 $q = 1$，$x_e = x_F = 0.5$

$$y_e = 3 \times 0.5/(1 + 2 \times 0.5) = 1.5/2 = 0.75$$

$R_{min}/(R_{min} + 1) = (0.95 - 0.75)/(0.95 - 0.5) = 0.20/0.45 = 4/9$，$R_{min} = 4/5 = 0.8$

（2） $V = V' = (R + 1)D = (2 \times 0.8 + 1) \times 50 = 130(kmol \cdot h^{-1})$

（3） $y_{n+1} = [R/(R + 1)]x_n + x_D/(R + 1) = 0.615x_n + 0.365$

《化工基础》试卷(七)

一、填空题(每空1分,共20分)

1. 国际单位制中,压强的单位名称是_____,其符号是 Pa。

2. 若分别用铜、铝、铁制成同样大小的换热器,换热效率最好的是_____换热器。

3. 流体流动过程的能量形式有动能、位能、_____和内能等形式。

4. 流体的流动类型通常分为_____、_____和_____三种类型。

5. 叶轮的主要作用是_____。

6. 离心泵的效率是指_____功率和_____功率之比。

7. 工业上采用的换热方法,按其工作原理和设备类型可分为_____、_____、_____三种类型。

8. 影响沸腾传热的因素很多,起决定作用的是传热壁与_____的温度差。

9. 原料液进入的塔板称为_____,以此板为界,以上塔段为_____,以下塔段为_____。

10. 用 NaOH 吸收氯化氢气体属于_____;用 H_2O 吸收 CO_2 气体属于_____。

11. 平壁材料导热能力越_____,壁越_____,则壁的热阻越小,反之便越大。

二、判断题(每小题1分,共10分。正确的用"√",错误的用"×",并填在下表中)

1	2	3	4	5	6	7	8	9	10

1. 稳定操作条件下,物料衡算式: $W_{产品} = W_{原} + W_{损}$。

2. 溶液的质量=溶质的质量+溶剂的质量。

3. 某溶液浓度 20ppm,表示 100 万份溶液的质量中含有 20 份溶质的质量。

4. 稳定流动的连续性方程是质量守恒定律在液体流动中的一种表达形式。

5. 流体的静压头就是指流体的静压强。

6. 泵铭牌上标的功率是指泵的轴功率。

7. 任何非均相混合物都由两个或两个以上的相组成。

8. 固体壁的导热系数越小,则导热阻力越大。

9. 气相混合物中某一组分的摩尔分数=压力分数=体积分数。

10. 温度升高时,气体在液体中的溶解度降低,亨利系数增大。

三、选择题(每小题1分,共10分。将正确选项的字母填在下表中)

1	2	3	4	5	6	7	8	9	10

1. 当管路性能曲线写成 $L=A+BQ^2$ 时，（　　）。

（A）A 只包括单位重量流体需增加的位能

（B）A 只包括单位重量流体需增加的位能和静压能之和

（C）BQ^2 代表管路系统的局部阻力和

（D）BQ^2 代表单位重量流体动能的增加

2. 在比较多的情况下，尤其是液－液热交换过程中，热阻通常较小可以忽略不计的是（　　）。

（A）热流体的热阻 　　　　　　　　（B）冷流体的热阻

（C）冷热两种流体的热阻 　　　　　（D）金属壁的热阻

3. 在常压塔中用水吸收二氧化碳，k_y 和 k_x 分别为气相和液相传质分系数，K_y 为气相总传质系数，m 为相平衡常数，控制步骤是（　　）。

（A）为气膜控制，且 $K_y \approx k_y$ 　　　　　（B）为液膜控制，且 $K_y \approx k_x$

（C）为气膜控制，且 $K_y \approx \dfrac{k_x}{m}$ 　　　　　（D）为液膜控制，且 $K_y \approx \dfrac{k_x}{m}$

4. 以下说法正确的是（　　）。

（A）可根据亨利定律判断溶液的理想性

（B）全部浓度范围内服从拉乌尔定律的溶液为理想溶液

（C）二元混合液的泡点总是介于两纯组分的沸点之间

（D）理想溶液中同种分子间的作用力与异种分子间的作用力相同

5. 在相同的条件 R、x_D、x_F、x_W 下，q 值越大，所需理论塔板数（　　）。

（A）越少 　　　（B）越多 　　　（C）不变 　　　（D）不确定

6. 只要组分在气相中的分压_____液相中该组分的平衡分压，吸收就会继续进行，直至达到一个新的平衡为止。

（A）大于 　　　（B）小于 　　　（C）等于 　　　（D）不等于

7. 层流与湍流的本质区别是（　　）。

（A）湍流流速大于层流流速

（B）流道截面大的为湍流，截面小的为层流

（C）层流的雷诺数小于湍流的雷诺数

（D）层流无径向脉动，而湍流有径向脉动

8. 离心泵停车时要（　　）。

（A）先关出口阀后断电 　　　　　　（B）先断电后关出口阀

（C）先断电先关出口阀均可 　　　　（D）单极式的先断电，多级式的先关出口阀

9. 在间歇反应器中进行等温二级反应 A→B，$-r_A = 0.01c_A^2 \ \mathrm{mol \cdot L^{-1} \cdot s^{-1}}$，当 $c_{A0} = 1 \mathrm{mol \cdot L^{-1}}$ 时，求反应至 $c_A = 0.01 \mathrm{mol \cdot L^{-1}}$ 所需时间 $t = （　　）$ s。

（A）8500 　　　（B）8900 　　　（C）9000 　　　（D）9900

10. 对于绝热操作的放热反应，最合适的反应器为（　　）。

（A）平推流反应器 　　　　　　　　（B）全混流反应器

（C）循环操作的平推流反应器 　　　（D）全混流串接平推流反应器

四、简答题（共 10 分）

1. 为什么离心泵在开车时需要先灌泵？

2. 产生流体阻力的外因是什么？

3. 什么叫泵的允许吸上真空度？

4. 什么是道尔顿分压定律？

5. 为什么工业换热器的冷、热流体的热交换大多采用逆流操作？

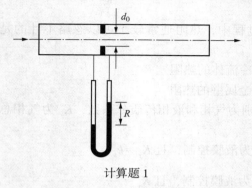

计算题 1

五、计算题(共 50 分)

1. 有一内径为 $d = 50$mm 的管子，用孔板流量计测量水的流量，孔板的孔流系数 $C_0 = 0.62$，孔板内孔直径 $d_0 = 25$mm，U 形压差计的指示液为汞：

(1)U 形压差计读数 $R = 200$mm，问水的流量为多少？

(2)U 形压差计的最大读数 $R_{max} = 800$mm，问能测量的最大水流量为多少？

(3)若用上述 U 形压差计，当需测量的最大水流量为 $V_{max} = 30$m^3·h^{-1} 时，则孔板的孔径应该用多大？（假设孔板的孔流系数不变）

2. 在内管为 ϕ180mm×10mm 的套管换热器中，将流量为 3500kg·h^{-1} 的某液态烃从 100℃冷却到 60℃，其平均比热容为 2.38kJ·kg^{-1}·K^{-1}，环隙走冷却水，其进出口温度分别为 40℃和 50℃，平均比热容为 4.174kJ·kg^{-1}·K^{-1}，基于传热外面积的总传热系数 $K = 2000$W·m^{-2}·K^{-1}，且保持不变。设热损失可以忽略。试求：

(1)冷却水用量；

(2)计算两流体为逆流和并流情况下的平均温差及管长。

3. 用清水在吸收塔中吸收 NH$_3$–空气混合气体中的 NH$_3$，操作条件是：总压 101.3kPa，温度为 20℃。入塔时 NH$_3$ 的分压为 1333.2Pa，要求回收率为 98%。在 101.3kPa 和 20℃时，平衡关系可近似写为 $Y^* = 2.74X$。试问：

(1)逆流操作和并流操作时最小液气比 $(L/V)_{min}$ 各为多少？由此可得出什么结论？

(2)若操作总压增为 303.9kPa 时，采用逆流操作，其最小液气比为多少？并与常压逆流操作的最小液气比作比较讨论。

4. 某厂用一连续精馏塔在常压下连续精馏浓度为 50%(质量)的稀酒液。要求获得浓度为 0.82 摩尔分数的酒精 700kg·h^{-1}，残液中含酒精不超过 0.1%(质量)。采用间接蒸气加热，操作回流比为 3.5。乙醇分子量 46。试求：

(1)进料和残液各为多少 kg·h^{-1}？

(2)塔顶进入冷凝器的酒精蒸气量为多少 kg·h^{-1}？回流液量又为多少 kg·h^{-1}？

(3)沸点进料时提馏段操作线方程。

《化工基础》试卷(七)参考答案

一、填空题(每空 1 分，共 20 分)

1. 帕斯卡

2. 铜

3. 静压能

4. 层流；湍流；过渡流

5. 将原动机的机械能传给液体

6. 有效；轴

7. 直接混合式换热；间壁式换热；蓄热式换热

8. 流体

9. 加料板；精馏段；提馏段

10. 化学吸收；物理吸收

11. 强；薄

二、判断题（每小题 1 分，共 10 分。正确的用"√"，错误的用"×"，并填在下表中）

1	2	3	4	5	6	7	8	9	10
×	√	√	√	×	√	√	√	√	√

三、选择题（每小题 1 分，共 10 分。将正确选项的字母填在下表中）

1	2	3	4	5	6	7	8	9	10
B	D	D	B	A	A	D	A	D	D

四、简答题（共 10 分）

1. 离心泵开车时如果泵内没有充满液体而存有空气，由于空气的密度比液体小得多，产生的离心力小，在吸入口处形成真空度较低，不足以将液体吸入泵内，使泵空转而不输液。因此在开车时，需事先灌液，赶走存留泵内的空气。

2. 流通管壁的粗糙度、形状等，促使流体流动分层，为流体阻力的产生提供必要的条件。

3. 指能防止泵发生汽蚀现象时，泵入口处允许达到的最大的真空度，即吸上真空度 = $p_{大} - p_{入}$。

4. 对理想溶液在一定的温度下，当气-液两相平衡时，溶液上方的蒸气总压等于各组分蒸气分压之和。

5. 因为当冷、热流体进出口温度一定时，采用逆流操作可得到较大的平均温度差，因此在同样传热效果时，所需传热面积较小，设备造价降低，减少载热体用量。

五、计算题（共 50 分）

1. 解：（1）$u_0 = C_0[2gR(\rho_s - \rho)/\rho]^{0.5} = 0.62(2 \times 9.81 \times 0.2 \times 12.6)^{0.5} = 4.36(\mathrm{m \cdot s^{-1}})$

$V = 0.785 \times 0.025^2 \times 4.36 \times 3600 = 7.7(\mathrm{m^3 \cdot h^{-1}})$

（2）$u_{max} = 0.62[2R_{max}g(\rho H_g - \rho)/\rho]^{0.5} = 0.62(2 \times 0.8 \times 9.81 \times 12.6)^{0.5} = 8.72(\mathrm{m \cdot s^{-1}})$

$V_{max} = 0.785 \times 0.025^2 \times 8.72 \times 3600 = 15.4 \mathrm{m^3 \cdot h^{-1}}$

（3）$u_{max} = 8.72\mathrm{m \cdot s^{-1}}$；$V_{max} = 30\mathrm{m^3 \cdot h^{-1}}$

$30 = 0.785 \times d_0^2 \times 8.72 \times 3600$

解得：$d_0 = 0.0349\mathrm{m} = 34.9\mathrm{mm}$

即应该用 $d_0 = 35\mathrm{mm}$ 孔径的孔板。

2. 解：（1）冷却水用量：

$$W_1 c_1 (T_1 - T_2) = W_2 c_2 (t_2 - t_1);$$
$$3500 \times 2.38 \times (100 - 60) = W_2 \times 4.174 \times (50 - 40)$$
$$W_2 = 7982 \text{kg} \cdot \text{h}^{-1}$$

（2）逆流和并流情况下的平均温差及管长

$$\Delta t_{m逆} = (50 - 20) / \ln(50/20) = 32.75$$
$$\Delta t_{m并} = (60 - 10) / \ln(60/10) = 27.9$$
$$Q = KA\Delta t_m \qquad Q = 333200 \text{kJ} \cdot \text{h}^{-1}$$
$$A_{逆} = 333200 \times 10^3 / (2000 \times 32.75 \times 3600) = 1.41 (\text{m}^2)$$
$$\pi dl = 1.41 \qquad 3.14 \times 0.18 \times l = 1.41$$
$$l = 2.51 \text{m}$$
$$A_{并} = 333200 \times 10^3 / (2000 \times 27.9 \times 3600) l = 1.66 (\text{m}^2)$$
$$3.14 \times 0.18 \times l = 1.66$$
$$l = 2.93 \text{m}$$

3. 解：
$$Y_1 = \frac{p}{P - p} = \frac{1.3332}{101.3 - 1.3332} = 0.0133$$
$$Y_2 = (1 - 0.98) Y_1 = 0.02 \times 0.0133 = 0.000266$$
$$X_2 = 0$$

（1）逆流操作时最小液气比：$\left(\dfrac{L}{V}\right)_{min} = \dfrac{Y_1 - Y_2}{\dfrac{Y_1}{2.74} - X_2} = \dfrac{0.0133 - 0.000266}{\dfrac{0.0133}{2.74}} = 2.685$

并流操作时最小液气比：$\left(\dfrac{L}{V}\right)_{min} = \dfrac{Y_1 - Y_2}{\dfrac{Y_2}{2.74}} = \dfrac{0.0133 - 0.000266}{\dfrac{0.000266}{2.74}} = 134.26$

由此可知：若完成相同的吸收任务，并流操作时的用水量比逆流操作时用水量大。

（2）由于亨利常数仅是温度的函数，若总压增加，相平衡常数会发生变化，又因为，该吸收为低浓度吸收，有：$M \approx m$

$$E \approx M_1 P_1 = 2.74 \times 101.3 = 277.562 (\text{kPa})$$
$$M_2 \approx \frac{E}{P_2} = \frac{277.562}{303.9} = 0.913$$

加压后，逆流操作时的最小液气比：

$$\left(\dfrac{L}{V}\right)_{min} = \dfrac{Y_1 - Y_2}{\dfrac{Y_1}{M_2} - X_2} = \dfrac{0.0133 - 0.000266}{\dfrac{0.0133}{0.913}} = 0.895$$

由此可知，完成相同的吸收任务，加压后，逆流操作的用水量小于常压的用水量，但是加压会增加能耗，这是以增大能耗为代价来减少吸收操作的用水量。

4. 解：（1）$x_D = (46 \times 0.82) / (46 \times 0.82 + 18 \times 0.18) = 0.92$（质量分数）

代入方程：$\qquad F = 700 + W, \quad F \times 0.5 = 700 \times 0.92 + W \times 0.001$
$$W = 589 \text{kg} \cdot \text{h}^{-1}$$
$$F = 1289 \text{kg} \cdot \text{h}^{-1}$$

（2）$\qquad V = (R + 1) D = 4.5 \times 700 = 3150 (\text{kg} \cdot \text{h}^{-1})$

$$L = DR = 700 \times 3.5 = 2450(\text{kg} \cdot \text{h}^{-1})$$

(3)
$$L' = L + qF \quad \text{而} \ q = 1, \ L' = 2450 + 1289 = 3739(\text{kg} \cdot \text{h}^{-1})$$

又，
$$x_{\text{W}} = (0.001/46)/(0.001/46 + 0.999/18) = 0.0004$$

$$y'_{\text{m}+1} = (L'/L' - W)x'_{\text{m}} - W/(L' - W)x_{\text{w}}$$

$$= (3739/3739 - 589)x'_{\text{m}} - (589/3739 - 589) \times 0.0004$$

$$= 1.19x'_{\text{m}} - 7.5 \times 10^{-5}$$

或：
$$y = 1.19x' - 7.5 \times 10^{-5}$$

《化工基础》试卷(八)

一、填空题(每空 1 分,共 20 分)

1. 精馏段操作线方程 $y = 0.78 + 0.216x$,则该方程的斜率为_____,截距为_____。

2. 流体在流动中所具有的机械能通常表现为_____、动能、静压能三种形式。

3. 流体在管路中流动的阻力损失可分为_____和_____两类。

4. 泵的扬程是指_____,单位是米液柱。

5. 泵的特性曲线是用_____方法来测定的,测定的液体是_____。

6. 在固体非金属、液体、气体、金属几类物质中导热性能最好的是_____,其次是_____,较小的是液体,最差的是_____。

7. 在间壁式换热器中,冷、热流体的热交换是由_____三个阶段组成的。

8. 按蒸馏操作的方法不同,蒸馏可分为_____、_____和特殊精馏三类。

9. 吸收操作所用的液体称为_____,吸收后的液体称为溶液,被吸收的气体称为_____,不被吸收的气体称为惰性气体。

10. 对流给热过程是包括_____和_____的综合传热过程。

11. 滞流边界层的热阻比_____要大,因此滞流边界层的导热是控制_____过程的主要因素。

二、判断题(每小题 1 分,共 10 分。正确的用"√",错误的用"×",并填在下表中)

1	2	3	4	5	6	7	8	9	10

1. 过程进行的速率是与过程的推动力成正比,与过程的阻力成反比。

2. 黏度是流体在流动时显示出来的一个重要物性参数。

3. 1L 溶液中所含溶质的物质的量(摩尔数),称为摩尔浓度。

4. ppm 浓度是指溶质质量占全部溶液质量的百万分之几的浓度表示方法。

5. 液体的质量受压强的影响较小,所以可将液体称为不可压缩性流体。

6. 伯努利方程说明了流体在流动过程中能量间的转换关系。

7. 一台精密的泵效率有时也会超过 100%。

8. 多层壁导热过程中,总热阻为各层热阻之和。

9. 理论塔板是指分离理想溶液的塔板。

10. 处于不平衡的气液相接触时。若液相中吸收质浓度大于平衡浓度,则气液相达到了平衡。

三、选择题(每小题 1 分,共 10 分。将正确选项的字母填在下表中)

1	2	3	4	5	6	7	8	9	10

1. 8B29 离心泵的含义是(　　)。

(A)流量为 29m³/h，扬程为 8　　　　(B)扬程为 29m³/h，流量为 8m³/h

(C)扬程为 29m，允许吸上高度为 8m　　(D)入口直径为 8in，扬程为 29m

2. 下述说法中错误的是(　　)。

(A)溶解度系数 H 值很大，为易溶气体

(B)亨利系数 E 值很大，为易溶气体

(C)亨利系数 E 值很大，为难溶气体

(D)平衡常数 m 值很大，为难溶气体

3. 流体与固体壁面间的对流传热，当热量通过滞流内层时，主要是以什么方式进行的？
(　　)

(A)热传导　　　　　　　　　　(B)对流传热

(C)热辐射　　　　　　　　　　(D)热导–对流

4. 精馏塔操作中，若保持 F、x_F、q、V'(塔釜上升蒸气量)不变，而增大回流比 R，则
(　　)。

(A)x_W 增大，x_W 减小　　　　(B)x_D 增大，x_W 增大

(C)x_D 减小，x_W 增大　　　　(D)x_D 减小，x_W 减小

5. 进料状态改变，将引起连续精馏塔的(　　)改变。

(A)平衡线　　　　　　　　　　(B)操作线和 q 线

(C)平衡线和操作线　　　　　　(D)平衡线和 q 线

6. 正常操作的逆流吸收塔，因故吸收剂入塔量减少，以致使液气比小于原定的最小液气比，将会发生(　　)。

(A)$x_1 \uparrow$，$\eta \uparrow$　　　　　　　　(B)$y_2 \uparrow$，x_1 不变

(C)$y_2 \uparrow$，$x_1 \uparrow$　　　　　　　(D)在塔下部发生解吸现象

7. 流体在管内作湍流流动时，层流内层的厚度随雷诺数 Re 的增大而(　　)。

(A)增厚　　　　(B)减薄　　　　(C)不变　　　　(D)无法判断

8. 如在测量离心泵性能曲线时错误将压力表安装在调节阀以后，则操作时压力表(表压)p_2 将(　　)。

(A)随真空表读数的增大而减少　　(B)随流量的增大而减少

(C)随泵实际的扬程的增加而增大　(D)随流量的增大而增加

9. 在间歇反应器中进行等温一级反应 A→B，$-r_A = 0.01c_A \text{mol} \cdot \text{L}^{-1} \cdot \text{s}^{-1}$，当 $c_{A0} = 1\text{mol} \cdot \text{L}^{-1}$ 时，求反应至 $c_A = 0.01\text{mol} \cdot \text{L}^{-1}$ 所需时间 $t = ($　　$)$s。

(A)400　　　　(B)460　　　　(C)500　　　　(D)560

10. 对于反应级数 $n<0$ 的不可逆等温反应，为降低反应器容积，应选用(　　)。

(A)平推流反应器　　　　　　　(B)全混流反应器

(C)循环操作的平推流反应器　　(D)全混流串接平推流反应器

四、简答题(共 10 分)

1. 为什么离心泵在开车时要关闭出口阀门？

2. 什么是局部阻力损失？

3. 泵叶轮的转速对泵性能有何影响？

4. 原料液的进料状况对精馏操作有何影响？

5. 物料在换热器中采用顺流操作有何优缺点？

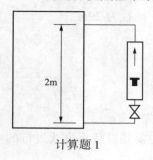

计算题1

五、计算题（共50分）

1. 用内径为 300mm 的钢管输送 20℃的水，为了测量管内水流量，在 2m 长主管上并联了一根总长为 10m（包括局部阻力的当量长度）内径为 53mm 的水煤气管，支管上流量计读数为 2.72m³·h⁻¹，求总管内水流量为多大？取主管的摩擦系数为 0.018，支管的摩擦系数为 0.03。

2. 在管长为 1m 的冷却器中，用水冷却油。已知两流体作并流流动，油由 420K 冷却到 370K，冷却水由 285K 加热到 310K。欲用加长冷却管子的办法，使油出口温度降至 350K。若在两种情况下油、水的流量，物性常数，进口温度均不变，冷却器除管长外，其它尺寸也均不变。试求管长。

3. 常压填料吸收塔中，用清水吸收废气中的氨气。废气流量为 2500m³·h⁻¹（标准状态），废气中氨的浓度为 15g·m⁻³，要求回收率不低于 98%。若吸收剂用量为 3.6m³·h⁻¹，操作条件下的平衡关系为 $Y = 1.2X$，气相总传质单元高度为 0.7m。试求：

（1）塔底、塔顶及全塔的吸收推动力（气相）；

（2）气相总传质单元数；

（3）总填料层高。

4. 在连续精馏塔中，精馏段操作线方程 $y = 0.75x + 0.2075$，q 线方程式为 $y = -0.5x + 1.5x_F$，试求：

（1）回流比 R；

（2）馏出液组成 x_D；

（3）进料液的 q 值；

（4）当进料组成 $x_F = 0.44$ 时，加料板的液体浓度；

（5）要求判断进料状态。

《化工基础》试卷（八）参考答案

一、填空题（每空1分，共20分）

1. 0.78；0.216

2. 位能

3. 直管阻力损失；局部阻力损失

4. 泵对单位重量（1N）流体所赋予的外加能量

5. 实验；水

6. 金属；固体非金属；气体

7. 对流；导热；对流

8. 简单蒸馏；精馏

9. 吸收剂溶剂；溶质

10. 滞流边界层的导热；流体主体内对流传热

11. 作湍流的流体主体的；对流给热

二、判断题（每小题1分，共10分。正确的用"√"，错误的用"×"，并填在下表中）

1	2	3	4	5	6	7	8	9	10
√	√	√	√	×	√	×	√	×	×

三、选择题（每小题1分，共10分。将正确选项的字母填在下表中）

1	2	3	4	5	6	7	8	9	10
D	B	B	A	B	B	C	B	D	B

四、简答题（共10分）

1. 因为根据泵的功率曲线特征，流量越大，泵所需功率也越大，当流量为零时，泵的功率最小，所以泵在启动时关闭出口阀，使流量在零的情况下可避免泵启动时功率过大而烧坏电机。

2. 流体通过管路各种管件（如弯头、阀门等局部障碍物）由于流体流动方向和速度发生突然改变而引起的压头损失。

3. 当泵的转速变化时，泵的流量、扬程、轴功率均将发生变化，变化状况可用比例定律描述；即流量与转速成正比；扬程与转速的平方成正比；功率与转速的立方成正比。

4. (1)进料状况不同，影响上升蒸气量和回流液体量。(2)进料状况不同，液化分率 q 值不同，进料线位置发生变化，从而引起理论塔板数和精馏段、提馏段塔板分配的改变。(3)精馏产品质量、产量、塔顶冷剂消耗量和塔釜加热量都将受到一定影响。

5. (1)当工艺要求被加热流体（或被冷却流体）最终温度不高于（或不低于）一定值时，顺流操作易于控制。(2)顺流操作进口处被加热流体得到的热量较多使流体黏度降低，有利于提高传热效果。缺点是传热平均温度较小，完成一定传热量时所需传热面积较多。

五、计算题（共50分）

1. 解：设主管中水流量为 V_1，支管中水流量为 V_2

则
$$V = V_1 + V_2$$
$$V_2 = 0.785d_2^2 u_2 \times 3600 = 2.72(\text{m}^3 \cdot \text{h}^{-1})$$
$$u_2 = 2.72/(3600 \times 0.785 \times 0.053^2) = 0.343(\text{m} \cdot \text{s}^{-1})$$
$$\sum H_{f2} = \lambda 2(l_2/d_2)u_2^2/2 = 0.03 \times 10/0.053 \times 0.343^2/2 = 0.333(\text{J} \cdot \text{kg}^{-1})$$
$$\sum H_{f2} = \sum W_{f1} = \lambda_1(l_1/d_1)u_1^2/2$$
$$0.018 \times 2/0.3 \times u_1^2/2 = 0.333$$

解得
$$u_1 = 2.36\text{m} \cdot \text{s}^{-1}$$
$$V_s = \pi/4 \times d_1^2 u_1 \times 3600 = 0.785 \times 0.3^2 \times 2.36 \times 3600 = 600(\text{m}^3 \cdot \text{h}^{-1})$$

总流量
$$V = 600 + 2.72 = 602.72(\text{m}^3 \cdot \text{h}^{-1})$$

2. 解：
$$W_1 c_{p1}(420-370) = W_2 c_{p2}(310-285)$$
$$W_1 c_{p1}(420-350) = W_2 c_{p2}(t_2-285)$$

两式相比得
$$t_2 = 320\text{K}$$
$$\Delta t_{m1} = [(420-285)-(370-310)]/\ln(420-285)/(370-310) = 75/0.81 = 92.5(\text{K})$$
$$\Delta t_{m2} = [(420-285)-(350-320)]/\ln(420-285)/(350-320) = 105/1.5 = 69.8(\text{K})$$

$$Q_1 = W_1 c_{p1}(420-370) = K_0 \pi dl \Delta t_{m1}$$
$$Q_2 = W_1 c_{p1}(420-350) = K_0' \pi dl' \Delta t'$$

油、水的流量，物性常数及管径均不变，故 $K_0 = K_0'$

两式相比得

$$(420-370)/(420-350) = (l/l') \times (\Delta t_{m1}/\Delta t_{m2})$$
$$l' = 70/50 \times 92.5/69.8 \times 1 = 1.855(m)$$

3. 解： $y_1 = 15/17/(1000/22.4) = 0.01977[kmolNH_3 \cdot kmol^{-1}(B+NH_3)]$

$$Y_1 = y_1/(1-y_1) = 0.01977/(1-0.01977) = 0.02017(kmol\ NH_3 \cdot kmol^{-1}B)$$
$$Y_2 = 0.02017(1-0.98) = 4.034 \times 10^{-4}$$
$$V = 2500/22.4 \times (1-0.01977) = 109.4(kmol\ B \cdot h^{-1})$$
$$L = 3.6 \times 1000/18 = 200(kmol\ B \cdot h^{-1})$$

全塔物料衡算

$$L_S(X_1-X_2) = V_B(Y_1-Y_2)$$
$$200(X_1-0) = 109.4(0.02017-4.034 \times 10^{-4})$$

得
$$X_1 = 0.01081$$
$$\Delta Y_1 = Y_1 - Y_1^* = 0.02017 - 1.2 \times 0.01081 = 0.0072$$
$$\Delta Y_2 = Y_2 - Y_2^* = 0.0004034$$
$$\Delta Y_m = (0.0072-0.0004034)/\ln(0.0072/0.0004034) = 0.00235$$
$$N_{OG} = (Y_1-Y_2)/\Delta Y_m = (0.0201-0.0004304)/0.00235 = 8.34$$
$$H = H_{OG} \times N_{OG} = 8.34 \times 0.7 = 5.84(m)$$

4. 解： $y_{n+1} = [R/(R+1)]x_n + x_D/(R+1)$

（1）
$$R/(R+1) = 0.75R = 0.75R+0.75$$
$$R = 0.75/0.25 = 3$$

（2）
$$x_D/(R+1) = 0.2075$$
$$x_D/(3+1) = 0.2075$$
$$x_D = 0.83$$

（3）
$$q/(q-1) = -0.5$$
$$q = -0.5q+0.5$$
$$q = 0.5/1.5 = 0.333$$

（4）
$$0.75x+0.2075 = -0.5x+1.5x_F$$
$$0.75x+0.2075 = -0.5x+1.5 \times 0.44$$
$$1.25x = 1.5 \times 0.44-0.2075 = 0.4425$$
$$x = 0.362$$

（5）$0 < q < 1$，原料为气液混合物。

《化工基础》试卷(九)

一、填空题(每空1分,共20分)

1. 化工生产常用_____、石油、天然气、矿石、水、_____、农副产品等天然资源为化工原料。

2. 衡量流体黏性大小的物理量称为_____,它可由实验测得或有关手册查到。

3. 回流比是指_____与_____之比。

4. 液体内部任意一点的压强与_____、密度、液面上方有关;与_____无关。

5. 道尔顿分压定律说明气液平衡时,溶液中某组分的_____与其在_____的关系。

6. 工业上常用的加热剂有_____、_____、热的油和水等物质。

7. 换热器系列产品的传热面积通常是用_____表示。

8. 在精馏过程中,沸点_____的组分,称为_____组分,精馏时从精馏塔的_____引出。

9. 气体吸收是适当的液体作为_____,利用混合气中各组分在其_____的不同而被分离。

10. 提高传热速率的途径是_____;_____和增加传热系数。其中最有效的途径是增加传热系数 K。

11. 现有两种玻璃棉,一种密度为 $300kg \cdot m^{-3}$,另一种为 $500kg \cdot m^{-3}$,若用它们作保温材料,则应选用密度为_____较好。

二、判断题(每小题1分,共10分。正确的用"√",错误的用"×",并填在下表中)

1	2	3	4	5	6	7	8	9	10

1. 一个物系如果不是处在平衡状态,则必然会向平衡方向发展;反之,处于平衡状态的物系也必然会向不平衡发展。

2. 流体又可称为可压缩性流体。

3. 摩尔数越多的物质,它含有的分子数越多。

4. 稳定流动过程中,流体流经各截面处的质量流量相等。

5. 自来水在管内的流动,可以看成是稳定流动。

6. 泵是用来输送液体,为提供液体能量的机械。

7. 改变泵出口阀门的开启度,可以调节泵的工作点。

8. 导热系数越大,说明物质导热性能越好。

9. 间歇蒸馏过程中,塔顶馏出液和塔釜残液中易挥发组成均将随着过程的进行越来越少。

10. 被吸收的气体组分从液相返回气相的过程称为解吸。

三、选择题（每小题 1 分，共 10 分。将正确选项的字母填在下表中）

1	2	3	4	5	6	7	8	9	10

1. 当离心泵入口处允许的最低压力以 $(p_{1允})$ 表示，大气压以 P_a 表示，汽蚀余量以 Δh 表示时，允许吸上真空高度为（   ）。

(A) $p_{1允}/\rho g$ (B) $(p_a-p_{1允})/\rho g$

(C) $p_a-p_{1允}$ (D) $(p_a-p_{1允})/\rho g-\Delta h$

2. 用饱和水蒸气加热空气时，传热管的壁温接近（   ）。

(A) 蒸汽的温度   (B) 空气的出口温度

(C) 空气进、出口平均温度   (D) 无法判断

3. 下述说法中正确的是（   ）。

(A) 气相中的扩散系数大于液相中的扩散系数，故物质在气相中的扩散通量大于在液相中的扩散通量

(B) 气相中的扩散系数小于液相中的扩散系数，故物质在气相中的扩散通量小于在液相中的扩散通量

(C) 气相中的扩散系数与液相中的扩散系数在数量级上接近，故气液两相中可达到相同的扩散通量

(D) 气相中的扩散系数大于液相中的扩散系数，但在一定条件下，气液两相中仍可达到相同的扩散通量

4. 间接蒸汽加热的连续精馏塔操作时，由于某种原因，再沸器中加热蒸汽压力下降而使 V' 下降，而进料热状况 q、浓度 x_F 及进料量 F 不变，同时回流量 L 恒定，则馏出液浓度 x_D 及流量 D、残液浓度 x_W 及流量 W 的变化趋势为（   ）。

(A) D 减小、W 增大、x_D 增大、x_W 增大   (B) D 减小、W 增大、x_D 增大、x_W 减小

(C) D 增大、W 减小、x_D 增大、x_W 增大   (D) D 减小、W 增大、x_D 减小、x_W 增大

5. 塔顶和进料操作条件不变，易挥发组分回收率不变，设计精馏塔时，用直接蒸汽加热釜液与用间接蒸汽加热相比，提馏段液汽比 L'/V'（   ）。

(A) 增大   (B) 减少   (C) 不变   (D) 不确定

6. 已知 SO_2 水溶液在三种温度 t_1、t_2、t_3 下的亨利系数分别为 $E_1=0.5kPa$，$E_2=1kPa$，$E_3=0.7kPa$，则（   ）。

(A) $t_1>t_2$ (B) $t_3>t_2$ (C) $t_1>t_3$ (D) $t_1<t_3$

7. 设备内的真空度越高，即说明设备内的绝对压强（   ）。

(A) 越大   (B) 越小

(C) 越接近大气压   (D) 无法判断

8. 离心泵铭牌上标明的扬程是（   ）。

(A) 功率最大时的扬程   (B) 最大流量时的扬程

(C) 泵的最大量程   (D) 效率最高时得扬程

9. 在全混流反应器中，反应器的有效容积与进料流体的容积流速之比为（   ）。

(A) 空时 τ (B) 反应时间 t

(C) 停留时间 t (D) 平均停留时间 $\bar{t}$

10. 对于反应级数 $n>0$ 的不可逆等温反应，为降低反应器容积，应选用( )。

(A)平推流反应器 (B)全混流反应器

(C)循环操作的平推流反应器 (D)全混流串接平推流反应器

四、简答题(共 10 分)

1. 什么是多级压缩？

2. 产生流体阻力损失的根本原因是什么？

3. 什么是往复压缩机的余隙容积？

4. 什么叫最小回流比？

5. 为什么工业上用的冷凝器都应装有排气阀？

五、计算题(共 50 分)

1. 黏度为 30cP，密度为 900kg·m^{-3} 的液体，自 A 经内径为 40mm 的管路进入 B，两容器均为敞口，液面视为不变。管路中有一阀门。当阀全关时，阀前后压力表读数分别为 0.9atm 和 0.45atm。现将阀门打至 1/4 开度，阀门阻力的当量长度为 30m，阀前管长 50m，阀后管长 20m(均包括局部阻力的当量长度)。试求：(1)管路的流量？(2)阀前后压力表读数有何变化？

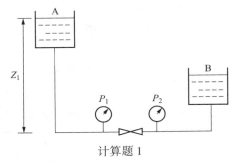

计算题 1

2. 用一传热面积为 3m^2 由 ϕ25mm×2.5mm 的管子组成的单程列管式换热器，用初温为 10℃的水将机油由 200℃冷却至 100℃，水走管内，油走管间。已知水和机油的质量流量分别为 1000kg·h^{-1} 和 1200kg·h^{-1}，其比热容分别为 4.18kJ·kg^{-1}·K^{-1} 和 2.0kJ·kg^{-1}·K^{-1}；水侧和油侧的对流传热系数分别为 2000W·m^{-2}·K^{-1} 和 250W·m^{-2}·K^{-1}，两流体呈逆流流动，忽略管壁和污垢热阻。

(1)计算说明该换热器是否合用？

(2)夏天当水的初温达到 30℃，而油的流量及冷却程度不变时，该换热器是否合用？(假设传热系数不变)

3. 在填料吸收塔中用清水吸收氨与空气的混合气中的氨。已知混合气体中，氨的最初浓度为 5%(体积)，该塔在 1atm 和 30℃下进行，吸收率达 95%，吸收剂用量为 $L_{\min}$ 的 1.5 倍，氨气的亨利系数 $E=321$kN·m^{-2}。试求：

(1)离开吸收塔的混合气中氨的浓度(以体积分数表示)；

(2)溶液的出塔浓度；

(3)该吸收操作的 ΔY_m 为多少？

4. 用常压连续精馏塔，来分离某二元理想混合液。进料为汽-液混合物进料，经分析测得：进料中气相组成为 0.59，进料中液相组成为 0.365，料液平均组成为 $x=0.44$ 要求塔顶馏出液组成为 0.957(以上均为易挥发组分的摩尔分数)，试求：

(1)该二元理想混合液的平衡线方程；

(2)此种操作的进料线方程；

(3)此种分离要求的最小回流比。

《化工基础》试卷（九）参考答案

一、填空题（每空1分，共20分）

1. 煤；空气
2. 黏度
3. 塔顶返回塔内的冷凝流量；塔顶产品采出量
4. 深度；容器形状
5. 蒸气分压；气相中的浓度
6. 烟道气；水蒸气
7. 列管外表面积
8. 较低；易挥发；塔顶
9. 吸收剂；溶解度
10. 增加传热面积；增加流体平均温度差
11. 300kg·m^{-3}

二、判断题（每小题1分，共10分。正确的用"√"，错误的用"×"，并填在下表中）

1	2	3	4	5	6	7	8	9	10
×	×	√	√	√	√	√	√	√	√

三、选择题（每小题1分，共10分。将正确选项的字母填在下表中）

1	2	3	4	5	6	7	8	9	10
D	A	D	C	C	D	B	D	A	A

四、简答题（共10分）

1. 多级压缩就是把两个或两个以上的气缸串联起来，气体经第一个气缸压缩后，经中间冷却器冷却，并分离出气体夹带的润滑油和水分，又送入第二气缸内进一步压缩，如此经过多次压缩以达到很高的输出压力。

2. 由于实际流体分子间具有相互作用力，有黏性，因此在流动过程中层与层之间的内摩擦力便是流体阻力产生的根本原因。

3. 为了避免活塞与缸盖相碰撞，使活塞运动到气缸两顶端位置时与气缸保持一定大小的间隙，该间隙所占的容积称为往复压缩机的余隙容积。

4. 当回流比逐渐减少时，精馏段操作线截距逐渐增加，精馏段与提馏段操作线的交点逐渐上移，向平衡线靠拢，当回流比减小到两操作线交点移到了平衡曲线上时，操作线与平衡曲线之间有无限多个梯级，需无限多塔板，这时把这种情况的回流比称为最小回流比。

5. 因为当蒸汽中含有空气等不凝性气体时，将在冷凝壁上生成一层气膜，而气体的导热系数又很小，使蒸汽对壁面的传热膜系数显著降低。实验证明，蒸汽中如含有1%空气，传热膜系数将降低60%左右，所以工业用冷凝器应装有排气阀，以及时排除蒸汽中含的不凝气体。

五、计算题(共 50 分)

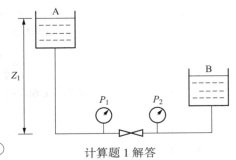

计算题 1 解答

1. 解：(1)阀关时

$p_1 = Z_1 \rho g$

$Z_1 = p_1/\rho g = 0.9 \times 9.81 \times 10^4/(900 \times 9.81) = 10(\text{m})$

$Z_2 = p_2/\rho g = 0.45 \times 9.81 \times 10^4/(900 \times 9.81) = 5(\text{m})$

阀开时，两槽面间列伯努利方程：

$$p_A/\rho + Z_A g + u_A^2/2 = p_B/\rho + Z_B g + u_B^2/2 + \sum H_f \qquad ①$$

$$(Z_A - Z_B)g = \sum H_f$$

$$(10-5) \times 9.81 = 49.05 = \sum H_f$$

$$H_f = \lambda(l/d)u^2/2 = \lambda((50+20+30)/0.04)u^2/2 = 1250\lambda u^2$$

代入式①
$$49.05 = 1250\lambda u^2$$

设 $\lambda = 0.02$，则
$$u = (49.05/(1250 \times 0.02))^{0.5} = 1.4(\text{m} \cdot \text{s}^{-1})$$

$$Re = 0.04 \times 1.4 \times 900/(30 \times 10^{-3}) = 1680, \text{层流}$$

$$\lambda = 64/1680 = 0.038 > \lambda_{设}$$

分析：$\lambda \uparrow$，$u \downarrow$，所以仍为层流

$$49.05 = 1250 \times 64/[0.04 \times 900u/(30 \times 10^{-3})]u^2$$

$$u = 0.736 \text{m} \cdot \text{s}^{-1}$$

$$V_s = 0.785 \times 0.04^2 \times 0.736 \times 3600 = 3.33(\text{m}^3 \cdot \text{h}^{-1})$$

(2)阀开后，$p_1 \downarrow$，$p_2 \uparrow$

2. 解：(1) $Q_1 = 1200 \times 2 \times (200-100) = 240000(\text{kJ} \cdot \text{h}^{-1})$；$Q_2 = Q_1$

$$t_2 = t_1 + Q_1/(m\rho_2 \cdot c_{p2}) = 10 + 240000/(1000 \times 4.18) = 67.4(℃)$$

$$\Delta t_m = (132.6-90)/\ln(132.6/90) = 110(℃)$$

$$1/K_1 = 1/\alpha_1 + d_1/(\alpha_2 \cdot d_2) = 1/250 + 25/(2000 \times 20)$$

$$K_1 = 216.2 \text{W} \cdot \text{m}^{-2} \cdot \text{K}^{-1}$$

$$A_1 = Q_1/(K\Delta t_m) = 240000 \times 10^3/(216.2 \times 3600 \times 110) = 2.8(\text{m}^2) < 3\text{m}^2，故适用。$$

(2)$t_1 = 30℃$ 时；$t_2 = 30 + 240000/(1000 \times 4.18) = 87.4(℃)$

$$\Delta t_m = (112.6-70)/\ln(112.6/70) = 89.6(℃)$$

$$A_1 = 240000 \times 10^3/(3600 \times 89.6 \times 216.2) = 3.45(\text{m}^2) > 3\text{m}^2，不适用。$$

3. 解：(1) $$y_1 = Y_1/(1+Y_1)$$

$$Y_1 = 5/95 = 0.0526；Y_2 = Y_1(-\eta) = 0.0526(1-0.95) = 0.00263$$

所以 $y_1 = 0.00263/(1+0.00263) = 0.00262$ 或 0.262%(摩尔分数=体积分数)

(2)根据推导：$$X_1 = Y_1/1.5m$$

而 $$m = E/p = 321/101.3 = 3.17$$

所以 $$X_1 = 0.0526/1.5 \times 3.17 = 0.0111 \quad \text{kmolNH}_3 \cdot \text{kmol}^{-1}水$$

(3) $$\Delta Y_m = [(Y_1-Y_1^*)-(Y_2-Y_2^*)]/\ln(Y_1-Y_1^*)/(Y_2-Y_2^*)$$

而 $$Y_1^* = mX_1 = 3.17 \times 0.0111 = 0.0352；Y_2 = 0.0526$$

$$Y_2^* = mX_2 = 3.17 \times 0 = 0，Y_2 = 0.00263$$

代入得： $$\Delta Y_m = 0.0078$$

4. 解：（1）
$$y^* = \alpha x / [1 + (\alpha - 1) x^*]$$
$$\alpha = 2.5 \qquad y = 2.5x / (1 + 1.5x)$$

（2）
$$y = \frac{q}{q-1} x - \frac{x_F}{q-1}; \quad q = 0.667$$
$$y = [0.667/(0.667-1)] x - [0.44/(0.667-1)] = -2x + 1.32$$

（3）
$$y = -2x + 1.32 \qquad ①$$
$$y = 2.5x / (1 + 1.5x) \qquad ②$$

联立式①、式②得：
$$x_q = 0.365 \qquad y_q = 0.59$$
$$R_{min} = (x_D - y_q) / (y_q - x_q) = 1.63$$

《化工基础》试卷(十)

一、填空题(每空 1 分,共 20 分)

1. 国际单位制中,能量的单位名称是_____,其符号是 W。

2. 1cP = 0.01P,293K 水的黏度 =_____。

3. 流体流动中若无外加机械功时,则流体的流动靠本身的_____、_____而流动。

4. 流体在管道内作稳定流动时,任意一处的流速、压强、密度等物理参数都不随_____变化,而随_____而变化。

5. 泵的举升高度是指_____。

6. 工业上冷、热流体在换热器内的相对流向有_____、_____、_____和_____几种方式。

7. 工业上采用的换热方法,按其工作原理和设备类型可分为_____、_____和_____三种类型。

8. 管道外部加保温层目的是使管道的_____增加而减少热损失。

9. 填料塔塔内装有许多填料,气液两相在_____上接触,进行传质和_____。

10. 气体吸收是工业生产中用来分离_____的单元操作。

11. 恒温传热的冷热流体在传热中都发生相变,如:一侧流体为_____,另一侧流体为_____。

二、判断题(每小题 1 分,共 10 分。正确的用"√",错误的用"×",并填在下表中)

1	2	3	4	5	6	7	8	9	10

1. 稳定操作条件下,热量衡算式:$Q_出 = Q_入 + Q_损$。

2. 气体的密度随温度与压力而变化,因此气体是可压缩的流体。

3. 摩尔质量大的物质,它含有分子数目一定也多。

4. 流体静力学方程是伯努利方程的一个特例。

5. 液体在稳定流动时,流速与流过截面成正比。

6. Re 值越大,流体阻力越大。

7. 离心泵铭牌上标示的泵流量、扬程和功率都是在最高效率点时的数值。

8. 太阳的热量传递到地面上,主要靠空气作为传热介质。

9. 蒸馏是分离均相液体溶液的一种单元操作。

10. 采用逆流吸收流程,可以提高吸收率和降低吸收剂用量。

三、选择题(每小题 1 分,共 10 分。将正确选项的字母填在下表中)

1	2	3	4	5	6	7	8	9	10

1. 以下说法是正确的：当黏度 μ 较大时，在泵的性能曲线上（　　）。

（A）同一流量 Q 处，扬程 H 下降，效率 η 上升

（B）同一流量 Q 处，扬程 H 上升，效率 η 上升

（C）同一流量 Q 处，扬程 H 上升，效率 η 下降

（D）同一流量 Q 处，扬程 H 上升，效率 η 不变

2. 在间壁式换热器内用饱和水蒸汽加热空气，此过程的总传热系数 K 值接近于（　　）。

（A）$\alpha_{\text{蒸汽}}$

（B）$\alpha_{\text{空气}}$

（C）$\alpha_{\text{蒸汽}}$ 与 $\alpha_{\text{空气}}$ 的平均值

（D）无法判断

3. 下述说法中正确的是（　　）。

（A）气膜控制时有：$p_i \approx p^*$，$\dfrac{1}{k_G} \ll \dfrac{1}{Hk_L}$

（B）气膜控制时有：$p_i \approx p^*$，$\dfrac{1}{k_G} \gg \dfrac{1}{Hk_L}$

（C）液膜控制时有：$c^* \approx c_i$，$\dfrac{1}{k_L} \ll \dfrac{H}{k_G}$

（D）液膜控制时有：$c \approx c_i$，$\dfrac{1}{k_L} \gg \dfrac{H}{k_G}$

4. 全回流时，y-x 图上精馏段操作线的位置（　　）。

（A）在对角线之上

（B）在对角线与平衡线之间

（C）与对角线重合

（D）在对角线之下

5. 吉利兰关联用于捷算法求理论塔板数，这一关联是（　　）。

（A）理论关联

（B）经验关联

（C）数学推导公式

（D）相平衡关联

6. 对一定的气体和稀溶液物系，相平衡常数 m 取决于（　　）。

（A）温度和浓度

（B）温度和压强

（C）压强和浓度

（D）流速和浓度

7. 流体在圆形直管内作层流流动时，阻力与流速的（　　）成比例，作完全湍流时，则与流速的平方成比例。

（A）平方

（B）五次方

（C）一次方

（D）三次方

8. 有两种说法：（1）往复泵启动不需要灌水；（2）往复泵的流量随扬程增加而减少。请判断其正确性。（　　）

（A）两种说法都不对

（B）两种说法都对

（C）说法（1）正确，说法（2）不正确

（D）说法（1）不正确，说法（2）正确

9. 对于（　　）的反应器在恒容反应过程的平均停留时间、反应时间、空时是一致的。

（A）间歇式反应器

（B）全混流反应器

（C）搅拌釜式反应器

（D）平推流管

10. 对于可逆放热反应，为提高反应速率应（　　）。

（A）提高压力

（B）降低压力

（C）提高温度

（D）降低温度

四、简答题（共 10 分）

1. 为什么往复式压缩机的级数不宜过多？

2. 什么叫当量长度？

3. 若将泵叶轮的直径切割 10%，此泵的流量、扬程、功率将有何变化？

4. 什么是亨利定律？

5. 为什么生产中用的保温材料必须采取防潮措施？

五、计算题(共 50 分)

1. 如图所示，槽内水位维持不变，在水槽底部用内径为 100mm 的水管引水至用户 C 点。管路上装有一个闸阀，阀的上游距管路入口端 10m 处安有以汞为指示液的 U 形管压差计($\rho_s = 13600$kg·m^{-3})，压差计测压点与用户 C 点之间的直管长为 25m。问：

(1) 当闸阀关闭时，若测得 $R = 350$mm，$h = 1.5$m，则槽内液面与水管中心的垂直距离 Z 为多少 m？

(2) 当闸阀全开时($\zeta_{阀} = 0.17$，$\lambda = 0.02$)，每小时从管口流出的水为若干立方米？

2. 某换热器由若干根长为 3m，直径为 $\phi 25$mm×2.5mm 的钢管组成。要求将流量为 1.25kg·s^{-1} 的某液体从 77℃冷却到 20℃，用 17℃的水在管内与某液体逆流流动。已知水侧和管外侧的对流传热系数 α_1 和 α_2 分别为 0.85 和 1.70kW·m^{-2}·K^{-1}，污垢热阻可忽略，若维持冷水的出口温度不超过 47℃(某液体的 c_p 为 1.9kJ·kg^{-1}·K^{-1})，管壁的导热系数 $\lambda = 45$W·m^{-1}·K^{-1}试求：

(1) 传热外表面积 A_0；

(2) 所需的管子数 n。

3. 用清水吸收氨-空气混合气中的氨。混合气进塔时氨的浓度 $Y_1 = 0.01$，吸收率 90%，气-液平衡关系 $Y = 0.8X$，试求：

(1) 溶液最大出口浓度；

(2) 最小液气比；

(3) 取吸收剂用量为最小吸收剂用量的 2 倍时，传质单元数为多少？

(4) 传质单元高度为 0.5m 时，填料层高几米？

4. 用一连续操作的精馏塔，在常压下分离苯-甲苯混合液，原料液含苯 0.5(摩尔分数，下同)，塔顶馏出液含苯 0.9，塔顶采用全凝器，回流比为最小回流比的 1.5 倍，泡点进料，设加料板上的液相组成与进料组成相同，在此温度下苯的饱和蒸气压为 145.3kPa，试求理论进料板的上一层理论塔板的液相组成。

《化工基础》试卷(十)参考答案

一、填空题(每空 1 分，共 20 分)

1. 瓦特

2. 1cP

3. 位差；压强差

4. 时间；位置

5. 泵将液体从低处(入口处)液面送到高处(出口处)的垂直高度

6. 并流；逆流；错流；折流

7. 直接混合式换热；间壁式换热；蓄热式换热

8. 热阻

9. 填料表面；传热

10. 气体混合物

11. 溶液沸腾；水蒸气冷凝

二、判断题（每小题 1 分，共 10 分。正确的用"√"，错误的用"×"，并填在下表中）

1	2	3	4	5	6	7	8	9	10
×	√	×	√	×	√	√	×	√	√

三、选择题（每小题 1 分，共 10 分。将正确选项的字母填在下表中）

1	2	3	4	5	6	7	8	9	10
C	B	B	C	B	B	C	C	D	C

四、简答题（共 10 分）

1. 多级压缩的级数越多，零部件和附属装置越多，造价越高，且级数超过一定的限数后节省的动力已不足以抵消设备费用的增长，因此往复压缩机的级数不宜过多，一般 2～5 级，每级压缩比为 4～5。

2. 当量长度是指流体通过某一管件而产生的局部阻力损失折合成相当于流体通过管径相同的若干长度的直管压头损失，这个折合的直管长度就称为当量长度。

3. 切割后的流量 $=0.9Q$

切割后的扬程 $=(0.9)^2 H=0.81H$

切割后的功率 $=(0.9)^3 N=0.729N$

4. 在一定的温度下，对于多数气体的稀溶液，当气体总压不超过 5atm 时，吸收质在液相中的浓度与其在气相中的平衡分压成正比，这个关系就是亨利定律。

5. 物质的孔隙中都含有水分，水的导热系数比空气大得多，而且随着水分子迁移、蒸发，热量的传递也就加快，从而降低了保温效果。因此，必须对保温材料采取防潮保护。

五、计算题（共 50 分）

1. 解：(1)闸阀关闭，系统内处于静止，由 U 形管处等压面得：$\rho_{水} g(Z+h)=\rho_s gR$

$$Z=\rho_s；R/\rho_{水}-h=13600\times0.35/1000-1.5=3.26(\text{m})$$

(2)以槽液面为 1-1，管出口内侧为 2-2，管中心线为基准面，列伯努利方程：

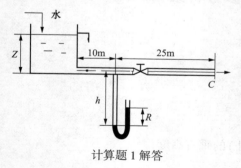

计算题 1 解答

$$Z_1+u_1^2/(2g)+p_1/(\rho g)=Z_2+u_2^2/(2g)+p_2/(\rho g)+\sum h_f$$

又因为 $\sum h_f=(\lambda\cdot L/d+\sum\zeta)\cdot u_2^2/(2g)$

$$=(0.02\times35/0.1+0.5+0.17)\times u_2^2/(2g)$$

$$=7.67u_2^2/(2g)$$

则　　$3.26+0+0=0+u_2^2/(2g)+0+7.67u_2^2/(2g)$

解得 $u_2=2.72\text{m}\cdot\text{s}^{-1}$

$$V=\pi\cdot d^2\cdot u_2/4=\pi\times(0.1)^2\times2.72\times3600/4$$

$$=76.87(\text{m}^3\cdot\text{h}^{-1})$$

2. 解：$\Delta t_1 = 77-47 = 30℃$；$\Delta t_2 = 20-17 = 3(℃)$

$$\Delta t_m = (\Delta t_1 - \Delta t_2)/[\ln(\Delta t_1/\Delta t_2)]$$
$$= (30-3)/\ln(30/3) = 11.72(℃)$$

$$K_0 = 1/[d_0/(\alpha_1 d_i) + (\delta d_m)/(\lambda d_0) + (1/\alpha_2)]$$
$$= 1/(1/1700 + 0.0025 \times 25/45 \times 22.5 + 25/850 \times 20) = 471.6(W \cdot m^{-2} \cdot K^{-1})$$

$$Q = m_{s1} \times c_{p1}(T_1 - T_2) = 1.25 \times 1.9 \times 10^3 \times (77-20) = 1.354 \times 10^5(W)$$

$$A = (1.354 \times 10^5)/(471.6 \times 11.72) = 24.5(m^2)$$

$$n = 24.5/(\pi d_0 L) = 24.5/(\pi \times 25 \times 10^{-3} \times 3) = 104(根)$$

3. 解：（1）$Y_1 = 0.01$；$Y_2 = Y_1(1-\phi) = 0.01(1-0.9) = 0.001$；$X_1^* = Y_1/0.8 = 0.01/0.8 = 0.0125$

（2）$(L/V)_{min} = (Y_1 - Y_2)/(X_1^* - X_2) = (0.01-0.001)/0.0125-0 = 0.72$

（3）
$$N_{OG} = (Y_1 - Y_2)/\Delta Y_m$$

由
$$V(Y_1 - Y_2) = L(X_1 - X_2)，X_2 = 0$$

得
$$X_1 = V(Y_1 - Y_2)/L，而 L/V = 2(L/V)_{min} = 2 \times 0.72 = 1.44$$

$$X_1 = (0.01-0.001)/1.44 = 0.00625$$

$$Y_1^* = 0.8 \times 0.00625 = 0.005，Y_2^* = 0$$

$$\Delta Y_m = [(Y_1 - Y_1^*) - (Y_2 - Y_2^*)]/\ln(Y_1 - Y_1^*)/(Y_2 - Y_2^*)$$

代入得：
$$\Delta Y_m = 0.0025$$

$$N_{OG} = (0.01-0.001)/0.0025 = 3.6$$

（4）$Z = H_{OG} \cdot N_{OG} = 0.5 \times 3.6 = 1.8m$

4. 解：
$$y_F = p_A^\circ y_F/p = 145.3 \times 0.5/101.3 = 0.717$$

$$R_{min} = (x_D - y_F)/(y_F - x_F) = (0.9-0.717)/(0.717-0.5) = 0.843$$

$$R = 1.5 \times 0.843 = 1.26$$

$$y_F = Rx_{(F-1)}/(R+1) + x_D/(R+1)$$

$$0.717 = 1.26 \times x_{(F-1)}/(1+1.26) + 0.9/(1.26+1)$$

$$x_{(F-1)} = 0.571$$

主要参考文献

[1]张四方．化工基础[M]．第2版．北京：中国石化出版社，2012.

[2]陈敏恒，丛德滋，等．化工原理[M]．第3版．北京：化学工业出版社，2006.

[3]柴诚敬．化工原理[M]．北京：高等教育出版社，2005.

[4]姚玉英．化工原理例题与习题[M]．第2版．北京：化学工业出版社，1990.

[5]杨宫云，孙怀东．化工原理辅导及习题全解[M]．北京：人民日报出版社，2005.

[6]丛德滋，丛梅，方图南．化工原理详解与应用[M]．北京：化学工业出版社，2002.

[7]夏清，陈常贵．化工原理[M]．天津：天津大学出版社，2005.

[8]陈世醒，张克铮，郭大光．化工原理学习辅导[M]．北京：中国石化出版社，1998.

[9]吴岱明．《化工原理》及《化学反应工程》公式·例解·测验．北京：轻工业出版社，1987.

[10]陈雪梅．化工原理学习辅导与习题解答[M]．武汉：华中科技大学出版社，2007.

[11]余立新，戴猷元．化工原理习题解析[M]．北京：清华大学出版社，2004.

[12]马江权，冷一欣．化工原理学习指导[M]．第2版．上海：华东理工大学出版社，2012.

[13]徐革联，熊楚安．化工原理课程学习辅导[M]．哈尔滨：哈尔滨地图出版社，2006.

[14]柴诚敬．化工原理复习指导[M]．天津：天津大学出版社，2011.

[15]匡国柱．化工原理学习指导[M]．大连：大连理工大学出版社，2002.

[16]许志美．化学反应工程原理例题与习题[M]．上海：华东理工大学出版社，2002.

[17]许志美，张濂，袁向前．化学反应工程原理例题与习题[M]．第2版．上海：华东理工大学出版社，2007.

[18]冯长君．化工基础解题指南[M]．徐州：中国矿业大学出版社，1993.

[19]张近．化工基础[M]．北京：高等教育出版社，2002.